Hydraulik für den Wasserbau

Ulrich Zanke

Hydraulik für den Wasserbau

3. Auflage 2013

Prof. Dr.-Ing. habil. Prof. h.c. Ulrich Zanke
Technische Universität Darmstadt
Garbsen
Deutschland

Ursprünglich erschienen unter Schröder, R; Zanke U. „Technische Hydraulik"

ISBN 978-3-642-05488-4   ISBN 978-3-642-05489-1 (eBook)
DOI 10.1007/978-3-642-05489-1

Die Deutsche Nationalbibliothek verzeichnet diese Publikation in der Deutschen Nationalbibliografie; detaillierte bibliografische Daten sind im Internet über http://dnb.d-nb.de abrufbar.

Springer Vieweg
© Springer-Verlag Berlin Heidelberg 1994, 2003, 2013
Das Werk einschließlich aller seiner Teile ist urheberrechtlich geschützt. Jede Verwertung, die nicht ausdrücklich vom Urheberrechtsgesetz zugelassen ist, bedarf der vorherigen Zustimmung des Verlags. Das gilt insbesondere für Vervielfältigungen, Bearbeitungen, Übersetzungen, Mikroverfilmungen und die Einspeicherung und Verarbeitung in elektronischen Systemen.

Die Wiedergabe von Gebrauchsnamen, Handelsnamen, Warenbezeichnungen usw. in diesem Werk berechtigt auch ohne besondere Kennzeichnung nicht zu der Annahme, dass solche Namen im Sinne der Warenzeichen- und Markenschutz-Gesetzgebung als frei zu betrachten wären und daher von jedermann benutzt werden dürften.

Gedruckt auf säurefreiem und chlorfrei gebleichtem Papier

Springer Vieweg ist eine Marke von Springer DE.
Springer DE ist Teil der Fachverlagsgruppe Springer Science+Business Media
www.springer-vieweg.de

Vorwort

Im Bauingenieurwesen wird mit dem Begriff *Technische Hydraulik* eine praktizierte Strömungslehre angesprochen, die sich durch eine anwenderfreundliche Vereinfachung der strengen hydromechanischen Gesetzmäßigkeiten zu rechentechnisch bequemeren, insbesondere sogenannten *eindimensionalen* Berechnungsmethoden auszeichnet. Worin diese Vereinfachungen bestehen, welches ihre Ursprünge sind, wann sie zulässig sind oder wann nicht, und viele weitere in diesem Zusammenhang zu stellende Fragen weisen die Technische Hydraulik als ein weitläufiges Wissensgebiet aus. Seine Bedeutung wird auch dadurch nicht geschmälert, dass zunehmend direkte hydromechanische Auswertungen mit *mathematischen Modellen* möglich geworden sind, bei denen die erwähnten Vereinfachungen weitestgehend oder ganz vermieden werden können: Auch weiterhin besteht für die alltäglichen hydraulischen Berechnungsaufgaben reichlich Bedarf an einfacheren Berechnungsmethoden, die nicht auf Großrechnereinsatz angewiesen sind, vielmehr als begleitende Kontrollen der oft kaum noch überschaubaren numerischen Methoden dienen können. Die Bereitstellung dazu geeigneter, einfacher Algorithmen ist neben dem allgemeinen, enzyklopädischen Aspekt ein erklärtes Ziel des Buches.

Zwar kann mit einem Kompendium zu dieser Zielsetzung nicht allen Gesichtspunkten Rechnung getragen werden, jedoch sollten mindestens alle die Berechnungsverfahren zusammengetragen sein, die in der alltäglichen Hydraulik des Bauingenieurs den bei weitem größten Teil der hydraulischen Berechnungen überhaupt ausmachen. Die kompakte Darstellungsform führt dabei nicht nur auf eine Formelsammlung sondern ermöglicht auch eine Publikation, die sowohl Nachschlagewerk als auch Lehrbuch sein kann. Die dafür notwendigerweise kurzgefasste Verbindung zwischen hydromechanischen Grundlagen und hydraulischer Anwendung muss zwangsläufig manche Teilgebiete, z. B. die *Hydraulik des Küstenwasserbaues* auslassen; zu diesen sind nur einführende Erörterungen möglich mit Verweisen auf die umfangreiche, dazu verfügbare Literatur.

Die gedrängte Form der Wiedergabe des Stoffes insgesamt bedingt viele Abstraktionen, um Übersichtlichkeit und Einheitlichkeit zu bewahren. Dies bedeutet andererseits die Gefahr der Loslösung von der praktischen Aufgabe. Daher ist, wo immer möglich, eine projektorientierte Darstellung gewählt worden unter Beschränkung auf das allernötigste hydromechanische Rüstzeug.

Es sind eigentlich nur wenige grundlegende Gesetzmäßigkeiten, aus denen sich die Lösungen zu den speziellen Anwendungsfällen entwickeln lassen. Die Strömungsvorgänge werden dabei als Verhalten eines hydraulischen Systems (Beispiel: Druckrohr) gedeutet, das unter einer Belastung (Beispiel: Druckerhöhung) in bestimmter Weise (Beispiel: Durchflusssteigerung) reagiert.

Das unter solchen Gesichtspunkten verfasste Buch hat seinen Ursprung in einigen umdruckartigen Textbüchern, die allerdings weniger Text als vielmehr vortragsbegleitende Grafik vermittelt haben. Es ist nachhaltigen Anregungen des Springer-Verlags zu verdanken, dass diese Schriften, trotz der Scheu vor den immensen Mühen bei der Erstellung eines reproduktionsreifen Manuskripts, zu einem Lehrbuch ergänzt werden konnten.

Der inhaltliche Aufbau des Buches entspricht etwa dem dreistufigen, aus Grund-, Haupt- und Vertieferfach bestehenden Lehrangebot der Technischen Hochschule Darmstadt in der Technischen Hydraulik. Daher sind die ersten Kapitel vergleichsweise anspruchslos, was den mathematischen Aufwand betrifft; die spezielleren, vertiefenden Abschnitte erfordern dagegen weitergehende Vorkenntnisse. So gesehen mag das Kompendium für Autodidakten besonders geeignet sein.

Bei der Erarbeitung des Manuskripts waren einige Themen ein besonderes Anliegen; so vor allem Anwendungen der Technischen Hydraulik mit betontem *Umweltbezug*, denen mit einem Abschnitt über Einleitungs- und Ausbreitungsvorgänge in offenen Gerinnen sowie über Fremdstofftransport schlechthin Rechnung zu tragen war. Beim Thema *Sedimenttransport*, das hier bei weitem nicht allumfassend behandelt werden konnte, war ferner anzustreben, die verwirrende, unübersichtliche Fülle von Transportformeln mittels einheitlicher, dimensionsloser Parameter durch exakt vergleichbare Relationen zu ersetzen, ohne jeweils am ursprünglichen, inhaltlichen Konzept etwas zu ändern.

Mit der Herausgabe des Werks ist zugleich eine Würdigung all jener Hydrauliker beabsichtigt, die der Technischen Hydraulik mit oft sehr berühmten, wegweisenden Beiträgen zu ihrem heutigen Stand verholfen haben. Sie alle an dieser Stelle zu nennen, verbietet ihre inzwischen erfreulich große Zahl; jedes Zitat im Text des Buches möge daher außer als Literaturhinweis als eine Hommage verstanden werden.

Möge das Buch allen seinen Lesern eine nützliche Hilfe bei der Bewältigung hydraulischer Probleme sein, den Studierenden als Lehrmittel und Examenshilfe, den in Wasserbau und Wasserwirtschaft, Wasserversorgung und Abwassertechnik, Gewässerschutz und Umwelttechnik praktisch tätigen Ingenieuren als Formel- und Beispielsammlung sowie als Nachschlagewerk. Wenn es darüber hinaus mit Anregungen und offen gebliebenen Fragen zu weiterer Entwicklung dieses so vielseitigen Fachgebiets *Technische Hydraulik* beiträgt, hätte das Buch seine Aufgabe erfüllt.

Darmstadt, im März 1994   Ralph C.M. Schröder

Vorwort zur dritten Auflage

Nachdem die erste Auflage des Lehrbuchs „Technische Hydraulik" vergriffen war, begann R.C.M. Schröder mit der Vorbereitung einer zweiten Auflage, für die er mich im Jahr 2001 hinzuzog. In dieser zweiten Auflage wurden insbesondere Teile der Kapitel zur Rauheitswirkung und zum Sedimenttransport umgestellt und ergänzt. Das Erscheinen dieser zweiten Auflage in 2003 hat Prof. Schröder noch erleben können.

Nunmehr steht eine dritte überarbeitete und auf neuen Stand gebrachte Auflage zur Verfügung. Neben Präzisierungen und kleineren Ergänzungen in allen Kapiteln wurde für diese neue Auflage insbesondere das Kapitel Sedimentbewegung überarbeitet. Ein erweiterter Formelvergleich beim Geschiebetransport, neue Erkenntnisse zur Frage des Beginns der Suspendierung von Sedimenten und viele kleinere Erläuterungen zum besseren Verständnis dieser komplexen Thematik wurden aufgenommen.

Weiterhin wurde das Kapitel zu Wellenbewegungen und Belastungen durch Wellen mit einer kompakten Information über zeitgemäße Modellierungsmethoden für die eigentliche Belastungsgröße, den Seegang, ergänzt, wofür ich Herrn Dr.-Ing. Aron Roland danke. Der Vollständigkeit halber soll erwähnt sein, dass für die Hydraulik des Küsteningenieurwesens mit dem Buch *Hydromechanik der Gerinne und Küstengewässer* (Zanke) eine wichtige Ergänzung zur hier präsentierten *Hydraulik für Zivil- und Umweltingenieurwesen* sowie die wasserbezogenen Bereiche der *Geowissenschaften* verfügbar ist.

Wenn auch das Schwergewicht auf den Problemfeldern des Wasserbaus liegt, so ist doch vor allem Kap. 9, das gut die Hälfte dieses Buches ausmacht, auch für Umweltingenieure und gewässerbezogen tätige Geowissenschaftler von Bedeutung. Dies war Anlass, den Titel des Buchs in der dritten Auflage nicht mehr nur auf die technischen Aspekte einzuschränken.

Darmstadt und Hannover-Garbsen, 2012　　　　　　　　　　　　　Ulrich C.E. Zanke

Inhalt

1	**Einführung**	1
	1.1 Hydraulik als angewandte Hydromechanik	1
	1.2 Fluidbezogene hydraulische Begriffe	2
	1.3 Bewegungsorientierte hydraulische Begriffe	4
2	**Hydrostatische Nachweise**	9
	2.1 Druckverteilung	9
	2.2 Druckkraft nach Richtung und Größe	10
	2.3 Lage der Druckkraft	11
	2.4 Ersatzflächenmethode	12
3	**Hydromechanische Grundlagen**	17
	3.1 Allgemeine Transportbilanz	17
	3.2 Spezifizierte Transportbilanz	18
	3.2.1 Massentransport	18
	3.2.2 Fremdstofftransport	19
	3.2.3 Impulstransport	20
	3.2.4 Einfluß der Turbulenz	22
4	**Hydraulische Grundgleichungen**	25
	4.1 Kontinuitätsgleichung	25
	4.2 Impulssatz	27
	4.3 Radiale Druckgleichung	29
	4.4 Bernoullische Gleichung	30
	4.5 Allgemeiner Verlustansatz	36
5	**Überfall und Ausfluß**	37
	5.1 Normal angeströmte Überfälle	37
	5.1.1 Gerade Überfälle	37
	5.1.2 Kelchüberfälle	42
	5.1.3 Heberüberfälle	45
	5.2 Seitliche Überfälle	47
	5.3 Ausfluß unter Schützen	49
	5.4 Ausfluß aus kleinen Öffnungen	55

6 Potentialströmung ... 59
- 6.1 Potentialtheoretisches Modellkonzept ... 59
- 6.2 Geschwindigkeitspotential und Laplace-Gleichung ... 60
- 6.3 Stationäre ebene Potentialströmung ... 62
  - 6.3.1 Potentialnetz ... 62
  - 6.3.2 Netzerstellung ... 63
  - 6.3.3 Netzauswertung ... 66

7 Grundwasserhydraulik ... 71
- 7.1 Durchströmung poröser Medien ... 71
  - 7.1.1 Eigenschaften des Strömungsträgers ... 71
  - 7.1.2 Widerstandsverhalten ... 73
- 7.2 Potentialtheoretische Analogie ... 75
  - 7.2.1 Verallgemeinerte Darcy-Gleichung ... 75
  - 7.2.2 Potentialnetzanwendungen ... 76
- 7.3 Strömungen mit freiem Grundwasserspiegel ... 81
  - 7.3.1 Aufbereitung der Kontinuitätsbedingung ... 81
  - 7.3.2 Stationäre Strömungsfälle (Boden homogen und isotrop) ... 84
  - 7.3.3 Verallgemeinerte Dupuit-Forchheimer-Gleichung ... 89
  - 7.3.4 Numerische Auswertung ... 91

8 Rohrhydraulik ... 95
- 8.1 Stationäre Rohrströmungen ... 95
  - 8.1.1 Druck- und Energielinienverlauf ... 95
  - 8.1.2 Verlusthöhenarten ... 96
  - 8.1.3 Nichtkreisförmige Rohrquerschnitte ... 97
- 8.2 Schubspannung und mittlere Geschwindigkeit ... 98
  - 8.2.1 Verlusthöhe und Wandschubspannung ... 98
  - 8.2.2 Schubspannungsverteilung ... 100
  - 8.2.3 Darcy-Weisbach-Gleichung ... 100
- 8.3 Verlusthöhenberechnung ... 102
  - 8.3.1 Örtliche Widerstände ... 102
  - 8.3.2 Rohrwiderstand bei laminarer Strömung ... 111
  - 8.3.3 Rohrwiderstand bei turbulenter Strömung ... 114
  - 8.3.4 Prandtl-Colebrook-Gleichung ... 117
  - 8.3.5 Rauheitsbestimmung ... 119
- 8.4 Geschwindigkeitsverteilung ... 125
  - 8.4.1 Laminares Geschwindigkeitsprofil ... 125
  - 8.4.2 Turbulente Geschwindigkeitsprofile ... 126
- 8.5 Instationäre Rohrströmungen ... 129
  - 8.5.1 Schwingungsfähige Systeme ... 129
  - 8.5.2 Schwingung des Wasserspiegels im Schwallschacht ... 133
  - 8.5.3 Einzeldruckrohr unter Druckstoßbelastung ... 139
  - 8.5.4 Druckstoßberechnung nach Alliévi ... 144

9 Gerinnehydraulik 149
9.1 Stationäre Gerinneströmungen 149
9.1.1 Normalabfluss 149
9.1.2 Einfluss der Querschnittsform 159
9.1.3 Ebene Strömung mit freier Oberfläche 163
9.1.4 Gegliederte Gerinne 166
9.1.5 Mindestenergiehöhe und mögliche Wassertiefen 171
9.1.6 Örtliche Verlusthöhen bei strömendem Abfluss 176
9.1.7 Aufstau 183
9.1.8 Ungleichförmiger Abfluss in Gerinnen 188
9.2 Instationäre Strömungen mit freiem Wasserspiegel 210
9.2.1 Vorkommen, häufige Berechnungsfälle 210
9.2.2 Instationäre Spiegellinienberechnung 211
9.2.3 Einzelwellen, Schwall und Sunk 215
9.2.4 Fortschreitende Oberflächenwellen 219
9.2.5 Wellenbewegung unter Ufereinfluss 225
9.2.6 Bauwerksbelastung durch Wellen 232
9.2.7 Seegangsvorhersage 237
9.3 Einleitungs- und Ausbreitungsvorgänge 243
9.3.1 Umweltrelevante Strömungsprobleme 243
9.3.2 Geschichtete Ausbreitung 245
9.3.3 Durchmischte Ausbreitung 253
9.4 Sedimenttransport 264
9.4.1 Ursachen, Arten, Begriffe 264
9.4.2 Sohlenbeanspruchung 268
9.4.3 Transportwirksame Schubspannung 270
9.4.4 Kritische Sohlenschubspannung 277
9.4.5 Geschiebetransport 287
9.4.6 Schwebstofftransport 295
9.4.7 Gesamttransport 304
9.4.8 Eintiefung und Auflandung 310

Literatur 321

Sachverzeichnis 327

Formelzeichen

A	m²	Querschnitt, Fließquerschnitt, Stromröhrenquerschnitt
B	m	Breite, allg.
BH	symb	Kürzel für Bezugshorizont
C	–	1. Konzentration, insbesondere Schwebstoffkonzentration
		2. wenn überstrichen: zeitlich gemittelt
Chl	kg/m²	Chlorophyllgehalt (biogene Sohlendeckschicht)
C_L	–	lineare Konzentration
C_o	–	Referenzkonzentration
C'	–	turbulente Konzentrationsschwankung
D	m	hydraulischer Durchmesser
D	m²/s	1. Diffusivität, molekulare/turbulente
		2. Dispersionskoeffizient
DL	symb	Kürzel für Drucklinie
E	–	1. dimensionsloser Einleitungsimpuls
		2. Einstein-Faktor (Sedimenttransport)
E	N/m²	Elastizitätsziffer (Hooke)
EH	symb	Kürzel für Energiehorizont
EL	symb	Kürzel für Energielinie
E_R	N/m²	Elastizitätsziffer des Rohrmaterials
Fr	–	Froude-Zahl
Frd	–	densimetrische Froude-Zahl
G	vect	Schwerkraftvektor, Eigengewichtsvektor
G	N	Gewicht, Eigengewicht, Betrag von **G**
H	m	1. örtliche Energiehöhe
		2. Grundwasserspiegellage
		3. Wellenhöhe, Abstand zwischen Wellenberg und Wellental
HF1	–	mit I1 gebildete Hilfsfunktion
HF2	–	mit I2 gebildete Hilfsfunktion
H_o	m	Gesamtenergiehöhe (einschl. Verlusthöhe)
H_s	m	sohlenbezogene Energiehöhe (Gerinne)
H_{smin}	m	sohlenbezogenes Energiehöhenminimum, Mindestenergiehöhe
I	–	1. Energieliniengefälle
		2. Potentialgefälle (Grundwasser)

I1	–	Integralfunktion 1 des Einstein-Modells (Sedimenttransport)
I2	–	Integralfunktion 2 des Einstein-Modells (Sedimenttransport)
I_s	–	Sohlengefälle (Gerinne)
I_w	–	Gefälle des Wasserspiegels, Spiegelliniengefälle
K	*vect*	Kraftvektor (allg.)
K	–	1. beliebige Konstante
		2. Reflexionskoeffizient (Wellen)
K	N	Betrag von **K**
K	s²/m	die Verlusthöhe erfassender Faktor, meist zusammen mit der Geschwindigkeitshöhe
K_R	–	Refraktionskoeffizient (Wellen)
K'	–	Diffraktionskoeffizient (Wellen)
L	m	1. beliebige Länge, meist Abstand in Fließrichtung
		2. Sickerweglänge (Grundwasser)
		3. Wellenlänge (Wellen)
		4. Transportkörperlänge (Sedimenttransport)
M_G	kg/s	Geschiebetransport
M_S	kg/s	Schwebstofftransport
OW	*symb*	Kürzel für Oberwasser
P	*vect*	Druckkraftvektor (im Stromröhrenquerschnitt)
Q	m³/s	1. Durchfluss, Abfluss, Volumentransport
		2. Einspeisung (Grundwasser)
Q^*	–	virtuelle dimensionslose Einleitung
R	*vect*	Vektor der Strömungswiderstände
R	m	hydraulischer Radius
Re	–	Reynolds-Zahl
Re^*	–	sedimentologische Reynols-Zahl
Re_s	–	granulometrische Reynolds-Zahl
Re_w	–	Reynolds-Zahl der Sinkgeschwindigkeit
R_s	m/s²	Komponente von **R** in s-Richtung
S	–	1. dimensionslose Selbstbelüftungskennzahl (Lufteinmischung)
		2. dimensionslose Stabilitätskennzahl (Ausbreitungsvorgänge)
S	m²	Speicherfähigkeit (Grundwasser)
S	N	Stützkraft
SL	*symb*	Kürzel für Spiegellinie (auch: SPL)
T	m	Transportkörperhöhe (Sedimenttransport)
T	m²/s	Transmissivität
T	s	Wellenperiode (Wellen)
U	*vect*	Vektor der Umfangskräfte
U	m	1. benetzter Umfang (Gerinne)
		2. Kelchumfang (Überfälle)
UW	*symb*	Kürzel für Unterwasser
V	*vect*	Geschwindigkeitsvektor
V	m³	Volumen (allg.)
V	m/s	Betrag von **V** (falls nicht v)

Formelzeichen

W	*vect*	Vektor der Wasserdruckkraft (Hydrostatik)
W	N	1. Wasserdruckkraft, Betrag von **W**
		2. Widerstand (allg.)
WSP	*symb*	Kürzel für Wasserspiegel
a	m/s	1. Druckwellengeschwindigkeit (Druckstoß)
		2. Wellengeschwindigkeit (Wellen)
a^*	m/s	Gruppengeschwindigkeit (Wellen)
b	m	Breite, insbesondere Spiegelbreite (Gerinne)
c	–	1. Abminderungsfaktor (rückgestaute Abflüsse)
		2. Korrekturfaktor der Borda-Formel
		3. Reduktionsfaktor (Sohlschub)
c	m/s	Schallgeschwindigkeit (Druckstoß)
c	m²/s	Drallkonstante
c_w	–	Widerstandsbeiwert
d	m	Rohrdurchmesser
d^*	–	dimensionslose Korngröße
d_K	m	Korndurchmesser (Einzel- oder Einheitskorn)
d_m	m	maßgebender Korndurchmesser (Sedimenttransport)
e	–	Porenzahl
e	m	Abstand, Exzentrizität
f	–	1. allg. Funktionszeichen
		2. Überschussfunktion nach Engelund-Fredsoe
f	–	Formbeiwert (Marchi-Konzept)
g	m/s²	Erdbeschleunigung, Gravitationskonstante
g'	m/s²	modifizierte Erdbeschleunigung (Dichtestrom, Sedimenttransp.)
h	m	1. Abstand vom Wasserspiegel (Hydrostatik)
		2. Überfallhöhe
		3. Grundwassertiefe
		4. piezometrische Höhe
		5. Wassertiefe (Gerinne)
h_{gr}	m	Grenztiefe, kritische Tiefe
h_o	m	Wassertiefe (Wellen)
h_u	m	UW-seitige Höhenlage des Wasserspiegels
h_v	m	Verlusthöhe
i_s	m/s	Infiltration (Grundwasser)
k	m	äquivalente Sandrauheit
k	m⁻¹	Wellenzahl
k/d	–	relative Rauheit (Rohre)
k/D	–	relative Rauheit (allg.)
k_f	m/s	Durchlässigkeit nach Darcy
k_{St}	m^{1/3}/s	Strickler-Beiwert
l	m	1. Länge allg.
		2. Sickerweglänge (Grundwasser)
		3. Mischungsweglänge (Prandtl)

m	kg/ms	Gesamttransportrate
m_G	kg/ms	Geschiebetransportrate
min H_s	m	Energiehöhenminimum, Mindestenergiehöhe
m_o	–	stationäre Betriebskennziffer
m_S	kg/ms	Schwebstofftransportrate
n	–	Porenanteil
n	s/m$^{1/3}$	Manning-Beiwert
n_{hy}	–	hydraulische Porosität
p	–	1. Transportwahrscheinlichkeit (Sedimenttransport)
		2. häufig für Porosität
p	N/m^2	1. Flüssigkeitsdruck, hydrostatischer Druck
		2. mit Argument: Druckverteilung
p_i	–	Kornfraktionsanteil
q	m^2/s	Durchfluss in der Breiteneinheit
r	–	Diffusionskorrektur (Sedimenttransport)
s	m	1. Lage des Druckmittelpunkts (Hydrostatik)
		2. Wegkoordinate (natürliche Koordinaten)
v	m/s	1. Filtergeschwindigkeit (Grundwasser)
		2. mittlere Geschwindigkeit (Querschnitts- oder Tiefenmittel), mitunter auch: v_m
		3. wenn überstrichen: zeitlich gemittelt
		4. mit Argument: Geschwindigkeitsverteilung (-profil)
v*	m/s	Schubspannungsgeschwindigkeit
v_a	m/s	Abstandsgeschwindigkeit (Grundwasser)
v_{gr}	m/s	Grenzgeschwindigkeit, kritische Geschwindigkeit
v_i	m/s	Geschwindigkeitskomponenten, auch: v_x, v_y, v_z
v'	m/s	turbulente Geschwindigkeitsschwankung
w	m/s	Sinkgeschwindigkeit
w	m	Wehrhöhe, Schwellenhöhe
z	m	1. geodätische Höhe
		2. vertikale oder sohlennormale Koordinate
z_s	m	Sohlenhöhe über Bezugshorizont
α	–	Geschwindigkeitshöhenausgleichsbeiwert
β	–	Rohrachsrichtung, Sohlneigung
β_*	–	Vanoni-Rouse-Exponent (Schwebstofftransport)
Γ	symb	Zeichen für eine beliebige Transportgröße, z. B. Wärme
δ	–	1. allg. Richtungsangabe, z. B. Störwellenrichtung (Gerinne)
		2. Kontraktionsziffer
δ	m	Grenzschichtdicke
δ	m^2/s	Diffusivität, Diffusionskoeffizient
Δ	symb	1. Differenzensymbol
		2. Laplace-Operator, Differentiator 2.Ordnung
$\Delta\rho$	kg/m^3	Dichteunterschied
ϵ	m^2/s	Wirbelviskosität (Austauschgröße: $\rho\epsilon$,)
ϵ	N/m^2	zweiter Parameter des Prandtl-Eyring-Schergesetzes

Formelzeichen

ζ	–	Verlustbeiwert
η	–	Schließ- bzw. Öffnungsgrad
η	kg/ms	dynamische Viskosität
η_o	kg/ms	Anfangsviskosität (pseudoplastische Medien)
θ	–	Strömungsintensität (Sedimenttransport)
Θ	°C	Temperatur (Celsius)
θ_c	–	kritische Strömungsintensität, Shields-Wert
θ'	–	reduzierte Strömungsintensität $c\theta$
κ	–	Kármán-Konstante
λ	–	Widerstandsbeiwert (kontinuierliche Verluste)
μ	–	1. Gleitreibungswinkel (Schüttgut)
		2. Überfall-, Ausfluss- oder Abflussbeiwert
ν	m²/s	kinematisch Viskosität η/ρ
ϑ	–	Laursen-Parameter v_*/w
ϑ_c	–	Liu-Wert (Transportbeginn)
ϑ_{sc}	–	kritischer Laursen-Wert (Suspensionsbeginn)
ρ	kg/m³	Dichte
ρ_L	kg/m³	Lagerungsdichte (Schüttgut)
ρ_s	kg/m³	Feststoffdichte (Sediment)
σ	s⁻¹	Wellenfrequenz
τ	N/m²	1. Schubspannung an der Wand/Sohle
		2. mit Argument: Schubspannungsverteilung (-profil)
τ_c	N/m²	kritische Sohlenschubspannung
τ_s	N/m²	wirksamer Schub (Dichteströme)
τ'	N/m²	reduzierte Sohlenschubspannung $c\tau$
φ	m	1. Potentialfunktion (Grundwasser)
		2. Druckhöhenfunktion (Druckstoß)
φ	m²/s	Potentialfunktion, Geschwindigkeitspotential
ϕ	–	Gesamttransportintensität
ϕ	m	1. modifiziertes Geschwindigkeitspotential (Grundwasser)
		2. Druckhöhenfunktion (Druckstoß)
ϕ_G	–	Geschiebetransportintensität
ϕ_S	–	Schwebstofftransportintensität
Ψ	–	Bewegungsintensität (Sedimenttransport)
Ψ	m²/s	Stromfunktion
Ψ'	–	reduzierte Bewegungsintensität
∇	symb	Nabla-Operator, vektorieller Differentiator 1.Ordnung

Kapitel 1
Einführung

1.1 Hydraulik als angewandte Hydromechanik

Mit dem Begriff Technische Hydraulik wird im Bauingenieurwesen eine praktizierte Strömungslehre bezeichnet. In rechentechnischer Hinsicht ist ein wesentliches Merkmal dieser angewandten Hydromechanik die Vereinfachung strenger hydromechanischer Gesetzmäßigkeiten zu anwenderfreundlicheren, weniger rechenintensiven Ausdrücken. Zu diesen gehören insbesondere die sog. eindimensionalen Ansätze. Wohl mehr als 90 % aller überhaupt vorkommenden hydraulischen Berechnungsaufgaben betreffen diese Kategorie und gehören zur alltäglichen Routine des mit Strömungsproblemen befassten Ingenieurs. Trotz der bemerkenswerten Entwicklung von numerischen Verfahren in der computergestützten Hydromechanik besteht daher auch weiterhin großer Bedarf an rechenzeitsparenden Arbeitsweisen, wie sie von der Technischen Hydraulik vermittelt werden.

Für ein Kompendium, das diesem Arbeitsbereich dienen soll, kommt es darauf an, dass es nicht nur als Nachschlagewerk und Formelsammlung nutzbar ist, sondern auch als kurzgefasstes Lehrbuch verwendet werden kann. Daher wird im folgenden bei aller Betonung des jeweiligen Anwendungsfalls auch den theoretischen Grundlagen Aufmerksamkeit gewidmet. Es ist vor allem wichtig, bei der Darstellung der zur Technischen Hydraulik vereinfachten Hydromechanik auf Herkunft und Zusammenhänge Rücksicht zu nehmen, damit vereinfachungsbedingte Anwendungsgrenzen erkennbar werden. Dies beginnt bereits bei der Erläuterung der in der Technischen Hydraulik vorkommenden Begriffe, die mit denen der Hydromechanik nicht immer übereinstimmen.

Es bedarf zunächst einer begrifflichen Abgrenzung der einzelnen Teilgebiete der Hydraulik gegeneinander. Ferner zeigt die mit Abb. 1.1 gegebene Übersicht, wie diese Teilgebiete dem Oberbegriff Hydromechanik zugeordnet sind. Ergänzend ist anzumerken, dass das Teilgebiet Hydrostatik von den erwähnten Vereinfachungen nicht betroffen ist, vielmehr in der Technischen Hydraulik unmittelbar zur Anwendung kommt. Dagegen ist bei den Teilgebieten Rohr-, Gerinne- und Grundwasserhydraulik je nach Umfang der vorgenommenen Vereinfachungen, Vernachlässigungen oder Idealisierungen eine mehr oder weniger deutliche Distanz zwischen Hydromechanik und Technischer Hydraulik zu verzeichnen.

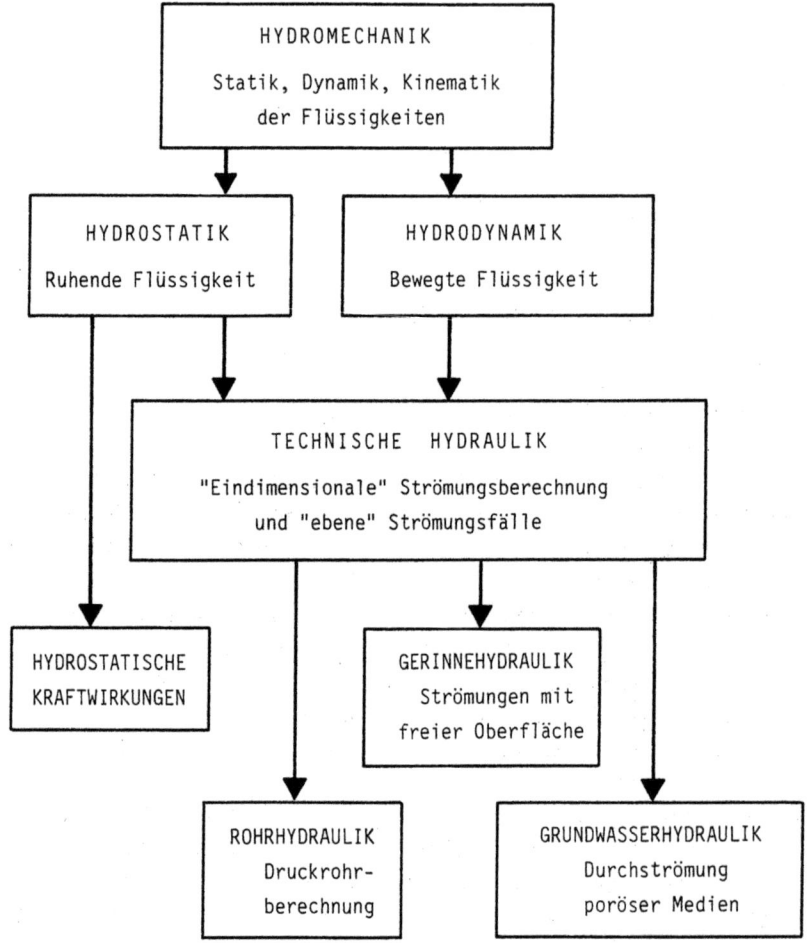

Abb. 1.1 Hydromechanik und Technische Hydraulik

1.2 Fluidbezogene hydraulische Begriffe

Der mit Abb. 1.1 gezeigte Zusammenhang zwischen der Hydromechanik und den verschiedenen Teilgebieten der Technischen Hydraulik ist mit dieser Darstellung allein nicht begründbar. Es gehören weitere Merkmale dazu, derartige Abgrenzungen vornehmen zu können. Diesbezügliche Kriterien sind außer durch kinematische Erscheinungsformen auch durch materialbedingte Eigenschaften gegeben. Letztere werden üblicherweise unter dem Begriff Flüssigkeitsart zusammengefasst.

Eigentliche Unterscheidungsmerkmale der verschiedenen Fluide sind in erster Linie die Zusammendrückbarkeit und das Reibungsverhalten. Mit diesen lassen sich

1.2 Fluidbezogene hydraulische Begriffe

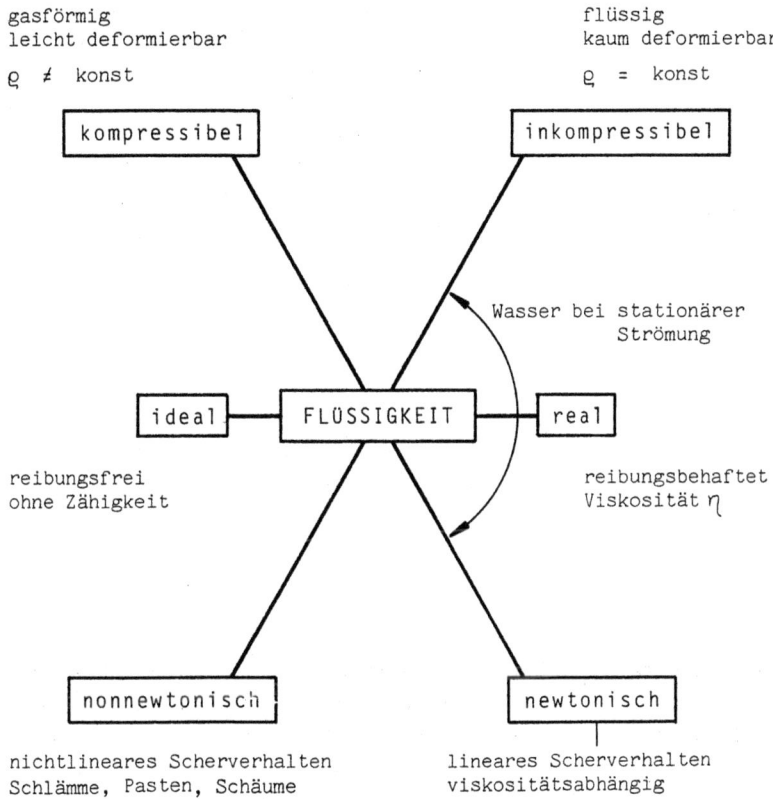

Abb. 1.2 Flüssigkeitsarten

die Flüssigkeiten durch Hinzufügen entsprechender Attribute wie etwa in Abb. 1.2 in bestimmte Gruppen einteilen.

Mit der Kompressibilität werden zunächst die gasförmigen Fluide von den inkompressiblen Flüssigkeiten abgegrenzt. Zu diesen gehören alle Fluide, von denen eine konstante Materialdichte ρ angenommen werden darf, insbesondere auch Wasser. Dazu muss allerdings angemerkt werden, dass es Bewegungsvorgänge gibt, bei denen diese Annahme nicht oder nur eingeschränkt zulässig ist. Ein Beispiel dafür ist der sog. Druckstoß, dessen hydraulische Berechnung nicht ohne Berücksichtigung der Elastizität des Wassers möglich ist.

Nach dem Reibungsverhalten werden vorab reale von idealen Flüssigkeiten unterschieden, je nachdem ob in der hydraulischen Berechnung Flüssigkeitsreibung berücksichtigt wird oder nicht. Erst nach dieser Abspaltung der nicht vorkommenden, weil idealisierten Flüssigkeitsart (gar keine Reibung) wird weiter unterschieden nach der speziellen Art des Reibungsgesetzes.

Fluide, die ein lineares Reibungsverhalten aufweisen, werden als Newtonsche Flüssigkeiten bezeichnet. Bei einer ebenen Parallelströmung, die nur eine in z-Richtung variable x-Komponente der Geschwindigkeit aufweist, gehorchen solche

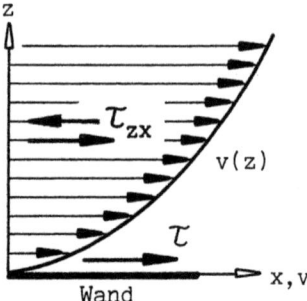

Abb. 1.3 Zur Definition der Schubspannung

Flüssigkeiten dem Newtonschen Elementaransatz für die Flüssigkeitsreibung, $\tau_{zx} = \eta\, d\mathrm{v}(z)/dz$, der als kennzeichnende Materialkonstante die Viskosität η enthält (oft auch: Zähigkeit η), die ein Maß für die Fließfähigkeit ist. Für die am meisten interessierende Schubbelastung der Wand bei $z = 0$, mit dem Formelzeichen τ (ohne Argument z) belegt, folgt daraus eine für die Technische Hydraulik sehr wichtige Gesetzmäßigkeit vgl. Abb. 1.3:

$$\tau = \eta \left[\frac{d\mathrm{v}(z)}{dz} \right]_{z=0} \tag{1.1}$$

Als Beispiel für ein hiervon abweichendes nicht-Newtonsches Reibungsverhalten sei das Prandtl-Eyring-Schergesetz genannt. Es würde analog lauten:

$$\tau = \varepsilon\, \mathrm{arcsinh} \left[\frac{\eta_0}{\varepsilon} \left(\frac{d\mathrm{v}(z)}{dz} \right)_{z=0} \right] \tag{1.2}$$

Flüssigkeiten, die dieses Reibungsverhalten zeigen, werden als pseudoplastische Substanzen bezeichnet. Ihre Materialkonstanten sind eine Anfangszähigkeit η_0 und ein Parameter ε, der die Veränderlichkeit der Zähigkeit unter wachsender Schubwirkung berücksichtigt. Im Bauingenieurwesen kommen derartige Medien allerdings praktisch nur selten vor. Über ihr Scherverhalten hat Schröder (1968) mit Beschränkung auf bauingenieurmäßige Fragen einen Überblick gegeben.

Mit diesen Unterscheidungen wird deutlich, welchen Sektor die Technische Hydraulik in der Übersicht über die Flüssigkeitsarten einnimmt. Abbildung. 1.2 weist ihn als den Bereich der realen, inkompressiblen, Newtonschen Flüssigkeiten aus. Wasser ist der für die Technische Hydraulik wichtigste Vertreter dieser Gruppe.

1.3 Bewegungsorientierte hydraulische Begriffe

Mit den vielfältigen Erscheinungen, die bei der Flüssigkeitsbewegung auftreten können, sind zahlreiche Begriffe verbunden, die in der Technischen Hydraulik ausnahmslos große Bedeutung haben. Einige davon setzen Wasser als Medium voraus. In Abb. 1.4 sind die wichtigsten genannt und stichwortartig erklärt.

1.3 Bewegungsorientierte hydraulische Begriffe

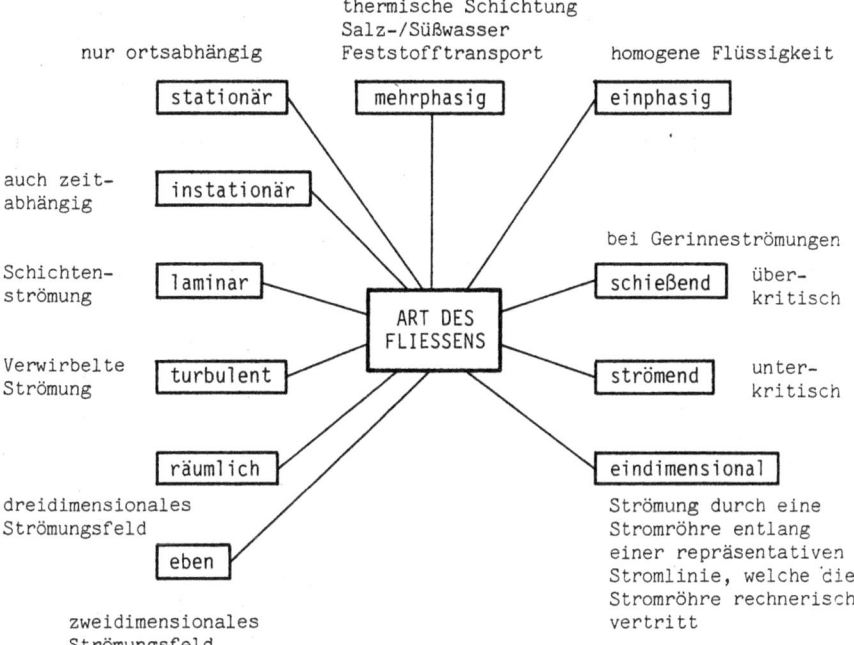

Abb. 1.4 Fließzustände

Unabhängig vom transportierten Medium und vom hydraulischen Transportsystem sind *stationäre* und *instationäre* Vorgänge zu unterscheiden, je nachdem ob ein Strömungsfeld nur örtlich variable Feldgrößen aufweist oder auch zeitlich veränderlich ist. Von dieser Unterscheidung sind sowohl einphasige als auch mehrphasige Vorgänge betroffen. Letztere gewinnen in der Technischen Hydraulik, ihrer Umweltrelevanz wegen, zunehmend an Bedeutung, denn sie betreffen auch den Transport von Fremdstoffen mit Wasser als Trägermedium. Dennoch sind einphasige Vorgänge das weiteste Arbeitsgebiet der Technischen Hydraulik.

Eine überaus wichtige Unterscheidung des Fließverhaltens ist mit den Begriffen Viskosität und Turbulenz verbunden. Beispielsweise hängt die nach (1.1) zu ermittelnde, vom Fluid ausgehende Schubbelastung einer parallel angeströmten Wand wesentlich davon ab, ob nur eine *viskose* (auch als *laminar* bezeichnete) Strömung vorliegt, in der die Widerstände von der Zähigkeit der Flüssigkeit hervorgerufen werden oder ob eine *turbulente* Strömung vorliegt, in der die turbulenzbedingte Durchmischung einen Effekt zusätzlicher, scheinbarer Zähigkeit hervorruft. Diese Bewegungsarten ergeben normal zur belasteten Wand äußerst verschiedene Geschwindigkeitsverteilungen, die gemäß (1.1) auf entsprechend unterschiedliche Wandschubspannungen führen.

Bei den Gerinneströmungen, worunter alle Fließvorgänge mit freiem Wasserspiegel zu verstehen sind liegen Besonderheiten vor, die Ähnlichkeit mit aerodynamischen Erscheinungen haben. In Analogie zur Schallgeschwindigkeit in der

Abb. 1.5 Zur Definition von Stromröhre und Stromlinie

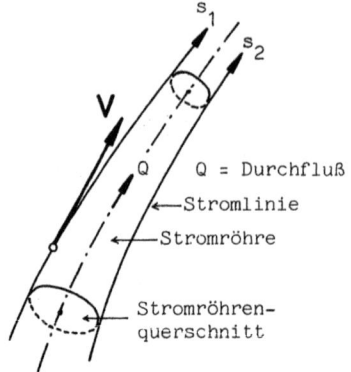

Atmosphäre gibt es bei Gerinneströmungen z. B. eine bestimmte Strömungsgeschwindigkeit, gegen welche sich Störungen wie z. B. kleine Oberflächenwellen nicht stromauf ausbreiten können. Man unterscheidet mit dieser, der Schallgeschwindigkeit entsprechenden sogenannten Grenzgeschwindigkeit, zwischen unterkritischer und überkritischer Fließgeschwindigkeit entsprechend den Bereichen Unterschall- und Überschallgeschwindigkeit. Klassische hydraulische Namen für diese Bewegungsformen sind *Strömen* und *Schießen*. Die mit diesen Vorgängen in offenen Gerinnen zusammenhängenden Fragen werden von der Technischen Hydraulik als *Theorie der kritischen Tiefe* behandelt.

Weitere Unterschiede ergeben sich je nach Art der ein Strömungsfeld begrenzenden Ränder. Grundsätzlich liegt ein dreidimensionales Strömungsfeld vor, das aber nicht notwendigerweise auch einen räumlichen Fließvorgang ergeben muss. Die Begrenzungen des Feldes können auch eine Parallelströmung erzwingen, die dann z. B. als zweidimensionaler Vorgang aufgefasst werden darf, wie etwa die Strömung zwischen zwei parallelen Platten. Vielfach kann eine strenggenommen räumliche Strömung rechnerisch durch eine solche ebene Strömung angenähert werden. Ein derartiger Schritt ist ein Beitrag zu der unter 1.1 erläuterten Vereinfachung der Hydromechanik und typisch für die Arbeitsweisen der Technischen Hydraulik. Noch deutlicher wird diese Tendenz, wenn die Strömungsberandungen es sogar erlauben, den Vorgang eindimensional zu behandeln, wie etwa bei der Durchströmung eines Druckrohres.

Bei der eindimensionalen Behandlung eines Fließvorgangs wird die Stromröhre (Abb. 1.5), durch die der Abfluss erfolgt, rechnerisch durch eine sozusagen stellvertretende, repräsentative Stromlinie ersetzt. Diese beiden Begriffe, Stromröhre und Stromlinie, leisten in der Technischen Hydraulik wertvolle Dienste und tragen wesentlich zum Verständnis hydraulischer Berechnungsansätze bei:

Stromlinie: Der Geschwindigkeitsvektor V bildet überall die Tangente der Stromlinie.
Stromröhre: Ein Bündel benachbarter Stromlinien bildet eine Stromröhre.

1.3 Bewegungsorientierte hydraulische Begriffe

Die zweidimensionale Darstellung einer Stromröhre (ebene Strömung) wird vielfach als *Stromfaden* bezeichnet. Die Mantelfläche einer Stromröhre wird von Randstromlinien gebildet oder fällt mit realen Berandungen (feste Wände, freier Wasserspiegel) zusammen. Die Stromröhrenquerschnitte liegen normal zu den Stromlinien. Sie werden als *Fließquerschnitte* bezeichnet, wenn eine real berandete Stromröhre vorliegt. Vor allem für stationäre Strömungen mit inkompressiblen Medien, wie in der Technischen Hydraulik mit Wasser, gehen aus vorstehenden Definitionen Aussagen hervor, an denen die Nützlichkeit des Stromröhrenkonzepts erkennbar ist:

> Durch die Mantelfläche einer Stromröhre ist kein Durchfluss möglich, weil der Geschwindigkeitsvektor überall die Richtung der Stromlinien hat.

> Durch aufeinander folgende Stromröhrenquerschnitte fließt infolgedessen zu jedem Zeitpunkt der gleiche Durchfluss.

Es ist damit u. a. möglich, für die Fließquerschnitte einer real berandeten Stromröhre mittlere Geschwindigkeiten (Querschnittsmittel) zu definieren, die stellvertretend für die tatsächliche Geschwindigkeitsverteilung über dem Querschnitt in die hydraulische Berechnung eingehen.

Nach der vorstehend durchgeführten, einführenden Erläuterung der die Technische Hydraulik betreffenden Begriffe wird in allen folgenden Betrachtungen vorausgesetzt, dass als Fluid ausschließlich Wasser zugrunde gelegt ist. Außer Newtonschem Reibungsverhalten wird dabei auch Inkompressibilität angenommen. Wo im Einzelfall hiervon abweichende Untersuchungen nötig sind, wird darauf betont deutlich hingewiesen.

Kapitel 2
Hydrostatische Nachweise

2.1 Druckverteilung

Bei einer ruhenden Flüssigkeit ist in Bezug auf den Flüssigkeitsdruck und seine Wirkungen von folgenden Beobachtungen auszugehen:

Der Druck in einer ruhenden Flüssigkeit ist richtungsunabhängig.

Der Druck ergibt auf einer betroffenen ebenen Fläche eine normal zu dieser orientierte Druckkraft.

Die Druckverteilung lässt sich auf Grund dieser Aussagen mit einer Gleichgewichtsbetrachtung an einem Flüssigkeitselement bestimmen. Im irdischen Gravitationsfeld wirkt der Summe der an den Elementflächen angreifenden Druckkräfte nur das Eigengewicht des Flüssigkeitselements entgegen. Im Ruhezustand muss Kräftegleichgewicht herrschen, so dass sich folgende Gleichgewichtsbedingungen ergeben (Abb. 2.1):

$$-\left(\frac{\partial p}{\partial x}dx\right)dydz = 0 \quad \text{in } x\text{-Richtung,}$$

$$-\left(\frac{\partial p}{\partial y}dy\right)dxdz = 0 \quad \text{in } y\text{-Richtung,}$$

$$-\left(\frac{\partial p}{\partial z}dz\right)dxdy - dG = 0 \quad \text{in } z\text{-Richtung.}$$

Die ersten beiden Gleichungen lassen erkennen, dass in jeder Horizontalebene $p = konst$ gilt, d. h. der Druck p ist nicht von x und y abhängig, wenn das Koordinatensystem mit der z-Achse vertikal ausgerichtet ist. Nur in der z-Richtung ergibt sich mit $dG = g\,dm = \rho\,g\,dxdydz$ eine Abhängigkeit $p\,(z)$.

Weil $\partial p/\partial z = dp/dz$ gesetzt werden kann, folgt $dp = -\rho\,g\,dz$ und damit eine lineare Druckverteilung, $p\,(z) = C - \rho g z$ (Abb. 2.2). An der freien Flüssigkeitsoberfläche bei $z = h_o$ herrscht Atmosphärendruck p_o, so dass sich $p = p_o + \rho g(h_o - z)$ ergibt. Wird als

Abb. 2.1 Kräfte am Flüssigkeitselement

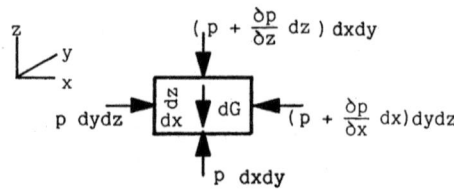

Abb. 2.2 Lineare Druckverteilung

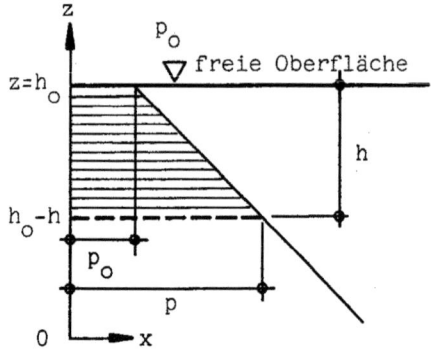

Abstand unter der freien Oberfläche $h = h_0 - z$ eingeführt, so ergibt sich schließlich als hydrostatische Druckverteilung:

$$p = p_0 + \rho g h \tag{2.1}$$

Es ist üblich, $p_0 = 0$ zu setzen, so dass dann mit p (eigentlich mit $p - p_0$) der Überdruck gegenüber dem Atmosphärendruck berechnet wird.

2.2 Druckkraft nach Richtung und Größe

Ein Flächenelement dA, das Teil einer mit $p(h)$ hydrostatisch belasteten Fläche ist, erfährt eine Druckkraft $dW = p\,dA$, deren Betrag sich ergibt aus

$$dW = \sqrt{dW_x^2 + dW_y^2 + dW_z^2}\ .$$

Die Komponenten von dW sind als $dW_i = p\,dA_i$ (mit $i = x, y, z$) anzusetzen und ergeben über der betrachteten Gesamtfläche eine Druckkraft mit den Komponenten $W_i = \int_{A_i} p\,dA_i$. Mit (2.1) und bei Annahme von $p_0 = 0$ wird daraus $W_i = \rho g \int_{A_i} h\,dA_i$, wobei $\int h\,dA_i = V_i$ das Volumen der über A_i (normal darauf) lastenden Druckfigur darstellt. Mit dem Schwerpunktsatz, $\int h\,dA_i = h_{si}\,A_i$, entsteht schließlich (Abb. 2.3):

$$W_i = \rho g h_{si} A_i, \quad i = x, y, z \tag{2.2}$$

Abb. 2.3 Zur Definition der Druckkraft

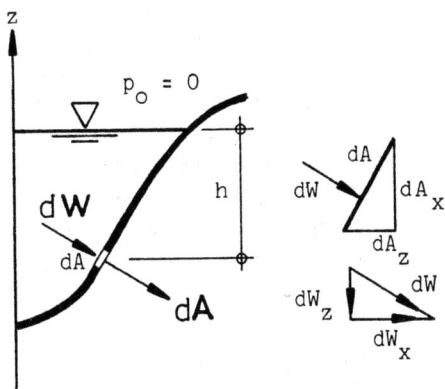

Es bedeuten: W_i = Druckkraftkomponente in i = x,y,z-Richtung, A_i = Projektionsfläche von A in i = x,y,z-Richtung und h_{si} = mittlere Höhe der über A_i lastenden Druckfigur V_i.

Mit (2.2) folgt noch $W = \sqrt{\Sigma W_i^2}$ als Größe der Gesamtdruckkraft. Die Komponenten W_i betreffend gelten also folgende Merksätze:

Die Größe von W_i ist durch den Inhalt V_i der über A_i lastenden Druckfigur gegeben.
Der Druckkörperinhalt beträgt $V_i = h_{si} A_i$.

Hilfsmittel für solche Auswertungen sind in Form von h_s-Werten häufig vorkommender Projektionsflächen unter 2.4 zusammengestellt.

Anzumerken ist noch, dass sich neben einer Resultierenden W aus den drei W_i zusätzlich auch ein resultierendes Moment ergeben kann. Im zweidimensionalen (ebenen) Fall ist jedoch stets ein Schnitt der beiden Komponenten erzielbar, wobei sich die Richtung von W aus deren Verhältnis zueinander ergibt.

2.3 Lage der Druckkraft

Die hydrostatische Berechnung ist mit der Ermittlung der Druckkraftresultierenden nach Richtung und Größe noch nicht vollständig. Der Nachweis einer durch Wasserdruck hervorgerufenen Bauwerksbelastung erfordert darüber hinaus auch die Angabe des Angriffspunkts der Resultierenden auf der belasteten Fläche. Die diesbezügliche Berechnung erfolgt komponentenweise, indem für jede Druckkraftkomponente W_i in der zugehörigen Projektionsfläche A_i der sog. *Druckmittelpunkt* bestimmt wird. Dieser ergibt sich für jedes A_i mit Hilfe zweier Momentengleichungen. Für die x-Komponente (i = x) ist $W_x = \rho g \int_{A_x} h \, dA_x = \rho g V_x$, worin V_x das Volumen der über A_x lastenden (normal zur Fläche A_x aufgetragenen) Druckfigur angibt, siehe 2.2, und die Momentengleichungen lauten (Abb. 2.4):

Abb. 2.4 Bestimmung des Druckmittelpunkts

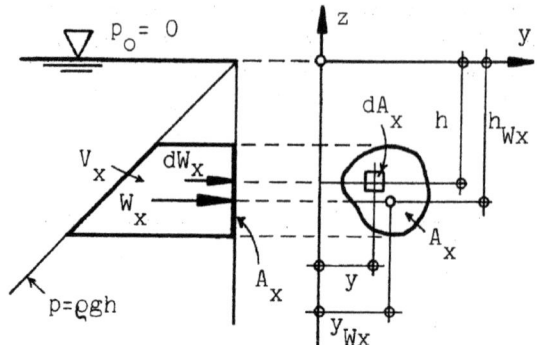

$$h_{Wx} W_x = \int_{Ax} h \, dW_x \qquad \text{in Bezug auf die y-Achse}$$

$$y_{Wx} W_x = \int_{Ax} y \, dW_x \qquad \text{in Bezug auf die z-Achse}$$

Darin ist $dW_x = p \, dA_x = \rho g \, h \, dA_x = \rho g \, dV_x$ mit dem Volumen dV_x der Druckfigur über dA_x. Der Schwerpunktsatz führt schließlich auf:

$$h_{Wx} V_x = \int_{Ax} h \, dV_x \qquad y_{Wx} V_x = \int_{Ax} y \, dV_x \qquad (2.3)$$

Weitere vier Gleichungen sind analog für W_y und W_z erhältlich, wodurch die Frage nach der Lage der Druckkraftresultierenden beantwortbar wird. Für die praktisch vorkommenden hydrostatischen Aufgaben genügen aber bereits die aus (2.3) hervorgehenden Aussagen. Danach ergeben sich folgende Verallgemeinerungen ($i = x,y,z$):

> Die Lage der Druckkraftkomponenten W_i ist durch den Druckmittelpunkt der Projektionsfläche A_i gegeben. Druckmittelpunkt von A_i ist die Projektion des Schwerpunkts der über A_i lastenden Druckfigur in die Fläche A_i. Druckmittelpunkt von A_i und Flächenschwerpunkt von A_i fallen nicht notwendigerweise zusammen.

Zum Begriff Druckmittelpunkt, der z. B. für die Projektionsfläche A_x gemäß (2.3) durch die Koordinaten h_{Wx} und y_{Wx} gegeben ist, hat man zu beachten, dass die Druckverteilung über der Projektionsfläche im allgemeinen nicht konstant ist. Eine Ausnahme liegt vor, wenn die bei vertikal angeordneter z-Achse parallel zum freien Wasserspiegel ausgerichtete Fläche A_z mit der belasteten Fläche A zusammenfällt. Diese weist dann eine gleichmäßige Druckverteilung auf.

2.4 Ersatzflächenmethode

Der meist unterschätzte Aufwand für hydrostatische Nachweise kann erheblich vermindert werden, wenn es gelingt, die Belastung komplizierter Bauwerksflächen durch geschickte Ausnutzung der aus (2.2) und (2.3) hervorgegangenen Schlussfolgerungen auf solche von ebenen Flächen zurückzuführen.

2.4 Ersatzflächenmethode

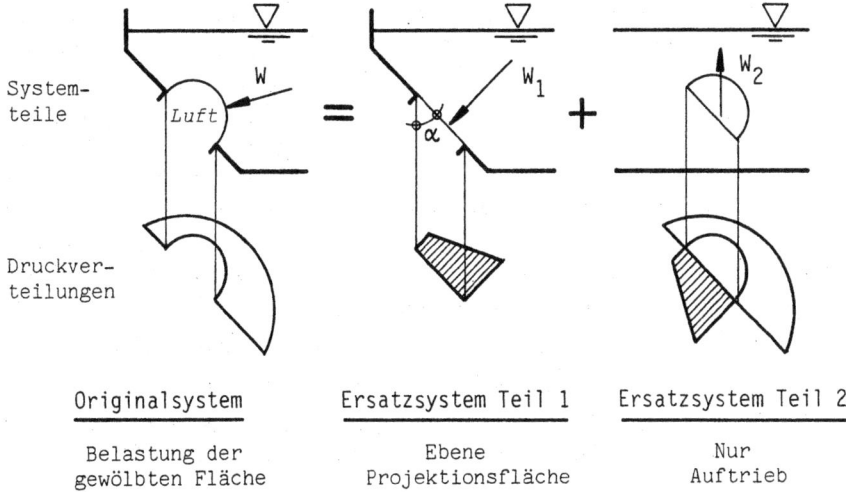

Abb. 2.5 Systemzerlegung mit ebenen Schnittflächen. Beispiel: Böschung eines Wasserbeckens mit gewölbtem Sichtfenster

Abb. 2.6 Teilkräfte

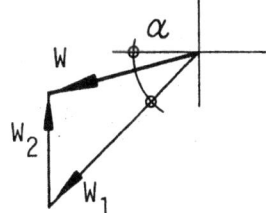

Dies wird durch Systemzerlegung unter Anwendung des Schnittprinzips wie in der Statik möglich. Dabei werden durch Abtrennen von Systemteilen mittels ebener Schnitte aus dem Originalsystem mehrere Teilsysteme geschaffen. Für diese können die Wasserdruckkräfte leicht bestimmt werden, wenn die Abtrennung so vorgenommen wird, dass die abgetrennten Systemteile nur Auftrieb (oder Eigengewicht) erfahren. Die durch die Abtrennung entstandenen Schnittflächen haben hydrostatische Schnittlasten, die sich beim Zusammenfügen der Systemteile gegenseitig aufheben. Abbildung 2.5 erläutert dies in einem zweidimensionalen Beispiel. Die in diesem Fall leicht bestimmbaren Teilkräfte W_1 und W_2 ergeben beim Zusammensetzen des Systems zwangsläufig die gesuchte resultierende Wasserdruckkraft nach Größe und Richtung. Wäre das Sichtfenster umgekehrt gewölbt, so hätte das Schnittprinzip zu einem von Luft umgebenen Systemteil Nr. 2 geführt, der wegen seiner Wasserfüllung folglich eine durch deren Eigengewicht festgelegte vertikale Teilkraft W_2 ergeben hätte (Abb. 2.6).

Auch mit dieser Ersatzflächenmethode ist der Rechenaufwand mitunter noch erheblich. Ein wertvolles Hilfsmittel steht aber zur Verfügung, wenn die Schnittflächen,

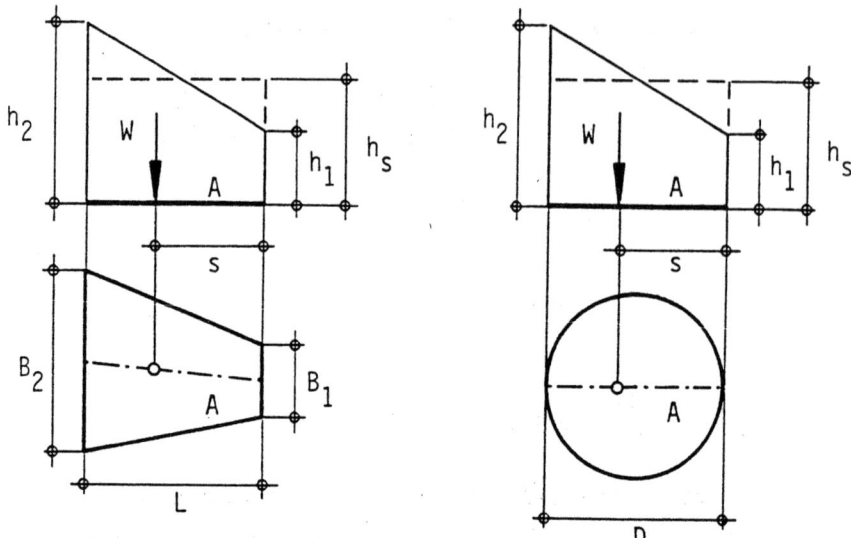

Abb. 2.7 In der Hydrostatik häufig vorkommende ebene Flächen; *links* Trapezflächen, *rechts* Kreisflächen, *oben* Seitenansicht und Druckverteilung, *unten* Grundriss mit Druckmittelpunkt

die bei der Systemzerlegung entstehen, geometrisch einfache Formen aufweisen. Ergeben sich rechteckige, quadratische, trapezförmige, dreieckige oder kreisförmige Ersatzflächen, so wird die hydrostatische Berechnung durch Anwendung nachstehender Relationen sehr erleichtert.

Bei diesen einfachen geometrischen Formen genügt die Angabe folgender drei Größen, um die resultierende Druckkraft W und ihre Lage beschreiben zu können:

A druckbelastete Fläche
h_s mittlere Höhe der über A lastenden Druckfigur
S Lage des Druckmittelpunkts auf der jeweiligen Mittellinie der Fläche A wie mit Abb. 2.7 definiert

Außer den Abmessungen der belasteten Fläche werden als lastabhängige Eingangsinformationen die Randdruckhöhen $h_1 = p_1/\rho g$ und $h_2 = p_2/\rho g$ benötigt, wobei die Ränder gemäß Abb. 2.7 orientiert sind. Die genannten Rechengrößen sind je nach Form der ebenen Fläche sehr unterschiedlich.

Trapez (einschl. Sonderfälle):

$$A = \frac{L}{2}(B_1 + B_2)$$

$$h_s = \frac{B_1(2h_1 + h_2) + B_2(h_1 + 2h_2)}{3(B_1 + B_2)}$$

$$s = \frac{L}{2} \frac{B_1(h_1 + h_2) + B_2(h_1 + 3h_2)}{B_1(2h_1 + h_2) + B_2(h_1 + 2h_2)}$$

2.4 Ersatzflächenmethode

Der Druckmittelpunkt liegt auf der Mittellinie.

Sonderfälle: $B_1 = B_2$ Rechteck
                $B_1 = B_2 = L$ Quadrat
                $B_1 = 0$ oder $B_2 = 0$ Dreieck

Kreis

$$A = \frac{1}{4}\pi D^2$$

$$h_s = \frac{1}{2}(h_1 + h_2)$$

$$s = \frac{D}{2}\left(1 + \frac{1}{4}\frac{h_2 - h_1}{h_2 + h_1}\right)$$

Der Druckmittelpunkt liegt auf der Symmetrieachse.

Mit A und h_s ergibt sich nach (2.2) zunächst die Größe der Druckkraft, $W = \rho g h_s A$. Ihre Richtung ist durch die Flächennormale festgelegt. Mit s ist auf einfachste Weise auch ihr Angriffspunkt feststellbar.

Kapitel 3
Hydromechanische Grundlagen

3.1 Allgemeine Transportbilanz

Die hydromechanischen Gesetzmäßigkeiten, denen eine Flüssigkeitsbewegung folgt, bilden die Basis für die in der Technischen Hydraulik in Ansatz zu bringenden Grundgleichungen. Es ist daher zweckmäßig, der Beschreibung dieser Gleichungen eine kurze Betrachtung über deren hydromechanische Herkunft voranzustellen. Aus Gründen der Überschaubarkeit werden die benötigten hydromechanischen Bedingungen nachstehend mit Hilfe einer allgemeinen Transportbilanz dargestellt.

Dabei geht es um die Änderung $\Delta\Gamma$, die eine von der Strömung durch einen ortsfest abgegrenzten Raumteil transportierte physikalische Größe Γ erfährt (Abb. 3.1).

Für Γ kann z. B. mitgeführte Wärme in Frage kommen, oder komponentenweise auch transportierter Impuls. Zu der Änderung $\Delta\Gamma$ tragen folgende Mechanismen bei:

T   Transport von Γ mit der Strömung
D   Transport von Γ durch molekulare Diffusion
S   Zuwachs von Γ infolge innerer Quellen/Senken
W   etwaige Wirkungen auf die Hüllflächen des Raumteils,
    von der Art von Γ abhängig

Mit diesen kann zunächst qualitativ formuliert werden:

$$\Delta\Gamma = (T_{ein} - T_{aus}) + (D_{ein} - D_{aus}) + S + W \tag{3.1}$$

Ob W zu dieser Bilanz einen Beitrag liefert, hängt von Γ ab. Er kommt zum Tragen, wenn Kräfte (Impulsströme) bilanziert werden, wobei die Druckverteilung über der Hüllfläche des abgegrenzten Raumteils nicht außer Betracht bleiben darf. Vorgänge mit $S = 0$ bezeichnet man als quellenfrei.

Wird als ortsfest abgegrenzter Raumteil ein Raumelement betrachtet, $dV = dxdydz$, so kann (3.1) präziser formuliert werden. Der Änderung $\Delta\Gamma$ entspricht dann eine Änderungsrate $\partial\Gamma/\partial t$. Die Differenz zwischen ein- und austretendem Transport von Γ durch die Strömung (T-Anteil) ergibt sich zu $-\left[\frac{\partial}{\partial x}(v_x\Gamma) + \frac{\partial}{\partial y}(v_y\Gamma) + \frac{\partial}{\partial z}(v_z\Gamma)\right] = -\nabla(V\Gamma)$, und für den D-Anteil findet man zunächst $-\left[\frac{\partial}{\partial x}D_x + \frac{\partial}{\partial y}D_y + \frac{\partial}{\partial z}D_z\right]$ (Abb. 3.2).

Abb. 3.1 Zur Transportbilanz

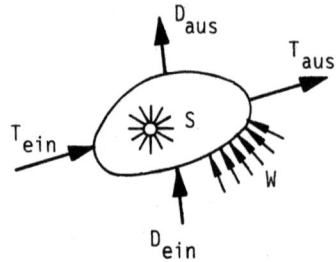

Abb. 3.2 Bilanz am Element

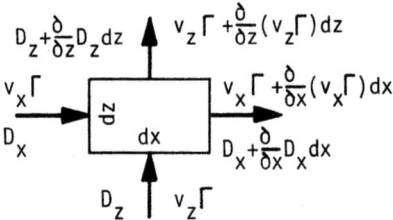

Die molekulare Diffusion kann dem Fickschen Gesetz entsprechend mit $D_x = -konst \cdot \frac{\partial}{\partial x}(\Gamma/\rho)$ in Rechnung gestellt werden (D_y und D_z analog), so dass sich $konst \cdot \left[\frac{\partial^2}{\partial x^2}(\Gamma/\rho) + \frac{\partial^2}{\partial y^2}(\Gamma/\rho) + \frac{\partial^2}{\partial z^2}(\Gamma/\rho)\right] = konst \cdot \Delta(\Gamma/\rho)$ als D-Beitrag zur Bilanz ergibt. Der Quellen/Senken-Term S schließlich wird aus Dimensionsgründen zweckmäßiger als $-\rho S$ angesetzt. Alles zusammengefaßt, führt auf eine allgemeine, elementare Transportbilanz:

$$\frac{\partial \Gamma}{\partial t} + \nabla(V\Gamma) - konst \cdot \Delta(\Gamma/\rho) - \rho S - W = 0 \quad (3.2)$$

Differentiatoren sind der Nabla-Vektor $\nabla = (\partial/\partial x \; \partial/\partial y \; \partial/\partial z)$ und der Laplace-Operator $\Delta = \nabla^2 = \partial^2/\partial x^2 + \partial^2/\partial y^2 + \partial^2/\partial z^2$. Die in (3.2) enthaltene Konstante ist Γ-Art-abhängig und steht für die jeweilige Diffusivität.

3.2 Spezifizierte Transportbilanz

3.2.1 Massentransport

Für die Massentransportbilanz ist die Transportgröße Γ in (3.2) durch die Dichte ρ der von der Strömung transportierten Flüssigkeit zu ersetzen, $\Gamma = \rho$.

In diesem Fall ist ferner $W = 0$, und es entfällt der Diffusionsanteil in der Bilanz. Folgende Aussagen werden erhalten:

Allgemeiner instationärer Fall: $\quad \dfrac{\partial \rho}{\partial t} + \nabla(\rho V) = \rho S \quad (3.3)$

3.2 Spezifizierte Transportbilanz

Quellenfreier Zustand:
$$\frac{\partial \rho}{\partial t} + \nabla(\rho V) = 0 \qquad (3.4)$$

Außerdem stationär ($\partial/\partial t = 0$):
$$\nabla(\rho V) = \operatorname{div}(\rho V) = 0 \qquad (3.5)$$

oder $\rho \operatorname{div} V + V \operatorname{grad} \rho = 0$

Ferner $\rho = $ konst, inkompressibel:
$$\nabla V = \operatorname{div} V = 0 \qquad (3.6)$$

oder $\dfrac{\partial v_x}{\partial x} + \dfrac{\partial v_y}{\partial y} + \dfrac{\partial v_z}{\partial z} = 0$

Für Anwendungen in der Technischen Hydraulik ist besonders (3.6) von Bedeutung, zumal diese Aussage wegen $\rho = konst$ auch im instationären Strömungsfall gilt. Sie beschreibt die Kontinuität des Volumenstroms.

3.2.2 Fremdstofftransport

Der Gehalt an Fremdstoffen in der Flüssigkeit, durch eine variable Konzentration C ausgedrückt, wird bei den folgenden Betrachtungen stellvertretend für beliebige weitere skalare Größen gewählt, die von der Strömung mit dem Trägermedium Wasser transportiert werden können, z. B. Temperaturen oder Wärme. Die Transportgröße Γ wird in (3.2) als $\Gamma = \rho C$ eingeführt, und die Hüllflächenwirkungen sind wiederum mit $W = 0$ einzusetzen. Für den allgemeinen Fall ergibt sich zunächst

$$\frac{\partial}{\partial t}(\rho C) + \nabla(\rho C V) - konst \cdot \Delta C = \rho S_C \qquad (3.7)$$

worin $S_c = 0$ zu setzen ist, wenn keine Fremdstoffquelle/-senke vorhanden ist. Für Wasser als Trägerflüssigkeit kann normalerweise mit $\rho = konst$ gearbeitet werden, so dass sich mit (3.6) weiter ergibt:

$$\frac{\partial C}{\partial t} + V \operatorname{grad} C - \delta \Delta C = S_C \qquad (3.8)$$

Hierin ist die Diffusivität δ eine auf ρ bezogene Diffusionskonstante, Δ bezeichnet den Laplace-Operator. Im stationären Strömungsfall mit $\partial/\partial t = 0$ folgt daraus schließlich (ggf. mit $S_c = 0$ bei Quellenfreiheit):

$$v_x \frac{\partial C}{\partial x} + v_y \frac{\partial C}{\partial y} + v_z \frac{\partial C}{\partial z} - \delta \left[\frac{\partial^2 C}{\partial x^2} + \frac{\partial^2 C}{\partial y^2} + \frac{\partial^2 C}{\partial z^2} \right] = S_C \qquad (3.9)$$

Bei instationärer Strömung durch $\partial C/\partial t$ ergänzt, bildet diese Beziehung die Grundlage für die Untersuchung von Einleitungs- und Ausbreitungsvorgängen. Es muß jedoch darauf hingewiesen werden, daß δ nur molekulare Diffusion erfaßt. Im Fall einer turbulenten Strömung reicht dies bei weitem nicht aus. Die Berücksichtigung von Turbulenz ergibt einen zusätzlichen, turbulenten Diffusionsbeitrag, der meist von wesentlich größerer Bedeutung ist als der molekulare Diffusionsterm.

3.2.3 Impulstransport

Der durch das betrachtete Raumelement $dxdydz$ transportierte Impuls ist eine vektorielle Größe. Die Impulstransportbilanz muß daher komponentenweise durchgeführt werden. Es genügt, dies für die x-Komponente vorzunehmen, d. h. als Transportgröße ist in (3.2) mit $\Gamma = \rho\, v_x$ zu arbeiten. Darüber hinaus ist, da eine Kräftebilanz durchgeführt wird, mit $S = G_x$ zu rechnen, womit die x-Komponente eines den Gravitationseinfluß wiedergebenden Vektors G erfaßt wird. Ferner ist aus dem gleichen Grund die resultierende Druckwirkung in den Hüllflächen zu berücksichtigen, so daß für die x-Richtung $W = -\partial p/\partial x$ anzusetzen ist. Damit liefert (3.2) die Transportbilanz

$$\frac{\partial}{\partial t}(\rho v_x) + \nabla(\rho v_x V) - konst \cdot \Delta v_x + \frac{\partial p}{\partial x} = \rho G_x \qquad (3.10)$$

Auf Grund der Kontinuitätsbedingung (3.4) und erst recht für Wasser als inkompressible Flüssigkeit mit $\rho = konst$ wird daraus unter Berücksichtigung von (3.6) erhalten:

$$\frac{\partial v_x}{\partial t} + V grad\, v_x = G_x - \frac{1}{\rho}\frac{\partial p}{\partial x} + \nu \Delta v_x \qquad (3.11)$$

Darin steht ν für eine ursprünglich die molekulare Diffusion, hier nunmehr die Viskosität (Zähigkeit) vertretende Materialkonstante der Flüssigkeit.

Verfährt man mit ρv_y und ρv_z analog, so entstehen weitere Gleichungen vom Typ (3.11). Die vektorielle Zusammenfassung ergibt schließlich:

$$\frac{\partial V}{\partial t} + (V\nabla)V = G - \frac{1}{\rho} grad\, p + \nu \Delta V \qquad (3.12)$$

Die hiermit präsentierten drei Bewegungsgleichungen sind bekannt unter der Bezeichnung *Navier-Stokes-Gleichungen*. Die in ihnen enthaltenen Größen und Symbole haben folgende Bedeutung:

$V = (v_x\ v_y\ v_z)$	Geschwindigkeitsvektor
$G = (G_x\ G_y\ G_z)$	Vektor des Gravitationsfeldes
$grad\ p = \nabla p = (\partial p/\partial x\ \ \partial p/\partial y\ \ \partial p/\partial z)$	Druckgradient
$(V\nabla) = v_x \partial/\partial x + v_y \partial/\partial y + v_z \partial/\partial z$	differentieller Operator
$\Delta = \nabla^2 = \partial^2/\partial x^2 + \partial^2/\partial y^2 + \partial^2/\partial z^2$	Laplace-Operator
ν = kinematische Viskosität	

Bei vertikal ausgerichteter z-Achse des Koordinatensystems wird im irdischen Schwerefeld $G_x = G_y = 0$ und $G_z = -g$ (Erdbeschleunigung).

Zum Diffusionsanteil in (3.12) bedarf es noch einiger erläuternder Anmerkungen. Die formale Herleitung der Navier-Stokes-Gleichungen aus der allgemeinen Transportbilanz (3.2) hat zur Voraussetzung, daß der diffusive Transport einem Gradientenansatz nach Art des Fickschen Gesetzes folgt. Es läßt sich zeigen, daß diese

Voraussetzung für eine Newtonsche Flüssigkeit wie Wasser erfüllt ist. Der Molekulartransport von Impuls äußert sich durch Schubwirkungen in den Hüllflächen des Raumelements, die bei Newtonschen Flüssigkeiten ein lineares Schubverhalten ähnlich (1.1) aufweisen.

Am Raumelement ergeben sich insgesamt neun viskose Spannungen, für deren Beschreibung man in der Hydromechanik eine Anleihe bei der Festigkeitslehre macht: Der lineare Spannungs-Deformations-Ansatz wird sinngemäß übernommen, wobei aber jeweils die Deformationsrate an die Stelle der Deformation tritt. Für den Spannungstensor ergibt sich so:

$$\tau_{ij} = \tau_{ji} = \eta \left[\frac{\partial v_i}{\partial x_j} + \frac{\partial v_j}{\partial x_i} \right] \quad (3.13)$$

Dabei gilt für die Indizierung, daß der erste Index die Richtung der betreffenden Flächennormalen, der zweite Index die Richtung der Spannung angibt. Bei der zuvor durchgeführten x-Impulstransportbilanz kommt in (3.11) statt $\nu \Delta v_x$ zunächst der Ausdruck $\frac{1}{\rho}\left[\frac{\partial \tau_{xx}}{\partial x} + \frac{\partial \tau_{yx}}{\partial y} + \frac{\partial \tau_{zx}}{\partial z}\right]$ zustande. Erst (3.13) führt mit diesem unter Beachtung von (3.6) auf die für den x-Impulstransport mit (3.11) gefundene Aussage.

Für die Belange der Technischen Hydraulik ist noch eine formale Umgestaltung der Navier-Stokes-Gleichungen mittels folgender Vektorregeln sinnvoll:

$$(V\Delta)V = \frac{1}{2}\nabla V^2 - V \times rot\, V \text{ und } \Delta V = \nabla div V - \nabla \times rot V.$$

Wird das Koordinatensystem mit der z-Achse vertikal ausgerichtet, so kann im irdischen Gravitationsfeld ferner $\boldsymbol{G} = (0\,0-g) = -g\,\nabla z$ gesetzt werden. Für eine quellenfreie Strömung von Wasser als einer inkompressiblen Newtonschen Flüssigkeit ergibt sich so unter Beachtung der Kontinuitätsbedingung (3.6) folgende Form der Bewegungsgleichung:

$$\frac{\partial V}{\partial t} + \nabla \left(\frac{v^2}{2} + \frac{p}{\rho} + gz \right) + R = 0 \quad (3.14)$$

$$R = \nu \nabla \times rot\, V - V \times rot V \quad (3.15)$$

Hierin steht das Symbol $\times$ für Vektorprodukt, und v ist der Betrag des Geschwindigkeitsvektors $V = (v_x\ v_y\ v_z)$. Als Ausdruck für den einer Strömung innewohnenden Drall (vorticity) ist in $\boldsymbol{R}$ das Produkt $rot\,V = \nabla \times V$ als sog. Wirbelvektor enthalten, dessen Komponenten die gleichen Ausdrücke aufweisen wie die nach (3.13) zu bildenden Schubspannungen. Der Vektor $\boldsymbol{R}$ repräsentiert also in (3.14) den Einfluß der Strömungswiderstände.

Alle Formen der vorstehend entwickelten Bewegungsgleichungen wie auch die übrigen hydromechanischen Transportbilanzen haben eine etwaige Turbulenz der Strömung unberücksichtigt gelassen. Es läßt sich aber zeigen, daß z. B. bei (3.12) der formale Aufbau der Bewegungsgleichung unverändert bleibt, wenn eine turbulente Strömung vorliegt. Quantitativ sind aber erhebliche Unterschiede im Vergleich zur viskositätsdominierten (laminaren) Bewegung vorhanden. Sie äußern sich vor allem

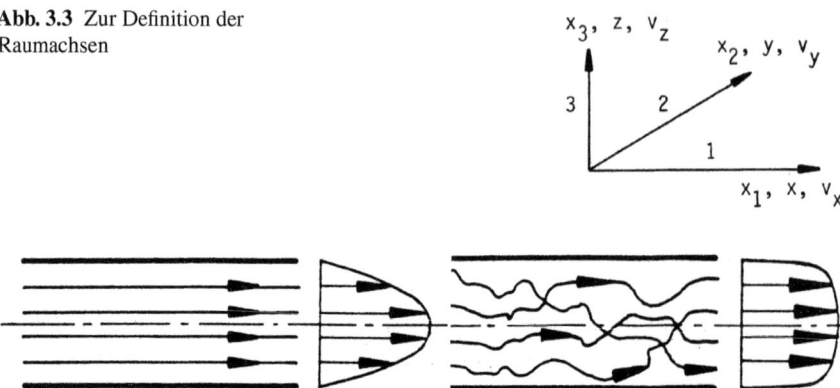

Abb. 3.3 Zur Definition der Raumachsen

Abb. 3.4 Strömung zwischen parallelen Platten, schematisch, *links* laminar, *rechts* turbulent

beim Strömungswiderstand, indem sich zu den viskosen Schubspannungen nach (3.13) sehr viel stärkere turbulenzbedingte („turbulente") Schubspannungen ergeben.

3.2.4 Einfluß der Turbulenz

In der Praxis des Bauingenieurwesens und somit in der Technischen Hydraulik sind fast ausschließlich turbulente Strömungen zu untersuchen, zumindest in der Rohr- und Gerinnehydraulik. Während die laminare, viskositätsdominierte Strömung ein geordnetes Bahnlinienbild der Flüssigkeitsteilchen zeigt und ein Transport quer zur eigentlichen Bewegungsrichtung nur durch molekulare Diffusion (viskose Kräfte) erfolgt, liegt bei turbulenter Strömung ein innerlich verwirbelter Zustand vor. Die turbulente Verwirbelung hat eine heftige Quervermischung zur Folge. Man deutet diese Erscheinung als turbulente Diffusion, die zu den viskosen Wirkungen hinzukommt und vielfach so groß ist, daß die molekulare Diffusion ihr gegenüber vernachlässigbar ist. Der starke Quertransport wird u. a. an der Geschwindigkeitsverteilung erkennbar. Bei der mit Abb. 3.4 dargestellten Strömung zwischen zwei parallelen Wänden ist das turbulente Geschwindigkeitsprofil wesentlich breiter als das parabolische Profil bei laminarer Strömung. Der Unterschied ist auf die turbulente Diffusion zurückzuführen: Die Verwirbelung der Strömung sorgt für weitestgehenden Ausgleich der Geschwindigkeitsverteilung.

Die Fage, unter welchen Umständen laminare oder turbulente Bewegungen zustande kommen, ist durch eine dimensionslose Kennzahl, die *Reynolds-Zahl*, beschrieben. Diese stellt das Verhältnis von Trägheits- zu Reibungswirkungen dar und wird nach Kürzen des Bruchs letztendlich durch das Produkt von Geschwindigkeit und charakteristischer Länge im Verhältnis zur kinematischen Viskosität ausgedrückt. Bei einer Rohrströmung (Kreisquerschnitt, charakteristische Länge Rohrdurchmesser d) ist sie als $Re = vd/\nu$ definiert, wobei v das Querschnittsmittel

3.2 Spezifizierte Transportbilanz

der Geschwindigkeit und ν die kinematische Viskosität (Zähigkeit) der transportierten Flüssigkeit (Wasser) bedeuten. Bei kleinen *Re*-Zahlen bis zu etwa $_{krit}Re = 2300$ ist eine Rohrströmung laminar weil die Viskositätswirkung in der Lage ist, turbulente Störungen wegzudämpfen. Bei etwa $Re > 2300$ beginnt erste turbulente Bewegung und ab etwa $Re = 4000$ tritt die Zähigkeitswirkung in den Hintergrund gegenüber der turbulenzbedingten Mischbewegung. Die Strömung ist turbulent.

Formal kann die Turbulenz so aufgefaßt werden, daß dem zeitlichen Durchschnitt einer Strömungsgröße (definiert im Sinne eines gleitenden Mittels) eine turbulente Schwankung überlagert ist. Kennzeichnet die Überstreichung das Zeitmittel der Größe, der Strichindex die Schwankung, so ist das momentane Verhalten einer Strömungsgröße u anzugeben als $u = \bar{u} + u'$, wobei für das Zeitmittel des Schwankungsteils $\overline{u'} = 0$ gilt. Liegt analog eine zweite Größe $v = \bar{v} + v'$ vor, und wird bei einer die Turbulenz berücksichtigenden Transportbilanz das Produkt $uv = \bar{u}\bar{v} + \bar{u}v' + u'\bar{v} + u'v'$ benötigt, so wird das Zeitmittel dieses Produktes als $\overline{uv} = \bar{u}\bar{v} + \overline{u'v'}$ erhalten. Man erkennt, daß in den Transportbilanzen verlangte Produktbildungen von turbulenzbehafteten Größen zusätzliche Beiträge ergeben, wenn diese Transportbilanzen für das zeitlich durchschnittliche Verhalten aufgestellt werden.

Bei der Fremdstofftransportbilanz wird nach (3.12) beispielsweise als Teil des konvektiven Transports das Produkt $v_x \partial C/\partial x$ benötigt. Mit der Formulierung von $v_x = \bar{v_x} + v'_x$ und $C = \bar{C} + C'$ wird dessen zeitliches Mittel zu $\overline{v_x \partial C/\partial x} = \bar{v_x}\partial\bar{C}/\partial x + \overline{v'_x \partial C'/\partial x}$, d. h. wenn die Transportbilanz für den zeitlichen Durchschnitt (gleitendes Zeitmittel) durchgeführt wird, dann liefern die Schwankungsgrößen einen zusätzlichen Transportanteil, der wie eine zur molekularen Diffusion hinzukommende turbulente Diffusion aufzufassen ist.

Im Gegensatz dazu bleibt die für inkompressible Flüssigkeiten mit der Massentransportbilanz gefundene Kontinuitätsbedingung (3.6) von Turbulenzeinflüssen unberührt, es sei denn, man würde die das Zeitmittel markierende Überstreichung der Geschwindigkeitskomponenten ($\bar{v_x}$ statt v_x usw.) als wesentlichen Unterschied betrachten.

Die wohl nachhaltigste Beeinflussung durch Turbulenz liegt bei den Bewegungsgleichungen vor. Der konvektive Transport $(V\nabla)V$ in (3.12) ergibt mit den Geschwindigkeitskomponenten $v_i = \bar{v_i} + v'_i$ ($i = x,y,z$) zeitlich gemittelte Schwankungsprodukte $\overline{v'_i v'_j}$, die im Prinzip Impulsübertragungen darstellen, also wie Schubspannungen wirksam sind. Der Tensor dieser turbulenten Schubspannungen ist mit $\tau_{ij} = -\rho \overline{v'_i v'_j}$ zu benennen. Mit ihm ergibt sich eine Erweiterung der Navier-Stokes-Gleichungen, die dann auch als *Reynolds-Gleichungen* bezeichnet werden. Es genügt, die Komponentengleichung für die *x*-Richtung anzugeben und mit (3.11) zu vergleichen:

$$\rho \left[\frac{\partial \bar{v_x}}{\partial t} + \bar{v_x}\frac{\partial \bar{v_x}}{\partial x} + \bar{v_y}\frac{\partial \bar{v_x}}{\partial y} + \bar{v_z}\frac{\partial \bar{v_x}}{\partial z} \right]$$
$$= \rho G_x - \frac{\partial \bar{p}}{\partial x} + \eta \Delta \bar{v_x} - \rho \left[\frac{\partial}{\partial x}\overline{v'^2_x} + \frac{\partial}{\partial y}\overline{v'_x v'_y} + \frac{\partial}{\partial z}\overline{v'_x v'_z} \right] \quad (3.16)$$

Analog aufgebaute Gleichungen ergeben sich für die *y*- und die *z*-Richtung. Mit $\eta = \rho\nu$ wird die *dynamische*, mit ν die *kinematische Viskosität* (Zähigkeit) der Flüssigkeit benannt.

Man benötigt ein Turbulenzmodell, um die in den Zusatzspannungen enthaltenen Schwankungsprodukte an die zeitgemittelten Geschwindigkeiten binden und damit eliminieren zu können. Im einfachsten Fall kann ein den viskosen Spannungen gleichender Ansatz analog (3.13) eingebracht werden:

$$\tau_{ij} = \tau_{ji} = \rho\varepsilon\left[\frac{\partial \overline{v_i}}{\partial x_j} + \frac{\partial \overline{v_j}}{\partial x_i}\right] \tag{3.17}$$

Er unterscheidet sich von diesem durch die *Austauschgröße* $\rho\varepsilon$, die an die Stelle der Viskosität $\eta = \rho\nu$ tritt, jedoch keine Konstante ist. Man bezeichnet ε als *Wirbelviskosität*. Bei den turbulenten Schubspannungen, auch *Scheinreibung* genannt, liegt wegen $\varepsilon \neq$ konst also kein lineares Reibungsgesetz vor.

Die Hydromechanik stellt weitere, mehr oder weniger erfolgreiche Turbulenzmodelle zur Verfügung. Nur die einfachsten davon werden hier und da in der Technischen Hydraulik verwendet. Der Ansatz (3.17) beispielsweise ermöglicht es, die Navier-Stokes-Gleichungen (3.12) in kaum veränderter Form auch bei turbulenten Strömungen ansetzen zu können:

$$\frac{\partial V}{\partial t} + (V\nabla)V = G - \frac{1}{\rho}\text{grad } p + (\nu + \varepsilon)\Delta V \tag{3.18}$$

Hierin sind nun aber alle Geschwindigkeiten und der Druck zeitliche Durchschnitte (gleitende Zeitmittel). Auf die dafür eigentlich nötigen Überstreichungen kann wegen der formal unveränderten Zusammensetzung der Navier-Stokes-Gleichung verzichtet werden. Der Hauptunterschied zwischen (3.12) und (3.18) tritt beim Reibungseinfluß in Erscheinung: Die sowohl im laminaren als auch im turbulenten Strömungsfall wirksame Viskosität ν wird bei turbulenter Bewegung durch eine meist viel größere sog. Wirbelviskosität $\varepsilon \neq konst$ ergänzt. Formal bleibt auch (3.14) unverändert, vom Turbulenzeinfluß ist darin nur der Vektor **R** betroffen, der in der Technischen Hydraulik ohnehin nur mit Hilfe empirischer Ansätze behandelt werden kann.

Ergänzend ist für vertiefende Studien zum Thema Transportbilanzen, auch im Lichte der Thermodynamik, u.a. auf Bischoff (1993) zu verweisen, der die bislang viel zu wenig ausgenutzten Feldeigenschaften des laminaren wie des turbulenten Fließens besonders betont hat.

Kapitel 4
Hydraulische Grundgleichungen

4.1 Kontinuitätsgleichung

In der Technischen Hydraulik werden die meisten praktisch vorkommenden Strömungsfälle als sog. ebene oder sogar als eindimensionale Vorgänge aufgefaßt. Da es sich ferner um Wasser als inkompressibles Medium handelt, ist für den quellenfreien Massen- bzw. Volumentransport (3.6) maßgebend. Bei einem ebenen Vorgang, bei dem in einer der drei Koordinatenrichtungen keinerlei Änderungen vorliegen, gilt danach z. B. mit $\partial/\partial y = 0$:

$$\frac{\partial v_x}{\partial x} + \frac{\partial v_z}{\partial z} = 0 \tag{4.1}$$

Wegen $\rho = konst$ kann es sich dabei sowohl um stationäre als auch um instationäre Bewegungen handeln.

Bei eindimensionaler Betrachtung eines Strömungsvorgangs muß aus begrifflichen Gründen das unter 1.3 erklärte Stromröhrenkonzept hinzugezogen werden. Dabei wird das Strömungsverhalten zwar entlang einer die Stromröhre vertretenden, repräsentativen Stromlinie beschrieben, der Durchfluß ist aber an eine Stromröhre mit Fließquerschnitten gebunden. Außerdem ist ein krummliniges Koordinatensystem zu verwenden, das durch die Stromlinien und deren Normalen festgelegt wird. Man bezeichnet dieses System als *natürliche Koordinaten* (Abb. 4.1).

Die auf einen endlichen Raumteil V statt nur auf ein Raumelement dV bezogene Kontinuitätsbedingung (3.6) ergibt sich zu $\int_V div\, V dV = 0$.

Das Volumenintegral läßt sich mit dem Gaußschen Integralsatz in ein Hüllflächenintegral umwandeln, so daß sich die Bedingung $\oint V\, dA = 0$ ergibt.

Der Integrand ist ein Skalarprodukt, dessen Vorzeichen automatisch die Unterscheidung von ein- und austretendem Flüssigkeitsvolumen bewirkt. Somit ist die Quellenfreiheit eines fest abgegrenzten, durchströmten Raumes bei inkompressibler Flüssigkeit durch die triviale Aussage belegt, daß der eintretende gleich dem austretenden Volumenstrom sein muß.

Handelt es sich bei dem betrachteten Raumteil um einen Stromröhrenabschnitt, so leistet die von Stromlinien gebildete Mantelfläche desselben keinen Beitrag zu dem zuvor verlangten Hüllflächenintegral. Nur die durchströmten Querschnittsflächen A_1

Abb. 4.1 Koordinatensystem aus Stromline s und Stromlinien-Normaler n

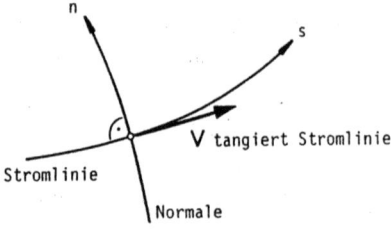

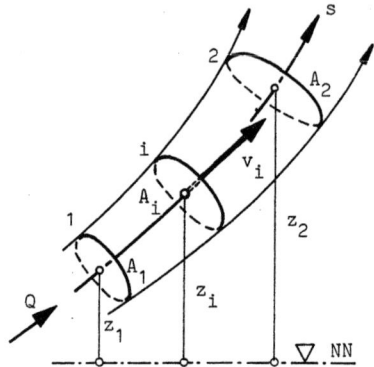

Abb. 4.2 Stromröhrenabschnitt

und A_2 kommen dann für die Kontinuitätsbedingung in Betracht. Darüber hinaus lassen sich mit diesen Flächen querschnittsgemittelte Geschwindigkeiten $v_i = \frac{1}{A_i} \int v dA$ definieren. Da der Durchfluß durch die Stromröhre, der Volumendurchsatz, mit $Q = \int v dA$ anzugeben ist, gilt für die mittlere (genauer: querschnittsgemittelte) Geschwindigkeit (Abb. 4.2):

$$v_i = Q/A_i \qquad (4.2)$$

Mit dieser lautet die für eindimensionale hydraulische Berechnungen anzusetzende Kontinuitätsgleichung:

$$Q = v_1 A_1 = v_2 A_2 = \cdots = v_i A_i = konst \qquad (4.3)$$

Gleichgültig, ob es sich um eine ideelle Stromröhre mit Randstromlinien als Begrenzung oder um eine reale Stromröhre mit fester Umfangsfläche handelt, es gelten die Aussagen:

> In einer Stromröhre ist der Durchfluß konstant, da durch ihre Mantelfläche keine Flüssigkeit ein- oder austritt.
> Das Verhältnis zweier querschnittsgemittelter Geschwindigkeiten in einer Stromröhre ist umgekehrt proportional zum Verhältnis der zu ihnen gehörenden Fließquerschnitte.

Eine oft praktizierte Anwendung ist das Eliminieren einer Geschwindigkeit, z. B. $v_2 = v_1 A_1/A_2$, mit Hilfe bekannter Querschnittsdaten.

4.2 Impulssatz

Die Impulstransportbilanz (3.12) ist die Basis für die Herleitung des Impulssatzes, wobei wiederum vom Stromröhrenkonzept Gebrauch gemacht wird. Als Raumelement kommt ein elementarer Stromröhrenabschnitt in natürlichen Koordinaten zum Ansatz, dessen Querschnitte $dA(s)$ vom Ort s auf der zentralen Stromlinie abhängen. Die in diesem speziellen Raumelement enthaltene Flüssigkeitsmasse ist $dm = \rho\, dV = \rho\, dA(s)ds$. Für diese kann (3.12) zunächst auf die Form $(V\,\nabla)V dm = [G - \frac{\partial V}{\partial t} - \frac{1}{\rho}\,grad\,p + \nu \Delta V]dm$ gebracht werden. Die eckige Klammer faßt darin, auf die Masseneinheit bezogen, alle Einflüsse zusammen, denen dm ausgesetzt ist. In natürlichen Koordinaten, die sich an der Stromlinienrichtung orientieren, ist der Geschwindigkeitsvektor $V = (v\ 0\ 0)$, so daß der konvektive Transportanteil entartet zu $v\partial V/\partial s$. Es entsteht so:

$$dK = \rho v\,\frac{\partial V}{\partial s}\,dA(s)ds \qquad (4.4)$$

Darin steht dK als Kürzel für [....] dm. Für einen endlich großen Raumteil, $V = \int dV = \iint dA(s)ds$, dessen Durchströmung mit $Q = \int dQ = \int v(s)dA(s)$ zu beziffern ist, ergibt (4.4) als Summe aller äußeren Einwirkungen den Vektor (Abb. 4.3, 4.4) $K = \rho \int_s \int_{A(s)} v\frac{\partial V}{\partial s}dA(s)ds$. Die Doppelintegration ist problemlos durchführbar, denn dank des Stromröhrenkonzepts wird $dQ = vdA(s)$ unabhängig von s, so daß zwischen den Stellen (1) und (2) für $\int \frac{\partial V}{\partial s}ds$ die vektorielle Differenz $V_2 - V_1$ erhalten wird. Mit $dQ = VdA$ folgt weiter $K = \rho \int (V_2 - V_1)dQ = \rho[\int_{(2)} VdQ - \int_{(1)} VdQ]$ und schließlich

$$K = \oint \rho V(VdA) = \rho Q(V_2 - V_1) \qquad (4.5)$$

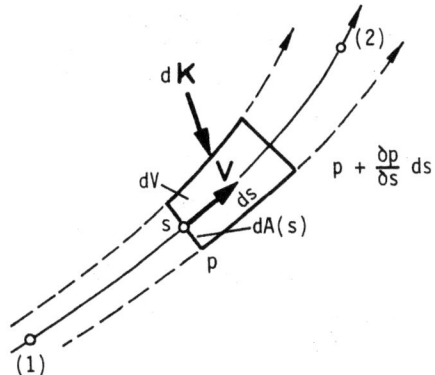

Abb. 4.3 Definitionen zu Gl. 4.4

Abb. 4.4 Definitionen zu Gl. 4.5

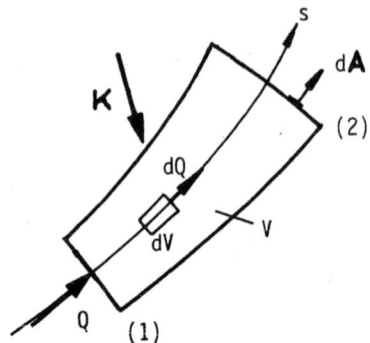

Hierin erfaßt K die Summe aller äußeren, auf den Raumteil V einwirkenden Kräfte: Schwerkraft, Druck, Reibung und ggf. instationäre Effekte (aus der lokalen Beschleunigung $\partial V/\partial t$). Den untersuchten Raumteil V bezeichnet man als *Kontrollvolumen*. Auf Grund der Definition von K ist dessen Festlegung für die Anwendung von (4.5) grundsätzlich erforderlich.

Im Falle eines Stromröhrenabschnitts (1)-(2) als Kontrollraum kann die Kräftesumme K noch aufgeteilt werden in flächenbezogene und volumenbezogene Wirkungen, wobei die flächenbezogenen Wirkungen weiter nach Querschnittskräften und Umfangskräften zu unterscheiden sind:

$$K = P_1 - P_2 + U + G - I \qquad (4.6)$$

Querschnittskräfte: $P_i = \int_{A_i} p dA$, Druckkräfte, dA in v-Richtung positiv.
Umfangskräfte: Auf den Stromröhrenmantel einwirkende Kräfte U, normal (Druck und Normalspannungen) und tangential (Reibung, Schubspannungen).
Volumenkräfte: Schwerkraft G und instationäre Wirkungen I.

In der Technischen Hydraulik benutzt man diese Aufteilung der Kräftesumme, um die querschnittsbezogenen Größen von (4.5) und (4.6) jeweils zusammenzufassen und den Impulssatz zu zerlegen:

$$(\rho Q V_2 + P_2) - (\rho Q V_1 + P_1) = U + G + I \qquad (4.7)$$

Die links zusammengefaßten Ausdrücke werden als Stützkräfte $S_i = \rho Q V_i + P_i$ bezeichnet. Im stationären Fall wird $\partial V/\partial t = 0$ und damit auch I = 0. Der Impulssatz, als *Stützkraftsatz* formuliert, verkürzt sich dann zu

$$S_2 - S_1 = U + G \qquad (4.8)$$

Die Anwendung vorstehender Beziehungen auf Stromröhren mit endlich großen Fließquerschnitten erfordert für die Geschwindigkeit $V = (v\ 0\ 0)$ die Verwendung von querschnittsgemittelten Werten nach (4.2). Bei der Bildung der in den Stützkräften verlangten Impulsausdrücke $\rho Q v = \rho v^2 A$ entsteht daher eine Ungenauigkeit dadurch, daß bei der in (4.5) geforderten Integration eigentlich das Querschnittsmittel von v^2 benötigt wird. Dies kann bei den $\rho Q v$-Termen der Stützkräfte durch einen exakt definierten Korrekturbeiwert (Impulsstrombeiwert)

4.3 Radiale Druckgleichung

Abb. 4.5 Zum Impulssatz

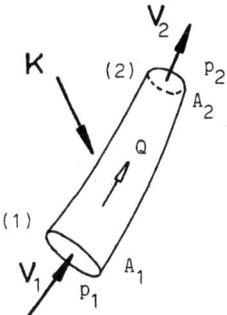

$$\alpha' = \frac{1}{A} \int_A (v/v_m)^2 dA \qquad (4.9)$$

berücksichtigt werden, worin v_m das Querschnittsmittel, v die über dem Querschnitt tatsächlich vorhandene Geschwindigkeitsverteilung bedeuten. In der Praxis kann dieser α'-Beiwert meist nur grob geschätzt werden, weil man die wirklich vorhandene Geschwindigkeitsverteilung in den Fällen, in denen es auf α' ankäme, nicht genau genug kennt. Häufig wird aber auch $\alpha' \approx 1$ gesetzt, z. B. bei ausgebildeten, turbulenten Geschwindigkeitsprofilen, weil bei diesen α'-Werte wenig über Eins erhalten werden. Wenn jedoch mit diesem Korrekturfaktor gearbeitet werden soll, so sind die Stützkräfte zu berechnen als $S_i = \rho \alpha'_i Q V_i + P_i$.

Für die Anwendung des Impuls- oder Stützkraftsatzes sind folgende Merksätze wichtig:

Die Festlegung eines Kontrollraums ist obligatorisch; sie kann so vorgenommen werden, daß sich die rechnerisch jeweils günstigsten Relationen ergeben.
Der Vorteil des Impuls-/Stützkraftsatzes liegt darin, daß Vorgänge im Innern des Kontrollraums keine Rolle spielen; es sind lediglich die äußeren Einwirkungen beteiligt, d. h. unüberschaubare Mechanismen können durch geschickte Wahl des Kontrollraums ausgeklammert werden.

4.3 Radiale Druckgleichung

Mit dem Impulssatz läßt sich eine nützliche Aussage über den umlenkungsbedingten Druckanstieg quer zur Strömungsrichtung gewinnen. Dazu wird (4.4) für eine horizontale Kreisströmung angesetzt, bei der alle nicht auf die Umlenkung zurückzuführenden Wirkungen ignoriert werden. Am Stromröhrenelement $dV = r\, dr\, d\varphi\, dz$ ist dann lediglich eine in radialer Richtung wirkende Kraft vorhanden: $dK = \rho\, dQ\, dV$. In r-Richtung, für die der Druckanstieg nachzuweisen ist, gilt also skalar $dK = \rho\, dQ\, dv$.

Abb. 4.6 Zur radialen Druckgleichung

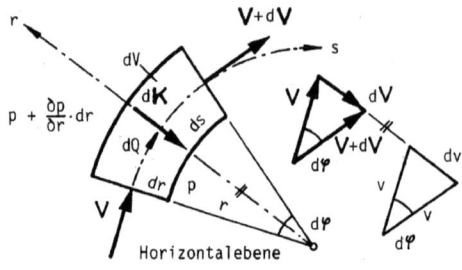

Abb. 4.7 Anwendung der radialen Druckgleichung bei der Sprungschanzenströmung

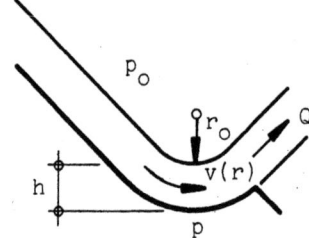

Mit $dQ = \text{v}\,dr\,dz$ und $d\text{v} = \text{v}d\varphi$ ergibt sich zunächst $dK = \rho\,\text{v}^2 dr\,d\varphi dz = \rho\frac{\text{v}^2}{r}dV$. Andererseits ist dK, weil nur fliehkraftbedingte Druckunterschiede in Betracht stehen, mit Abb. 4.6 durch die Differenz $\left(p + \frac{\partial p}{\partial r}dr\right)(r+dr)d\varphi\,dz - pr\,d\varphi\,dz$ bestimmt. Wird dr gegenüber r als von höherer Ordnung klein unterdrückt, so folgt $dK = \frac{\partial p}{\partial r}dr \cdot r\,d\varphi\,dz = \frac{\partial p}{\partial r}dV$. Gleichsetzen der beiden dK führt auf die sog. radiale Druckgleichung:

$$\frac{\partial p}{\partial r} = \rho\frac{\text{v}^2}{r}, \quad \text{v} = f(r) \qquad (4.10)$$

Sie ermöglicht die Berechnung der umlenkungsbedingten Druckänderung, unabhängig von anderen druckändernden Einflüssen.

So wird z. B. bei einer Hochwasserentlastung mit Sprungschanze aus (4.10) unter Annahme von $\text{v}(r) = c/r$ erhalten: $\frac{\partial p}{\partial r} = \rho\frac{c^2}{r^3}$. Integration mit der Randbedingung $(p, r) = (p_0, r_0)$ ergibt $p(r) - p_0 = \frac{1}{2}\rho c^2 \left(\frac{1}{r_0^2} - \frac{1}{r^2}\right)$ als Druckverteilung, woraus der Maximaldruck am tiefsten Punkt der Schanze mit $r = r_0 + h$ hervorgeht. (Abb. 4.7)

4.4 Bernoullische Gleichung

Wertet man (3.14) in natürlichen Koordinaten aus, die sich an den Stromlinien orientieren, siehe unter 4.1, so hat der Geschwindigkeitsvektor nur eine s-Komponente, $V = (\text{v}\ 0\ 0)$, und es genügt, die Navier-Stokes-Gleichung für die s-Richtung

4.4 Bernoullische Gleichung

anzusetzen. Diese skalare Komponentengleichung lautet:

$$\frac{\partial v}{\partial t} + \frac{\partial}{\partial s}\left(\frac{v^2}{2} + \frac{p}{\rho} + gz\right) + R_s = 0 \qquad (4.11)$$

Hierin ist R_s die s-Komponente des mit (3.15) erklärten Vektors R, dem die Rolle eines Repräsentanten des Strömungswiderstands zukommt. Die Integration von (4.11) längs s führt auf

$$\int \frac{\partial v}{\partial t} ds + g\left(\frac{v^2}{2g} + \frac{p}{\rho g} + z\right) + \int R_s ds = C(t)$$

Übliche Definitionen hierzu sind die Energiehöhe H und die Verlusthöhe h_v, beide sind bei instationärer Strömung zeitabhängig. Mit $C(t) = g\,H(t)$ und $\int R_s ds = g\,h_v(t)$ ergibt sich die allgemeine Form der instationären Bernoullischen Gleichung, gültig längs einer Stromlinie:

$$H(t) = \frac{v^2(s,t)}{2g} + \frac{p(s,t)}{\rho g} + z(s) + h_v(s,t) + \frac{1}{g}\int \frac{\partial v}{\partial t} ds \qquad (4.12)$$

Darin gibt $z(s)$ die Höhe eines auf der Stromlinie liegenden Ortes s an, siehe Abb. 4.2. Es ist $z \neq f(t)$, solange es sich nicht um unbeständige Stromlinien handelt. $H(t)$ ist zu jeder Zeit t überall längs der Stromlinie gleich groß.

Zu dem Ergebnis (4.12) gelangt man auch mit einer Energietransportbilanz. Auf diese sind die Begriffe *Energiehöhe* und *Verlusthöhe* zurückzuführen, denn es läßt sich zeigen, daß die Bestandteile von (4.12) Energiebeträge bezogen auf das Gewicht der betrachteten Flüssigkeitsmasse darstellen bzw. als solche interpretiert werden können. Dies macht auch den Begriff Verlusthöhe plausibel. Zu dieser sind einige Sonderfälle zu erwähnen, u. a. solche, bei denen der Zusammenhang mit dem Vektor R nach (3.15) eine Rolle spielt.

Wirbelfreie Strömung: Eine auch als dreh-, drall- oder rotorfrei bezeichnete Bewegung liegt vor, wenn $rot\ V = 0$ ist. Nach (3.15) ist dann $R = 0$ und damit automatisch auch $h_v = 0$. Die Integration der Navier-Stokes-Gleichung ist daher nicht an eine Stromlinie gebunden. Es ist also festzustellen:

In einer wirbelfreien Strömung gibt es keine Verlusthöhe: $h_v = 0$.

In einer wirbelfreien Strömung gilt die Energiehöhe $H(t)$ im gesamten Strömungsfeld, nicht nur längs der betrachteten Stromlinie.

Ideale Flüssigkeit: Kann das transportierte Fluid als ideale Flüssigkeit aufgefaßt werden (siehe unter 1.2), so wird mit $\nu = 0$ zwar nicht $R = 0$, aber dennoch $R_s = 0$, und zwar auf Grund der senkrecht zueinander liegenden Vektoren V, $rot\ V$ und $V \times rot\ V$. Letzterer ergibt keine s-Komponente, wohl aber R_n-Beträge normal zur s-Richtung. Es gilt daher:

In einer Strömung mit idealer Flüssigkeit gibt es keine Verlusthöhe entlang der Stromlinie, $h_v = 0$ *längs s*. Grund: Fehlende Viskosität (Zähigkeit).

In einer Strömung mit idealer Flüssigkeit gilt die Energiehöhe $H(t)$ nur längs der betrachteten Stromlinie. Jede Stromlinie hat eine eigene Energiehöhe $H(t)$. (Abb. 4.8)

Abb. 4.8 Zur Definition der idealen Flüssigkeit

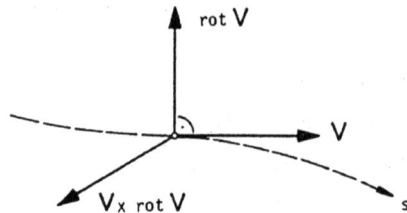

Geschwindigkeit wegunabhängig: Ist die Geschwindigkeit v längs der Stromlinie unabhängig vom Ort s auf dieser, also $v = v(t) \neq f(s)$, so wird der in (4.12) enthaltene instationäre Integralausdruck zugunsten seiner Berechenbarkeit vereinfacht: $\int \frac{\partial v}{\partial t} ds = \frac{dv}{dt} \int ds$. Wird der Abstand zwischen den Stellen (1) und (2) der Stromlinie, über den sich die Integration erstreckt, mit $L = s_2 - s_1$ bezeichnet, so wird aus (4.12) eine Differentialgleichung 1.Ordnung erhalten, die der Berechnung instationärer Vorgänge dienen kann:

$$\frac{L}{g}\frac{dv}{dt} + \frac{v^2(t)}{2g} + \frac{p(s,t)}{\rho g} + z(s) + h_v(s,t) = H(t) \qquad (4.13)$$

Stationäre Strömung: Bei zeitinvarianter Bewegung sind die an (4.12) beteiligten Größen sämtlich von t unabhängig, es gilt $\partial/\partial t = 0$. Damit wird die Bernoullische Gleichung verkürzt zu

$$H_0 = \frac{v^2(s)}{2g} + \frac{p(s)}{\rho g} + z(s) + h_v(s) = konst \qquad (4.14)$$

Die Energiehöhe H_0 ist nunmehr eine echte Konstante überall längs der betrachteten Stromlinie. Sie ist eine Summe folgender Teilenergiehöhen:

$\frac{v_i^2}{2g}$ Geschwindigkeitshöhe
$\frac{p_i}{\rho g}$ Druckhöhe
h_v Verlusthöhe bis zur Stelle i
z_i geodätische Höhe der mit i markierten Stelle s auf der Stromlinie

In Abb. 4.9 sind als Energiehöhensummen außerdem eingetragen:

H_0 Anfangsenergiehöhe (bis $s = 0$)
H_i örtliche Energiehöhe an der durch i, markierten Stelle ohne Verlusthöhe

Nur die Gesamtenergiehöhe H_0 ist konstant, die örtliche Energiehöhe ist wegen zunehmender Verlusthöhe wegabhängig.

Weitere Begriffe ergeben sich im Zusammenhang mit der Auftragung der Energiehöhenbestandteile, jeweils als Verbindungslinie derselben:

EL: *Energielinie*, gibt die örtliche Energiehöhe und das Anwachsen der Verlusthöhe an.
DL: *Drucklinie*, liegt grundsätzlich im Abstand Geschwindigkeitshöhe unter der Energielinie, ermöglicht den Überblick über die Entwicklung der Druckhöhen längs der *Stromlinie* SL, kann diese auch schneiden (Abb. 4.10).

4.4 Bernoullische Gleichung

Abb. 4.9 Energiehöhenzusammensetzung

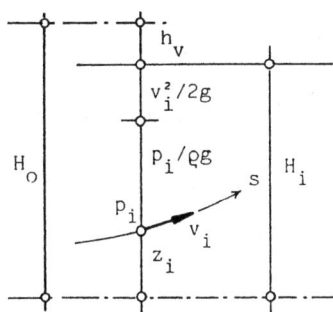

Abb. 4.10 Zur Energiebilanz

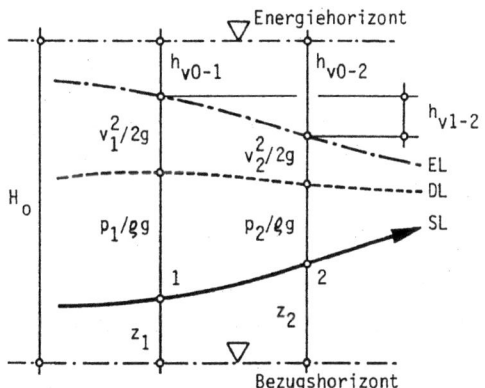

Stromröhren: Mit den durch Integration von (4.11) längs einer Stromlinie entstandenen Formen der Bernoullischen Gleichung ist man zwar in der Lage, die Druck- und Geschwindigkeitsverhältnisse entlang dieser Stromlinie anzugeben, die Praxis fordert aber die Berechnung von Durchflüssen, die nicht an Stromlinien sondern nur an Stromröhren definierbar sind, vgl. unter 1.3 (Abb. 4.11).

Daher ist bei Anwendung der Bernoullischen Gleichung auf eine Stromröhre zu bedenken, daß diese beliebig viele Stromlinien enthält, die im allgemeinen nicht die gleiche Energiehöhe H_0 (im stationären Fall) aufweisen. Die Unterschiede sind allerdings oft gering, so daß es dann genügt, die energetischen Verhältnisse einer Stromröhre wie die entlang der stellvertretenden, zentralen Stromlinie zu berechnen und dabei mit den Querschnittsmitteln für Druck und Geschwindigkeit zu arbeiten. Meist wird als mittlerer Druck p_i der Druck im Punkt i auf der repräsentativen Stromlinie angesetzt, während die mittlere Geschwindigkeit mit (4.2) in Rechnung gestellt wird. Beim Energiehöhenvergleich zwischen zwei Querschnitten der Stromröhre, markiert mit i und k, ergibt sich formal keine Änderung. Für die stationäre Strömung von Wasser gelten mit guter Näherung auch in der Stromröhre als örtliche Energiehöhe die Ausdrücke

$$H_i = \frac{v_i^2}{2g} + \frac{p_i}{\rho g} + z_i$$

Abb. 4.11 Durch zentrale Stromlinie repräsentierte Stromröhre

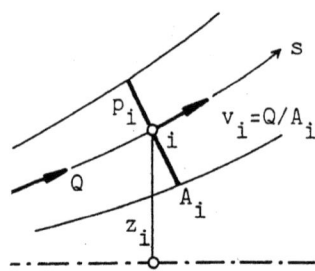

Abb. 4.12 Energiehöhenvergleich

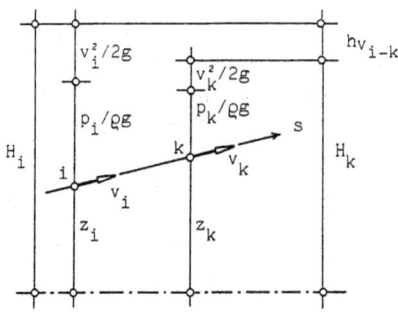

und

$$H_k = \frac{v_k^2}{2g} + \frac{p_k}{\rho g} + z_k,$$

wobei v_i und v_k querschnittsgemittelte Geschwindigkeiten nach (4.2) sind. Der Energiehöhenvergleich, mit Abb. 4.12 an der die Stromröhre vertretenden, zentralen Stromlinie s zwischen den mit i und k markierten Stromröhrenquerschnitten durchgeführt, lautet

$$\frac{v_i^2}{2g} + \frac{p_i}{\rho g} + z_i = \frac{v_k^2}{2g} + \frac{p_k}{\rho g} + z_k + h_{v_{i-k}} = H_0 = konst \quad (4.15)$$

und die zwischen den Stellen i und k auftretende Verlusthöhe beträgt

$$h_{v_{i-k}} = H_i - H_k \quad (4.16)$$

Die in (4.15) und in die davor entwickelten Beziehungen durch Verwendung der mittleren Geschwindigkeit eingeschleppte Ungenauigkeit kann durch einen Korrekturfaktor α beseitigt werden. Dieser läßt sich exakt definieren, wenn eine vollständige Energietransportbilanz durchgeführt bzw. die Integration von (4.11) statt längs eines Stromlinienstücks für einen als Stromröhrenabschnitt ausgewiesenen Kontrollraum vorgenommen wird. Dabei ergibt sich

$$\alpha = \frac{1}{A} \int_A (v/v_m)^3 dA \quad (4.17)$$

4.4 Bernoullische Gleichung

Abb. 4.13 Zunahme der Verlusthöhe in Fließrichtung

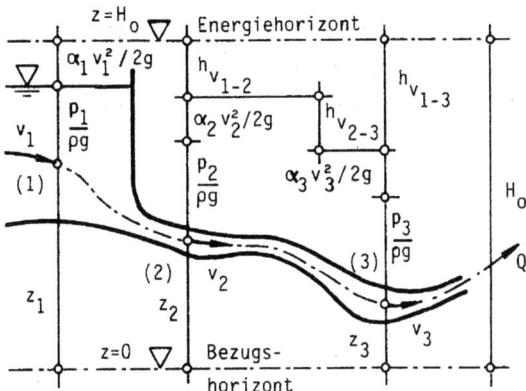

wobei v_m das Querschnittsmittel, v die über dem Querschnitt tatsächlich vorhandene Geschwindigkeitsverteilung bedeuten. Man bezeichnet α als Geschwindigkeitshöhenausgleichsbeiwert. Seine Anwendung erfordert den Ersatz von $v^2/2g$ durch $\alpha v^2/2g$, so daß die bei der Stromröhre anzusetzende Bernoullische Gleichung folgende Form annimmt:

$$\alpha_i \frac{v_i^2}{2g} + \frac{p_i}{\rho g} + z_i = \alpha_k \frac{v_k^2}{2g} + \frac{p_k}{\rho g} + z_k + h_{v_{i-k}} \tag{4.18}$$

Zusammen mit der Kontinuitätsbedingung (4.3) steht damit ein Gleichungssatz zur Verfügung, der die Lösung unzähliger stationärer Strömungsprobleme ermöglicht. Allerdings ist die genaue Festsetzung des α-Beiwerts selten möglich, weil in den meisten Fällen die Kenntnis der Geschwindigkeitsverteilung fehlt. Es wird daher oft mit $\alpha \approx 1$ gearbeitet, zumal bei ausgebildeten, turbulenten Strömungen vielfach Geschwindigkeitsprofile vorliegen, die auf α-Werte wenig über Eins führen. Wo es allerdings auf α als Korrekturfaktor ankommt, ist eine plausible, begründbare Schätzung des α-Beiwerts allemal besser, als ihn ganz zu ignorieren.

Zur Veranschaulichung von (4.18) ist in Abb. 4.13 ein hypothetischer Anwendungsfall wiedergegeben, der vor allem das Anwachsen der Verlusthöhe zeigen soll. Zugleich sind darin die Begriffe *Bezugshorizont* und *Energiehorizont* erklärt. Der feste Bezugshorizont ist frei gewählt, der Energiehorizont ist durch die Anfangsenergiehöhe H_0 bei (1) festgelegt. Die Stromröhre ist eine Druckrohrleitung mit variablen Querschnitten; ihre zentrale bzw. repräsentative Stromlinie ist als strichpunktierte Linie angedeutet. Die Querschnittsvarianz ist beliebig, sie wird in der Praxis i. d. R. unstetig sein, d. h. in Form von unvermittelten Querschnittswechseln vorkommen. Die Verlusthöhe nimmt in Fließrichtung zu, es sei denn, dem System würde Energie zugeführt werden. Sie setzt sich aus einer Summe von Einzelverlusthöhen zusammen.

4.5 Allgemeiner Verlustansatz

Die Auswertung der Bernoullischen Gleichung erfordert die Eliminierung der Verlusthöhe, d. h. man benötigt eine Aussage über deren Zusammenhang mit den querschnittsgemittelten Geschwindigkeiten. Eine exakte Beschreibung dieses Zusammenhangs mit Hilfe der zu (4.12) angegebenen Definition $h_v = \frac{1}{g} \int R_s ds$ scheitert im allgemeinen an der Auswertbarkeit von (3.15), erst recht bei turbulenter Strömung. Die Technische Hydraulik ist daher auf empirische Aussagen über die Verlusthöhe angewiesen.

Die Beobachtung lehrt, daß bei den im Wasserbau vorkommenden Berechnungsfällen, die fast ausschließlich turbulente Strömungen betreffen, meist eine Proportionalität $h_v \sim v^2$ zwischen Verlusthöhe und dem Geschwindigkeitsquadrat vorliegt. Man spricht in diesem Zusammenhang von einem quadratischen Widerstandsverhalten. In diesem Sinne wird als allgemeiner Verlustansatz eingeführt

$$h_v = \zeta \frac{v^2}{2g} \qquad (4.19)$$

worin ζ einen verursacherabhängigen Verlustbeiwert bezeichnet. Meist wird es sich um eine Verlusthöhensumme $h_{v_{i-k}} = \sum \left(\zeta \frac{v^2}{2g} \right)$ handeln, die in (4.18) einzusetzen ist. Dabei ist zu beachten, daß der Verlustbeiwert ζ und die Geschwindigkeitshöhe $v^2/2g$ einander in bestimmter Weise zugeordnet sind. Man unterscheidet darüber hinaus zwischen *örtlichen Verlusten*, die durch vereinzelte Störungen im System hervorgerufen werden, und *kontinuierlichen Verlusten*, die proportional zur Länge des Fließwegs anwachsen. Entsprechend unterschiedlich sind auch die ζ-Werte. Diese Frage ist vor allem Gegenstand der Rohrhydraulik.

Kapitel 5
Überfall und Ausfluß

5.1 Normal angeströmte Überfälle

5.1.1 Gerade Überfälle

Als normal angeströmt sei ein gerader Überfall bezeichnet, der im Grundriß rechtwinklig zur Strömungsrichtung angeordnet ist. Meist handelt es sich dabei um Wehre oder ähnliche Hochwasserentlastungsanlagen, die mehrere Wehröffnungen haben können, Abb. 5.1. Die hydraulische Berechnungsaufgabe betrifft den Zusammenhang von $Q = \text{f}(h, w, b, \text{Form}, \ldots)$. Sind Bauwerkshöhe w und Wehröffnungsbreite b fest gewählt, so reduziert sich die gestellte Frage im wesentlichen auf die Abhängigkeit $h = \text{f}(Q)$ bzw. $Q = \text{f}(h)$. Der Durchfluß Q gibt die Leistungsfähigkeit des Überfalls bei einer Überfallhöhe h an. Als Überfallhöhe wird nicht die Höhe w des Überfallbauwerks definiert, sondern die Höhe h des Oberwassers über dem Scheitel des Bauwerks.

Die Leistung eines Überfalls kann durch rückstauendes Unterwasser beeinträchtigt werden. Man hat daher zu unterscheiden zwischen *vollkommenem* und *unvollkommenem* Überfall, Abb. 5.2. Die Grenze zwischen vollkommenem und unvollkommenem Überfall läßt sich mit gerinnehydraulischen Methoden ziemlich gut abschätzen, sie ist nicht durch die Höhenlage der Überfallkrone fixiert; auch höhere Unterwasserstände können noch einen vollkommenen Abfluß ergeben. Tritt der unvollkommene Abflußzustand ein, so ist $Q = \text{f}(h, h_\text{u})$, also zusätzlich vom Unterwasserstand h_u (über Überfallkrone) abhängig.

Vollkommener Überfall: Die vom Unterwasser nicht beeinflußte Leistung des Überfalls läßt sich mit der stationären Bernoullischen Gleichung bestimmen.

Der Strömungsvorgang kann als zweidimensionale (ebene) Bewegung aufgefaßt werden. Ferner kann wegen der kurzen in Betracht stehenden Fließwege $h_\text{v} \approx 0$ angenommen werden. Dies würde einer wirbelfreien Strömung entsprechen, bei der die Energiehöhe H überall im Strömungsfeld gleich groß ist.

Über der Krone wird die Grenztiefe durchlaufen und im ebenen Fall ist dort h/H = 2/3. Die zu untersuchende Stromröhre wird unten durch die Bauwerkskontur, oben durch die freie Wasseroberfläche begrenzt. Zu berechnen ist der Abfluß

Abb. 5.1 Wehr mit Überfällen

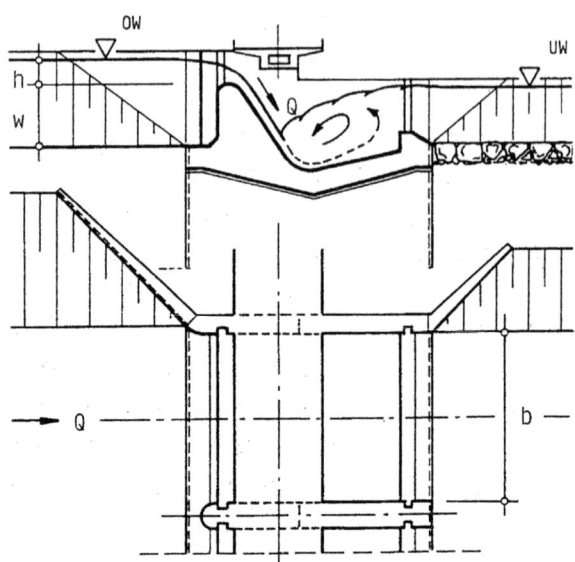

$Q = \int v\, dA = b \int v\, ds$ in den Grenzen $s = 0 \ldots nH$ des Scheitelquerschnitts. Es kann näherungsweise von einem druckfreien Überfallstrahl ausgegangen werden, so als ob der Strahl beiderseits an Luft grenzen würde und oben wie unten dem Atmosphärendruck p_0 ausgesetzt wäre. Werden mit $p_0 = 0$ nur Überdrücke betrachtet, so ist dann durchweg von $p(z) = 0$ auszugehen, und mit $H = v_0^2/2g + h$ bei hydrostatischer Druckverteilung im Oberwasser ist der Bernoullische Energiehöhenvergleich verkürzt auf $H = \frac{v^2(z)}{2g} + z$. Die Geschwindigkeitsverteilung im Scheitelquerschnitt kann damit ausgedrückt werden durch $v(z) = \sqrt{2g(H-z)}$, und es wird $Q = b\sqrt{2g} \int_{s=0}^{nH} \sqrt{H-z}\, ds$ (Abb. 5.3, 5.4)

Wegen der (bauwerksindividuellen) Stromlinienkrümmung ist der genaue n-Wert nur in der Größenordnung von 2/3. Wird statt dessen ausgewertet $Q = mb\sqrt{2g}\int_{z=0}^{nH} \sqrt{H-z}\, dz$, wobei m den damit verbundenen Fehler ausgleicht erhält man:

$$Q = \frac{2}{3}m[1 - (1-n)^{3/2}]b\sqrt{2g}\, H^{3/2} \tag{5.1}$$

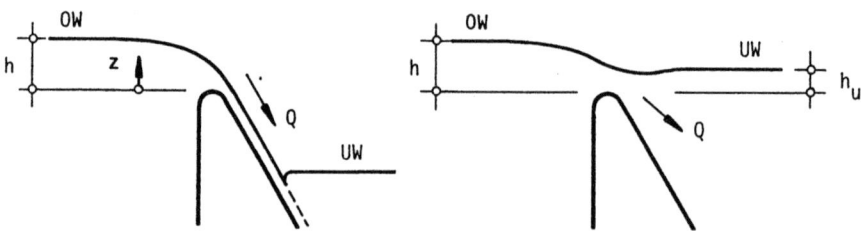

Abb. 5.2 Abflußzustände an einem Überfall, *links* vollkommener Überfall, rückstaufreier Abfluß, *rechts* unvollkommener Überfall, Abflußbehinderung durch Rückstau

5.1 Normal angeströmte Überfälle

Abb. 5.3 Vollkommener Überfall, Definitionen

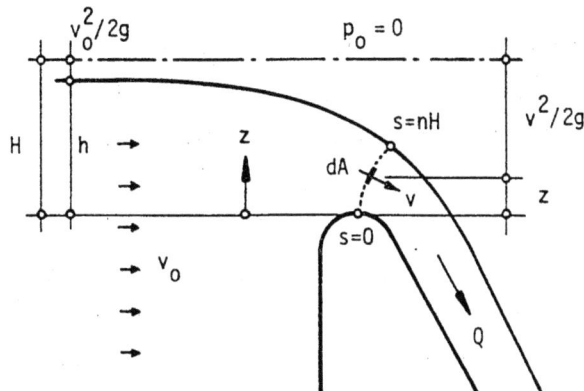

Abb. 5.4 Hydrostatische Druckverteilung, Definitionen

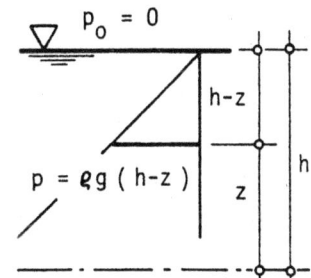

Dies ist allerdings noch nicht die verlangte $Q(h)$-Beziehung. Da in den meisten Fällen auf der Oberwasserseite sehr kleine Anströmgeschwindigkeiten v_0 vorliegen, kann mit $v_0^2 \ll gh$ für $H = v_0^2/2g + h = h\left(1 + \frac{1}{2}\frac{v_0^2}{gh}\right) \approx h$ gesetzt werden. Es ergibt sich so die Überfallformel

$$Q = \frac{2}{3}\mu b \sqrt{2g}\, h^{3/2} \tag{5.2}$$

Der Überfallbeiwert μ steht darin u. a. für die Auswirkung von m und n und berücksichtigt zugleich den in vorstehender Herleitung nicht enthaltenen Einfluß der Bauwerksform. Dieser ist aus folgender Übersicht erkennbar:

Die durchgeführte Untersuchung des vollkommenen Überfalls zeigt, daß dieses anscheinend so einfache hydraulische Problem voller Unwägbarkeiten steckt, und daß (5.2) daher nur eine Schätzformel mit der dafür typischen Ergebnisstreuung sein kann.

Eine Ausnahme liegt beim scharfkantigen, belüfteten Überfall vor, für den Abb. 5.5 einen Überfallbeiwert von $\mu \approx 0{,}64$ ausweist. Dieser μ-Beiwert und die Abflußleistung Q können nach Rehbock(1929) mit einer Ersatzhöhe $h_E = h + 0{,}0011$ (in Metern) sehr genau berechnet werden:

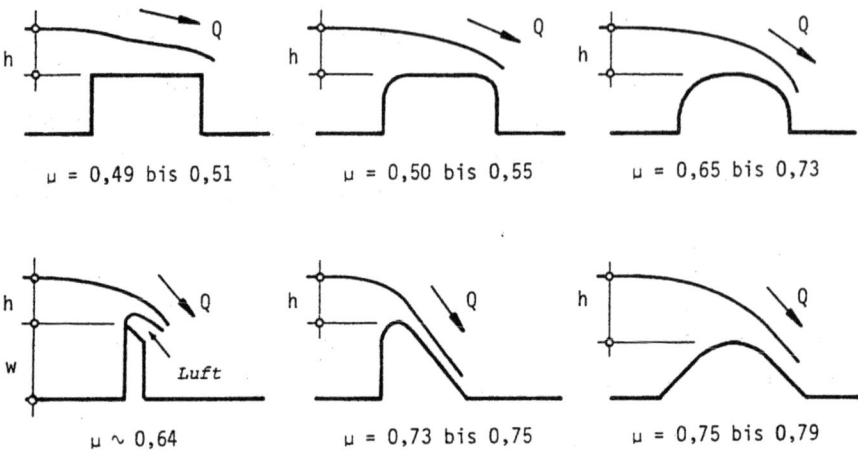

Abb. 5.5 Überfallbeiwerte μ (vollkommener Abfluß)

$$Q = \frac{2}{3}\mu\, b\sqrt{2g}\, h_E^{3/2} \tag{5.3}$$

$$\mu = 0{,}6035 + 0{,}0813 \frac{h_E}{w} \tag{5.4}$$

Dabei ist Voraussetzung, daß die Überfallkante horizontal liegt (Rechtecküberfall), der Überfallstrahl beidseitig belüftet ist und ebene Strömung ohne jeden seitlichen Einfluß herrscht. Der ungewöhnlichen Genauigkeit der Rehbockformeln wegen ist der scharfkantige Überfall als Abflußmeßgerät sehr beliebt: Er erfordert keine Eichung, wenn die genannten Bedingungen eingehalten werden.

Unvollkommener Überfall: Hoher Unterwasserstand führt von einer bestimmten kritischen Höhenlage an zu einer Beeinträchtigung der Abflußleistung des Überfalls. Der nach (5.2) errechnete Abfluß Q wird durch $h_u >{}_{krit}h_u$ vermindert und schließlich bis auf $Q = 0$ gedrosselt, wenn mit $h_u = h$ keine Wasserspiegelhöhendifferenz zwischen Ober- und Unterwasser mehr besteht. Das hydraulische Problem liegt darin, daß einerseits festzustellen ist, bei welchem Unterwasserstand krit h_u die Beeinträchtigung beginnt, und andererseits, wie sie h_u-abhängig zu quantifizieren ist (Abb. 5.6).

Einem Vorschlag von Schmidt(1957) folgend, kann die Berechnung eines unvollkommenen Überfalls ebenfalls nach (5.2) vorgenommen werden, wenn der Überfallbeiwert μ des vollkommenen Überfalls ersetzt wird durch

$$\mu^* = c\mu \quad 0 \leq c \leq 1 \tag{5.5}$$

Darin ist c ein Abminderungsfaktor, definiert als Verhältnis der Überfallbeiwerte für den unvollkommenen zum vollkommenen Abflußzustand.

5.1 Normal angeströmte Überfälle

Abb. 5.6 Rundkroniger Überfall unter Rückstau

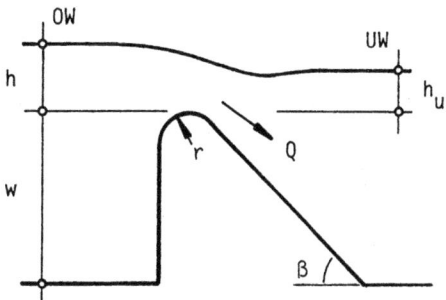

Nach Festlegung von c ist der Abfluß des unvollkommenen Überfalls also zu berechnen nach

$$Q = \frac{2}{3}\mu^* b \sqrt{2g}\, h^{3/2} \tag{5.6}$$

Mit einer Impulssatzanwendung auf einen Kontrollraum zwischen Überfallscheitel und Unterwasser ist unter vereinfachenden Annahmen eine Abschätzung des kritischen Unterwasserstandes $_{\text{krit}}h_u$ möglich, bei dem Rückstau sich auszuwirken beginnt bzw. gerade noch vollkommener Abfluß vorliegt. Wie schon beim vollkommenen Überfall wird auch hier von einem druckfreien Überfallstrahl im Bereich der Kronenausrundung ausgegangen und angenommen, daß sich dort gerade noch die sog. Grenztiefe einstellen kann. Für rundkronige Bauwerke, deren unterwasserseitige Neigung mit durchschnittlich $\beta \approx 60°$ anzusetzen ist, ergibt die Auswertung die in Tab. 5.1 angeführten Relativwerte $x_c = {}_{\text{krit}}h_u/h$ in Abhängigkeit von den Parametern w/h und r/h, die den Einfluß von Bauwerkshöhe und Kronenausrundung erfassen. Zum Vergleich sind zusätzlich x_c-Werte für breitkronige Überfälle angegeben.

Für die Abhängigkeit des Faktors c vom Unterwasserstand $h_u > {}_{\text{krit}}h_u$ kann mit Hilfe einer ähnlich wie bei (5.1) vereinfachten Anwendung der Bernoullischen Gleichung gezeigt werden, daß folgender funktionaler Zusammenhang besteht: $c \sim x\sqrt{1-x}$ mit $x = h_u/h > x_c$. Zwangspunkte dieses c-Verlaufs sind $(x, c) = (x_c, 1)$ und $(1, 0)$, so daß sich mit einer Substitution $z(x_c, x)$ folgender Ausdruck für c ergibt:

$$c = \frac{3}{2}\sqrt{3}z\sqrt{1-z} \quad \text{mit} \quad z = \frac{2 - 3x_c + x}{3(1 - x_c)} \tag{5.7}$$

Tab. 5.1 Werte $x_c = \text{krit}\, h_u/h$ von einigen unvollkommenen Überfällen

w/h	breitkronig	rundkronig		
		r/h = 0,2	r/h = 0,4	r/h = 0,6
1	0,829	0,624	0,503	0,377
2	0,791	0,719	0,614	0,508
3	0,763	0,751	0,646	0,550
5	0,736	0,787	0,686	0,585
10	0,706	0,813	0,713	0,613

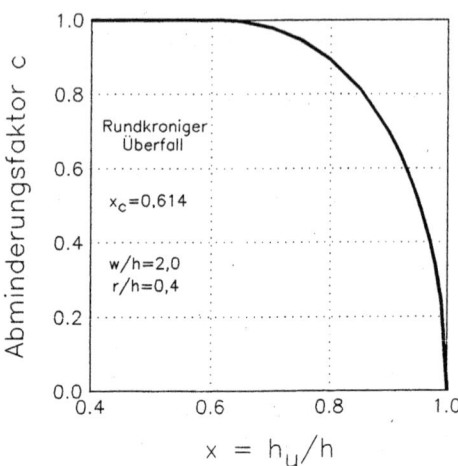

Abb. 5.7 c-Werte eines rundkronigen Überfalls mit lotrechter Wasserseite

Dieses für rundkronige Überfälle erhaltene Resultat ist allerding nur als Abschätzung zu werten. Für praktisch vorkommende Berechnungsfälle ist (5.7) aber völlig hinreichend, zumal es wenig Sinn hat, bei der Bestimmung von c zur Berechnung des unvollkommenen Überfalls größere Genauigkeitsansprüche zu stellen als beim vollkommenen Überfall. Ein Beispiel für den c-Faktor eines rundkronigen Überfalls zeigt Abb. 5.7.

Mit den in Tab. 5.1 zusammengestellten Daten ist eine breite Anwendung von (5.7) gegeben, die den häufigst vorkommenden Berechnungsfällen gerecht wird.

5.1.2 Kelchüberfälle

Trompetenartig gestaltete, kelchförmige Überfälle sind beliebte Elemente von Hochwasserentlastungsanlagen an Talsperren und größeren Rückhaltebecken. Der Scheitel des Kelchüberfalls ist im Grundriß kreisförmig, so daß eine große Abflußleistung auf engem Raum erzielt wird. Das rotationssymmetrische Schnittbild weist Konturen auf, die dem Profil des geraden, rundkronigen Überfalls ähneln.

Der Abfluß wird in einen Stollen geleitet, der das Wasser nach außen (zur Luftseite der Talsperre) abführt.

Vollkommener Überfall: Bei der Bemessung wird von normaler, also radialer Anströmung des Kelchüberfalls und von vollkommenem Abfluß ausgegangen, d. h. drallbehaftete Zuströmung und Rückstau aus dem Ablaufstollen kommen bei der Berechnung nicht in Betracht. In einem radial gerichteten Vertikalschnitt stellt sich eine Situation dar wie in Abb. 5.8 gezeigt. Es kann in Analogie zu frontal angeströmten Überfällen mit der Bernoullischen Gleichung gearbeitet werden, wobei der einzige Unterschied gegenüber diesen darin besteht, daß in genügend großen Abständen vom Kelch Energiehorizont und Wasserspiegel übereinstimmen, $H = h$. Die diesbezüg-

5.1 Normal angeströmte Überfälle

Abb. 5.8 Kelchüberfall bei vollkommenem Abfluß

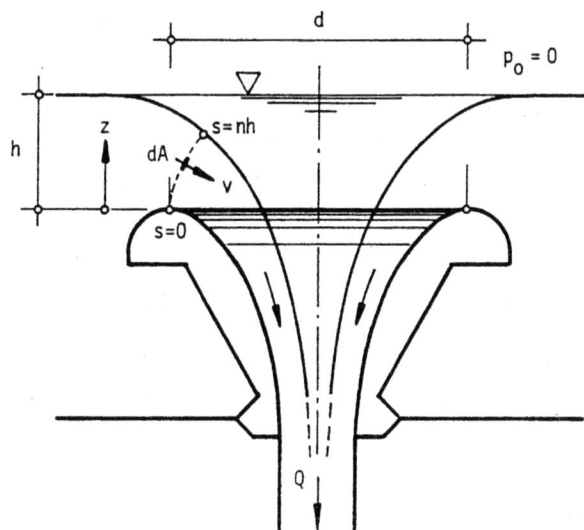

liche Approximation entfällt also, weil $v_0 = 0$ ist. Der Energiehöhenvergleich mit sonst gleichen Annahmen führt formal auch auf das gleiche Ergebnis:

$$Q = \frac{2}{3}\mu\, U \sqrt{2g}\, h^{3/2} \tag{5.8}$$

Diese Kelchüberfallformel unterscheidet sich von (5.2) nur durch den wirksamen Kelchumfang U, der an die Stelle der Überfallbreite b tritt. Dabei ist in U auch die Minderung des Umfangs infolge von Aufbauten (aufgesetzte Pfeiler, ausgesparte Sektoren für Begehungsschächte etc.) zu berücksichtigen. Der wirksame Kelchumfang beträgt also:

$$U = \pi d - \sum a \tag{5.9}$$

Dabei ist d der Durchmesser der kreisförmigen Scheitellinie des Überfalls, und Σa bedeutet die Breite der Aufbauten, in der Scheitellinie gemessen.

Eine Orientierungshilfe zur Festsetzung des in (5.8) benötigten Überfallbeiwertes μ bietet Abb. 5.9. Zum Vergleich ist darin auch der μ-Beiwert des zylindrischen Überfalls angeführt; diese Überfallart entspricht dem geraden, scharfkantigen Überfall mit belüftetem Überfallstrahl.

Für den rundkronigen Kelchüberfall gibt das $\mu(h/d)$-Diagramm nur das durchschnittliche Verhalten an (der Einfluß unterschiedlicher Kronenausrundungen ist darin nicht ausgewiesen). Die beiden dargestellten Kurven können als Abgrenzung des Bereichs aufgefaßt werden, in dem der μ-Beiwert im Einzelfall zu erwarten ist. Eine weitere Hilfe leistet die von Dallwig (1982) aufgestellte Schätzformel $\mu = 0{,}74 - 450/Re$ mit der *Reynoldszahl* $Re = vh/v$, worin v die radiale Zulaufgeschwindigkeit über der Überfallkrone und h die Überfallhöhe bedeuten, vgl.

Abb. 5.9 Überfallbeiwerte kelchförmiger und zylindrischer Überfälle

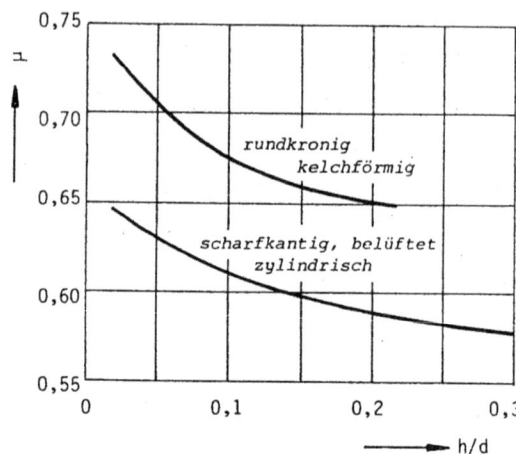

Abb. 5.8. Die Werte μ, v und *h* sind einander als Entwurfsdaten zugeordnet. Mit der μ(*Re*)-Beziehung können die experimentellen Daten eines Kelchmodells in Großausführungsdaten umgerechnet werden: Extrapolation der μ-Beiwerte einer sog. Modellfamilie.

Unvollkommener Überfall: Auch beim Kelchüberfall kann der unvollkommene Abflußzustand eintreten, dann nämlich, wenn die Leistungsfähigkeit des an den Kelchüberfall anschließenden Schacht-/Stollensystems überschritten wird. Dabei bildet sich im Kelch ein meist sehr unruhiger Wasserspiegel aus, der höher liegt als die Überfallkrone. Es liegt eine zweiteilige Aufgabenstellung vor:

Im Rückstaufall ist der Abfluß *Q* durch das Abflußvermögen des Stollens festgelegt, andererseits kann diesem nur soviel Wasser zugeführt werden, wie der Kelchüberfall leisten kann. Man hat daher zwei Berechnungsergebnisse einander gegenüberzustellen, *Q*(*Stollen*) und *Q*(*Kelch*).

Im Fall des Stollens handelt es sich um eine Druckrohrleitungsberechnung mit Methoden der Rohrhydraulik. Beim Kelch kann von der Ähnlichkeit zum geraden, rundkronigen Überfall ausgegangen werden, d. h. für eine Berechnung des unvollkommenen Kelchüberfalls kann abschätzend (5.6) benutzt werden (mit *U* statt *b*), wobei die Leistungsminderung mit *c* nach (5.7) angenommen werden darf.

Die Berechnung des Stollensystems ist verständlicherweise nicht ohne gewisse Ergebnisstreubreiten möglich, auf die der Rückstauwasserstand im Kelch empfindlich reagiert. Die Bewertung des Abflußzustands ist daher oft unsicher, die Streuungen beeinflussen die Berechnung des unvollkommenen Kelchüberfalls deutlich.

Noch unübersichtlicher wird die Abflußsituation bereits beim vollkommenen Kelchüberfall, wenn die Anströmung des Kelchs zusätzlich auch noch drallbehaftet ist. Eine nicht mehr nur radiale Anströmung kann sich bei ungünstiger Lage des Bauwerks im Stauraum durch den Einfluß der Ufer ergeben. Dieser ist vor allem bei Kelchüberfällen mit Pfeileraufbauten zu beobachten. Die Schräganströmung der aufgesetzten Pfeiler führt zu merklich verschlechterten μ-Beiwerten, vor allem infolge

Abb. 5.10 Heber, rückstaufrei

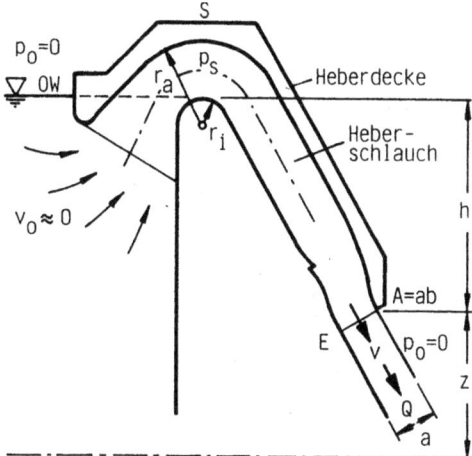

von Ablösungserscheinungen, die den wirksamen Umfang des Kelchs einschränken. Dallwig(1982) ist dieser Problematik gründlicher nachgegangen. Aus dieser Untersuchung geht u. a. die Empfehlung hervor, einen Uferabstand von mindestens zwei Kelchdurchmessern zu wahren.

5.1.3 Heberüberfälle

Einen Heber als Überfall zu bezeichnen, ist zwar üblich, aber eigentlich nicht gerechtfertigt: Bei voller Abflußleistung liegt eine Rohrströmung vor, mit der das Wasser über eine auf dem Oberwasserniveau angeordnete Überfallkrone gehoben und zum Unterwasser abgeführt wird. Der Grundriß eines Heberüberfalls entspricht dem eines frontal angeströmten, geraden Überfalls, Abb. 5.1, jedoch ist das Verhältnis Breite zu Höhe des rechteckigen Heberrohrquerschnitts im allgemeinen begrenzt auf $b/(r_a - r_i) \leq 2$.

Ein überfallartiger Abfluß tritt nur bei Inbetriebnahme des Hebers auf. Durch Zulassung eines geringfügigen Anstiegs des Oberwassers wird im Heber ein dünner Überfallstrahl erzeugt, der mittels Strahlablenkung zur gegenüberliegenden Wand des Heberschlauchs einen Luftabschluß bewirkt. Da in diesen Überfallstrahl Luft aus dem Heberinnern eingemischt wird, erfolgt eine selbsttätige Entlüftung des Hebers, der alsbald seine volle Abflußleistung entwickelt.

Dieser Zustand ist der Bemessungsfall des Hebers, Abb. 5.10

Bei Nachlassen des oberstromseitigen Zuflusses sinkt der Oberwasserspiegel wieder und gibt eine Belüftungsöffnung frei (in Abb. 5.10 nicht dargestellt), die dem Heberscheitel Luft zuführt und den Abfluß ziemlich abrupt unterbricht. Mit diesen instationären Prozessen sind nachteilige Schwall- und Sunkerscheinungen verbunden, denen man in der Praxis durch höhengestaffelte Anordnung mehrerer Heber nebeneinander zu begegnen versucht. Der komplizierte Anspringvorgang und die Außerbetriebnahme eines Hebers erfordern im übrigen größte Sorgfalt bei der Gestaltung der diesbezüglichen Einrichtungen, wobei experimentelle Unterstützung durch Modellversuche unentbehrlich ist.

Die Heberbemessung für den stationären Vollbetrieb erfordert zwei rechnerische Nachweise: Einerseits ist das Abfuhrvermögen $Q = f(b, h, \text{Form})$ gefragt, wobei h die sog. *Saughöhe* des Hebers ist, Abb. 5.10. Diese ist begrenzt durch den im Heber zulässigen Unterdruck, der durch die Hebung des Wassers über den Oberwasserhorizont sowie durch Fliehkraftwirkung im Scheitelbereich des Hebers entsteht. Zu bestimmen ist daher zusätzlich die Druckhöhe $p_s/\rho g = f(h)$ am Heberscheitel.

Die Antwort auf diese Fragen kann mit Hilfe der Bernoullischen Gleichung (4.15) erarbeitet werden. Der Energiehöhenvergleich zwischen Oberwasser und Austrittsquerschnitt am Heberende (bei E in Abb. 5.10) lautet danach $H = \frac{v_0^2}{2g} + (z + h) = \frac{v^2}{2g} + z + h_v$ mit der auf dieser Strecke auftretenden Gesamtverlusthöhe h_v. Vernachlässigbare Zuflußgeschwindigkeit ($v_0^2 \ll gh$) ergibt bei E am Heberende $v = \sqrt{2g(h - h_v)}$ als Ausflußgeschwindigkeit. Definiert man als *Heberwirkungsgrad* den Abflußbeiwert $\mu = \sqrt{1 - h_v/h}$, so wird als $Q = vA$ mit dem Ausflußquerschnitt $A = ab$ folgende Heberformel erhalten:

$$Q = \mu ab \sqrt{2gh} \tag{5.10}$$

Der μ-Beiwert kann nach den Regeln der Rohrhydraulik bestimmt werden. Er ist durch die Verlustsumme h_v gegeben, die sich aus Einlaufverlust, Umlenkungsverlust, Verlust an Sprungnasen etc. sowie Wandreibungsverlust zusammensetzt. Übliche Heberausführungen erreichen Wirkungsgrade von $\mu = 0{,}75$ bis $0{,}85$ oder mehr.

Steht die Ausflußöffnung bei E unter Rückstau, so liegt unvollkommener Abfluß vor, bei dem als Saughöhe des Hebers die Höhendifferenz zwischen Ober- und Unterwasserspiegel, $h = z(OW) - z(UW)$, anzusetzen ist.

Von der Größe des Austrittsquerschnitts $A = ab$ und der Saughöhe h hängt nicht nur die Heberleistung Q ab, sondern auch der Druck p_s im Scheitelquerschnitt S des Hebers. Der Bernoullische Energiehöhenvergleich zwischen Heberscheitel und Austrittsquerschnitt ermöglicht zu dieser Frage aber nur eine Abschätzung, denn es handelt sich um einen eindimensionalen Berechnungsvorgang entlang der als repräsentative Stromlinie aufgefaßten Achslinie des Heberschlauchs. Dieser kann für die Heberquerschnitte jeweils nur querschnittsgemittelte Größen angeben, vgl. unter 4.4. Zwischen S und E wird $\frac{v_s^2}{2g} + \frac{p_s}{\rho g} + [z + h + \frac{1}{2}(r_a - r_i)] + h_{v_{0-s}} = \frac{v^2}{2g} + z + h_v$, wiederum mit h_v als Gesamtverlusthöhe vom Oberwasser bis zum Heberende. Wird davon die bis zum Heberscheitel auftretende Verlusthöhe $h_{v_{0-s}}$ ignoriert, $h_{v_{0-s}} \ll h_v$, und die Kontinuitätsbedingung $v_s(r_a - r_i) = va$ berücksichtigt ($b = konst$), so ergibt sich $\frac{p_s}{\rho g} = \frac{v^2}{2g}\left[1 - \frac{a^2}{(r_a - r_i)^2}\right] - \frac{r_a - r_i}{2} - h + h_v$ als mittlere Druckhöhe im Scheitelquerschnitt. Mit dem durch die Verlusthöhe h_v definierten μ-Beiwert ist diese $h_v = h(1 - \mu^2)$, und $v = \mu\sqrt{2gh}$ führt schließlich auf

$$\frac{p_s}{\rho g} = -h\left[\frac{\mu^2 a^2}{(r_a - r_i)^2} + \frac{1}{2}\frac{r_a - r_i}{h}\right] \tag{5.11}$$

5.2 Seitliche Überfälle

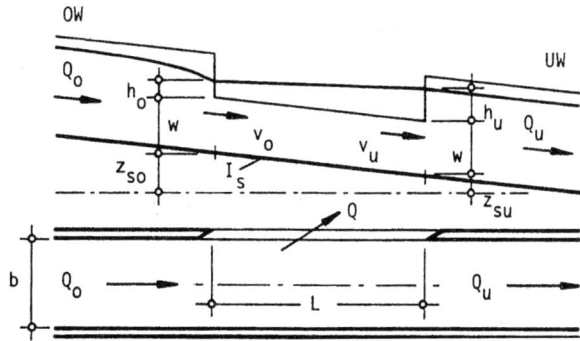

Abb. 5.11 Streichwehr in einem Rechteck- gerinne mit konstanter Breite

Dieses Resultat bezieht sich auf die in Abb. 5.10 wiedergegebene Systemgeometrie, r_a und r_i sind die Radien im Heberscheitel. Man erkennt, daß es sich um Unterdruck handelt: $p_s < 0$. Hieraus ergibt sich eine Restriktion für das Zusammenwirken von Heberleistung, Saughöhe und Heberquerschnitten. Im Scheitelbereich darf die Druckhöhe ein bestimmtes Maß nicht unterschreiten, $p_s \geq$ zul p_s. Der berechnete Unterdruck muß genügend Abstand vom Vakuum haben, die Strömung würde durch Dampfbildung abreißen. Bei stärkeren Unterdrücken schon weit vor Erreichen des Vakuums eintretende Hohlraumbildung, sog. Kavitation, ist ihrer materialschädigenden Wirkung wegen ebenfalls zu vermeiden und führt dazu, daß in der Praxis etwa zul $Ps/pg = -6{,}0$ m angesetzt werden sollte. Mit dem so fixierten Schwellenwert wird auch dem Umstand Rechnung getragen, daß (5.11) nur eine grobe Abschätzung sein kann.

Weitergehende Informationen über die Verhältnisse im Scheitelbereich des Hebers sind mit eindimensionalen Methoden nicht erzielbar. Dagegen ist mit Hilfe potentialtheoretischer Ansätze für die vorliegende ebene Strömung eine eingehendere Erkundung des Geschwindigkeits- und Druckfeldes am Heberscheitel möglich.

5.2 Seitliche Überfälle

Parallel zur Fließrichtung in einem Gerinne angeordnete Überfälle, auch *Streichwehre* genannt, kommen besonders in urbanen Entwässerungssystemen vor. Sie sind seitliche Überlaufschwellen in Form von Ausschnitten in der Gerinnewand und haben die Aufgabe, anfallende Übermengen in ein Entlastungsgerinne oder ein Rückhaltebecken abzuführen und so das weiterführende Gerinne möglichst weitgehend zu entlasten. Im Grundriß kann ein sich längs des seitlichen Überfalls verjüngendes Gerinne vorliegen, oder es ist $b = konst$ wie bei dem in Abb. 5.11 dargestellten Fall.

Ein wesentliches Merkmal des Streichwehrs ist der in jedem Fall durch die unterwasserseitigen Abflußbedingungen im Hauptgerinne vorgegebene Unterwasserstand am Ende des Überfalls. Er ist durch eine charakteristische Abflußkurve festgelegt, die für das weiterführende Gerinne den Zusammenhang zwischen Abfluß und Wasserstand benennt. Diese Kennlinie kann eine sog. *Normalabflußkurve* sein, häufiger ist aber der Fall einer *Drosselstrecke*, bei der durch Einbauten unterhalb des Streichwehrs ganz bestimmte durchflußabhängige Wasserstände erzielbar sind. Dabei handelt es sich z. B. um durchlaßähnliche Rohrstrecken (Rohrdrossel) oder um Drosselwände mit blendenartigen Öffnungen. Angestrebt wird meist eine möglichst geringe Schwankungsbreite des weiterführenden Abflusses Q_u trotz größerer Wasserstandsschwankungen am Streichwehrende.

Der Zweckbestimmung des seitlichen Überfalls entsprechend besteht die hydraulische Bemessungsaufgabe darin, die Länge $L = f(Q, h_o, h_u, w, \text{Form}, \ldots)$ der Überlaufschwelle zu ermitteln, die benötigt wird, um die überschüssige Differenz $Q = Q_o - Q_u$ seitlich entlasten zu können. Dabei zwingt die unterwasserseitige Bedingung $h_u(Q_u)$ mitunter zu mehrfachem Wiederholen der Berechnung. Diese geht aus von der in Analogie zum frontal angeströmten, geraden Überfall herleitbaren Streichwehrformel (für vollkommenen Abfluß)

$$Q = \frac{2}{3}\mu L \sqrt{2g}\, h_m^{3/2} \tag{5.12}$$

Von (5.2) unterscheidet sich diese Beziehung durch die Streichwehrlänge L, die an die Stelle der Überfallbreite tritt, vor allem aber durch eine Überfallhöhe, die bei linear angenommenem Wasserspiegelverlauf längs des Streichwehrs ausgedrückt wird durch

$$h_m = \frac{1}{2}(h_o + h_u) \tag{5.13}$$

Ferner ist der µ-Beiwert des seitlichen Überfalls etwas geringer anzunehmen als nach Abb. 5.5; Schmidt(1957) empfiehlt (höchstens) 95 % dieser Werte.

Bevor (5.12) bezüglich der Schwellenlänge L ausgewertet werden kann, ist mit Hilfe der Bernoullischen Gleichung der Wasserstand am Anfang der Überlaufschwelle zu bestimmen, um h_m benennen zu können. Das bei eindimensionaler Idealisierung einen Abzweigpunkt A darstellende Streichwehr kann trotz unterschiedlicher Durchflüsse mit einem Energiehöhenvergleich zwischen Ober- und Unterwasser untersucht werden, denn (4.4.4) fordert überall $H_o = konst$, also $H_{oW} = H_A = H_{UW}$. Bei hydrostatischer Druckverteilung ist die Druckhöhe am oberen/unteren Schwellenende mit Bezug auf Abb. 5.11 auszudrücken durch $\frac{p_{0,u}}{\rho g} = (h + z_s)_{0,u} + w - z$ und der Energiehöhenvergleich lautet $\frac{v_o^2}{2g} + h_o + w + z_{so} = \frac{v_u^2}{2g} + h_u + w + z_{su} + h_{v_{o-u}}$. In den meisten Bemessungsfällen kann angenommen werden, daß $h_{v_{o-u}} \approx z_{so} - z_{su}$ ist, so daß sich dieser Vergleich auf $\frac{v_o^2}{2g} + (h_o + w) = \frac{v_u^2}{2g} + (h_u + w) = H_u$ verkürzt. Hierin faßt die sohlenbezogene örtliche Energiehöhe H_u die für das Streichwehrende vorgegebenen Größen zusammen und ermöglicht über $v_u = Q_u/A_u$ mit $A_u = b_u(h_u + w)$ auch die Berücksichtigung eines sich in Fließrichtung verengenden Gerinnes ($b_o = b$, $b_u < b$). Wird noch als querschnittsgemittelte Zulaufgeschwindigkeit $v_o = Q_o/[b(h_o + w)]$ eingeführt, so ergibt sich für $(h_o + w)$ eine verkürzte kubische Gleichung (Abb. 5.12):

Abb. 5.12 Teilströme

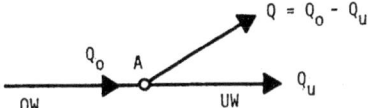

$$(h_\text{o} + w)^3 - H_\text{u}(h_\text{o} + w)^2 + \frac{Q_\text{o}^2}{2gb^2} = 0 \qquad (5.14)$$

Nur eine der beiden positiven Lösungen dieser Bestimmungsgleichung liefert einen brauchbaren h_o-Wert, mit dem die mittlere Überfallhöhe h_m nach (5.13) zu berechnen ist.

Der mit (5.13) beschrittene Lösungsweg setzt einen zumindest näherungsweise linearen Spiegellinienverlauf längs der Überlaufschwelle voraus. Diese Bedingung muß nach Berechnung von h_o aus (5.14) überprüft werden. Man kann davon ausgehen, daß die Berechnung mit (5.13) zulässig ist, wenn die Froude-Zahl

$$Fr_\text{o} = \frac{v_\text{o}}{\sqrt{g\,(h_\text{o}+w)}} < \text{krit } Fr_\text{o} \qquad (5.15)$$

unter einem bestimmten Schwellenwert bleibt. Dieser ist nach Schmidt(1957) höchstens mit krit $Fr_\text{o} = 0{,}75$ in Rechnung zu stellen. Je mehr diese Grenze unterschritten wird, desto zuverlässiger sind die nach (5.12) mit (5.13) zu erwartenden Berechnungsergebnisse.

Das geschilderte Verfahren gilt für den vollkommenen Überfall. Liegt Rückstau aus dem seitlich abgehenden Entlastungsgerinne vor, so ist vorzugehen wie beim unvollkommenen Abfluß eines normal angeströmten, geraden Überfalls, siehe unter 5.1.1.

Ein Streichwehr kann auch im Außenbogen eines gekrümmten Gerinneabschnitts angeordnet sein. Abgesehen von anderen nützlichen, umlenkungsbedingten Effekten ist beim gekrümmten Streichwehr je nach Systemgeometrie und Betriebsweise eine deutlich gesteigerte Leistungsfähigkeit Q zu verzeichnen. Diese durchaus zu begrüßende Fliehkraftwirkung ist von Sitzmann(1992) eingehend untersucht worden. Sie kann bei Froude-Zahlen $Fr_\text{o} < 0{,}50$ je nach Umlenkradius µ-Beiwertsteigerungen von 50 % gegenüber dem in (5.12) beim geraden Streichwehr anzusetzenden µ-Wert ergeben. Die Erhöhung des Überfallbeiwerts ist bei kleineren Überfallhöhen am deutlichsten.

5.3 Ausfluß unter Schützen

Bei Wehren und Hochwasserentlastungsanlagen mit beweglichen Verschlüssen, z. B. Hubschützen wie in Abb. 5.13, erfolgt die Abführung des Wassers durch Freigabe einer tiefliegenden Ausflußöffnung. Diese nimmt die ganze Wehröffnungsbreite b ein, hat aber eine vergleichsweise geringe Höhe a.

Abb. 5.13 Wehröffnung mit Hubschütze

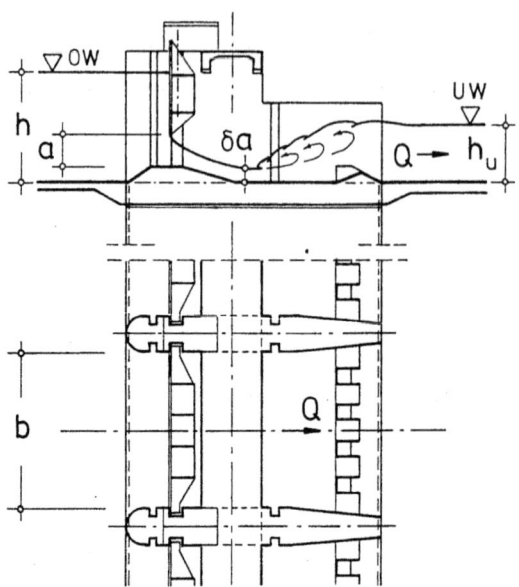

Dieser Spalt läßt einen *Grundstrahl* entstehen, der als vertikal-ebener Strömungsfall berechnet werden kann. Die Strahldicke wird nach Passieren der Ausflußöffnung durch *Strahlkontraktion* auf δa eingeschnürt ($\delta < 1$).

Auch beim Grundstrahl ist der vollkommene vom unvollkommenen Abfluß zu unterscheiden, Abb. 5.14. Die Berechnung der Leistungsfähigkeit $Q = \text{f}(b,h,a, h_u, \text{Form}, \ldots)$ einer spaltartigen, tiefliegenden Ausflußöffnung muß dies berücksichtigen. Während beim vollkommenen Grundstrahl als wesentlichste Einflüsse nur die Oberwassertiefe h und die Öffnungshöhe a eine Rolle spielen, $Q = \text{f}(h,a)$, wird der Ausfluß aus dem freigegebenen Spalt beim unvollkommenen Grundstrahl durch Rückstau beeinträchtigt, d. h. es kommt auch der Unterwasserstand h_u zur Geltung, $Q = \text{f}(h,a,h_u)$ (Abb. 5.15).

Vollkommener Grundstrahl: Die Ausflußleistung einer vom Unterwasser nicht beeinflußten Grundstrahlöffnung kann durch einen Bernoullischen Energiehöhenver-

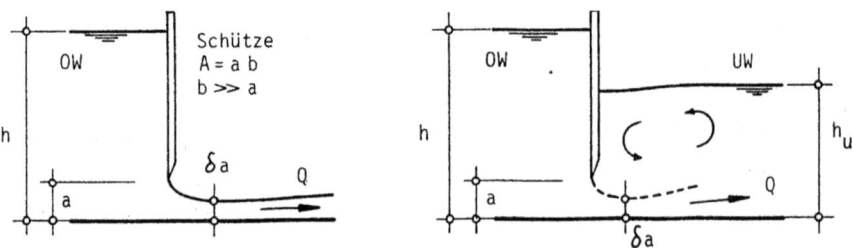

Abb. 5.14 Mögliche Abflußzustände beim Ausfluß unter Schützen, *links* vollkommener Grundstrahl, freier Strahlaustritt, *rechts* unvollkommener Grundstrahl, Öffnung eingestaut

5.3 Ausfluß unter Schützen

Abb. 5.15 Definitionen zum vollkommenen Grundstrahl

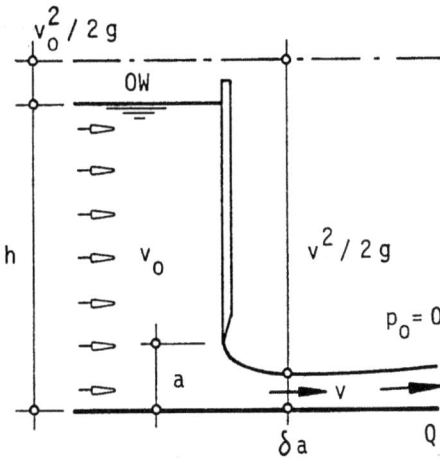

gleich unter Annahme eines verlustfreien Strömungsvorgangs, $h_v \approx 0$, beschrieben werden. Wegen des frei austretenden Grundstrahls, und weil im Oberwasser hydrostatische Druckverteilung herrscht, so daß in jeder Höhe z über der Sohle $p/\rho g + z = h$ gilt, lautet der simple Energiehöhenvergleich $\frac{v_0^2}{2g} + h = \frac{v^2}{2g} + \delta a$. Darin ist δ eine von der Form der Ausflußöffnung und vom Verhältnis h/a abhängige Kontraktionsziffer. Mit der Kontinuitätsbedingung $v_0 bh = vb\delta a = Q$ gewinnt man als Strahlgeschwindigkeit an der Stelle der stärksten Einschnürung den Ausdruck

$$v = \sqrt{\frac{2gh}{1 + \delta a/h}} \qquad (5.16)$$

Damit wird aus $Q = v\delta ab$ als Grundstrahlformel erhalten

$$Q = \mu \, ab\sqrt{2gh} \qquad (5.17)$$

mit dem durch Strahlkontraktion bestimmten Abflußbeiwert

$$\mu = \frac{\delta}{\sqrt{1 + \delta a/h}} \qquad (5.18)$$

Die Formel gilt für spaltartige Öffnungen mit $a \ll b$. Abflußbeiwerte μ für geneigte und senkrechte Planschützen sowie für Segmentverschlüsse können aus den Diagrammen der Abb. 5.16 abgegriffen werden.

Unvollkommener Grundstrahl: Liegt Rückstau vor, so wird der Grundstrahl vom Unterwasser überstaut, und die Leistungsfähigkeit der Ausflußöffnung wird je nach Unterwasserstand mehr oder weniger vermindert. Die Grenze zwischen vollkommenem und unvollkommenem Grundstrahl ist nicht durch die Oberkante der Schützenöffnung gegeben. Auch höhere Unterwasserstände können noch freien Strahlaustritt zulassen. Mit einem durch die unterwasserseitigen Abflußbedingungen

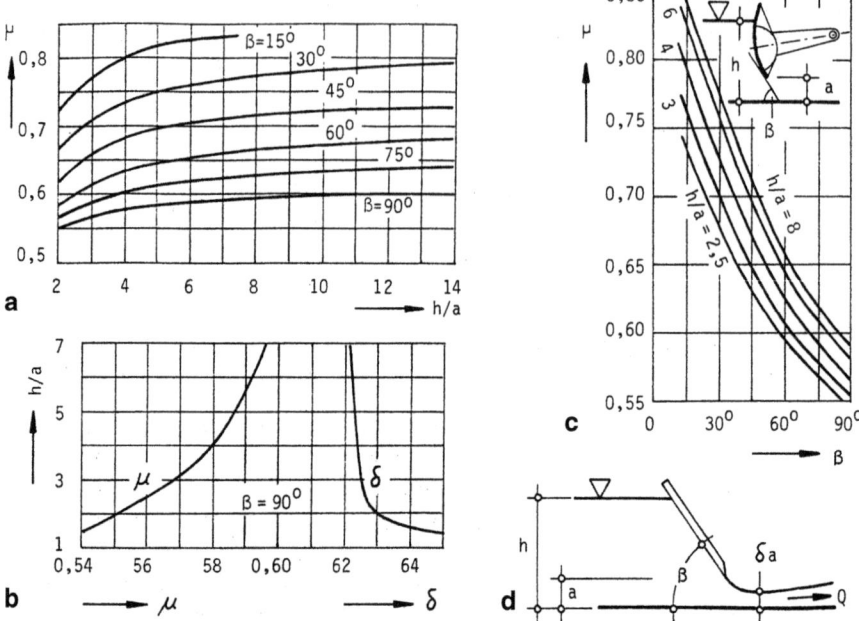

Abb. 5.16 Abflußbeiwerte für einige Wehrverschlüsse, **a** geneigte Planschützen, **b** senkrechte Schützen, **c** Segmentverschlüsse, **d** Systemskizze zu **a** und **b**

festgelegten Wasserstand h_u stellt sich entweder ein Wechselsprung ein, der noch ein Stück freien Grundstrahl übrig läßt und vollkommenen Abfluß ermöglicht, oder das Unterwasser staut bis an den Wehrverschluß zurück und ergibt den unvollkommenen Abflußzustand.

Der unvollkommene Abfluß unter einer Schütze kann ähnlich wie beim unvollkommenen Überfall unter Ansatz eines Abminderungsfaktors c berechnet werden, mit dem die abflußbeeinträchtigende Wirkung der Unterwassertiefe h_u im Abflußbeiwert μ berücksichtigt wird. Formal gilt also wieder (5.5), und mit μ^* statt μ in (5.17) ergibt sich die Abflußleistung des unvollkommenen Grundstrahls aus (Abb. 5.17)

$$Q = \mu^* ab\sqrt{2gh} \qquad (5.19)$$

Der Abflußbeiwert μ^* errechnet sich aus δ-Werten nach (5.3.3) durch Reduzierung mit dem Abminderungsfaktor c:

$$\mu^* = c\mu \quad 0 \leq c \leq 1 \qquad (5.20)$$

Der c-Faktor kann mit eindimensionalen hydraulischen Ansätzen (siehe unter 4.) ziemlich genau bestimmt werden. Das bezüglich c zu bearbeitende Problem enthält als Unbekannte außer c den nicht mit h_u übereinstimmenden Wasserstand $h_1 < h_u$ unmittelbar an der Schütze und die Geschwindigkeit v_1. Dafür stehen folgende drei Gleichungen zur Verfügung:

5.3 Ausfluß unter Schützen

Abb. 5.17 Definitionen zum unvollkommenen Grundstrahl

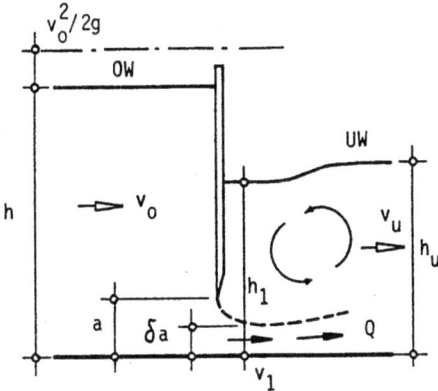

Stützkraftsatz (4.8) mit Kontrollraum unmittelbar unterhalb der betrachteten Schütze, horizontal angesetzt, Umfangskräfte vernachlässigt:

$$\rho Q v_1 + \frac{1}{2}\rho g b h_1^2 = \rho Q v_u + \frac{1}{2}\rho g b h_u^2$$

Bernoulli-Gleichung (4.15) ohne Verlusthöhe zwischen dem Oberwasser und dem Querschnitt unmittelbar unterhalb der Schütze:

$$\frac{v_o^2}{2g} + h = \frac{v_1^2}{2g} + \frac{p_1}{\rho g} + \delta a$$

Darin ist p_1 an der Strahloberkante mit $p_1 = \rho g(h_1 - \delta a)$ anzusetzen.

Kontinuitätsgleichung: $Q = v_1 b \delta a = v_o b h = v_u b h_u$ mit Q nach (5.19).

Die etwas mühselige Auswertung dieses Gleichungssatzes in Bezug auf den c-Faktor von (5.20) zeigt, daß c in der Form $c = \mathrm{f}(\delta a/h, \delta a/h_u)$ darstellbar ist, Abb. 5.18. Das Diagramm gilt daher auch bei anderen Wehrverschlüssen.

Die Herleitung dieses Ergebnisses ist ein klassisches Beispiel für die gleichzeitige Anwendung von Impulssatz, Energiehöhenvergleich und Kontinuitätsbedingung.

Zugleich wird auch die Nützlichkeit des Kontrollraumkonzepts beim Impulssatz demonstriert: Der schwer durchschaubare, von Rückströmungen und hochgradiger Verwirbelung betroffene Bereich unterhalb des Wehrverschlusses wird vorteilhaft ausgespart. Im vorliegenden Fall läßt sich damit auch eine Aussage über die Differenz $h_u - h_1$ gewinnen. Dieser Spiegelunterschied auf der Unterwasserseite ist auf den Impulseintrag des Grundstrahls zurückzuführen. Bei Flußkraftwerken ist diese Erscheinung sehr erwünscht; sie wird dort als Fallhöhenmehrung bezeichnet.

Aus dem mit Abb. 5.18 gefundenen Zusammenhang zwischen Leistungsminderung, ausgedrückt durch c, und den dimensionslosen Größen $\delta a/h$ und $\delta a/h_u$ ist ferner auch die Grenze zwischen vollkommenem und unvollkommenem Abflußzustand ablesbar: Für $c = 1$ werden kritische Werte der beiden Parameter erhalten, dargestellt in Abb. 5.19. Damit ist man in der Lage, sofort festzustellen, ob noch vollkommener Ausfluß vorliegt und sich womöglich die Frage nach dem Abminderungsfaktor c gar nicht erst stellt.

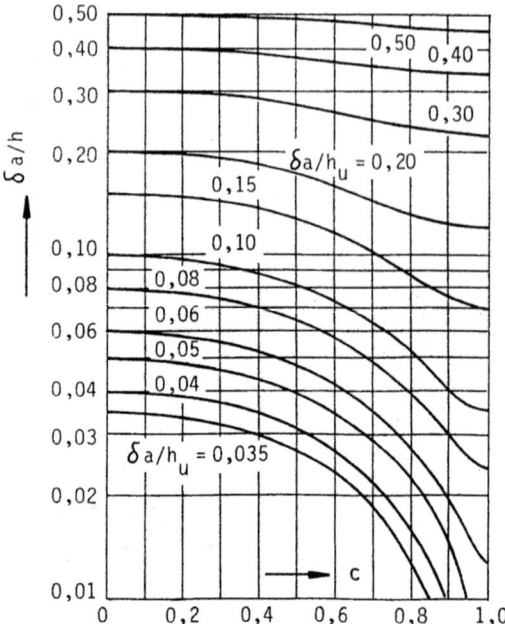

Abb. 5.18 c-Werte für den unvollkommenen Grundstrahl

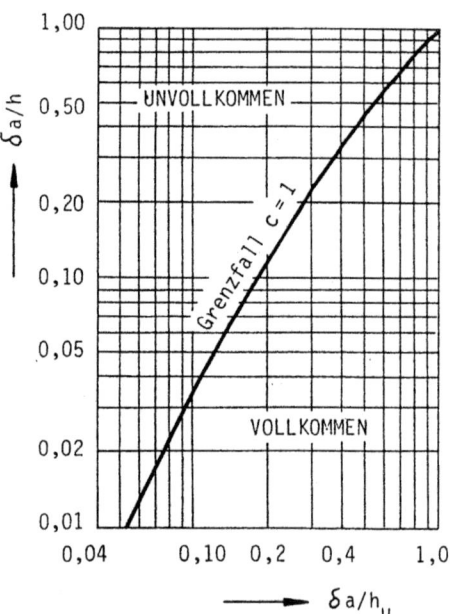

Abb. 5.19 Grenze zwischen vollkommenem und unvollkommenem Grundstrahl

Abb. 5.20 Definitionen zum vollkommenen Ausfluss

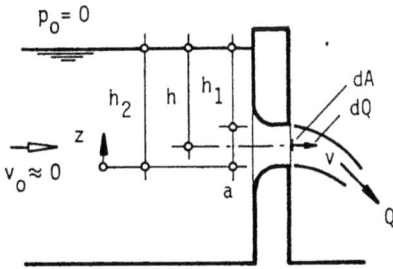

5.4 Ausfluß aus kleinen Öffnungen

Unter kleinen Öffnungen sind Auslässe zu verstehen, deren Größe $A = ab$ klein ist im Vergleich zum Querschnitt des Gerinnes, in dem sie angeordnet sind. Insbesondere ist die Gerinnebreite groß gegenüber der Auslaßbreite, $B > b$, und der Mittenabstand h der Öffnung vom Oberwasserspiegel ist erheblich größer als die Öffnungshöhe, $h > a$.

Bei der Untersuchung des Zusammenhangs $Q = f(h, a, h_u, \text{Form}, \ldots)$ ist auch bei kleinen Ausflußöffnungen zu unterscheiden zwischen vollkommenem und unvollkommenem Ausfluß, je nachdem ob die Öffnung frei ist oder eingestaut wird.

Vollkommener Ausfluß: Es liegt freier Austritt des Wasserstrahls vor. Die Zuströmgeschwindigkeit ist der Querschnittsverhältnisse wegen praktisch Null, die Verlusthöhe kann vernachlässigt werden. Der Energiehöhenvergleich entlang einer Stromlinie zwischen dem Oberwasser und der freien Ausflußöffnung besteht dann lediglich aus $h_2 = \frac{v^2}{2g} + z$, wenn im Oberwasser hydrostatische Druckverteilung herrscht mit $\frac{p}{\rho g} = h_2 - z$. In der Öffnung liegt also näherungsweise die Geschwindigkeitsverteilung $v = \sqrt{2g(h_2 - z)}$ vor. Mit $dQ = v dA = v b dz$ ergibt sich aus $Q = b \int_{z=0}^{a} v(z) dz$ die Leistungsfähigkeit der Öffnung. Wird noch ein Abflußbeiwert μ angebracht, mit dem Kontraktions- und Reibungseinflüsse nachträglich berücksichtigt werden, so ergibt die Integration schließlich die Ausflußformel (Abb. 5.20)

$$Q = \frac{2}{3} \mu b \sqrt{2g} (h_2^{3/2} - h_1^{3/2}) \quad (5.21)$$

Sie ist unter der Voraussetzung $b < B$ insbesondere anzuwenden, wenn die relative Öffnungshöhe $a/h > 0{,}2$ beträgt.

Bei kleineren Öffnungshöhen kann (5.21) durch eine einfachere Formel ersetzt werden. Wird statt mit h_1 und h_2 mit der Höhenlage h der Öffnungsmitte gearbeitet, so wird $h_2^{3/2} - h_1^{3/2} = h^{3/2} \left[\left(1 + \frac{a}{2h}\right)^{3/2} - \left(1 - \frac{a}{2h}\right)^{3/2} \right]$, und mit der Näherungsformel $(1 \pm x)^n \approx 1 \pm nx$ ergibt sich dafür $\frac{3}{2} a \sqrt{h}$. Die so mit $ab = A$ entstehende Ausflußformel gilt für beliebige Öffnungsquerschnitte:

$$Q = \mu A \sqrt{2gh} \quad (5.22)$$

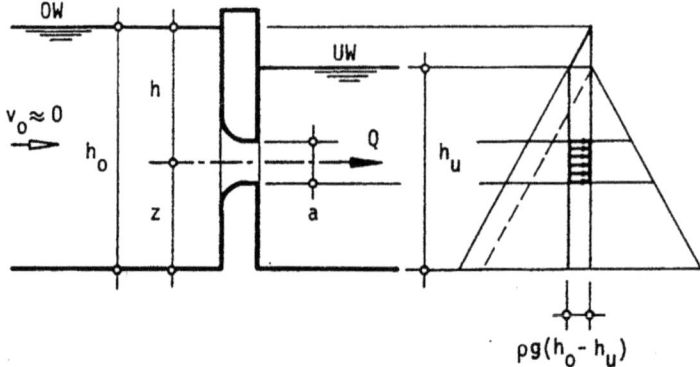

Abb. 5.21 Definitionen zum unvollkommenen Ausfluss

Sie ist hinreichend genau für $a/h < 0{,}2$ und entspricht der Annahme einer gleichmäßig verteilten Geschwindigkeit im Auslaßquerschnitt.

Für den in (5.21) und (5.22) benötigten Abflußbeiwert μ kann Tab. 5.2 als Orientierungshilfe dienen. Die aufgeführten μ-Werte betreffen blendenartige scharfkantige Öffnungen in dünnen Wänden. Mit etwa $\mu = 0{,}6$ wird man in vielen Fällen eine zufriedenstellende Wahl getroffen haben. Im übrigen handelt es sich bei den Daten der Tab. 5.2 wegen der bei scharfkantigen Öffnungsrändern stark ausgeprägten Strahlkontraktion um vergleichsweise niedrige μ-Beiwerte. Ausrundungen ergeben höhere Ausflußbeiwerte, mitunter fast bis auf Eins.

Tab. 5.2 Ausflußbeiwerte μ scharfkantiger Öffnungen

Art der Ausflußöffnung	Abmessungen	A	A/b	μ
Flaches Rechteck	A < b	ab	0,1	0,672
(a = Öffnungshöhe)			0,2	0,667
			0,5	0,640
Kreis	a = b = d	$\pi a^2/4$	1,0	0,607
Quadrat	a = b	a^2	1,0	0,582
Hohes Rechteck	a > b	ab	1,5	0,504
			2,0	0,438

Unvollkommener Ausfluß: Bei eingestauter Öffnung ergibt sich über dieser eine konstante Druckverteilung. Die durch Impulseintrag entstehende Unterwasserabsenkung ist wegen der geringen Öffnungsgröße nicht von entscheidender Bedeutung. Der Bernoullische Energiehöhenvergleich zwischen Oberwasser und Auslaß lautet entlang der in Öffnungsmitte liegenden, repräsentativen Stromlinie $\frac{v_0^2}{2g} + \frac{p_{OW}}{\rho g} + z = \frac{v^2}{2g} + \frac{p_{UW}}{\rho g} + z + h_v$. Wenn wiederum $v_0 \approx 0$ gesetzt und h_v zunächst vernachlässigt wird, ist die Ausflußgeschwindigkeit v danach nur von der Differenz der beiden Druckhöhen abhängig. Diese ist mit $\Delta p = \rho g(h_o - h_u)$ gegeben und führt auf $v = \sqrt{2g(h_o - h_u)}$. Werden Kontraktion und Reibung nachträglich mit einem Ausflußbeiwert μ berücksichtigt, so ergibt sich aus $Q = vA$ für beliebige Formen des Auslaßquerschnitts A als Ausflußformel (Abb. 5.21):

5.4 Ausfluß aus kleinen Öffnungen

$$Q = \mu A \sqrt{2g(h_o - h_u)} \qquad (5.23)$$

Im unvollkommenen Abflußzustand ist für den Ausfluß Q also die Höhendifferenz der beiden Wasserspiegel maßgebend.

Bezüglich der Überfallbeiwerte und Berechnungsmethoden für Wehrabflüsse sei auf Peter(2005) hingewiesen.

Kapitel 6
Potentialströmung

6.1 Potentialtheoretisches Modellkonzept

Für die Untersuchung von Strömungsvorgängen können in der Technischen Hydraulik verschiedene Modelle eingesetzt werden. Ausgenommen die experimentell ausgerichteten, „echten" Modellierungstechniken, sind mehr oder weniger alle Berechnungsmethoden der Hydraulik mathematische Modelle. Unter diesen nimmt das Modell Potentialströmung eine wichtige Stellung ein, denn es ermöglicht die Simulation von Strömungen, die ganz oder wenigstens näherungsweise ohne Energiehöhenverluste ablaufen. Welcher Platz dem Hilfsmittel Potentialströmung neben anderen Modellen für die Bearbeitung von Strömungsproblemen zukommt, zeigt folgende Übersicht (Abb. 6.1):

Das eigentlich sehr einfache Modellkonzept Potentialströmung besteht darin, dass man unterstellt, das zu untersuchende Geschwindigkeitsfeld sei mit Hilfe einer skalaren Potentialfunktion, *Geschwindigkeitspotential* genannt, darstellbar. Dies ist stets dann zutreffend, wenn die Strömung wirbelfrei ist, vgl. unter 4.4. Damit kommt zum Ausdruck, dass Anwendungen der Potentialtheorie in der Hydraulik zwar die Berechnung mehrdimensionaler Strömungsfelder $V(x, y, z, t)$ betreffen, jedoch an einschneidende Restriktionen gebunden sind: Es werden praktisch reibungsfreie Abläufe vorausgesetzt.

Paradoxerweise ist ein weiteres Anwendungsfeld des Modells Potentialströmung ausgerechnet ein hochgradig reibungsbehafteter Strömungsfall: Die Sickerströmung in porösen Medien. Die Möglichkeit der potentialtheoretischen Behandlung von Grundwasserströmungen und anderen Sickerbewegungen ist durch eine formale Analogie zwischen Potentialströmung und Sickerströmung gegeben, die sich aus dem Widerstandsverhalten bei der Durchströmung eines Bodens o.ä. ableitet.

Die Benutzung des Modells Potentialströmung als Hilfsmittel bei der Berechnung von Strömungsvorgängen erfolgt im übrigen stets in Verbindung mit anderen Gesetzmäßigkeiten der Technischen Hydraulik: Bewegungsgleichung, z. B. aufbereitet als Bernoulli-Gleichung; Kontinuitätsgleichung, insbesondere mit dem Stromröhrenkonzept; Erfahrungsgesetze, z. B. das Filtergesetz von Darcy.

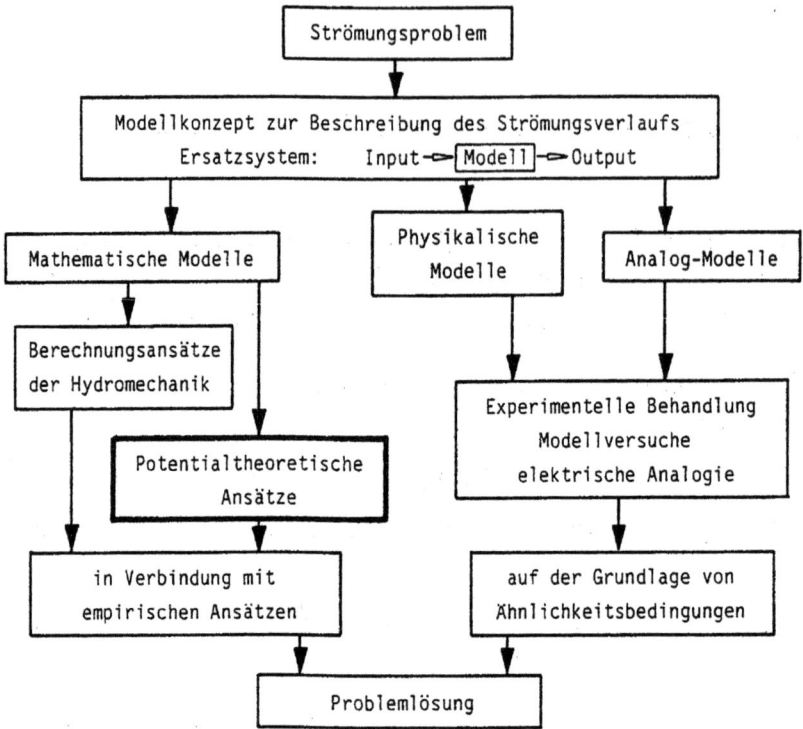

Abb. 6.1 Modelle für die Untersuchung von Strömungen

Die in Abschn. 6 erläuterten Strömungsfälle betreffen zunächst nur „normale" Strömungen; die unter den Begriff *Grundwasserhydraulik* fallenden Sickerströmungen sind einem eigenen Abschnitt vorbehalten.

6.2 Geschwindigkeitspotential und Laplace-Gleichung

Die mit dem Begriff Potentialströmung verbundene Idealisierung einer real vorliegenden Strömung besteht darin, dass der Vektor $V = (v_x\ v_y\ v_z)$ der Geschwindigkeiten mit Hilfe einer skalaren *Potentialfunktion* $\varphi = \varphi(x, y, z, t)$ dargestellt wird. Dieser Zusammenhang lautet mit $\nabla = \left(\frac{\partial}{\partial x} \frac{\partial}{\partial y} \frac{\partial}{\partial z}\right)$ als räumlichem Differentiator:

$$V(x, y, z, t) = \nabla\ \varphi(x, y, z, t) \quad \text{oder kurz} \quad V = grad\ \varphi \tag{6.1}$$

Danach sind die jeweils orts- und zeitabhängigen Komponenten des Geschwindigkeitsvektors:

$$v_x = \frac{\partial \varphi}{\partial x} \quad v_y = \frac{\partial \varphi}{\partial y} \quad v_z = \frac{\partial \varphi}{\partial z} \tag{6.2}$$

6.2 Geschwindigkeitspotential und Laplace-Gleichung

Die nach dieser Vorschrift darstellbare Potentialströmung hat einige besondere Merkmale:

Wirbelfreie Strömung: Das Strömungsfeld ist wirbelfrei (rotorfrei), denn die Definition (6.1) führt immer auf $rot\ V = \nabla \times V = 0$, u. a. mit der Konsequenz, daß es an festen Rändern kein Haften der mobilen Flüssigkeitsteilchen (v = 0) gibt.

Energiehöhe ortsunabhängig: Die örtliche Bernoullische Energiehöhe einer instationären Potentialströmung hat zum gleichen Zeitpunkt überall im Strömungsfeld den gleichen Betrag, $H = H(t) \neq f(x, y, z)$.

Keine Verlusthöhe: Wegen $rot\ V = 0$ entfällt in der Bernoullischen Gleichung der Potentialströmung (siehe unter 4.4) die Verlusthöhe, es ist durchweg $h_v = 0$.

In der Bernoulli-Gleichung wird übrigens $h_v = 0$ auch erhalten, wenn das Fluid keine Viskosität aufweist: $\eta = 0$ bzw. $v = \eta/\rho = 0$, ideale Flüssigkeit (mit $\rho =$ *konst*). Fehlende oder vernachlässigbare Viskosität ist aber keine hinreichende Bedingung für eine Potentialströmung, weil bei dieser Wirbelfreiheit (*rot* $V = 0$) im Strömungsfeld anzunehmen sein muss, unabhängig davon, ob das Fluid ideal oder real ist.

Die wichtigste Besonderheit ist jedoch die mit (6.1) entstehende Form der Kontinuitätsbedingung (3.6). Für Wasser als inkompressibles Fluid folgt aus $\nabla V = 0$ mit $V = \nabla \varphi$ die Laplace-Gleichung

$$\Delta \varphi = 0 \quad \text{oder} \quad \frac{\partial^2 \varphi}{\partial x^2} + \frac{\partial^2 \varphi}{\partial y^2} + \frac{\partial^2 \varphi}{\partial z^2} = 0 \qquad (6.3)$$

Darin sind $\Delta = \nabla^2 = \frac{\partial^2}{\partial x^2} + \frac{\partial^2}{\partial y^2} + \frac{\partial^2}{\partial z^2}$ ein Differentiator 2.Ordnung und $\varphi(x, y, z, t)$ die Potentialfunktion, wenn instationär, sonst $\varphi(x, y, z)$.

Im Prinzip besteht die rechnerische Aufgabe jeweils darin, zur Beschreibung des Geschwindigkeitsfeldes $V(x, y, z, t)$ eine Potentialfunktion $\varphi(x, y, z, t)$ für gegebene Rand- und Anfangsbedingungen so zu bestimmen, dass die Laplace-Forderung (6.3) befriedigt wird. Die Laplace-Gleichung ist eine homogene, partielle Differentialgleichung 2.Ordnung mit beliebig vielen Lösungen. Es genügt, aus diesem „Vorrat" eine geeignet erscheinende Lösung durch Anpassung an die Ränder des Strömungsfeldes auszuwählen; die Verhältnisse im Innern des Feldes müssen nicht durch weitere Bedingungen fixiert sein.

In der Praxis ist dieser Weg nur selten möglich; man wird statt dessen auf numerische Lösungswege der angewandten Hydromechanik zurückgreifen und (6.3) z. B. mit einem Differenzenverfahren auswerten. In der Technischen Hydraulik beschränken sich die potentialtheoretischen Anwendungen dagegen meist darauf, grundsätzliche Eigenschaften der Potentialströmung für hydraulische Berechnungen auszunutzen. Dabei werden im allgemeinen ebene Strömungen untersucht, wobei potentialtheoretische Ansätze und übliche eindimensionale Berechnungsverfahren meist kombiniert werden.

6.3 Stationäre ebene Potentialströmung

6.3.1 *Potentialnetz*

Bei ebener Strömung liegt ein zweidimensionaler Vorgang vor, der von einer der drei Raumkoordinaten unabhängig ist, so dass z. B. alle $\partial/\partial y = 0$ sind, wie bei einem vertikal-ebenen Problem (z-Achse lotrecht). Bei stationärer Bewegung sind ferner alle $\partial/\partial t = 0$. Wegen $v_y = 0$ hat der Geschwindigkeitsvektor nur zwei Komponenten, $V = (v_x \; 0 \; v_z)$, und die Potentialfunktion ist reduziert auf $\varphi = \varphi(x, z)$. Daher ergibt sich aus (6.3) als 2D-Laplace-Gleichung

$$\frac{\partial^2 \varphi}{\partial x^2} + \frac{\partial^2 \varphi}{\partial z^2} = 0 \tag{6.4}$$

und die stationären Geschwindigkeitskomponenten sind

$$v_x = v_x(x, z) = \frac{\partial \varphi}{\partial x} \quad v_z = v_z(x, z) = \frac{\partial \varphi}{\partial z} \tag{6.5}$$

Konstante Werte der Potentialfunktion $\varphi(x, z) = \varphi_k = konst$ (k = 0, 1, 2, ...) ergeben *Potentiallinien*, Linien gleichen Geschwindigkeitspotentials φ_k mit der Gleichung $z = f(\varphi_k, x)$ aus der Umkehrung der φ-Funktion. Der Gradient der φ-Funktion, der Vektor *grad* $\varphi = \nabla \varphi$, gibt Betrag und Richtung des größten Potentialgefälles an und steht daher senkrecht auf den Potentiallinien. Da dieser Gradient einerseits nach (6.1) den Geschwindigkeitsvektor bestimmt, dieser andererseits überall die Tangente an die Stromlinien bildet, ist zu folgern, dass sich die Scharen von Stromlinien und Potentiallinien senkrecht kreuzen:

> Stromlinien und Potentiallinien bilden ein orthogonales Netz, das Potentialnetz.

Es existiert daher auch eine zur Potentialfunktion $\varphi(x, z)$ orthogonale sog. *Stromfunktion* $\psi(x, z)$. Beide müssen den Cauchy-Riemannschen Bedingungen $\partial \varphi/\partial x = \partial \psi/\partial z$ und $\partial \varphi/\partial z = -\partial \psi/\partial x$ genügen, woraus wegen (6.2) folgt, dass die Geschwindigkeitskomponenten sich auch aus der Stromfunktion ergeben:

$$v_x = \frac{\partial \psi}{\partial z} \quad v_z = -\frac{\partial \psi}{\partial x} \tag{6.6}$$

Konstant gehaltene Werte der Stromfunktion $\psi(x, z) = \psi_k = konst$ (k = 0, 1, 2, ...) ergeben die *Stromlinien*, deren Gleichung aus der Umkehrung der ψ-Funktion als $z = f(\psi_k, x)$ hervorgeht (Abb. 6.2).

Anzumerken ist hierzu, dass Stromlinien bei allen Strömungen existieren, Potentiallinien dagegen nur bei wirbelfreier Bewegung mit *rot* $V = 0$ wie im Fall der Potentialströmung.

Werden für das von den Strom- und Potentiallinien gebildete orthogonale Potentialnetz gleich große Differenzen $\Delta \varphi$ und $\Delta \psi$ gewählt, $\Delta \varphi = \varphi_k - \varphi_{k-1}$ und $\Delta \psi = \psi_k - \psi_{k-1}$, so entsteht mit $\Delta \varphi = \Delta \psi = konst$ ein *äquidistantes Potentialnetz*, das meist als Quadratnetz bezeichnet wird.

6.3 Stationäre ebene Potentialströmung

Abb. 6.2 Definitionen zum Potentialnetz

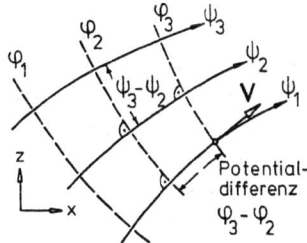

Abb. 6.3 Randstromlinien beim Potentialnetz

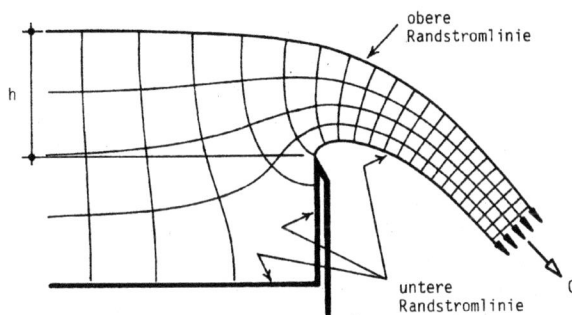

Für ein derartiges Netz, gleichgültig auf welchem Wege es erstellt wird, ist noch der Begriff *Randstromlinie* von Bedeutung. Man unterscheidet:

Freie Ränder, Wasserspiegel und Strahlränder, an Luft grenzend und dem Atmosphärendruck ($p = p_o = 0$) ausgesetzt.
Feste Ränder, Sohle und Wände, die beliebigem Druck ausgesetzt sein können.

Ein entsprechender Begriff ist die *Randpotentiallinie* (Abb. 6.3).

6.3.2 Netzerstellung

Ein Potentialnetz kann auf grafischem, analytischem, experimentellem oder numerischem Wege gewonnen werden. Nur ausnahmsweise wird man noch auf die grafische Methode zurückgreifen, um ein Potentialströmungsfeld zu entwerfen. Auch die Anwendung analytischer Funktionen zur Beschreibung des Geschwindigkeitsfeldes ist wenig aussichtsreich, es sei denn man findet eine passende Funktion, um das Strömungsproblem analytisch bearbeiten zu können. Dem Stand der elektronischen Datenverarbeitung entsprechend wird die Erstellung eines Potentialnetzes am ehesten mit numerischen Verfahren vorgenommen. Nachstehend sind zu den vier genannten Möglichkeiten die wichtigsten Einzelheiten genannt.

Grafische Methode: Ein äquidistantes Potentialnetz ist in kleinsten Teilen quadratähnlich. Der Netzentwurf von Hand geht von den Randstromlinien aus und richtet sich nach den Orthogonalitätsmerkmalen:

Abb. 6.4 Definitionen zur
Potential- und Stromfunktion

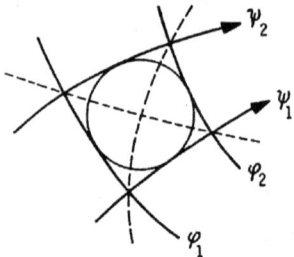

Abb. 6.5 Kreisströmung,
Definitionen

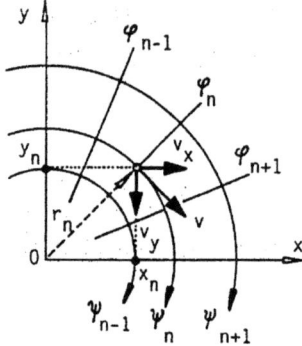

Potential- und Stromlinien kreuzen sich senkrecht, ebenso die Diagonalen der quadratähnlichen Netzmaschen, und ein einbeschriebener Kreis wird von allen vier Maschenseiten tangiert (Abb. 6.4).

Wie viele dieser Merkmale in der Praxis für die Netzkonstruktion benutzt werden, ist individuell wählbar. Das Verfahren ist seiner Mühsal wegen sehr unbeliebt.

Analytische Ansätze: Bei der Berechnung mit analytischen Funktionen wird ausgenutzt, dass jede analytische (=differenzierbare) komplexe Funktion $w = f(z)$ der Variablen $z = x + iy$ geeignet ist, ein Potentialströmungsfeld (hier in der x-y-Ebene darzustellen. Dazu ist die Zerlegung von w in Realteil (=Potentialfunktion) und Imaginärteil (=Stromfunktion) erforderlich: $w = \varphi(x,y) + i\psi(x,y)$. Der Realteil erfüllt die Laplace-Gleichung (6.3), Real- und Imaginärteil ($i^2 = -1$) befriedigen die Orthogonalitätsbedingungen, wenn w analytisch ist. Mit einem für die Praxis wichtigen Beispiel sei die Anwendung analytischer Funktionen im folgenden beschrieben (Abb. 6.5):

Strömungen mit Richtungsänderungen, beispielsweise im Scheitel eines Hebers (siehe unter 5.1.3), können häufig als *Kreisströmung*, d. h. als Strömung mit konzentrischen Stromlinien, aufgefasst werden. Die für eine Kreisströmung zuständige komplexe Funktion $w = c\, i \ln(z)$ mit der Variablen $z = x + iy$ kann zerlegt werden in $w = -c\left[\arctan\frac{y}{x} - \frac{i}{2}\ln(x^2 + y^2)\right]$. Daraus ist für die Potential- und Stromfunktion abzulesen:

$$\varphi = -c \arctan\frac{y}{x} \qquad \psi = \frac{c}{2}\ln(x^2 + y^2) \qquad (6.7)$$

Für $\varphi = konst$ und $\psi = konst$ ist der Verlauf der Potential- und Stromlinien also $y/x = konst$ (Geraden) bzw. $x^2 + y^2 = konst$ (Kreise). Aus (6.5) ergeben sich die Geschwindigkeiten $v_x = \frac{cy}{x^2+y^2}$ und $v_y = \frac{-cx}{x^2+y^2}$, so dass für den Betrag des Geschwindigkeitsvektors einer Kreisströmung wegen $v^2 = v_x^2 + v_y^2$ und $r^2 = x^2 + y^2$ erhalten wird:

$$v = \frac{c}{r} \tag{6.8}$$

Die Konstante c der Kreisströmung wird meist als Drallkonstante bezeichnet; sie muss im Einzelfall aus den vorliegenden Randbedingungen bestimmt werden.

Funktionen, die je für sich die Laplace-Gleichung erfüllen, lassen sich beliebig zu weiteren Lösungen superponieren. Weitere Möglichkeiten sind mit den Mitteln der konformen Abbildung gegeben. Trotzdem sind die analytischen Ansätze für praktische Aufgabenstellungen nur begrenzt einsetzbar, z. B. nur in einem Teil des Strömungsfeldes, wie bei der Untersuchung eines Umlenkungsbereichs mit Hilfe der Kreisströmung.

Elektrische Analogie: Als experimentelles Hilfsmittel für die Konstruktion ebener Potentialnetze lässt sich die Analogie zum Verhalten elektrischer Ströme in flächenhaften Leitern nutzen. Dem Ohmschen Gesetz entsprechend, das wie die der Potentialströmung zugrunde liegende Definition (6.1) eine lineare Gesetzmäßigkeit ist, ergibt der Widerstand des Leiters einen örtlich meßbaren Spannungsabfall, der dem Potentialabfall des Strömungsfeldes analog ist.

Für diese Messung wird metallbeschichtetes Widerstandspapier verwendet, das eine geometrische Nachbildung des zu untersuchenden Strömungsvorgangs erlaubt. An die durch Randpotentiallinien vorgegebenen Enden wird eine elektrische Spannung angelegt, deren zweidimensionales Feld dem gesuchten Strömungsfeld entspricht. Man kann also die Potentiallinien durch Ertasten der Linien gleicher Spannung auf dem Widerstandspapier ausmachen. Vorteilhafterweise kommt hinzu, dass wegen der Orthogonalität von Strom- und Potentiallinien in gleicher Weise auch die Stromlinien ermittelt werden können: Man hat lediglich die Randpotentiallinien durch die Randstromlinien zu ersetzen und die Spannung dort anzulegen.

Es ist dies zweifellos die einfachste Methode, ein Potentialnetz zu erstellen, jedoch sind die benötigten Versuchseinrichtungen nicht jederzeit überall verfügbar.

Numerische Verfahren: Werden numerische Modelle der Hydromechanik für die Beschreibung eines Strömungsfeldes herangezogen, so ist mit diesen zwar grundsätzlich auch die vollständige Darstellung einer Potentialströmung möglich, jedoch muss nicht notwendigerweise auch eine Netzkonstruktion gefordert werden. Die in Frage kommenden Rechenmodelle erlauben es, von jedem Punkt des untersuchten Feldes alle gewünschten Informationen abzurufen, so dass nicht unbedingt auch eine bildliche Darstellung nötig ist. Weiterführende Auswertungen können unmittelbar an das numerische Modell angeschlossen werden, benötigen dann kein Potentialnetz mehr.

Als Verfahren für die numerische Bearbeitung eines Potentialströmungsfeldes kommen hauptsächlich in Frage: *Differenzverfahren* (FD-Vefahren), *Randelementmethoden* (BE-Vefahren) und *Finite-Elemente-Methoden* (FE-Verfahren). Von

Abb. 6.6 Zur Netzauswertung

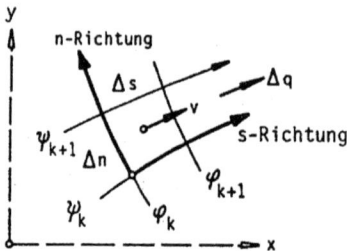

diesen erfordern die Differenzenverfahren den geringsten Aufwand, reichen normalerweise aber völlig aus, wobei allerdings je nach Art des Verfahrens numerische Stabilitätsprobleme auftreten können. Nur für größere Aufgaben zu rechtfertigen ist dagegen die Anwendung der Finiten Elemente; sie erfordern ein Vielfaches der Rechenzeit von FD-Modellen, die erreichbare Genauigkeit ist jedoch unübertroffen. Auch die Randelementmethoden sind mitunter wesentlich anspruchsvoller als die Differenzenverfahren. Allen gemeinsam ist, dass sie streng genommen nicht zu dem gehören, was im allgemeinen mit dem Begriff Technische Hydraulik angesprochen wird. Vielmehr haben sich die numerischen Methoden der Hydromechanik als „Computational Hydraulics" an der Nahtstelle zwischen Hydraulik und Hydromechanik zu einem bedeutenden neuen Arbeitsgebiet entwickelt.

6.3.3 Netzauswertung

Mit dem Potentialnetz ist die Grundlage für die vollständige Beschreibung des zur Potentialströmung idealisierten Strömungsfeldes geschaffen: Die Geschwindigkeitsverhältnisse sind unmittelbar aus dem Netz ersichtlich, und mit den Geschwindigkeitshöhen können via Bernoulli-Gleichung auch die Druckhöhen an beliebiger Stelle angegeben werden.

Geschwindigkeitsfeld: Für die Auswertung des konstruierten Potentialnetzes sind kartesische (x, y)-Koordinaten meist unzweckmäßig. Statt dessen werden die unter 4.1 eingeführten natürlichen Koordinaten verwendet (zweidimensional), d. h. (s, n)-Koordinaten, die sich an den Stromlinien orientieren. Der Geschwindigkeitsvektor hat in natürlichen Koordinaten nur eine Komponente in s-Richtung: $V = (v\ 0\ 0)$ mit $v = v(s, n)$. Zwei benachbarte Stromlinien des äquidistanten 2D-Potentialnetzes bilden eine Stromröhre (Querschnitt $= b\Delta n$), für die wegen der dem Potentialnetz zugrunde gelegten Quellenfreiheit folgender Satz gilt (Abb. 6.6):

> In einem äquidistanten Potentialnetz hat jede von zwei benachbarten Stromlinien gebildete Stromröhre den gleichen Durchfluß $\Delta Q = b\Delta q$.

Bei bekanntem Durchfluss Δq in der Stromröhre ist das örtliche Querschnittsmittel der Geschwindigkeit zwischen den die Stromröhre bildenden Stromlinien

$$v = \frac{\Delta Q}{b\Delta n} = \frac{\Delta q}{n} \qquad (6.9)$$

Abb. 6.7 Potentialnetz einer überströmten Hakenschütze

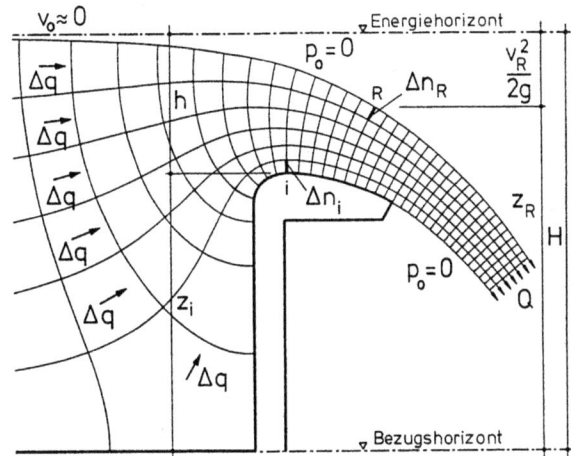

Weil in Analogie zu (6.5) und (6.6) andererseits sowohl $v \approx \Delta\varphi/\Delta s$ als auch $v \approx \Delta\psi/\Delta n$ gelten muss, kommt dem Stromröhrendurchfluss Δq die Bedeutung der Schrittweite $\Delta\varphi = \Delta\psi = konst$ zu, mit der das Netz erstellt wurde. Liegt zwischen den Rändern des Strömungsfeldes, zwischen den Randstromlinien, ein Gesamtdurchfluss Q vor, und beträgt die Anzahl der Stromröhren m (=Anzahl der Stromlinien einschließlich Randstromlinien minus Eins), so ist

$$\Delta q = \frac{Q}{bm} \Delta Q = \frac{Q}{m} \qquad (6.10)$$

Das Geschwindigkeitsfeld ist damit vollständig beschrieben; es können die Geschwindigkeitsverteilungen längs beliebig gewählter Schnittlinien angegeben werden.

Das in Abb. 6.7 wiedergegebene Beispiel betrifft die Untersuchung einer Hakenschütze, deren Überfallform so zu gestalten ist, dass sich entlang der Kontur keine Unterdrücke einstellen; es soll zugleich der Demonstration eines Potentialnetzes dienen.

Die normalerweise, sicherlich auch bei geringerer Fehlerempfindlichkeit, mit der Bernoulli-Gleichung zu beantwortende Frage nach den Druckhöhen in einem auf der Kontur gleitenden Punkt i setzt die Kenntnis der in i maßgebenden Geschwindigkeitshöhen voraus. Diese kann man sich wie folgt verschaffen:

Zunächst ist der Gesamtdurchfluss Q mit Hilfe der Überfallformel (5.1.1.2) zu bestimmen, wobei eine sorgfältige Schätzung für den Überfallbeiwert μ des vollkommenen Überfalls erforderlich ist. Die Zahl der Stromröhren beträgt $m = 6$, so dass $\Delta Q = Q/m$ und $\Delta q = \Delta Q/b$ festgelegt sind. Entlang der freien Strahloberfläche ist $p_o = 0$, und in einem dort gelegenen Referenzpunkt R gilt $H = \frac{v_R^2}{2g} + z_R$, woraus sich die Geschwindigkeit v_R ergibt. Wird diese als in der obersten Stromröhre bei R maßgebende mittlere Geschwindigkeit angesehen, so muss $\Delta q = v_R \Delta n_R$ gelten.

Abb. 6.8 Definitionen zum Druckfeld

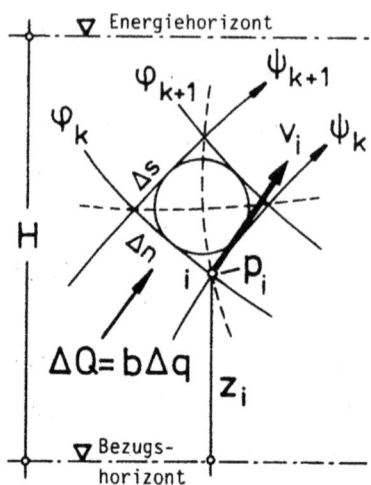

Da dies eine verlustfreie Strömung voraussetzt, kann v_R für den realen Strömungsfall mit dem aus Q gewonnenen Δq korrigiert werden. Ist dies geschehen, so können die oberste und die unterste Stromröhre miteinander verglichen werden. Weil in jeder Stromröhre Δq gleich groß ist, gilt für die Stellen R und i der Zusammenhang $v_i \Delta n_i = v_R \Delta n_R$. Diese Aussage sieht aus wie eine Kontinuitätsgleichung, ist aber keine, weil Fließquerschnitte verschiedener Stromröhren verglichen werden.

Die Korrektur von v_R ist nicht zwingend; man kann auch mit den idealen Voraussetzungen der Potentialströmung rechnen, erhält dann etwas zu große Geschwindigkeiten. Führt man jedoch die Korrektur mit Q aus der Überfallformel durch, so wird damit zumindest ein Eindruck vom Ausmaß der zu erwartenden Ergebnisstreuung gewonnen.

Druckfeld: Sind mit dem diesbezüglich ausgewerteten Potentialnetz die Geschwindigkeiten im gesamten Strömungsfeld bekannt, so ist die Angabe der Druckhöhen kein Problem mehr. Es kann die stationäre Bernoullische Gleichung (4.15) mit den bei einer Potentialströmung vorliegenden Besonderheiten eingesetzt werden: Keine Verlusthöhe und überall im Strömungsfeld die gleiche Gesamtenergiehöhe, siehe unter 6.2. In einem Punkt i des Strömungsfeldes gilt folglich

$H = \frac{v_i^2}{2g} + \frac{p_i}{\rho g} + z_i = konst$, so dass sich mit der als Randbedingung gegebenen Energiehöhe H die örtliche Druckhöhe berechnen lässt (Abb. 6.8):

$$\frac{p_i}{\rho g} = H - z_i - \frac{v_i^2}{2g} \tag{6.11}$$

Auf diese Weise ist auch die zu Abb. 6.7 gestellte Frage nach dem Druckverlauf entlang der Überfallkontur (wanderndes i) zu beantworten.

Ein anderes Beispiel für die Bestimmung des Druckfeldes einer Potentialströmung ist mit Abb. 5.10 bereits angedeutet worden: Im Scheitelbereich eines Hebers

6.3 Stationäre ebene Potentialströmung

Abb. 6.9 Definitionen zur Druckverteilung im Heberscheitel

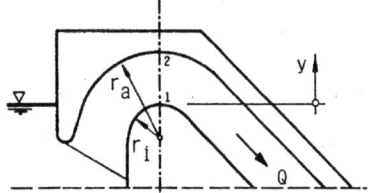

liegen Strömungsverhältnisse vor, die näherungsweise als Potentialströmung aufgefasst werden können. Mit (5.11) konnte unter 5.1.3 nur ein mittlerer Druck im Scheitelquerschnitt angegeben werden. Die Annahme einer Kreisströmung in diesem Bereich erlaubt es nun, die Frage nach der Druckverteilung im Scheitelquerschnitt präziser zu beantworten. Mit (6.9) ist zunächst die Geschwindigkeitsverteilung im Scheitelquerschnitt 1–2 gegeben, $v = c/r$, wobei die Drallkonstante c sich aus $Q = \int v dA = b \int v dr$ ergibt als $c = Q/[b \cdot \ln(r_a/r_i)]$. Mit Bezug auf Abb. 5.10 ist im Oberwasser $H = z + h$ anzusetzen, so dass nach Bernoulli am Heberscheitel aus $H = v^2/2g + p/\rho g + (z+h) + y$ mit $y = r - r_i$ folgt: $\frac{v^2(y)}{2g} + \frac{p(y)}{\rho g} + y = 0$. Wird $v = c/r = c/(r_i + y)$ eingesetzt, so ergibt sich im Heberscheitel zwischen $y = 0$ und $y = r_a - r_i$ die Druckverteilung (Abb. 6.9)

$$\frac{p(y)}{\rho g} = -y - \frac{1}{2g}\left(\frac{c}{r_i + y}\right)^2 \quad (6.12)$$

Der erste Ausdruck auf der rechten Seite repräsentiert die hydrostatisch bedingten, der zweite die fliehkraftbedingten Unterdruckwirkungen. Auch diese Lösung ist nur eine Näherung, kommt der Realität aber bei weitem näher als die durchschnittliche Druckhöhe nach (5.11).

Kapitel 7
Grundwasserhydraulik

7.1 Durchströmung poröser Medien

7.1.1 Eigenschaften des Strömungsträgers

Bei einer Grundwasserströmung handelt es sich um einen Strömungsvorgang in einem porösen Strömungsträger. Als Fluid steht dabei ausschließlich Wasser in Betracht, und die Durchströmung des porösen Mediums findet in einer Vielzahl von miteinander verflochtenen Porenkanälen gleichsam „mit geschlossener Wassersäule" statt. Der Strömungsträger ist in diesem Sinne also der durchströmte Teil eines Bodens, die *gesättigte Bodenzone*, allgemeiner und abstrakt gesehen ein Filter.

Nicht als Grundwasserströmung, wohl aber als besondere Erscheinungsform einer Grundwasserbewegung, sind die Sickervorgänge in der *ungesättigten Bodenzone* anzusehen; sie unterliegen im wesentlichen nur der Wirkung von Kapillarität und Schwerkraft. Infiltrationsvorgänge dieser Art, die Durchsickerung des Bodens bis zur gesättigten Bodenzone können vielfach nicht ohne Berücksichtigung von Lufteinschlüssen beschrieben werden. Von Gonsowski (1987) wurde die Beeinflussung der Infiltration durch Bodenluftkompression für Sandböden eindeutig nachgewiesen. Die in der ungesättigten Bodenzone ablaufenden Prozesse müssen daher unter Ansatz eines mehr-phasigen Systems behandelt werden.

Der Träger einer Grundwasserströmung hat einige hydraulisch wichtige Merkmale, die mit seiner Porosität zusammenhängen. Diesbezügliche Kennziffern sind der *Porenanteil n* und die *Porenzahl e*:

$$n = V_P/V \quad e = V_P/(V - V_P) \tag{7.1}$$

Dabei ist V_P das anteilige Porenvolumen am Gesamtvolumen V einer Probe des Trägermaterials. Statt der Bezeichnung Porenanteil werden für *n* auch die Begriffe *Porenvolumen* oder *Porosität* benutzt.

In der Grundwasserhydraulik ist wegen der im Strömungsträger verbliebenen Lufteinschlüsse ein kleineres, aktives Porenvolumen maßgebend als die Bodenmechanik benennt. Für die Kennziffern *n* und *e* sind also kleinere Werte zu verwenden, und an Stelle von *n* kommt eine hydraulisch wirksame Porosität n_{hy} zum Ansatz. Mit einem Wasseranteil n_w und einem Luftanteil n_a am Porenvolumen des vorliegenden 3-Phasen-Systems Feststoff-Wasser-Luft ist der Porenanteil $n = n_w + n_a$. Daher gilt als effektiver Porenanteil:

$$\text{Hydraulische Porosität} \quad n_{hy} \approx n_w \qquad (7.2)$$

Dieses in Bezug auf die Durchströmbarkeit wirksame Porenvolumen entspricht dem sog. entwässerbaren Porenraum und ist im 3-Phasen-System wegen der Lufteinschlüsse und deren Kompressibilität druckabhängig.

Die wichtigste Eigenschaft des Strömungsträgers ist zweifellos seine Durchlässigkeit k_f, die sowohl von den Boden- oder Filter- als auch von den Fluideigenschaften abhängt und durch das Darcysche Filtergesetz (7.7) definiert wird:

$$\text{Durchlässigkeit} \quad k_f = f(d_K, n_{hy}, \ldots, \nu, \ldots) \qquad (7.3)$$

Der Korndurchmesser d_K des Filtermaterials steht bei dieser Abhängigkeit an vorderster Stelle, gefolgt von der hydraulischen Porosität, die eine gewisse Druckabhängigkeit einbringt. Die Viskosität ν des Wassers bewirkt darüber hinaus auch eine geringfügige Temperaturabhängigkeit. In der Praxis sind die Schwankungsbreiten dieser Einflüsse allerdings meist unbedeutend, sie gehen unter in den bei der Auswahl empirischer Durchlässigkeitsdaten auftretenden Streuungen.

Eine Orientierungshilfe ist nachstehend mit Tab. 7.1 gegeben. Die für das Darcysche Filtergesetz (7.7) zu verwendenden und durch dieses definierten k_f-Werte in dieser Übersicht gelten für Wasser, und der Strömungsträger ist lediglich durch eine grobe Angabe der Bodenart verzeichnet. DIN 18196 spezifiziert die Bodenarten genauer, ohne dass damit zugleich auch präzisere Durchlässigkeitsangaben möglich wären. Exakte Daten wird man nur experimentell oder durch Feldversuche vor Ort gewinnen können.

Tab. 7.1 Durchlässigkeitsbeiwerte zur Darcy-Gleichung (7.7)

Bodenart	k_f-Werte für Wasser in m/s		
	Mindestens	Häufig	Höchstens
Kies, gleichkörnig	$1 \cdot 10^{-2}$	$1 \cdot 10^{-1}$	$2 \cdot 10^{-1}$
Kies, sandig, mit wenig Feinkorn	$1 \cdot 10^{-6}$	$5 \cdot 10^{-3}$	$1 \cdot 10^{-2}$
Kies, sandig, mit Schluff- oder Tonbeimengungen	$1 \cdot 10^{-8}$	$5 \cdot 10^{-5}$	$1 \cdot 10^{-4}$
Sand, gleichkörnig, fein	$1 \cdot 10^{-5}$	$1 \cdot 10^{-4}$	$2 \cdot 10^{-4}$
Sand, gleichkörnig, grob	$2 \cdot 10^{-4}$	$2 \cdot 10^{-3}$	$5 \cdot 10^{-3}$
Sand, abgestuft, kiesig	$2 \cdot 10^{-5}$	$2 \cdot 10^{-4}$	$5 \cdot 10^{-4}$
Sand mit Feinkorn	$1 \cdot 10^{-7}$	$5 \cdot 10^{-6}$	$1 \cdot 10^{-5}$
Schluff, wenig plastisch	$1 \cdot 10^{-8}$	$5 \cdot 10^{-6}$	$1 \cdot 10^{-5}$
Schluff, plastisch	$1 \cdot 10^{-9}$	$5 \cdot 10^{-7}$	$1 \cdot 10^{-6}$
Ton, geringplastisch	$2 \cdot 10^{-9}$	$5 \cdot 10^{-8}$	$1 \cdot 10^{-7}$
Ton, mittelplastisch	$1 \cdot 10^{-10}$	$5 \cdot 10^{-9}$	$5 \cdot 10^{-8}$
Ton, hochplastisch	$1 \cdot 10^{-11}$	$5 \cdot 10^{-10}$	$1 \cdot 10^{-9}$
Ton oder Schluff mit organischen Beimengungen	$2 \cdot 10^{-11}$	$5 \cdot 10^{-10}$	$1 \cdot 10^{-9}$

7.1 Durchströmung poröser Medien

Es fehlt nicht an empirischen Ansätzen, mit denen die Durchlässigkeit durch die bodenkundlichen Merkmale des Strömungsträgers ausgedrückt wird. Im einfachsten Fall wird dazu der Korndurchmesser d_K herangezogen. Ein diesbezüglich sinnvoller Ausdruck ist

$$k_f = cgd_K^2/\nu \qquad (7.4)$$

Mit $c = 6{,}5 \cdot 10^{-4}$ ist diese Beziehung dimensionsrein, c selbst ist dimensionslos. Von Bear (1972) werden c-Werte zwischen $6{,}17 \cdot 10^{-4}$ und $6{,}54 \cdot 10^{-4}$ angegeben, so dass man mit dem zu (7.4) genannten Wert zufrieden sein kann. Es handelt sich schließlich um eine Schätzformel, bei der die richtige Wahl des maßgebenden Korndurchmessers d_K vorausgesetzt ist, und die insbesondere nur für gleichkörniges Material gilt.

Die Durchlässigkeit ist in real vorkommenden Strömungsträgern oft nicht überall gleich und kann auch richtungsweise verschieden sein. Mit ihr eng verbunden sind daher folgende Begriffe:

Isotropie: Die Durchlässigkeit k_f des Strömungsträgers ist richtungsunabhängig.
Homogenität: Die Durchlässigkeit k_f des Strömungsträgers ist ortsunabhängig.

Anisotropie und *Inhomogenität* sind die entsprechenden komplementären Begriffe. Häufige Fälle:

Ein Boden ist *anisotrop*, wenn er z. B. in vertikaler Richtung weniger durchlässig ist als in horizontaler Richtung.

Ein Boden ist *inhomogen*, wenn er z. B. je nach Abstand von der Gelände-Oberkante unterschiedlich durchlässig ist.

Ein Boden wird als *homogen* und *anisotrop* aufgefasst, wenn man ihm in der Berechnung überall gleiche, aber richtungsabhängige k_f-Werte zuweist.

7.1.2 Widerstandsverhalten

Für die Beschreibung des Widerstandsverhaltens eines Strömungsträgers ist eine Idealisierung der Durchströmung desselben nötig. Man definiert dazu als ideelle Durchströmgeschwindigkeit v eine fiktive, real nicht vorhandene Größe, die

$$\textit{Filtergeschwindigkeit} \quad v = \frac{Q}{A} \qquad (7.5)$$

Diese Definition nimmt auf ein mit dem Durchfluss Q beaufschlagtes Filtermedium Bezug, dessen Querschnitt A als *Gesamtquerschnitt* in (7.5) einzusetzen ist, d. h. als Summe von Poren- *und* Kornanteil der Filterschnittfläche. Sie ermöglicht, die Grundwasser- bzw. Filterströmung einphasig zu berechnen; es kann mit der Filtergeschwindigkeit wie sonst in der Hydraulik gerechnet werden, jedoch handelt es sich dabei stets nur um eine fiktive Geschwindigkeit. Die tatsächlichen Strömungsvorgänge spielen sich in den Porenkanälen ab und haben wesentlich größere Geschwindigkeiten. Diesbezüglich maßgebend ist eine mittlere, als pro Zeiteinheit

Abb. 7.1 Filterströmung

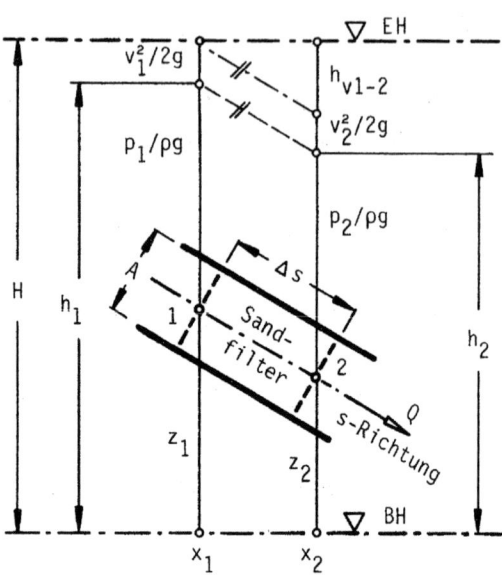

von einem Wasserteilchen zurückgelegte Wegstrecke definierte, sogenannte

$$\text{Abstandsgeschwindigkeit} \quad v_a \approx \frac{v}{n_{hy}} \tag{7.6}$$

Je nach Beschaffenheit der Porenkanäle ist die gegenüber dieser Durchschnittsgeschwindigkeit zu verzeichnende Streubreite mehr oder weniger groß. Als Bezugsgeschwindigkeit taugt die Abstandsgeschwindigkeit daher nicht.

Ein wichtiges Merkmal der Filtergeschwindigkeit v ist ihr außerordentlich geringer Betrag, so dass praktisch immer $\frac{v^2}{2g} \approx 0$ gesetzt werden darf. Dies spielt eine wesentliche Rolle bei der potentialtheoretischen Behandlung von Grundwasserströmungen sowie bei der Untersuchung des Widerstandsverhaltens einer Filterströmung.

Für die stationäre Durchströmung eines homogenen, isotropen Strömungsträgers (z. B. eines Sandfilters) gilt als Erfahrungsgesetz die *Darcy-Gleichung*:

$$v = -k_f \frac{\Delta h}{\Delta s} \tag{7.7}$$

Mit den Bezeichnungen von Abb. 7.1 sind hierin enthalten die sog. *piezometrische Höhe* $h(s) = \frac{p(s)}{\rho g} + z(s)$ als Summe von Druckhöhe und geodätischer Höhe und das daraus hervorgehende Druckliniengefälle $\Delta h / \Delta s$. In das Energiehöhenschema nach Bernoulli ist die Darcy-Gleichung wie folgt eingebunden:

Mit $v_1 = v_2$ (und weil ohnehin $v^2/2g \approx 0$) ergibt der Energiehöhenvergleich zwischen den Filterquerschnitten 1 und 2 die Aussage $h_{v_{1-2}} = h_1 - h_2$. Mit (7.7) ist andererseits nach Darcy $\Delta h = h_2 - h_1 = -\frac{v \Delta s}{k_f}$. Dies führt im Fall der Filterströmung nach Abb. 7.1 auf die Verlusthöhe:

$$h_{v_{1-2}} = \frac{1}{k_f} v \Delta s \qquad (7.8)$$

Durch Vergleich mit dem allgemeinen Verlustansatz, $h_v = \zeta \frac{v^2}{2g}$ nach (4.19), ergibt sich für den Verlustbeiwert: $\zeta = \frac{2g\Delta s}{v k_f} \sim \frac{konst}{Re}$. Dabei ist die Reynolds-Zahl definiert als $Re = \frac{v d_K}{\nu}$. Es ist ersichtlich, dass formal ein lineares Widerstandsverhalten wie bei einer Laminarströmung besteht. Diesbezügliche Ausführungen sind insbesondere unter 8.3.2 zu finden.

Die Darcy-Gleichung (7.7) gilt bis zu maximal etwa $Re = 5$, wobei die Re-Zahl mit der Filtergeschwindigkeit v nach (7.5) und mit dem Korndurchmesser d_K des Filtersandes als charakteristischer Länge zu bilden ist. Oberhalb dieses Schwellenwertes wird der Zusammenhang zwischen Filtergeschwindigkeit und Druckliniengefälle nichtlinear. Das Widerstandsverhalten der Filterströmung kann dann z. B. mit einer Gesetzmäßigkeit nach Art der Forchheimer-Gleichung beschrieben werden:

$$v^2 + C_1 v + C_2 \frac{\Delta h}{\Delta s} = 0 \qquad (7.9)$$

Dabei werden die Durchlässigkeitseigenschaften des Strömungsträgers mit zwei Koeffizienten erfasst, deren Quantifizierung meist nicht leicht fällt.

7.2 Potentialtheoretische Analogie

7.2.1 Verallgemeinerte Darcy-Gleichung

Beim Vergleich von (7.7) mit (6.1) wird deutlich, dass zwischen der Darcy-Filterströmung, $v \sim \Delta h / \Delta s$, und der Potentialströmung, $v \sim \Delta \varphi / \Delta s$, formale Ähnlichkeit besteht. Beide Gesetzmäßigkeiten sind linear, und die Höhe $h(s)$, siehe Abb. 7.1, lässt sich als Geschwindigkeitspotential $\varphi(s)$ deuten. Mit der piezometrischen Höhe $h(s) = \frac{p(s)}{\rho g} + z(s)$ ergibt sich das Geschwindigkeitspotential der Filterströmung zu

$$\varphi = \frac{p}{\rho g} + z \qquad (7.10)$$

und $\Delta \varphi / \Delta s$ ist mit dem Druckliniengefälle und wegen $v^2/2g \approx 0$ auch mit dem Energieliniengefälle identisch. Mit dem so definierten Potential kann das Darcysche Filtergesetz durch $v = -k_f \frac{\Delta \varphi}{\Delta s}$ ausgedrückt werden, und mit dem Grenzübergang $\Delta s \to 0$ lautet die Darcy-Gleichung nunmehr:

$$v = -k_f \frac{\partial \varphi}{\partial s} \qquad (7.11)$$

Darin ist v nach wie vor die mit (7.5) definierte Filtergeschwindigkeit. Dem gleichförmigen Aufbau des Filters entsprechend kann diese Beziehung auf Böden übertragen werden, wenn die Strömungsträger Homogenität und Isotropie aufweisen. Andernfalls muss (7.11) näher spezifiziert bzw. verallgemeinert werden.

Zunächst ist aber festzustellen, dass eine Grundwasserströmung der geschilderten Analogie wegen mit allen Hilfsmitteln bearbeitet werden kann, die von der Potentialtheorie bereitgestellt werden. Es sind also alle Lösungsverfahren der Potentialströmung anwendbar, wie im Abschn. 6 erläutert.

Für anspruchsvollere Aufgabenstellungen ist die zweidimensionale Darstellung der Darcy-Gleichung in den natürlichen (s,n)-Koordinaten oft nicht ausreichend. Man geht dann von der vektoriellen Schreibweise der Darcy-Gleichung in kartesischen Koordinaten aus:

$$V = -k_f \, grad\varphi \qquad (7.12)$$

In dieser Form gilt die Gesetzmäßigkeit für *Isotropie* des Strömungsträgers, jedoch kann dieser auch *inhomogen* sein, so dass statt $k_f = konst$ eine variable Durchlässigkeit $k_f = f(x,y,z)$ zum Ansatz kommen muss. Bei dieser Verallgemeinerung der Darcy-Gleichung bedeuten außerdem:

$$V = (v_x \; v_y \; v_z) \text{ mit } v = |V| = f(x,y,z,t)$$

$$\varphi = \varphi(x,y,z,t) = \frac{p(x,y,z,t)}{\rho g} + z(x,y) = h(x,y,z,t)$$

$$grad\varphi = \nabla\varphi \quad \text{mit} \quad \nabla = \left(\frac{\partial}{\partial x} \frac{\partial}{\partial y} \frac{\partial}{\partial z}\right)$$

Der Geschwindigkeitsvektor V und sein Betrag v sind nach wie vor als Filtergeschwindigkeit nach (7.5) anzusehen.

Eine weitere Verallgemeinerung der Darcy-Gleichung ergibt sich bei *Anisotropie* des Strömungsträgers:

$$V = \left(-k_{f_x}\frac{\partial\varphi}{\partial x} \; -k_{f_y}\frac{\partial\varphi}{\partial y} \; -k_{f_z}\frac{\partial\varphi}{\partial z}\right) \qquad (7.13)$$

Auch hierin können die k_f-Werte als $f(x,y,z)$ örtlich verschieden sein, wenn der Boden zusätzlich *inhomogen ist*. Der anisotrope Strömungsfall kann mitunter durch geeignete Koordinatentransformation in einen isotropen Fall überführt werden, wodurch Berechnung und Darstellung sich vereinfachen.

7.2.2 Potentialnetzanwendungen

Bei Vorliegen ebener, stationärer Grundwasserströmungen ermöglicht die Analogie von Filter- und Potentialströmung, die Untersuchung mit dem Hilfsmittel Potentialnetz durchzuführen, wie unter 6.3 erklärt. Die Netzerstellung geht dabei von folgenden Randbedingungen aus:

7.2 Potentialtheoretische Analogie

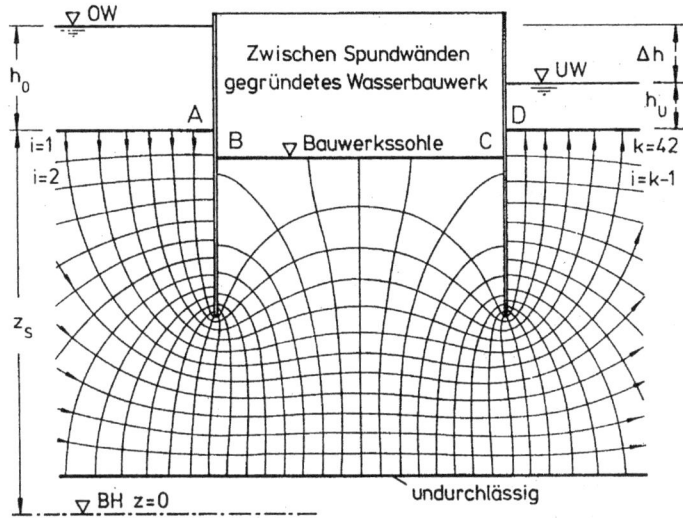

Abb. 7.2 Grundwasserströmung unter einem zwischen Spundwänden gegründeten Wasserbauwerk

Randstromlinien: Freie oder feste Ränder, die nicht durchdrungen werden. Entlang einer Randstromlinie gibt es keine Geschwindigkeitskomponente normal zum Rand.

Randpotentiallinien: Ränder, an denen ein definiertes Potential vorliegt, das gemäß (7.10) durch eine konstante piezometrische Höhe h gegeben ist. Diese setzt sich entlang der Randpotentiallinie aus Druckhöhe und geodätischer Höhe zusammen.

Als Beispiel für eine Grundwasserströmung, bei der es einige wasserbaulich wichtige Fragen zu beantworten gilt, möge im folgenden der in Abb. 7.2 wiedergegebene Fall einer sog. „schwimmenden" Bauwerksgründung dienen.

Wegen der Symmetrie des Bauwerks und des umgebenden, homogenen und isotropen Bodensystems ergibt sich auch ein symmetrisches Potentialnetz. Randstromlinien sind die vier Seiten der beiden Spundwände und die dazwischen liegende, waagerechte Bauwerkssohle einerseits und die undurchlässige Schicht andererseits. Randpotentiallinien sind die oberwasserseitige und die unterwasserseitige Sohle; dort herrschen die hydrostatischen Druckhöhen $p/\rho g = h_o$ bzw. h_u, die zusammen mit der Sohlenhöhe z_s gemäß (7.10) das jeweilige Randpotential ergeben.

Die für den Strömungsvorgang maßgebende „äußere" Potentialdifferenz ist durch den Wasserspiegelunterschied $\Delta h = h_o - h_u$ zwischen Ober- und Unterwasser gegeben, wenn dort gleiche Sohlenhöhen z_s vorliegen.

Bauwerksunterläufigkeit: Im Fall des mit Abb. 7.2 untersuchten Wasserbauwerks wird die Grundwasserströmung zwischen den beiden Randstromlinien des dargestellten Potentialnetzes als *Unterläufigkeit* bezeichnet. Das Netz hat $m = 12$ Stromröhren und $k = 42$ Potentialschritte $\Delta\varphi = -\Delta h/k$.

Im i-ten Potentialintervall einer Stromröhre, das die Seitenlänge Δs_i hat, wird daher für die Geschwindigkeit mit (7.11) erhalten:

$$v_i = -k_f \left(\frac{\Delta \varphi}{\Delta s}\right)_i = \frac{k_f \Delta h}{k \Delta s_i} \qquad (7.14)$$

In jeder der m Stromröhren des Quadratnetzes herrscht der gleiche Durchfluss $\Delta Q = v_i \, b \, \Delta n_i$, worin b die Durchflussbreite senkrecht zur Netzebene bezeichnet. Δs und Δn für eine i-te Netzmasche sind aus dem Netz an geeigneter Stelle abzugreifen. Wegen der quadratähnlichen Netzmaschen gilt dabei $\Delta n \approx \Delta s$, so dass zwischen je zwei benachbarten Stromlinien der Teildurchfluss $\Delta Q = k_f b \Delta h/k$ erhalten wird. Die Unterläufigkeit des Bauwerks ergibt sich als Gesamtdurchfluss durch die m Stromröhren zu

$$Q = k_f \frac{m}{k} b \Delta h \qquad (7.15)$$

In dem mit Abb. 7.2 behandelten Beispiel beträgt $m/k = 2/7$, und für einen homogenen, isotropen Baugrund mit $k_f = 7 \cdot 10^{-4}$ m/s (Sand, Tab. 7.1) wäre z. B. bei $\Delta h = 4$m eine Unterläufigkeit von $q = Q/b = 8 \cdot 10^{-4}$ m^2/s zu erwarten.

Sohlenwasserdruck: Für Standsicherheitsnachweise kann es nötig sein, die auftriebsähnliche Belastung der Gründungsfläche durch Sohlenwasserdruck zu ermitteln. Mit Bezug auf Abb. 7.2 stellt sich diesbezüglich die Frage nach der Druckverteilung an der Bauwerkssohle zwischen B und C; sie kann mit Hilfe des Potentialnetzes beantwortet werden.

Das Netz hat k Potentialintervalle, und das Potential $\varphi = p/\rho g + z$ nimmt in Bewegungsrichtung von Potentiallinie zu Potentiallinie um 1/k der mit $\Delta h = h_o - h_u$ gegebenen, äußeren Potentialdifferenz ab, $\Delta \varphi = -\Delta h/k$. Entlang der von A nach D um die Spundwände herumführenden, oberen Randstromlinie gilt also

$$\varphi(s) = \varphi_o - \frac{i(s)}{k}(\varphi_o - \varphi_u) \qquad (7.16)$$

Darin ist s der mit i markierte Ort des Schnittpunkts der Randstromlinie mit der i-ten Potentiallinie, und φ_o bzw. φ_u bezeichnen das obere (i = 0) bzw. das untere (i = k) Randpotential (OW- bzw. UW-Sohle). In Abb. 7.2 sind i = 19,3 für den Punkt B und i = 22,7 für den Punkt C auszumachen, d. h. die Potentialwerte an diesen Stellen sind mit k = 42 Potentialintervallen des Netzes um $0{,}46 \cdot \Delta h$ und $0{,}54 \cdot \Delta h$ kleiner als das Anfangspotential φ_o. Der Sohlenwasserdruck entlang der Bauwerkssohle (B bis C) ergibt sich wegen (7.14) mit der aus (7.16) gewonnenen Potentialverteilung schließlich als

$$\frac{p(s)}{\rho g} = \varphi(s) - z(s) \qquad (7.17)$$

Mit $z(s)$ ist die geodätische Höhe der untersuchten Bauwerkssohle berücksichtigt, die nicht in jedem Fall konstant sein muss wie bei dem in Abb. 7.2 wiedergegebenen

7.2 Potentialtheoretische Analogie

Beispiel, bei dem man lediglich auf den Höhenunterschied zwischen OW/UW-Sohle und Bauwerkssohle, $z_s - z(s)$, achtzugeben hat.

Steht kein Potentialnetz zur Verfügung oder will man die meist mühselige Erstellung desselben umgehen, so kann statt der beschriebenen Netzauswertung folgende, auf Lane (1935) zurückgehende Approximation benutzt werden:

$$\varphi(s) = \varphi_o - \frac{l(s)}{L}(\varphi_o - \varphi_u) \qquad (7.18)$$

Darin ist $l(s)$ der *wirksame Sickerweg* bis zur Stelle s auf der Randstromlinie, und L gibt den gesamten wirksamen Sickerweg an. Es gilt folgende Regel:

Der wirksame Sickerweg l ergibt sich durch Wichtung der jeweils vertikalen und horizontalen Teilstrecken der Randstromlinie wie folgt:

Vertikale Längen → *3-faches Gewicht*
Horizontale Längen → *1-faches Gewicht*

$$l(s) = 3 \sum l_{\text{vert}} + \sum l_{\text{hor}} \qquad L = \max l(s) \qquad (7.19)$$

Die Aufsummierung der Teilstrecken ist jeweils bis zur Stelle s vorzunehmen; L ist der sich so für das Ende der Randstromlinie (Punkt D in Abb. 7.2) ergebende Maximalwert.

Dem Verhältnis l/L in (7.18) entspricht bei der Netzauswertung nach (7.16) das Verhältnis i/k. Nach Anwendung der Lane-Approximation folgt die Sohlenwasserdruckverteilung in der Gründungsfuge wieder aus (7.17).

Hydraulischer Grundbruch: Im Bereich aufsteigender und an der unterwasserseitigen Sohle austretender Grundwasserströmungen kann es zu einer Abspülung von Bodenmaterial kommen. In dem mit Abb. 7.2 behandelten Beispiel ist diesbezüglich der Bereich bei D kritisch. Es stellt sich die Frage, ob der Druckunterschied an der letzten Netzmasche bei D (Potentialschritt $i = k$) ein Aufbrechen der Sohle bewirken kann.

Der aufwärts gerichteten Druckkraft, die sich aus der bei D wirksamen Potentialdifferenz $\Delta \varphi = -\Delta h/k$ ergibt, ist ein bestimmter Eigengewichtsanteil des betroffenen Bodenelements entgegengesetzt. Aus dem diesbezüglichen Vergleich kann ein überschlägiges Kriterium gewonnen werden, mit dem sich die Sicherheit gegenüber hydraulischem Grundbruch beurteilen lässt.

Allerdings wird auf diesem Wege nur *eine* Art der durch Sickerströmungen möglichen hydraulischen Grundbrucherscheinungen angesprochen.

Bei der Untersuchung des in Abb. 7.2 gezeigten Beispiels in Bezug auf einen etwaigen Grundbruch kommt es vornehmlich darauf an, das Potentialgefälle $I_D = -\Delta \varphi / \Delta s_D$ an der Stelle D möglichst genau zu bestimmen. Dabei muss Δs_D aus dem Potentialnetz als Seitenlänge der letzten Netzmasche abgegriffen werden. Man kann aber auch von einer analytischen Lösung Gebrauch machen: Die aufwärts gerichtete Strömung auf der Unterwasserseite der zweiten Spundwand hat sehr viel Ähnlichkeit mit dem Strömungsverlauf bei einer einzelnen, umströmten Spundwand, Abb. 7.3. Für diesen Fall ist wegen der einfachen, geometrischen Verhältnisse eine

Abb. 7.3 Umströmung einer einzelnen Spundwand

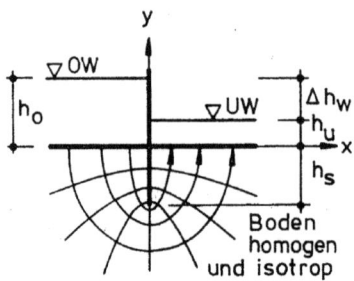

analytische Behandlung möglich. Mit dem Ansatz $w(z) = \pi - \arccos(iz/h_s)$, wobei $z = x + iy$ und $iz = ix - y$ bedeuten ($i^2 = -1$), lässt sich dem unter 6.3.2 erläuterten Vorgehen entsprechend zeigen, dass die Potentiallinien durch eine Hyperbelschar, die Stromlinien durch eine Ellipsenschar dargestellt werden. Mit den aus Abb. 7.3 ersichtlichen Randbedingungen erhält man das Geschwindigkeitspotential φ aus folgendem Gleichungssatz: (7.20)

$$\frac{y^2}{\cos^2\phi} - \frac{x^2}{\sin^2\phi} = h_s^2; \quad \phi = \frac{\pi}{2}\left[1 + 2\frac{\varphi_o - \varphi}{\varphi_o - \varphi_u}\right] \tag{7.20}$$

Dabei sind $\varphi_o = h_o$ und $\varphi_u = h_u$ die auf die x-Achse bezogenen Randpotentiallinienwerte. Für die Bewertung der Grundbruchfrage interessiert nur der Verlauf des Potentials $\varphi(x, y)$ entlang der Spundwand bei $x = 0$. Dafür ergibt sich

$$\varphi(0, y) = h_o - \frac{1}{2}(h_o - h_u)\left[\frac{2}{\pi}\arccos\frac{y}{h_s} - 1\right] \tag{7.21}$$

Mit diesem Ausdruck ist auch das entlang der Spundwand auftretende Potentialgefälle $(\partial\varphi/\partial y)_{x=0}$ bekannt. An der Unterwassersohle ($y = 0$) bei $x = 0$ beträgt dieses Gefälle:

$$I = -\left(\frac{\partial\varphi}{\partial y}\right)_{0,0} = \frac{h_o - h_u}{\pi h_s} \tag{7.22}$$

Wird dieses Ergebnis zur Abschätzung der Sicherheit gegen hydraulischen Grundbruch auch für den in Abb. 7.2 dargestellten Strömungsfall (bei D) benutzt, so muss eine Anpassung von $\Delta h_w = h_o - h_u$ an die dort vorliegenden Verhältnisse vorgenommen werden, damit die vorausgesetzte Ähnlichkeit vorhanden ist. Dazu ist $\Delta h_w = \frac{\pi}{k}\frac{h_s}{\Delta s_D}\Delta h$ zu fordern, wobei allerdings Δs_D wieder aus dem Potentialnetz abgegriffen werden muss.

Der Nachweis, dass an der Stelle $(x,y) = (0,0)$ der umströmten Spundwand eine hydraulisch bedingte Grundbruchgefahr besteht, wird üblicherweise durch Vergleich mit einem kritischen Gefälle, $I < I_{krit}$, vor genommen. Dabei ist I_{krit} ein nur von den Bodeneigenschaften abhängiger Wert. Er ergibt sich aus der mit Abb. 7.4 zu

7.3 Strömungen mit freiem Grundwasserspiegel

Abb. 7.4 Zum Grundbruchnachweis

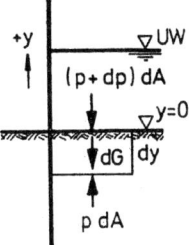

stellenden Forderung $dG + dp \cdot dA > 0$. Das Eigengewicht dG des betrachteten Bodenelements setzt sich aus einem Kornanteil (Dichte ρ_F) und einem Wasseranteil (Dichte ρ) zusammen, $dG = \rho_F g(1-n)dAdy + \rho\,g\,n\,dA\,dy$. Dabei kommt nicht die hydraulische Porosität n_{hy} sondern der etwas größere bodenmechanische Wert n zum Ansatz, siehe unter 7.1.1. Einerseits entsteht damit

$$dG = \rho g \left[n + \frac{\rho_F}{\rho}(1-n)\right] dA\,dy.$$

Andererseits wird wegen (7.10) entlang der Spundwand ($x=0$) die Druckverteilung $p(0,y) = \rho g[\varphi(0,y) - y]$ erhalten, so dass sich in der Höhe $y=0$ mit I nach (7.22) $dp = -\rho g(I+1)dy$ ergibt.

Die Forderung $dG + dp \cdot dA > 0$ führt also auf eine Bedingung, nach der $n + \frac{\rho_F}{\rho}(1-n) > I + 1$ verlangt wird. Das kritische Gefälle beträgt somit

$$I_{\text{krit}} = (1-n)\left(\frac{\rho_F}{\rho} - 1\right) \qquad (7.23)$$

Mit ungefähren Bodenkennwerten von $n = 0{,}35$ und $\rho_F/\rho = 2{,}6$ ergibt sich der leicht zu merkende Schwellenwert $I_{\text{krit}} \approx 1$. Für die mit Abb. 7.3 behandelte Spundwand würde sich daraus gemäß (7.22) die Forderung $h_s > \frac{1}{\pi}(h_o - h_u)$ ableiten. In der Praxis werden die dafür vorausgesetzten idealen Umstände (homogener, isotroper Boden) aber selten vorliegen; der mit (7.23) errechnete Wert wird dann zu groß sein und eine überhöhte Sicherheit gegen hydraulischen Grundbruch vortäuschen.

7.3 Strömungen mit freiem Grundwasserspiegel

7.3.1 Aufbereitung der Kontinuitätsbedingung

Bei der Formulierung einer Kontinuitätsgleichung für Grundwasserströmungen mit freier Spiegellinie wird zunächst von einem homogenen, isotropen Boden als Strömungsträger ausgegangen.

In einer diesbezüglichen Darstellung mit natürlichen (s,n)-Koordinaten, wobei s die Strömungsrichtung markiert, spielen so viele Größen des mit Abb. 7.5 zu

Abb. 7.5 Zur Kontinuitäätsgleichung bei Grundwasserströmungen

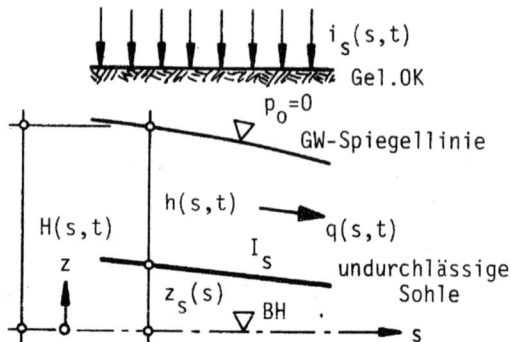

untersuchenden Systems eine Rolle, dass an dieser Stelle eine Auflistung zweckmäßig ist:

- q Durchfluss in der Breiteneinheit, als $q = Q/b$ definiert
- H Piezometerhöhe, gibt die Spiegellage über einem fest gewählten Bezugshorizont an
- h Grundwassertiefe, gibt die Spiegellage über der undurchlässigen Sohle, die nicht notwendigerweise horizontal verläuft
- z_s Sohlenhöhe, Abstand der undurchlässigen Sohle vom gewählten Bezugshorizont
- I_s Sohlengefälle, als $I_s = -dz_s/ds$ definiert
- i_s Infiltration, Sickerrate, z. B. versickernder Niederschlag
- n_{hy} hydraulisch wirksame Porosität, s. (7.2), als zeitlich unabhängige Konstante des homogenen Bodens anzusehen
- k_f Durchlässigkeit nach Darcy, bei homogener und isotroper Bodenbeschaffenheit weder orts- noch richtungsabhängig

Aus Abb. 7.5 ist ferner ersichtlich, bei welchen Größen Abhängigkeiten von Weg und Zeit bestehen.

Volumenstrombilanz: An einem aus dem System herausgeschnittenen Raumteil $b\,h\,ds$ nach Abb. 7.6 ergibt der Vergleich zwischen eintretenden und austretenden Volumina bei instationärem Durchfluss in natürlichen Koordinaten die Bilanz $i_s = n_{hy}\frac{\partial h}{\partial t} + \frac{\partial q}{\partial s}$.

Dabei ist $q = v(s,t) \cdot h(s,t)$ mit $h(s,t) = H(s,t) - z_s(s)$, so dass auch $\frac{\partial h}{\partial t} = \frac{\partial H}{\partial t}$ gesetzt werden kann. Es ergibt sich folgende Grundform einer instationären Kontinuitätsbedingung:

$$i_s(s,t) = n_{hy}\frac{\partial h(s,t)}{\partial t} + \frac{\partial}{\partial s}[v(s,t) \cdot h(s,t)] \qquad (7.24)$$

Die weitere Aufbereitung dieser instationären Beziehung erfordert eine der Abb. 7.5 gerecht werdende Definition des Geschwindigkeitspotentials, um mit Hilfe der Darcy-Gleichung eine Eliminierung der Geschwindigkeit $v(s,t)$ vornehmen zu können (Abb. 7.7).

7.3 Strömungen mit freiem Grundwasserspiegel

Abb. 7.6 Zur Volumenstrombilanz

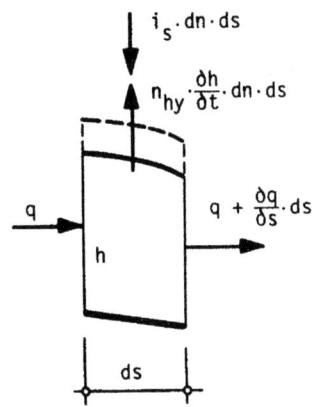

Abb. 7.7 Zur Dupuit-Annahme

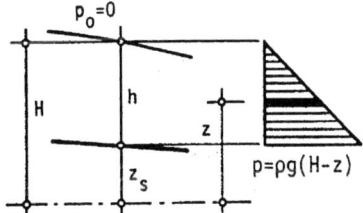

Dupuit-Annahme: Es wird angenommen, dass über der gesamten Grundwassertiefe $h(s,t)$ hydrostatische Druckverteilung vorhanden ist. Dies ermöglicht wegen $v^2/2g \approx 0$, dass für das nach (7.10) definierte Geschwindigkeitspotential φ die Piezometerhöhe H eingesetzt werden darf, also $\varphi = H(s,t)$, d. h.:

> Bei hydrostatisch angenommener Druckverteilung ist das Geschwindigkeitspotential durch die Spiegellage gegeben.

Der Darcy-Gleichung (7.12) entsprechend ergibt sich daher mit $I_s = -dz_s/ds$ für die (Filter-) Geschwindigkeit:

$$v = -k_f \frac{\partial H}{\partial s} = -k_f \left(\frac{\partial h}{\partial s} - I_s \right) \quad (7.25)$$

Weitere Folgen der Dupuit-Annahme sind, dass wegen $H \neq f(z)$ auch $v \neq f(z)$ wird, und dass es wegen $\partial H/\partial z = 0$ keine z-Komponente der Geschwindigkeit gibt, $v_z = 0$. Man hat also eine gleichmäßig über h verteilte und waagerecht gerichtete Geschwindigkeit, so als würde es sich um eine tiefengemittelte Größe handeln:

> Bei hydrostatisch angenommener Druckverteilung ist die Geschwindigkeit v über h gleichverteilt, und es gibt (rechnerisch) keine Vertikalgeschwindigkeit.

Boussinesq-Gleichung: Mit der Dupuit-Annahme (7.25) ergibt die instationäre Kontinuitätsbedingung (7.24) folgende, für homogene Böden mit isotroper Durchlässigkeit geltende Berechnungsgrundlage:

$$i_s = n_{hy} \frac{\partial h}{\partial t} - k_f \frac{\partial}{\partial s}\left(h \frac{\partial H}{\partial s}\right) \tag{7.26}$$

Diese Beziehung wird häufig auch als instationäre Dupuit-Forchheimer-Gleichung bezeichnet. Die in ihr enthaltenen Größen i_s, h und H sind im allgemeinen von s und t abhängig. Für die Auswertung ist entweder h oder H zu eliminieren. Dazu können mit Bezug auf Abb. 7.5 benutzt werden:

$$H = h + z_s; \quad I_s = -dz_s/ds; \quad \partial H/\partial t = \partial h/\partial t; \quad \partial H/\partial s = \partial h/\partial s - I_s.$$

Dupuit-Forchheimer-Gleichung: Die am weitesten gehende Aufbereitung der Kontinuitätsbedingung ist bei stationärer Grundwasserströmung gegeben. Für Vorgänge mit freiem Grundwasserspiegel bei homogenem und isotropem Boden wird mit $\partial/\partial t = 0$ im stationären Bewegungszustand erhalten:

$$i_s(s) = -k_f \frac{d}{ds}\left[h(s) \cdot \frac{d}{ds} H(s)\right] \tag{7.27}$$

Mit den zuvor genannten Beziehungen zwischen H, h und z_s ergibt sich aus dieser Grundform der Dupuit-Forchheimer-Gleichung schließlich

$$i_s(s) = -k_f \frac{d}{ds}\left(h(s)\left[\frac{d}{ds} h(s) - I_s(s)\right]\right) \tag{7.28}$$

Ein weiterer Sonderfall ist $I_s = konst$. Üblich, weil übersichtlicher, ist dafür folgende Schreibweise in Kurzform, die hochgestellte Strichindizes als Differentiationssymbole verwendet:

$$i_s = -k_f \left[hh'' + h'(h' - I_s)\right] \tag{7.29}$$

7.3.2 Stationäre Strömungsfälle (Boden homogen und isotrop)

Um zu demonstrieren, wie mit den unter 7.2 und 7.3 erarbeiteten Methoden umzugehen ist, werden nachstehend einige Beispiele behandelt, die von besonderem Interesse sind. Es gibt darüber hinaus eine Vielzahl von Anwendungen, vor allem für die Dupuit-Forchheimer-Gleichung. Die Beschränkung auf wenige exemplarische Fälle ist daher als ergänzende Erklärung zu dieser und zu den früheren Herleitungen zu verstehen.

7.3 Strömungen mit freiem Grundwasserspiegel

Abb. 7.8 Sickerlinie

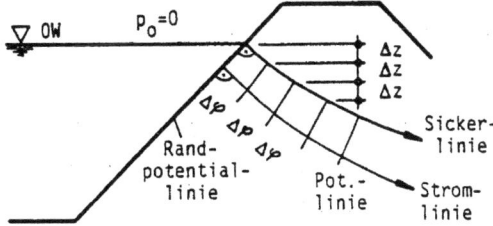

Abb. 7.9 Versickerungsfläche mit parallel liegenden Abzugsgräben

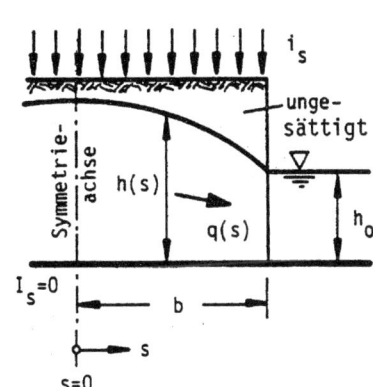

Dammdurchsickerung: Bei der Grundwasserströmung durch eine homogene, isotrope Dammschüttung oder einen Deich bezeichnet man die sich einstellende Spiegellinie, also die obere Randstromlinie, als *Sickerlinie*. In Ergänzung zu den Ausführungen über Potentialnetze unter 7.2.2 ist auf ein besonderes Merkmal dieser Sickerlinie hinzuweisen:

Entlang der Sickerlinie herrscht Atmosphärendruck, üblich zu $p_o = 0$ gesetzt. Nach (7.10) ist daher dort überall $\varphi = z$, d. h. das Geschwindigkeitspotential φ in der Sickerlinie ist durch deren geodätische Höhe gegeben. Gleich große Potentialschritte $\Delta\varphi$ des äquidistanten Netzes erfordern daher gleich große Vertikalabstände Δz der Potentiallinien entlang der als Sickerlinie bezeichneten freien Randstromlinie:

> Bei einem äquidistanten Potentialnetz haben benachbarte Schnittpunkte zwischen den Potentiallinien und der Sickerlinie jeweils gleiche Vertikelabstände.

Diese Feststellung ist nicht an das mit Abb. 7.8 untersuchte, durchströmte Dammprofil gebunden, sie gilt allgemein für jede freie Grundwasserspiegellinie.

Abzugsgräben: Wird bei dem in Abb. 7.9 dargestellten System nach dem Spiegelverlauf des bei gleichmäßiger Beschickung entstehenden, stationären Sickerwasserabflusses gefragt, so ist eine Antwort mit Hilfe der Dupuit-Forchheimer-Gleichung (7.27) möglich. Die Aufgabe kann auch umgekehrt lauten, welcher Wasserstand h_o in den Abzugsgräben nötig ist, um in der Symmetrieachse eine bestimmte Grundwassertiefe $h(0)$ nicht zu überschreiten.

Abb. 7.10 Zustrom zu einem Entwässerungsstollen

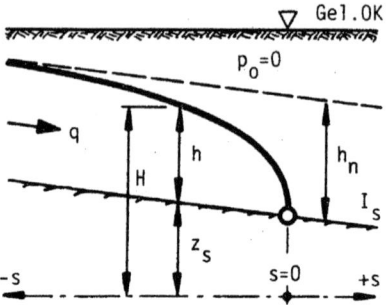

Das erste Integral von $i_s = -k_f(hH')'$ führt auf $hH' = C_1 - i_s s/k_f$. Aus Symmetriegründen muss H' bei $s=0$ verschwinden, so dass $C_1 = 0$ ist. Wegen $I_s = 0$ ist ferner $H' = h'$; es entsteht $(h^2)' = -2\frac{i_s}{k_f}s$. Die zweite Integration liefert $h^2 = C_2 - \frac{i_s}{k_f}s^2$. Aus $h = h_o$ für $s = b$ wird $C_2 = h_o^2 + \frac{i_s}{k_f}b^2$, und als Spiegelliniengleichung wird erhalten:

$$h^2 - h_o^2 = \frac{i_s}{k_f}(b^2 - s^2) \qquad (7.30)$$

Die Spiegellinie hat also elliptische Form, ihr Scheitel bei $s=0$ liegt in der Höhe

$$h(0) = \sqrt{h_o^2 + i_s\, b^2/k_f} \qquad (7.31)$$

über der undurchlässigen Schicht. Der Zufluss zum Abzugsgraben je Meter Grabenlänge beträgt $q = vh$ mit $v = -k_f H'$ nach (7.25), also $q = -k_f hH'$. Mit dem Ergebnis für hH' aus der ersten Integration folgt schließlich $q(s) = i_s \cdot s$. Der Abfluss aus der Versickerungsfläche nimmt also linear mit s zu, wie auf Grund der gleichverteilten Beschickung mit i_s zu erwarten. Der Zufluss zum Abzugsgraben je lfd.m ist $q(b) = i_s \cdot b$.

Entwässerungsstollen: Eine oft vorkommende Situation ist die eines stationären Grundwasserabflusses über einer undurchlässigen Schicht, der mit Hilfe eines Entwässerungsstollens oder -rohres vollständig abgefangen werden soll. Das zu bearbeitende Problem ist mit Abb. 7.10 gekennzeichnet durch den stationären Zufluss $q = konst$ und fehlende Infiltration $i_s = 0$.

Es muss der ursprüngliche Zustand, bei dem ein „Normalabfluß" mit konstanter Grundwassertiefe h_n herrscht, verglichen werden mit dem neuen Zustand, bei dem sich eine Grundwasserspiegellinie einstellt, die asymptotisch aus der Spiegellinie des früheren Zustands hervorgeht und in den Entwässerungsstollen mündet.

Im ursprünglichen Zustand ist $h = h_n = konst$ und daher $(dH/ds)_n = -I_s$. Nach Darcy wird auf Grund von (7.25) also $q = Q/b = v_n h_n = k_f h_n I_s$, woraus sich die frühere Lage des Grundwasserspiegels ergibt:

$$h_n = \frac{q}{k_f I_s} \qquad (7.32)$$

7.3 Strömungen mit freiem Grundwasserspiegel

Abb. 7.11 Zur Brunnenformel

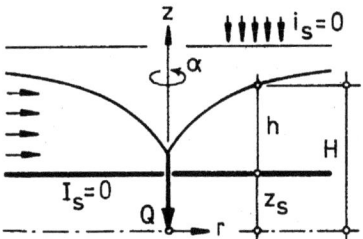

Für den neuen Zustand ist (7.27) mit $i_s = 0$ maßgebend, $(hH')' = 0$, also $hH' = C_1$. Mit $H' = -v/k_f$ nach Darcy wird darin $C_1 = -vh/k_f = -q/k_f = -h_n I_s$, und wegen $H' = h' - I_s$ ergibt sich die Spiegelliniengleichung

$$h(s)\frac{dh(s)}{ds} + [h_n - h(s)]I_s = 0 \qquad (7.33)$$

Trennung der Variablen ermöglicht die Integration mit dem Ergebnis (für $s \leq 0$, s. Abb. 7.10):

$$s = \frac{h_n}{I_s}\left[\frac{h}{h_n} + \ln\left(1 - \frac{h}{h_n}\right)\right] \qquad h \leq h_n \qquad (7.34)$$

Die Lösung scheint von der Durchlässigkeit k_f des Strömungsträgers unabhängig zu sein; dieser Einfluss wird jedoch durch die ursprüngliche Grundwassertiefe h_n nach (7.32) eingebracht.

Analog zu vorstehend geschildertem Lösungsweg können auch andere Betriebsfälle des Systems untersucht werden, z. B. unvollständiges Abfangen des Grundwasserzuflusses oder zusätzliche Infiltration von Niederschlagswasser. Liegt keine undurchlässige Schicht wie in Abb. 7.10 vor, so ist zumindest eine Abschätzung unter Annahme einer solchen erreichbar, wobei I_s dem ursprünglichen Spiegelliniengefälle anzugleichen und ein plausibler Ansatz für den Zufluss q vorzunehmen wäre.

Brunnenformeln: Die Berechnung der Grundwasserzuströmung zu Brunnen gehört zu den klassischen Anwendungen der Dupuit-Forchheimer- Gleichung und darf unter den Beispielen stationärer Strömungsfälle nicht fehlen. Die diesbezüglichen Erörterungen sollen hier jedoch auf *Einzelbrunnen* beschränkt bleiben.

Die Beschreibung der durch die punktuelle Grundwasserentnahme erzeugten Spiegellinie erfordert die Dupuit-Forchheimer-Gleichung in Zylinderkoordinaten (r,α,z), weil es sich um einen rotationssymmetrischen Vorgang handelt, $\partial/\partial\alpha = 0$. Für den stationären Strömungszustand mit $\partial/\partial t = 0$ ergibt sich statt (7.27) die Gleichung

$$i_s = -k_f \frac{1}{r}\frac{d}{dr}\left[rh\frac{dH}{dr}\right] \qquad (7.35)$$

Der beim Einzelbrunnen mit freier Zuströmung vorliegende Sonderfall ist eine punktförmige Senke über horizontaler Sohle, $I_s = 0$, bei der die Infiltration zu Null gesetzt

Abb. 7.12 Brunnen mit GW-Zufluß mit freier Oberfläche

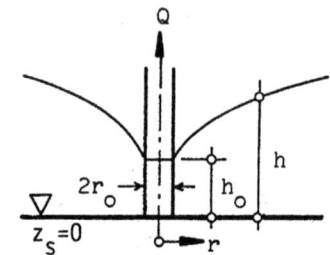

Abb. 7.13 Definitionen zum artesischen Brunnen

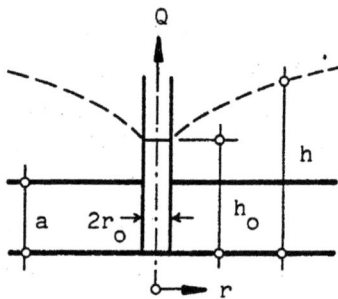

ist, $i_s = 0$ (Abb. 7.11). Dies verkürzt (7.35) wegen $dH/dr = dh/dr$ zu der bekannten Dupuit-Brunnengleichung

$$\frac{d}{dr}\left[rh(r)\frac{dh}{dr}\right] = 0 \qquad (7.36)$$

Für den in Abb. 7.12 gezeigten Fall eines Einzelbrunnens, dem das Grundwasser mit freier Oberfläche zuströmt (unconfined flow), ergibt die zweimalige Integration mit der Randbedingung $(r,h,v) = (r_o,h_o,v_o)$ die Lösung

$$h^2(r) - h_o^2 = \frac{Q}{\pi k_f}\ln\frac{r}{r_o} \qquad (7.37)$$

Dabei wurde v_o mittels $Q = 2\pi r_o h_o v_o$ als $v_o = k_f\left(\frac{dh}{dr}\right)_{r=r_o}$ eingebracht (ohne Minuszeichen, weil die r-Richtung der s-Richtung entgegensteht) (Abb. 7.13).

Zum Vergleich der *artesische Brunnen*: Die Zuströmung findet in einer horizontalen, durchlässigen Schicht der Dicke a statt (confined flow), einem gespannten Grundwasserleiter. An die Stelle der freien Spiegellinie tritt die Drucklinie. Aus $v(r) = k_f \cdot dh/dr = Q/(2\pi ar)$ folgt deren Differentialgleichung zu

$$\frac{dh}{dr} = \frac{1}{r}\frac{Q}{2\pi a k_f} \qquad (7.38)$$

Mit $(r,h) = (r_o,h_o)$ ergibt die Integration schließlich

$$h(r) - h_o = \frac{Q}{2\pi T}\ln\frac{r}{r_o} \qquad (7.39)$$

Die Abkürzung $T = a\,k_f$ wird als *Transmissivität* bezeichnet.

7.3 Strömungen mit freiem Grundwasserspiegel

Kritische Wertung: Bei allen mit der Dupuit-Forchheimer-Gleichung bearbeiteten Beispielen fällt auf, dass der Verlauf der Grundwasserspiegellinie in der Nähe einer Senke nicht den Konsequenzen der unter 7.3.1 eingeführten Dupuit-Annahme entspricht. Zwar ist die Voraussetzung einer hydrostatischen Druckverteilung über der vertikal ausgerichteten Grundwassertiefe durchaus sinnvoll, die damit verbundene Folge, dass dann z. B. keine z-Komponente der Geschwindigkeit auftritt, steht jedoch nicht mit der Realität in Einklang. Dies gilt insbesondere dort, wo starke Spiegelliniengefälle auftreten, z. B. im Nahfeld von Brunnen. In derartigen Strömungsbereichen ist entlang einer Senkrechten keineswegs ein konstantes, der Spiegelhöhe entsprechendes Potential vorhanden; vielmehr schneidet diese Linie mehrere Potentiallinien, die der geneigten Grundwasseroberfläche wegen unterschiedliche Potentialfunktionswerte haben.

Zu den Brunnenformeln ist anzumerken, dass einerseits als nachteilige Folge der Dupuit-Annahme, andererseits wegen vernachlässigter Infiltration, keine vernünftige Aussage über die Reichweite des Absenktrichters getroffen werden kann. Der für (7.35) vorausgesetzte stationäre Zustand ist ohne i_s nicht möglich, die Entwicklung der Spiegellinie ist dann vielmehr auch eine Frage der Zeit. Nur unter Ansatz einer konstanten Infiltration kann ein Gleichgewichtszustand errechnet werden, der dann bei konstanter Wasserentnahme die Definition einer stationären Reichweite der Absenkung ermöglicht.

Die erwähnten Nachteile der rechnerischen Ansätze zwingen mitunter dazu, kritische Bereiche, z. B. das Nahfeld von Senken oder Quellen, auszusparen und einer Sonderbehandlung zu unterziehen. Diese kann experimenteller Art sein, beispielsweise die elektrische Analogie ausnutzen, die mit dem elektrolytischen Trog sogar dreidimensionale Vorgänge zu untersuchen erlaubt, vgl. unter 6.3.2. Neuzeitliche Methoden sind mehrdimensionale numerische Modellierungen.

7.3.3 Verallgemeinerte Dupuit-Forchheimer-Gleichung

Für anspruchsvollere Fälle von Grundwasserströmungen mit freier Oberfläche ist die Dupuit-Forchheimer-Gleichung trotz der mit der Dupuit-Annahme verbundenen Nachteile eine bewährte Berechnungsgrundlage. Sie bedarf jedoch einer Verallgemeinerung für die Behandlung von Vorgängen in anisotropen und/oder inhomogenen Strömungsträgern. Es ist dazu zweckmäßig, die unter 7.3.1 in natürlichen (s,n)-Koordinaten formulierte Kontinuitätsbedingung $i_s = n_{hy} \partial h/\partial t + \partial(vh)/\partial s$ in kartesischen Koordinaten auszudrücken. Dies ist deswegen vorzuziehen, weil die komplizierteren Strömungsträger keine geschlossenen Lösungen mehr ermöglichen und daher zur Anwendung numerischer Auswertemethoden zwingen. Dabei wird u. a. erforderlich, das Strömungsfeld mit einem Raster zu überziehen. Wird z. B. ein Quadratraster gewählt, so kommt dem die Darstellung in kartesischen Koordinaten entgegen.

Die zu (7.24) analoge Form der Kontinuitätsbedingung lautet

$$i_s(x,y,t) = n_{hy}(x,y) \cdot \frac{\partial}{\partial t} H(x,y,t) + \nabla(Vh) \tag{7.40}$$

Abb. 7.14 Definitionen zur Dupuit-Forchheimer-Gleichung

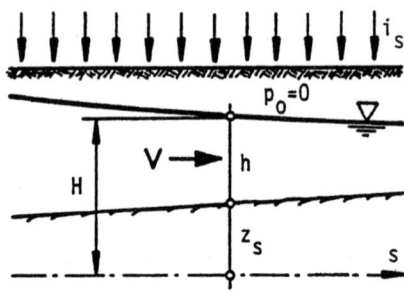

mit dem als Tiefenmittel aufzufassenden, nicht von z abhängigen Geschwindigkeitsvektor $V = V(x,y,t)$ und der mit Abb. 7.14 definierten Grundwassertiefe $h(x,y,t)$. Das Produkt dieser beiden Größen wird mit der für inhomogene, anisotrope Verhältnisse nach (7.13) anzusetzenden Darcy-Gleichung erhalten als $Vh = \left(-k_{fx}h\frac{\partial H}{\partial x} \quad -k_{fy}h\frac{\partial H}{\partial y} \quad 0\right)$, worin die Durchlässigkeiten nach Ort und Richtung verschieden sind. Deren Produkt mit h wird bezeichnet als *Transmissivität*:

$$T_i = k_{f_i}(x,y) \cdot h(x,y,t) \quad i = x,y \tag{7.41}$$

Die Zeitabhängigkeit der Transmissivität kann in vielen Fällen näherungsweise dadurch ignoriert werden, dass man $h(x,y,t)$ über einem längeren Zeitabschnitt durch einen zeitlichen Durchschnittswert ersetzt, wodurch T_x und T_y zu nur noch ortsabhängigen Größen werden. Gegebenenfalls muss man mehrere solcher Zeitabschnitte aneinanderreihen.

Gültig für Grundwasserströmungen mit freier Oberfläche im inhomogenen, anisotropen Strömungsträger (Aquifer), lautet mit dieser Definition der Transmissivität die verallgemeinerte Dupuit-Forchheimer-Gleichung:

$$\frac{\partial}{\partial x}\left[T_x\frac{\partial H}{\partial x}\right] + \frac{\partial}{\partial y}\left[T_y\frac{\partial H}{\partial y}\right] = n_{hy}\frac{\partial H}{\partial t} - i_s \tag{7.42}$$

Die Bedeutung der in dieser Beziehung ohne Argumente angeführten Variablen ist:

H	f(x,y,t)	Spiegellage, piezometrische Höhe, Standrohrspiegelhöhe, instationär, Dim.: m
T_x	f(x,y)	Transmissivität in x-Richtung, mit zeitlich gemittelter Grundwassertiefe gebildet, Dim.: m²/s
T_y	f(x,y)	dgl. für die y-Richtung
n_{hy}	f(x,y)	hydraulische Porosität, praktisch zeitunabhängig, dim.los
i_s	f(x,y,t)	Infiltration, Dim.: m/s

Mit (7.42) können alle horizontal-ebenen Strömungsabläufe untersucht werden, bei denen genügend genau tiefengemittelte Porositäten und Transmissivitäten angesetzt werden dürfen. Auch für Sonderfälle kann (7.42) als Basis dienen, so dass z. B. die unter 7.3.2 behandelten Strömungsvorgänge angesichts der fortgeschrittenen Entwicklung numerischer Berechnungsverfahren nicht mehr auf klassische Lösungsmethoden angewiesen sind.

7.3 Strömungen mit freiem Grundwasserspiegel

Abb. 7.15 Definitionen zum Quadratraster

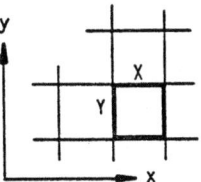

7.3.4 Numerische Auswertung

Unter den numerischen Verfahren, mit denen (7.42) für ein Grundwasserströmungsfeld ausgewertet werden kann, gelten Differenzenverfahren zu den am wenigsten aufwendigen und am leichtesten zu handhabenden Hilfsmitteln. Es genügt daher, die Auswertung der verallgemeinerten Dupuit-Forchheimer-Gleichung im folgenden als Berechnung mit finiten Differenzen (FD-Methode) zu demonstrieren.

Quadratraster: Als Vorbereitung für die Auswertung von (7.42) ist es zweckmäßig, die (x,y)-Koordinaten in dimensionslose Koordinaten (ξ,η) zu überführen. Dazu wird das Feld mit einem Raster überzogen, dessen Maschenweiten X und Y zur Definition der dimensionslosen Koordinaten herangezogen werden: $x = X \cdot \xi$ bzw. $\xi = x/X$ und $y = Y \cdot \eta$ bzw. $\eta = y/Y$. Die in (7.42) verlangten Differentiationen sind dann durchzuführen als $\frac{\partial}{\partial x} = \frac{1}{X} \cdot \frac{\partial}{\partial \xi}$ und $\frac{\partial}{\partial y} = \frac{1}{Y} \cdot \frac{\partial}{\partial \eta}$. Für die damit vorzunehmende weitere Aufbereitung der Gleichung von Dupuit-Forchheimer ist von Vorteil, das Raster als Quadratraster zu wählen, Abb. 7.15, wodurch sich mit $X = Y$ folgende normierte Form dieser Gleichung ergibt:

$$\frac{\partial}{\partial \xi}\left[T_x \frac{\partial H}{\partial \xi}\right] + \frac{\partial}{\partial \eta}\left[T_y \frac{\partial H}{\partial \eta}\right] = S \frac{\partial H}{\partial t} - Q \qquad (7.43)$$

Die hiermit neu entstandenen Größen S und Q haben folgende Bedeutung:

$$S = n_{hy} XY \quad \textit{Speicherfähigkeit} \text{ in m}^2 \qquad (7.44)$$

$$Q = i_s XY \quad \textit{Einspeisung} \text{ in m}^3/\text{s} \qquad (7.45)$$

Der Quellenterm Q ist positiv, wenn es sich um Infiltration handelt; $Q<0$ ist anzusetzen, wenn eine Senke (Entnahme) vorliegt.

Diskretisierung: Die Auswertung von (7.43) mit finiten Differenzen verlangt den Ersatz der Differentialquotienten durch Differenzenquotienten. Je nach Art der zu diesem Zweck verwendeten Interpolationsformeln erhält man für die Quotienten unterschiedliche Ausdrücke und dementsprechend auch unterschiedliche Differenzenverfahren. Dies möge hier an Hand der folgenden Diskretisierungsansätze für die Funktion f(z) einer beliebigen unabhängigen Variablen z demonstriert werden. Man unterscheidet allgemein:

Abb. 7.16 Zur
Diskretisierung

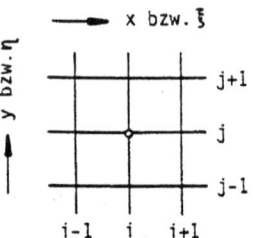

$$Rückwärtsdifferenz: \quad \left(\frac{\partial f}{\partial z}\right)_z \approx \frac{f(z) - f(z - \Delta z)}{\Delta z} \qquad (7.46)$$

$$Vorwärtsdifferenz: \quad \left(\frac{\partial f}{\partial z}\right)_z \approx \frac{f(z + \Delta z) - f(z)}{\Delta z} \qquad (7.47)$$

Eine dieser beiden Formeln ist im vorliegenden Fall für die Diskretisierung der in (7.43) enthaltenen Ausdrücke $\frac{\partial H}{\partial t}, \frac{\partial H}{\partial \xi}, \frac{\partial H}{\partial \eta}, \frac{\partial}{\partial \xi}\left(T_x \frac{\partial H}{\partial \xi}\right)$ und $\frac{\partial}{\partial \eta}\left(T_y \frac{\partial H}{\partial \eta}\right)$ anzuwenden. Dabei sind die an Stelle von Δz einzusetzenden Schrittweiten in ξ und η wegen des zuvor gewählten Quadratrasters vorteilhafterweise gleich Eins: $\Delta \xi = \Delta \eta = 1$.

Für jeden Knoten (i,j) des Rasters, Abb. 7.16, ergibt sich eine Differenzengleichung. Wird $\partial H/\partial t$ mit Vorwärtsdifferenz nach (7.47) approximiert, so entsteht ein *explizites Differenzschema*. Es erlaubt in jedem Zeitschritt, den H-Wert am Ende desselben aus den bereits berechneten H-Werten am Ende des vorigen Zeitschritts unmittelbar zu berechnen. Die Wahl des Zeitschritts Δt ist aber mit Rücksicht auf zu vermeidende, numerische Instabilitäten an Restriktionen gebunden (Stabilitätskriterien).

Wird $\partial H/\partial t$ dagegen mit Rückwärtsdifferenz nach (7.46) approximiert, so entsteht als *imlizites Differenzschema* ein lineares Gleichungssystem, das numerisch stabile Lösungen liefert und bezüglich Δt keine Einschränkungen verlangt. Es benötigt jedoch einen wesentlich größeren Datenverarbeitungsaufwand als das explizite Verfahren.

Gleichungssystem (Beispiel): Die Unterschiede der beiden Differenzschemata werden im folgenden mit einem vereinfachten Anwendungsbeispiel demonstriert. Das zu untersuchende horizontal-ebene Strömungsfeld sei durch einen homogenen und isotropen Grundwasserleiter gegeben und habe keine Einspeisung oder Entnahme. In einem so beschaffenen, idealisierten System ist die Transmissivität als in jeder Richtung gleich große Konstante aufzufassen, $T_x = T_y = T = konst$, und es ist $Q = 0$. Aus (7.43) ergibt sich damit eine verkürzte Form der Dupuit-Forchheimer-Gleichung:

$$\frac{\partial^2 H}{\partial \xi^2} + \frac{\partial^2 H}{\partial \eta^2} = \frac{S}{T}\frac{\partial H}{\partial t} \qquad (7.48)$$

Für das so formulierte Beispiel einer instationären Grundwasserströmung mit freier Oberfläche wird für einen Knoten (i,j) des Quadratrasters zunächst durch *örtliche*

7.3 Strömungen mit freiem Grundwasserspiegel

Diskretisierung erhalten:

$$\left(\frac{\partial^2 H}{\partial \xi^2} + \frac{\partial^2 H}{\partial \eta^2}\right)_{i,j} \approx H_{i-1,j} + H_{i,j-1} - 4H_{i,j} + H_{i,j+1} + H_{i+1,j}$$

Für einen mit der gewählten Zeitschrittweite $\Delta t = konst$ festgelegten Zeitpunkt $t = k \cdot \Delta t$ ergibt die *zeitliche Diskretisierung* mit Vorwärtsdifferenz ferner $\left(\frac{\partial H}{\partial t}\right)^k \approx \frac{H^{k+1}-H^k}{\Delta t}$. Die mit k vorgenommene Zeitmarkierung ist hierin als Hochindex erfolgt (keine Potenzen). Das durch Zusammenfassen der beiden Approximationen entstehende explizite Differenzenschema lautet:

$$H^k_{i-1,j} + H^k_{i,j-1} - 4H^k_{i,j} + H^k_{i,j+1} + H^k_{i+1,j} = \frac{S}{T\Delta t}(H^{k+1}_{i,j} - H^k_{i,j}) \qquad (7.49)$$

Die zur Zeit (k + 1) unbekannte Piezometerhöhe $H^{k+1}_{i,j}$ kann unmittelbar aus den bereits ermittelten *H*-Werten der Zeitebene (k) berechnet werden.

Wird $\partial H/\partial t$ dagegen mit Rückwärtsdifferenzen approximiert, so lautet die Gleichung für den Knoten (i,j) des Quadratrasters

$$H^{k+1}_{i-1,j} + H^{k+1}_{i,j-1} - 4H^{k+1}_{i,j} + H^{k+1}_{i,j+1} + H^{k+1}_{i+1,j} = \frac{S}{T\Delta t}(H^{k+1}_{i,j} - H^k_{i,j}) \qquad (7.50)$$

Sie enthält auf der Zeitebene (k + 1) fünf unbekannte *H*-Werte und ist eine der Gleichungen des auf diese Weise entstehenden linearen Gleichungssystems. Für die Lösung desselben stellt die numerische Mathematik geeignete Algorithmen bereit.

Weitere numerische Auswertemöglichkeiten: Die zuvor geschilderten Differenzenverfahren lassen Raum für Modifizierungen, die je nach Art des verwendeten Rasters und der benutzten Interpolationsformeln sehr unterschiedlich ausfallen können. Von Vreugdenhil (1989) ist über modifizierte Finite-Differenzen-Methoden im Zusammenhang mit verschiedenen Strömungsproblemen, die keiner geschlossenen Lösung zugänglich sind, eingehend berichtet worden.

Vorteilhaft in Bezug auf den Datenverarbeitungsaufwand sind die Integralgleichungsverfahren, meist als *Randintegralverfahren* oder *Boundary-Element-Methoden* bezeichnet. Bei diesen wird ausgenutzt, dass potentialtheoretische Lösungen eines Strömungsfeldes nur die Bedingungen an dessen Rändern befriedigen müssen; das Feldproblem wird auf ein Randproblem reduziert. Eine ausführliche Darstellung dieser BE-Methode ist u. a. bei Hartmann (1987) zu finden.

In jeder Hinsicht am anpassungsfähigsten, aber auch am aufwendigsten, ist die *Finite-Elemente-Methode*. Sie erlaubt je nach Art und Dichte der Diskretisierung des Feldes, sich beliebig genaue Lösungen zu verschaffen bzw. zu diesen die Fehlergröße anzugeben. Die Differentialgleichung, die dem Strömungsvorgang zugrunde liegt, wird zu einer Integralaussage umformuliert, die näherungsweise zu befriedigen ist. Die Integration über das Gesamtgebiet wird ersetzt durch die Summe von Teilintegrationen über die finiten Elemente. Letztere ergeben sich aus der Diskretisierung des Strömungsgebietes zu einem Finite-Elemente-Netz, dessen Elementgrößen den lokalen Genauigkeitsansprüchen und den Randgegebenheiten optimal angepasst werden können. Eine speziell auf Grundwasserströmungen zielende Darstellung der FE-Methode stammt von Diersch (1989). Als zusätzliche Informationsquelle ist ferner Zienkiewicz (1971) zu nennen.

Über weitere, nicht nur bei Grundwasserproblemen einsetzbare numerische Methoden hat Abbott (1979) ausführlich berichtet. Im Zusammenhang mit dem Schadstofftransport im Grundwasser ist die ausführliche Sichtung diesbezüglicher numerischer Verfahren, die von Kinzelbach (1987) durchgeführt worden ist, eine wahre Fundgrube. Allgemeinere Informationen über elektronische Datenverarbeitung in der Hydromechanik und der Technischen Hydraulik sind auch schon bei Zielke (1974) zu finden.

Kapitel 8
Rohrhydraulik

8.1 Stationäre Rohrströmungen

8.1.1 Druck- und Energielinienverlauf

Unter dem Begriff Rohrströmung wird grundsätzlich der Abfluss in einem Druckrohr ohne freien Wasserspiegel verstanden. Teilgefüllte Rohrleitungen führen dagegen Freispiegelabfluss, der Gegenstand der Gerinnehydraulik ist.

Als Beispiel für ein Druckrohrleitungssystem ist in Abb. 8.1 schematisch die Triebwasserzufuhr einer Wasserkraftanlage wiedergegeben. Die bei dieser aufkommende, auch mehrfach umkehrbare Aufgabenstellung betrifft in jedem Fall die sich am Ende des Systems einstellende *Gesamtverlusthöhe* h_v. Genau genommen ist diese eine aus zahlreichen Einzelverlusthöhen zusammengesetzte Verlusthöhensumme. Die Frage nach h_v ist gleichbedeutend mit der Frage nach dem Verlauf der lokal verfügbaren, sogenannten *örtlichen Energiehöhe*

$$H = \frac{v^2}{2g} + \frac{p}{\rho g} + z \tag{8.1}$$

oder nach dem *Energieliniengefälle* $I = -dH/ds$, wobei s längs der im allgemeinen geneigten Rohr- oder Stollenachse gezählt wird. Zwischen zwei Stellen i und k ist die Verlusthöhe $h_{v_{i-k}}$ gemäß (4.16), s. Abb. 4.12, definiert als Unterschied zwischen H_i und H_k.

Falls nötig, ist $v^2/2g$ in (8.1) durch $\alpha \cdot v^2/2g$ zu ersetzen. Diese Korrektur ist um so eher zu berücksichtigen, je ungleichmäßiger die Geschwindigkeit über dem Durchflussquerschnitt verteilt ist. Der Ausgleichsbeiwert α ist mit (4.17) definiert; er spielt bei Rohrströmungen meist nur im laminaren Strömungszustand eine nicht zu vernachlässigende Rolle. Die turbulenten Geschwindigkeitsverteilungen ergeben dagegen bei Rohren mit Kreisquerschnitt nur wenig über Eins liegende α-Werte. In nachstehenden Ausführungen ist daher $\alpha \approx 1$ vorausgesetzt, wenn nicht anders deklariert.

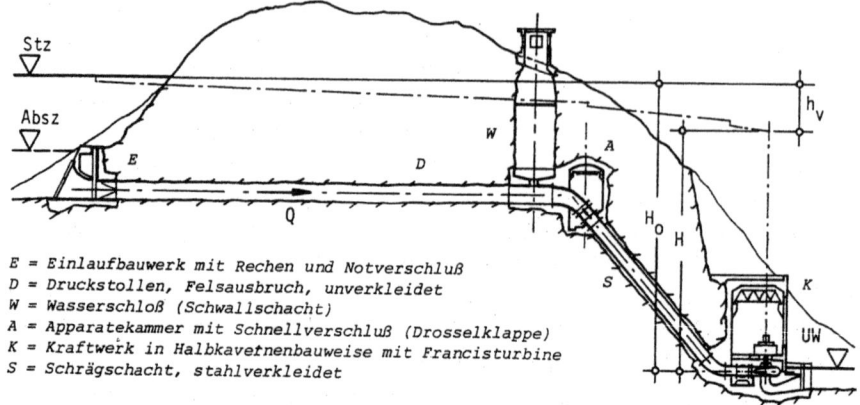

E = Einlaufbauwerk mit Rechen und Notverschluß
D = Druckstollen, Felsausbruch, unverkleidet
W = Wasserschloß (Schwallschacht)
A = Apparatekammer mit Schnellverschluß (Drosselklappe)
K = Kraftwerk in Halbkavernenbauweise mit Francisturbine
S = Schrägschacht, stahlverkleidet

Abb. 8.1 Triebwasserleitung einer Wasserkraftanlage

Abb. 8.2 Zur örtlichen Verlusthöhe

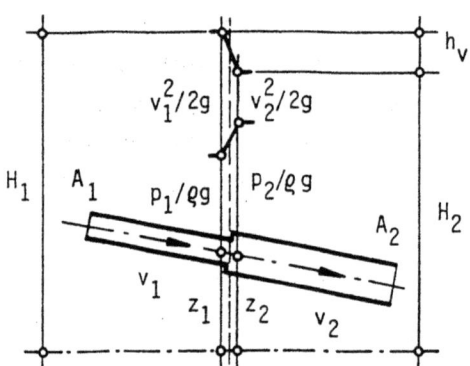

8.1.2 Verlusthöhenarten

Örtliche Verlusthöhen: Vereinzelt im Druckrohrleitungssystem vorkommende Störungen können auf äußerst kurzer Strecke zu merklichen Energiehöhenverlusten führen. Sie haben im laminaren Strömungsfall mitunter keine, bei turbulenter Rohrströmung aber meist erhebliche Auswirkungen. Es kommt beispielsweise wie bei der in Abb. 8.2 gezeigten Rohrerweiterung zur Strömungsablösung von der Rohrwand und zu starker Verwirbelung im Nahbereich unterhalb davon. Die Wegstrecke, auf der die damit verbundene Energiedissipation geschieht, ist meist so kurz, dass man völlig zu Recht von einer sprunghaften Abnahme der Energiehöhe am Ort des Verursachers ausgehen kann. Für den damit verbundenen Energiehöhenverlust hat sich die Bezeichnung „örtliche Verlusthöhe" eingebürgert. Im Energielinienverlauf tritt diese als Unstetigkeit in Erscheinung, z. B. wie in Abb. 8.1 als Energieliniensprung am Einlauf E zum Stollen, an der Apparatekammer A infolge von Krümmer und Drosselklappe sowie am Krümmer vor der Turbine.

8.1 Stationäre Rohrströmungen

Abb. 8.3 Zur kontinuierlichen Verlusthöhe

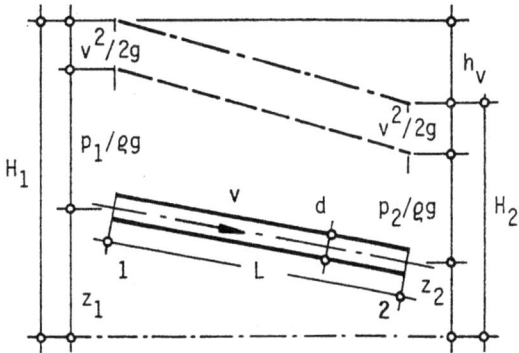

Kontinuierliche Verlusthöhen: Der Strömungswiderstand der Rohrinnenwand führt beim Energiehöhenvergleich zwischen Anfang und Ende eines Druckrohres auf eine Verlusthöhe h_v, die stetig mit der Länge L des Rohres zunimmt, s. Abb. 8.3. Bei gleichförmiger Wandbeschaffenheit und bei konstantem Rohrdurchmesser d längs L wächst h_v linear an. Man spricht daher von kontinuierlichen Verlusthöhen, wenn vom Reibungsverlust die Rede ist.

Den Verlauf der mit (8.1) erklärten, örtlichen Energiehöhe betreffend, ergibt sich eine konstant geneigte, in Fließrichtung fallende Energielinie, zu der die Drucklinie im Abstand von $v^2/2g = konst$ parallel verläuft. Dies setzt wie schon zuvor voraus, dass Rohrdurchmesser und Rohrbeschaffenheit auf der gesamten Länge L des betrachteten Rohrabschnitts konstant sind, so dass auch $v = Q/A = konst$ ist.

Während für die örtlichen Verlusthöhen hauptsächlich die Art der verursachenden Störung neben der Durchströmgeschwindigkeit maßgebend ist, $h_v = f(v, \text{Form}, \ldots)$, können die bei kontinuierlichen Verlusthöhen wirksamen Abhängigkeiten näher spezifiziert werden: $h_v = f(v, d, L, \text{Rauheit}, \ldots)$. Der Wandbeschaffenheit des Rohres wird dabei mit dem Begriff *Rauheit* Rechnung getragen. Als solche definiert man ein geeignetes Längenmaß für die geometrischen Unregelmäßigkeiten der Rohrinnenwand.

In einem Druckrohrleitungssystem sind praktisch immer sowohl örtliche als auch kontinuierliche Verlusthöhen vorhanden. Ihre Summe ergibt, wie etwa bei dem in Abb. 8.1 dargestellten Fall, den Gesamt-Energiehöhenverlust.

8.1.3 Nichtkreisförmige Rohrquerschnitte

Normalerweise meint der Begriff Rohrströmung den Durchfluss durch Rohre mit Kreisquerschnitt, $A = \pi d^2/4$. Mitunter hat man aber auch Druckrohrleitungen mit rechteckigen oder quadratischen Querschnitten etc. zu untersuchen. Es lässt sich zeigen und hat sich in der Technischen Hydraulik bewährt, dass man Rohre mit beliebigem Querschnitt vielfach hinreichend genau mit den bei Rohren mit Kreisquerschnitt geltenden Gesetzmäßigkeiten berechnen kann. Dazu ist statt des

Rohrdurchmessers d eine Ersatzgröße D zu verwenden, die man als *hydraulischen Durchmesser* bezeichnet:

$$D = 4\frac{A}{U} \tag{8.2}$$

Der so definierte Ersatzdurchmesser wird mit dem Rohrquerschnitt A und dessen (benetztem) Umfang U gebildet. Bei Druckrohren ist der gesamte Querschnittsumfang benetzt, denn es liegen keine Umfangsteile vor, die einen freien Wasserspiegel aufweisen. Für Rohre mit Kreisquerschnitt, $A = \pi d^2/4$ ergibt sich wegen $U = \pi d$ automatisch $D = d$. Rohrquerschnitte, die einen hydraulischen Durchmesser D haben, sind im Vergleich mit einem kreisförmigen Querschnitt des Durchmessers $d = D$ als hydraulisch annähernd gleichwertig anzusehen. Die Annäherung ist um so besser, je weniger der Rohrquerschnitt von der Kreisform abweicht.

Der hydraulische Durchmesser D ergibt sich als sinnvolle Rechengröße bei der Untersuchung des Zusammenhangs zwischen Rohrwiderstand (Schub) und Verlusthöhe (Druckabfall), siehe unter 8.2.1. In seltenen Fällen ist er allein nicht ausreichend, um als Ersatzgröße für einen äquivalenten Kreisdurchmesser dienen zu können. Man muss dann zusätzlich einen sogenannten *Formbeiwert f* einbringen und mit $f \cdot D$ statt nur D arbeiten. Mit diesem Formbeiwert kann dem Einfluss einer sehr stark vom Kreisquerschnitt abweichenden Querschnittsform Rechnung getragen werden. Es wird in diesem Zusammenhang auf Söhngen (1987) sowie auf die diesbezüglichen Ausführungen über Gerinneströmungen verwiesen.

8.2 Schubspannung und mittlere Geschwindigkeit

8.2.1 Verlusthöhe und Wandschubspannung

Der von der Strömung auf die Rohrinnenwand ausgeübte Schub ist umgekehrt gleich dem Widerstand, den die Strömung durch die Rohrwand erfährt. Es ist üblich, von Strömungswiderstand zu sprechen, obwohl der Wandwiderstand gemeint ist. Diese Wandschubspannung τ steht in engem Bezug zur kontinuierlichen Verlusthöhe h_v, wie man durch gleichzeitige Anwendung von Impulssatz und Bernoulli-Gleichung allgemein nachweisen kann. Es genügt jedoch, diesen Zusammenhang an Hand des in Abb. 8.4 gezeigten, horizontalen Rohrabschnitts aufzuzeigen.

In diesem Fall spielt das Eigengewicht des im Kontrollraumelement der Länge ds befindlichen Wassers keine Rolle; von (4.8) kommt nur die Komponentengleichung in der horizontalen s-Richtung zum Ansatz. Da $v = Q/A = konst$ ist, spielen ferner nur der Wandschub τ und die Druckänderung dp/ds eine Rolle. Aus Abb. 8.4 ist unmittelbar ersichtlich, dass gelten muss:

$$\tau U \, ds = -A \, dp; \quad \tau = -\frac{A}{U}\frac{dp}{ds} \tag{8.3}$$

Darin ist U der Umfang des vorliegenden Rohrquerschnitts A, und der Druckabfall kann durch das Drucklinengefälle ausgedrückt werden, das bis auf das

8.2 Schubspannung und mittlere Geschwindigkeit

Abb. 8.4 Zu Verlusthöhe und Wandschubspannung

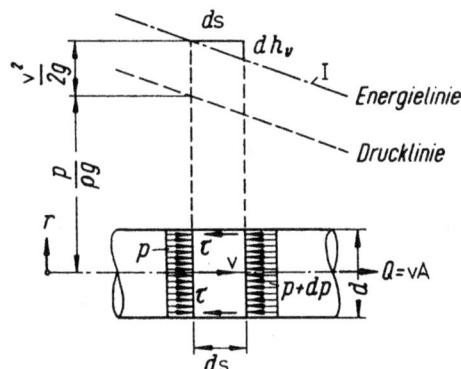

Vorzeichen wegen $v^2/2g = konst$ mit dem Energieliniengefälle I identisch ist: $dp/ds = \rho g d(p/\rho g)/ds = -\rho g I$. Verallgemeinernd darf das Verhältnis A/U auf beliebige Rohrquerschnittsformen erstreckt werden, so dass der hydraulische Durchmesser D gemäß (8.2) zur Anwendung kommen kann. Ohne damit eine neue Definition für A/U einzuführen, wird dieses Verhältnis als *hydraulischer Radius R* deklariert, und es besteht der formale Zusammenhang

$$R = \frac{A}{U} = \frac{D}{4}; \quad D = 4 \cdot R \tag{8.4}$$

Indem der Druckabfall mit Hilfe des Energieliniengefälles $I = dh_v/ds$ aus (8.3) eliminiert wird, ist der gegenseitige Bezug zwischen τ und h_v nachgewiesen:

$$\tau = \rho g I R = \frac{1}{4} \rho g I D \tag{8.5}$$

Für einen Rohrabschnitt der Länge L mit auf dieser Strecke konstantem, hydraulischem Durchmesser D und einer kontinuierlichen Verlusthöhe h_v ist $I = h_v/L$ zu setzen, so dass auch geschrieben werden kann:

$$\tau = \rho g h_v \frac{R}{L} = \frac{1}{4} \rho g h_v \frac{D}{L} \tag{8.6}$$

Häufig wird der Wandwiderstand auch als sogenannte *Schubspannungsgeschwindigkeit* ausgedrückt:

$$v_* = \sqrt{\tau/\rho}; \quad \tau = \rho v_*^2 \tag{8.7}$$

Mit (8.5) ergeben sich damit folgende Beziehungen:

$$v_* = \sqrt{g I R} = \frac{1}{2} \sqrt{g I D} \tag{8.8}$$

$$I = \frac{v_*^2}{gR} = \frac{4 v_*^2}{gD} \tag{8.9}$$

$$h_v = I \cdot L = \frac{v_*^2}{g}\frac{L}{R} = 4\frac{v_*^2}{g}\frac{L}{D} \qquad (8.10)$$

In diesen Formeln steht D für beliebige Querschnittsformen des (über L konstanten) Rohrquerschnitts. Liegt Kreisquerschnitt vor, so wird der hydraulische Durchmesser gleich dem Rohrdurchmesser, $D = d$, siehe unter 8.1.3; jedoch wird der hydraulische Radius nicht gleich $d/2$.

8.2.2 Schubspannungsverteilung

Dem Newtonschen Elementaransatz für die Flüssigkeitsreibung entsprechend, siehe unter 1.2, herrschen auch im Innern einer Rohrströmung Schubspannungen, nämlich überall dort, wo ein Geschwindigkeitsgradient (normal zur Fließrichtung der Parallelströmung) vorhanden ist. Die Verteilung dieser Schubspannungen über dem Rohrhalbmesser ist linear.

Dies stellt sich sofort heraus, wenn man die unter 8.2.1 für das Kreisrohr angestellte Betrachtung mit einer zylindrischen Stromröhre wiederholt, deren Querschnittshalbmesser zwischen Null und $d/2$ variiert, $0 \leq r \leq d/2$. Das Verhältnis A/U wird dabei r-abhängig, während das Druck- und Energieliniengefälle das gleiche ist wie mit Abb. 8.4 zwecks Ermittlung der Wandschubspannung bei $r = d/2$ angesetzt wurde. Daher ergeben sich für Rohre mit Kreisquerschnitt:

$$\tau(r) = \frac{1}{2}\rho g\, I\, r = 2\tau\,\frac{r}{d} \qquad (8.11)$$

$$v_*(r) = \frac{1}{2}\sqrt{2gIr} = \sqrt{2}\,v_*\sqrt{r/d} \qquad (8.12)$$

Hierin sind die ohne das Argument r aufgeführten Größen τ und v_* die Maximalwerte dieser Verteilungen, die sich für $r = d/2$ als Wandschubspannung und als Schubspannungsgeschwindigkeit an der Wand ergeben; sie entsprechen (8.5) und (8.8) mit $D = d$ bei kreisförmigem Rohrquerschnitt.

Die Bedeutung der so vorgegebenen Schubspannungsverteilung $\tau(r)$ liegt darin, dass zu dieser im Rohr nur eine ganz bestimmte Geschwindigkeitsverteilung $v(r)$ möglich ist, die das verbindende Reibungsgesetz, z. B. (3.17) oder den Newtonschen Reibungsansatz (siehe unter 1.2), zu befriedigen vermag. Unter 8.4 wird hierzu Näheres ausgeführt (Abb. 8.5).

8.2.3 Darcy-Weisbach-Gleichung

Sowohl die örtlichen als auch die kontinuierlichen Verlusthöhen werden aus der Bernoullischen Gleichung mit Hilfe des unter 4.5 angegebenen, allgemeinen

8.2 Schubspannung und mittlere Geschwindigkeit

Abb. 8.5 Zur Geschwindigkeits- und Schubspannungsverteilung

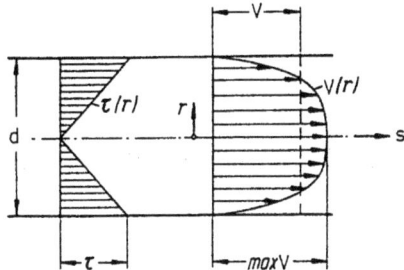

Verlustansatzes eliminiert:

$$h_v = \zeta \frac{v^2}{2g} \quad \text{bzw.} \quad h_v = \sum \zeta \frac{v^2}{2g} \tag{8.13}$$

Darin ist v das Querschnittsmittel $v = Q/A$ der Geschwindigkeit nach (4.2) am jeweiligen Ort der den Energiehöhenverlust verursachenden Störung. Dies bedarf einer präziseren Festlegung: Bei örtlichen Verlusthöhen ist v in (8.13) die unmittelbar *hinter* der Störung vorhandene Geschwindigkeit; Abweichungen von dieser Konvention bedürfen eindeutiger Erklärung. Bei kontinuierlichen Verlusthöhen, die stets nur Leitungsabschnitte mit konstanter Geometrie und Beschaffenheit betreffen, gilt die im Rohr vorhandene mittlere Geschwindigkeit $v = Q/A$. Die Verlustbeiwerte ζ sind mit (8.13) in diesem Sinne definiert.

Der Verlustbeiwert ζ einer durch Rohrreibung verursachten, kontinuierlichen Verlusthöhe h_v, die zumindest bei ausgeprägt turbulenter Strömung vom Quadrat der Geschwindigkeit abhängig ist und damit dem allgemeinen Verlustansatz gerecht wird, kann noch näher spezifiziert werden: Man beobachtet bei Rohrströmungen, dass sich die kontinuierlichen Verlusthöhen h_v proportional zur Rohrlänge L und umgekehrt proportional zum Rohrdurchmesser d verhalten. Hierauf beruht der empirische Ansatz

$$\zeta = \lambda \frac{L}{d} \quad \text{bzw.} \quad \zeta = \lambda \frac{L}{D} \tag{8.14}$$

worin verallgemeinernd der hydraulische Durchmesser nach (8.2) zur Anwendung kommen kann. Der neu eingeführte Beiwert λ wird als *Widerstandsbeiwert* des Rohres oder als *Rohrreibungsbeiwert* bezeichnet. Er ist nicht immer konstant, eher meist, wie die örtlichen Verlustbeiwerte ζ auch, mehr oder weniger durchfluss- bzw. geschwindigkeitsbeeinflußt.

Mit dem so präzisierten ζ-Wert kontinuierlicher Verlusthöhen ergibt sich als Verlustansatz die *Darcy-Weisbach-Gleichung*

$$h_v = \lambda \frac{L}{d} \frac{v^2}{2g} \tag{8.15}$$

Mit der zwecks Anwendung bei beliebigen Rohrquerschnittsformen nötigen Verallgemeinerung, siehe unter 8.1.3, die den Ersatz des Rohrdurchmessers d durch den hydraulischen Durchmesser D nach (8.2) verlangt, ergibt sich auch eine *verallgemeinerte Darcy-Weisbach-Gleichung*:

$$h_v = \lambda \frac{L}{D} \frac{v^2}{2g} \quad \text{bzw.} \quad I = \frac{\lambda}{D} \frac{v^2}{2g} \qquad (8.16)$$

Die Umkehrung führt auf eine Beziehung für die querschnittsgemittelte Geschwindigkeit, die man als *Fließformel* bezeichnet:

$$v = \frac{Q}{A} = \frac{1}{\sqrt{\lambda}} \sqrt{2g\,I\,D} \qquad (8.17)$$

Als Rohrquerschnitt A ist natürlich der tatsächlich vorhandene Querschnitt einzusetzen, nicht etwa $\pi D^2/4$, außer bei Rohren mit Kreisquerschnitt $\pi d^2/4$.

Weitere, auf den Darcy-Weisbach-Ansatz zurückgehende Relationen ergeben sich mit der Schubspannungsgeschwindigkeit v_* nach (8.8) für Rohre mit Kreisquerschnitt:

$$v = \sqrt{\frac{8}{\lambda}} v_* \quad \text{bzw.} \quad v_* = \sqrt{\frac{\lambda}{8}} v \qquad (8.18)$$

Mit v_* ist der Wandwert $v_*(r = d/2)$ gemeint, und $v = Q/A$ ist die mittlere Geschwindigkeit.

Statt (8.18) kann auch die Wandschubspannung selbst angegeben werden:

$$\tau = \rho\,v_*^2 = \frac{1}{8}\lambda\rho v^2 \qquad (8.19)$$

Alle diese Relationen beinhalten ein und dieselbe Formulierung, den Widerstandsansatz nach Darcy-Weisbach.

8.3 Verlusthöhenberechnung

8.3.1 Örtliche Widerstände

Lokale Störungen in einem Druckrohrleitungssystem führen zu örtlichen Verlusthöhen, die als Unstetigkeiten des Energielinienverlaufs in Erscheinung treten. Bei der in Abb. 8.6 schematisch dargestellten Druckrohrleitung, aus der das Wasser bei D als Freistrahl ausströmt, sind z. B. an folgenden Stellen derartige Energie-Höhensprünge zu erwarten:

E Einlauf mit Rechen
B Messblende
V Verengung
S Schieber
D Strahldüse

8.3 Verlusthöhenberechnung

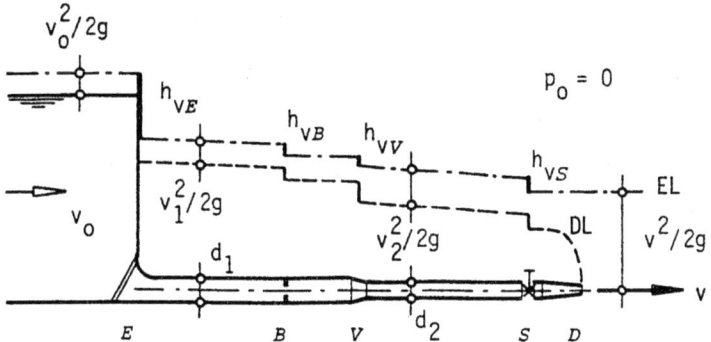

Abb. 8.6 Örtliche Verlusthöhen einer Druckrohrleitung infolge einzelner Störungen

Zwischen diesen Unstetigkeiten hat die Energielinie(EL) einen linear fallenden Verlauf entsprechend den sich abschnittweise ergebenden, kontinuierlichen Verlusten. Die Drucklinie (DL) liegt dazu jeweils parallel im Abstand der Geschwindigkeitshöhe, ausgenommen den Bereich der sich verjüngenden Rohrquerschnitte in der Düse.

Weitere örtliche Verlusthöhen ergeben sich u. a. als Umlenkverluste bei Krümmern oder Kniestücken, ferner als Verzweigungsverluste an Abzweigungen bzw. Vereinigungen, sowie allgemein durch jeden Einbau, der die normale Parallelströmung im Rohr stört. Zuständig für die Berechnung der örtlichen Verlusthöhe ist der Verlustansatz (4.19) mit $h_v = \zeta v^2/2g$ und $v = Q/A$ als unmittelbar hinter der Störung definierter, mittlerer Geschwindigkeit. Der Verlustbeiwert dieses Ansatzes ist in erster Linie geometrieabhängig. In manchen Fällen kommt eine Durchflussbzw. Geschwindigkeitsabhängigkeit hinzu, $\zeta = f(\text{Form}, Re)$, die mit Hilfe einer Reynolds-Zahl, $Re = vd/\nu$, erfasst wird. Die Praxis ignoriert diese Re-Abhängigkeit der Verlustbeiwerte meist und rechnet dann mit dem ungünstigsten Re-Einfluss, d. h. mit konstanten ζ-Beiwerten.

Die Zahl der denkbaren Störungen in einem Druckrohrleitungssystem ist unbegrenzt; allein schon die Gestaltung eines Rohreinlaufs ist so vielfältig möglich, dass für die dafür maßgebenden ζ-Daten nur Wertebereiche und Durchschnittsschätzungen angegeben werden können. Nachstehend kann daher keine umfassende Zusammenstellung von Verlustbeiwerten gegeben werden, nur die häufigst vorkommenden Fälle von örtlichen Verlusthöhen werden dargestellt. Der Versuch, ein weitestgehend vollständiges Verzeichnis von ζ-Beiwerten aller Art zu erstellen, ist von Idelchik (1986) geleistet worden. In dieser Zusammenstellung ist eine Fülle von Informationen über Verlustbeiwerte für örtliche Verlusthöhen zu finden.

Einlaufverlust: Die in $h_v = \zeta v^2/2g$ einzusetzenden ζ-Werte sind hinreichend genau als nur formabhängig anzusehen, $\zeta = f(\text{Form})$. Die Verlustbeiwerte für verschiedene Rohreinläufe können daher nach den Angaben der Abb. 8.7 abgeschätzt werden. Man beachte dabei die den ζ-Werten zugeordnete Geschwindigkeit v, die mit dem Querschnitt des anschließenden Rohres (unmittelbar hinter dem Einlauf) als $v = Q/A$

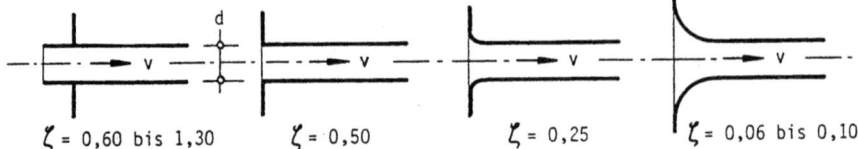

Abb. 8.7 Eintrittsverlustbeiwerte (Beispiele)

Abb. 8.8 Zum Rechenverlust

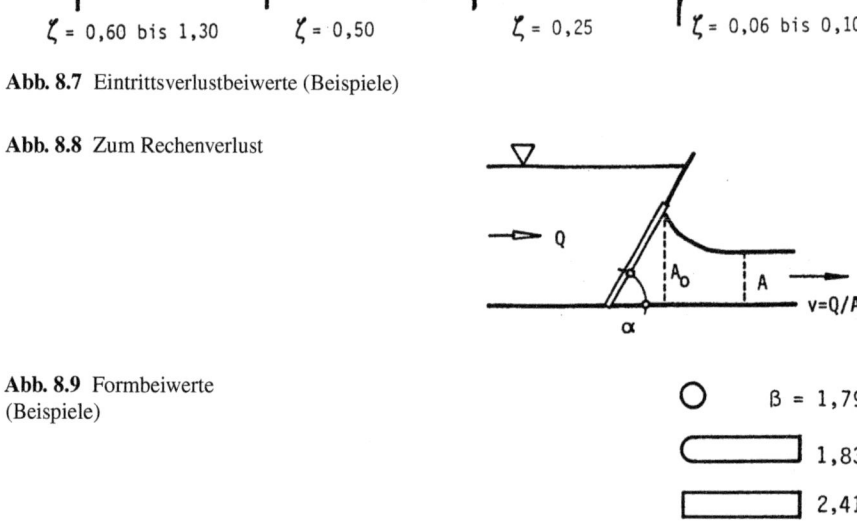

Abb. 8.9 Formbeiwerte (Beispiele)

zu bilden ist. Es ist ferner anzumerken, dass die in Abb. 8.7 angegebenen Verlustbeiwerte keinerlei Zusatzeinrichtungen in den Einläufen berücksichtigen. Solche zusätzlichen Störungen können ausgehen von Rechen und deren Stützvorrichtungen, von im Einlauf angeordneten Verschlüssen oder deren Führungsnuten etc. Sie müssen als am gleichen Ort entstehende Verlusthöhen separat berechnet werden.

Rechenverlust: Vor einem Rohreinlauf angeordnete Rechen können der Strömung mehr Widerstand entgegensetzen als der Einlauf allein, besonders wenn ein Teil der Rechenfläche mit Treibgut verlegt ist. Der Rechenverlust gehört zu den empirisch am besten abgesicherten Verlusthöhen. Er lässt sich sehr genau mit der Kirschmer-Formel bestimmen, die auch eine Rechenverlegung zu berücksichtigen erlaubt:

$$\zeta = \beta \left(\frac{d_s}{a}\right)^{4/3} \left(\frac{A}{\delta A_o}\right)^2 \sin\alpha \qquad (8.20)$$

In dieser Formel bedeuten β den Formbeiwert für die Rechenstäbe, d_s die Stabdicke, a den lichten Stababstand, A_o die Projektionsfläche des Rechens, A den anschließenden Rohrquerschnitt, δ den Verlegungsgrad des Rechens (z. B. 50 %) und α die Rechenneigung gemäß Abb. 8.8.

Formbeiwerte β sind für die am häufigsten vorkommenden Querschnittsformen von Rechenstäben aus Abb. 8.9 zu entnehmen. Bei der Projektionsfläche A_o handelt es sich nicht um die zwischen den Stäben verbliebenen Durchflussflächen, sondern um die Rechengesamtfläche, die in eine normal zur Einlauf- bzw. Rohrachse liegende Ebene projiziert wird. Im gleichen Sinne ist auch der Neigungswinkel α des

8.3 Verlusthöhenberechnung

Abb. 8.10 Erweiterung und Verengung

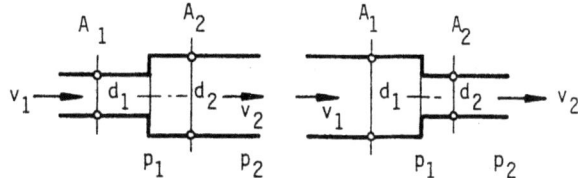

Abb. 8.11 Wahl des Kontrollraums

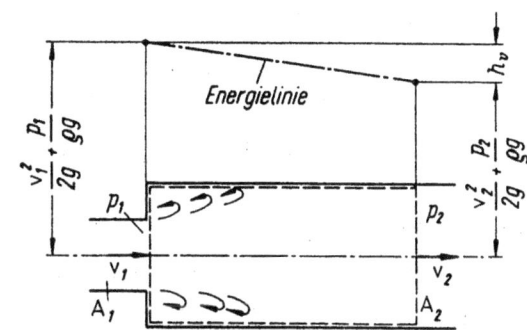

Rechens definiert. Anzumerken ist ferner, dass bei Annahme eines mit $\delta < 1$ verlegten Rechens ggf. noch ein Verlust durch Querschnittsänderung zusätzlich zu berücksichtigen ist. Rechnerisch wird dazu eine Querschnittsänderung von δA_o auf A_o (nicht A) angesetzt. Diese Wirkung ist in (8.20) nicht enthalten und daher separat zu behandeln.

Verlust durch Querschnittswechsel: Die Größenordnung des für Querschnittsänderungen in einer Druckrohrleitung maßgebenden Verlustbeiwertes lässt sich mit Hilfe des Impulssatzes in Verbindung mit der Bernoullischen Gleichung bestimmen. Die zu untersuchenden Querschnittsänderungen sind schematisch in Abb. 8.10 wiedergegeben: *Rohrerweiterung* und *Rohrverengung*. Mit den gewählten Querschnittsbezeichnungen gilt nachstehende Impulssatzanwendung für beide Fälle; sie ist ein klassisches Beispiel für das mit dem Impulssatz verbundene Kontrollraumkonzept, siehe die diesbezüglichen Ausführungen unter 4.2.

Im vorliegenden Fall wird der Kontrollraum ausschließlich im größeren Rohrteil angelegt, mit einem der beiden Fließquerschnitte unmittelbar am Querschnittswechsel. Für eine Erweiterung zeigt dies Abb. 8.11.

Mit dem so gewählten Kontrollraum kommt die Komponentengleichung von (4.8) in Richtung der horizontalen Rohrachse zum Ansatz. Die beiden Stützkräfte sind $S_1 = \rho Q v_1 + p_1 A_2$ und $S_2 = \rho Q v_2 + p_2 A_2$. Werden Tangentialkräfte in der Mantelfläche des Kontrollraums in erster Näherung vernachlässigt, so verlangt (4.8), dass $S_1 = S_2$ zu setzen ist. Daraus und mit $v_2 = Q/A_2$ folgt für den Druckunterschied

$$p_1 - p_2 = \frac{\rho Q (v_2 - v_1)}{A_2} = \rho v_2^2 \left(1 - \frac{v_1}{v_2}\right) \qquad (8.21)$$

Die Bernoullische Gleichung (4.15) fordert ferner bei horizontalem Rohr, dass

$$\frac{v_1^2}{2g} + \frac{p_1}{\rho g} = \frac{v_2^2}{2g} + \frac{p_2}{\rho g} + h_v$$

ist, woraus sich für die Verlusthöhe ergibt:

$$h_v = \frac{v_1^2 - v_2^2}{2g} + \frac{p_1 - p_2}{\rho g} \tag{8.22}$$

Die Druckdifferenz kann mit (8.21) eliminiert werden, und es entsteht die berühmte Borda-Carnot-Formel

$$h_v = \frac{(v_1 - v_2)^2}{2g} \tag{8.23}$$

Mit dem allgemeinen Verlustansatz (4.19) ist der ζ-Wert dieses auch als *Bordascher Stoßverlust* bezeichneten Energiehöhenverlustes gegeben. Der üblichen Konvention entsprechend, wonach der Verlustbeiwert auf die Geschwindigkeitshöhe unmittelbar *hinter* der Störung zu beziehen ist, folgt aus $h_v = \zeta \cdot v_2^2/2g$ für den ζ-Wert einer Querschnittsänderung

$$\zeta = \left(\frac{v_1}{v_2} - 1\right)^2 = \left(\frac{A_2}{A_1} - 1\right)^2 \tag{8.24}$$

wobei die Kontinuitätsbedingung $v_1 A_1 = v_2 A_2$ berücksichtigt ist.

Eingangs wurde betont, dass es sich bei dieser Herleitung nur um eine größenordnungsmäßige Abschätzung des Erweiterungs- oder Verengungsverlustes handeln kann. In der Praxis wird Einflüssen, die beim Impulssatz vernachlässigt wurden (Umfangsreibung), und Abweichungen von den in Abb. 8.10 vorausgesetzten geometrischen Verhältnissen (rechtwinkliger, eckiger Querschnittswechsel) mit einem Korrekturbeiwert c nachträglich Rechnung getragen:

$$\zeta = c\left(\frac{A_2}{A_1} - 1\right)^2 \tag{8.25}$$

Werte c für diesen Verlustbeiwert können folgender Zusammenstellung entnommen werden (Tab. 8.1):

Weitergehende Informationen über die Verlusthöhen und Verlustbeiwerte der verschiedenartigsten Querschnittswechsel von Rohren sind bei Idelchik (1986) aufgeführt.

Umlenkungsverlust: Die häufigst vorkommende Art des Richtungswechsels einer Rohrströmung ist der *Rohrkrümmer* (Bogen), Abb. 8.12. Von ähnlicher Bedeutung ist das *Kniestück*, das man als Grenzfall eines Bogens mit $r \to 0$ ansehen kann. Es gibt ferner *segmentierte Bögen*, die aus mehreren, aneinandergefügten Kniestücken bestehen, für deren hydraulische Eigenschaften aber der Krümmer und das Einzelknie bei gleichem Umlenkwinkel als begrenzende Vergleichsfälle gelten. Idelchik

8.3 Verlusthöhenberechnung

Tab. 8.1 Korrekturwerte c der Borda-Formel

Querschnittsänderung	c-Wert
Rechtwinklige Erweiterung (Abb. 8.10 links)	1,0–1,2
Konische Erweiterung, Spreizungswinkel ß > 30°	1,0–1,2
ß = 15°	0,3–0,4
ß = 8°	0,15–0,2
Rechtwinklige Verengung (Abb. 8.10 rechts)	0,4–0,5
Konische Verengung, Spreizungswinkel ß < 30°	0,0–0,1

Abb. 8.12 Definitionen zum Umlenkverlust

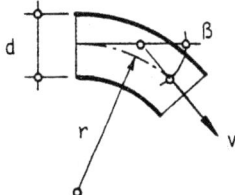

(1986) hat zahlreiche Daten über derartig beschaffene Umlenkungen zusammengetragen. Hier genügen daher einige Angaben über Rohrkrümmer und Kniestücke, um die Größenordnung der Umlenkungsverluste zu belegen.

Für den Verlustbeiwert ζ ist bei turbulenter Strömung außer von Formparametern auch eine deutliche Abhängigkeit von der Reynolds-Zahl $Re = vd/\nu$ festzustellen: $\zeta = f(Re, r/d, \beta)$ mit r/d als durchmesserbezogenem Umlenkradius der Rohrachse und β als Umlenkwinkel. Zu jedem Satz der Formparameter gibt es eine Re-Zahl, bei der ζ am ungünstigsten ist. Die so angelegten ζ-Werte sind Gegenstand der mit Tab. 8.2 nach Angaben von Idelchik (1986) erarbeiteten Übersicht.

Diese Verlustbeiwerte gelten für Rohrkrümmer und Kniestücke mit Kreisquerschnitt, näherungsweise auch für solche mit quadratischem Querschnitt, wobei statt d der hydraulische Durchmesser D zu verwenden ist. Weitere Daten, z. B. über rechteckige Krümmerquerschnitte, sind u. a. auch zu finden bei Sigloch (1980), darunter Angaben über sich verjüngende Krümmerquerschnitte sowie über Krümmer mit nicht konzentrischen Radien von Außen- und Innenbogen.

Abzweigverluste: Bei den Rohrverzweigungen ist eine große Vielfalt von Abzweigarten zu verzeichnen. Es kann daher im folgenden nur ein exemplarischer Anwendungsfall untersucht werden, nämlich das gerade Hauptrohr mit seitlich abzweigendem bzw. einmündendem Nebenrohr, Abb. 8.13. Die dazu angeführten Daten sind darüber hinaus auf allseits gleiche Rohrdurchmesser ($d_a = d$) und auf zwei Abzweigwinkel ($\beta = 45°$ und $90°$) beschränkt.

Neben dieser Art von Rohrverzweigungen gibt es solche, bei denen das Hauptrohr sich verjüngt (Abzweig) oder erweitert (Einmündung), ferner symmetrische Verzweigungen, sogenannte *Hosenrohre*. Darüber hinaus sind die entstehenden Abzweigverluste stark davon abhängig, ob es sich um scharfe oder abgerundete bzw. mit eingeschweißten Zwickeln entschärfte Kanten handelt. Diesbezüglich muss auf das Schrifttum verwiesen werden, insbesondere auf Idelchik (1986).

Tab. 8.2 Verlustbeiwerte ζ des Umlenkungsverlustes

r/d	ß = 15°	30°	45°	60°	90°	180°
1	0,048	0,095	0,126	0,164	0,210	0,294
2	0,035	0,068	0,090	0,117	0,150	0,210
3	0,028	0,054	0,072	0,094	0,120	0,168
5	0,021	0,041	0,054	0,070	0,090	0,126
10	0,016	0,032	0,042	0,055	0,070	0,098
Knie	0,046	0,155	0,318	0,555	1,188	–

Abb. 8.13 Rohrverzweigungen *oben* Stromtrennung *unten* Stromvereinigung

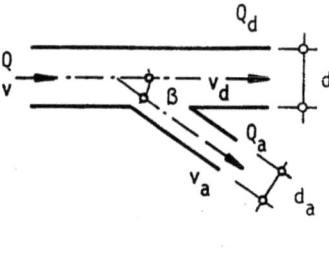

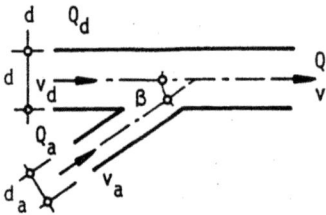

In Bezug auf die zu bestimmenden Verlusthöhen liegt bei den Rohrverzweigungen der Abb. 8.13 eine Besonderheit vor insofern, als sich die Verlustbeiwerte ζ_d für den durchgehenden Rohrstrang und ζ_a für den abzweigenden oder einmündenden Rohrstrang *beide* auf die Geschwindigkeit v des Gesamtstroms beziehen,

$$Q = Q_d + Q_a \qquad (8.26)$$

Bei gleichen Rohrdurchmessern, $d_a = d$, ist diese Verzweigungsbedingung mit $v = v_d + v_a$ gleichbedeutend. Im Fall der Stromtrennung wird also von dem Grundsatz, dass die ζ-Werte stets auf die Geschwindigkeitshöhe unmittelbar hinter der den Verlust verursachenden Störung bezogen sind, abgewichen. Der Grund dafür ist, dass einer der beiden weiterführenden Rohrstränge auch die Geschwindigkeit Null haben kann, wodurch der übliche Bezug unbestimmt wäre. Bei der Stromvereinigung besteht dieses Problem nicht. Sinngemäß gelten diese Anmerkungen auch für Hosenrohre mit den symmetrisch weitergeführten Rohrsträngen.

Mit Bezug auf Abb. 8.13 betragen die Verlusthöhen, definiert als Energiehöhendifferenz vor und hinter der Verzweigung (Achsenschnittpunkt):

$$h_{v_d} = \zeta_d \frac{v^2}{2g} \qquad h_{v_a} = \zeta_a \frac{v^2}{2g} \qquad (8.27)$$

8.3 Verlusthöhenberechnung

Tab. 8.3 Verlustbeiwerte von Kreisrohrverzweigungen

Art	Stromvereinigung mit $d_a = d$				Stromtrennung mit $d_a = d$			
ß	45°		90°		45°		90°	
Q_a/Q	ζ_d	ζ_a	ζ_d	ζ_a	ζ_d	ζ_a	ζ_d	ζ_a
0,0	0,04	−0,92	0,04	−1,20	0,04	0,90	0,04	0,95
0,2	0,17	−0,38	0,17	−0,40	−0,06	0,68	−0,08	0,88
0,4	0,19	0,00	0,30	0,08	−0,04	0,50	−0,05	0,89
0,6	0,09	0,22	0,41	0,47	0,07	0,38	0,07	0,95
0,8	−0,17	0,37	0,51	0,72	0,20	0,35	0,21	1,10
1,0	−0,54	0,37	0,60	0,91	0,33	0,48	0,35	1,28

Die Verlusthöhe h_{v_d} betrifft in beiden Verzweigungsfällen den durchgehenden Rohrstrang, während h_{v_a} die Verlusthöhe vom Hauptrohr zum Abzweig nennt oder umgekehrt. Bei gleichen Rohrdurchmessern gelten folgende Daten (Tab. 8.3):

Negative ζ-Werte in dieser Tabelle sind keine Druckfehler; sie sind vielmehr auf die bei den Rohrverzweigungen der Abb. 8.13 vorliegenden, besonderen Strömungszustände zurückzuführen. Beispielsweise übt der mit $Q_a \rightarrow 0$ bei Stromvereinigung überwiegend im durchgehenden Hauptrohr stattfindende Durchfluss $Q_d \rightarrow Q$ eine starke Sogwirkung auf das Nebenrohr aus, die eine Steigerung der Energiehöhe in diesem bewirkt und sich in negativen ζ_a-Werten äußert (negativer Verlust = Gewinn). Der gleiche Effekt kann auftreten, wenn $Q_d \rightarrow 0$ und $Q_a \rightarrow Q$ vorliegt; er betrifft dann den ζ_d-Wert. Im Prinzip können mehr oder weniger alle Arten von Rohrverzweigungen bei Stromvereinigung von solchen Erscheinungen betroffen sein, auch symmetrische Rohrzusammenführungen.

Angaben über Verlustbeiwerte für Hosenrohre bei Stromtrennung sind der unbegrenzten Formenvielfalt wegen im Schrifttum nur spärlich vorhanden. Einige Daten sind von Preß und Schröder (1966) für vier verschiedene Hosenrohrarten zusammengestellt worden, überwiegend den symmetrischen Betriebsfall betreffend.

Verluste durch Verschlussorgane: In Druckrohrleitungen eingebaute Armaturen haben je nach Bauart und Betriebsweise mehr oder weniger starke Störungen der Rohrströmung und daher entsprechende örtliche Verlusthöhen $h_v = \zeta v^2/2g$ zur Folge. Bei den Regulierverschlüssen sind diese in hohem Maße vom Öffnungsgrad abhängig, so dass für die Verlustbeiwerte ζ diesbezügliche Kennlinien gelten, die in der Regel vom Armaturenhersteller angegeben werden. Bei Absperrverschlüssen interessiert dagegen normalerweise nur der ζ-Wert des voll geöffneten Verschlusses.

In jedem Fall hat man sorgfältig darauf zu achten, welcher Art die Zuordnung von Verlustbeiwert ζ und Geschwindigkeitshöhe $v^2/2g$ ist, denn die üblicherweise mit der Bezugsgeschwindigkeit v *hinter* der Störung vorzunehmende Definition des ζ-Wertes kann bei den Armaturen häufig nicht beibehalten werden. Beispielsweise ist es bei einem Verschluss am Rohrende sinnvoller, sich auf die Geschwindigkeit *vor* der Armatur zu beziehen. Vielfach gilt dies auch für Verschlüsse *in* der Leitung, wenn an deren Position zugleich ein Durchmesserwechsel erfolgt. Um Irrtümern vorzubeugen, beschränken sich die Angaben in Tab. 8.4 auf ganz geöffnete Verschlüsse in der Leitung mit gleichen Querschnitten vor und hinter der Armatur.

Tab. 8.4 Verlustbeiwerte ζ verschiedener Armaturen bei voller Öffnung

Art der Armatur (ganz geöffnet)		Verlustbeiwert ζ
Kugelschieber (nahezu verlustfrei)		0,00–0,02
Flachschieber, je nach Bauart		0,12–0,28
Keilschieber, je nach Bauart		0,15–0,30
Drosselklappe, stehend oder liegend		0,20–0,75
Ringkolbenschieber (Ringschieber)		0,75–2,00
Rückschlagklappe	DN 400	0,95–1,10
	DN 200	1,15–1,25
DIN-Durchgangsventil	DN 50	5,00–5,20
	DN 100	5,45–5,65
	DN 200	6,25–6,40

Abb. 8.14 Definitionen zu Verlusten an Einbauten

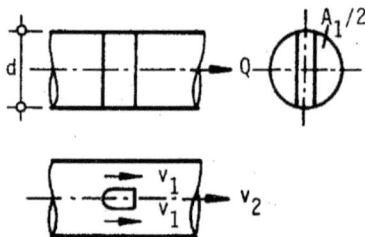

Für die ausschließlich als Regelorgane am Rohrleitungsende angeordneten *Hohlstrahlschieber*, die den Ringschiebern gleichen, gelten nach Preß (1967) Verlustbeiwerte von $\zeta = 0{,}4 \ldots 1{,}0$. Für den als Rohrendverschluss, z. B. bei Grundablassrohren, beliebten *Kegelstrahlschieber* wird ferner $\zeta = 0{,}4 \ldots 0{,}6$ angegeben. Bei diesen Verschlussarten sind die ζ-Beiwerte wegen des frei abgehenden Auslassstrahls auf die Geschwindigkeitshöhe *vor* dem Verschluss bezogen.

Verluste durch Einbauten und Nischen: Ein durch betriebliche Erfordernisse o. dgl. bedingter Verbau des Rohrquerschnitts, wie etwa in Abb. 8.14 gezeigt, kann einen erheblichen örtlichen Energiehöhenverlust hervorrufen. Streng genommen handelt es sich dabei um die Kombination von Querschnittsverengung und Querschnittserweiterung, und zusätzlich um erhöhten Wandwiderstand infolge des durch den Verbau verursachten, geschwindigkeitserhöhenden Verdrängungseffekts. In der Praxis genügt es aber meist, das Problem mit einem hoch angesetzten Erweiterungsverlust nach (8.25) anzugehen. Bei dem in Abb. 8.14 dargestellten Fall mit der Breite b des eingebauten Verdrängungskörpers ergibt sich für $h_v = \zeta v_2^2/2g$ folgender Verlustbeiwert, wenn $b \ll d$ angenommen wird:

$$\zeta = \frac{c}{\left(\dfrac{\pi}{4}\dfrac{d}{b} - 1\right)^2} \tag{8.28}$$

Der Korrekturbeiwert sollte hierin nach Tab. 8.1 hoch gewählt, also mit $c = 1{,}2$ angesetzt werden (Abb. 8.15).

Abb. 8.15 Definitionen zu Verlusten an Nischen

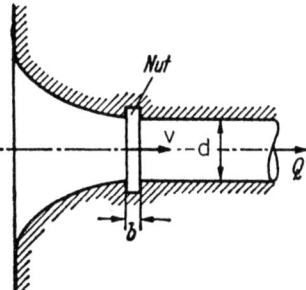

Ein weiterer Energiehöhenverlust kann sich durch die Führungsnuten eines im Rohreinlauf angeordneten Notverschlusses (Dammbalkenverschluss, einfache Gleitschütze etc.) ergeben. Dieser Nischen- oder Nutverlust ist in der Hauptsache von der Nutbreite b und von der Fließgeschwindigkeit v beeinflusst. Er wird nicht durch den Einlaufverlust erfasst, sondern muss ebenso wie der Rechenverlust separat errechnet werden. Folgende empirische Daten können für den zu $h_v = \zeta v^2/2g$ gehörenden Verlustbeiwert ζ verwendet werden (Tab. 8.5):

Diese Angaben können auch bei rechteckigen Querschnitten, etwa im vorderen Bereich eines Einlaufbauwerks (vor dem Übergang zum Kreisquerschnitt), verwendet werden. Statt des Rohrdurchmessers d ist dazu mit dem hydraulischen Durchmesser D des Rechteckprofils zu rechnen, siehe unter 8.1.3.

Es gibt zahlreiche weitere Störungen einer Rohrströmung durch Einbauten verschiedenster Art sowie durch Unregelmäßigkeiten in der Rohrwand, die zu ähnlichen Energiehöhenverlusten führen wie den zuvor untersuchten. In einigen Fällen liegen darüber Informationen vor; es wird diesbezüglich insbesondere auf Idelchik (1986) verwiesen. Viele dieser Angaben beruhen auf Untersuchungen von Rohrleitungen mit Rechteckquerschnitt, die an Lüftungsanlagen (Luftschächten) durchgeführt wurden.

8.3.2 Rohrwiderstand bei laminarer Strömung

Bei den kontinuierlichen Energiehöhenverlusten, die sich infolge des Widerstands der Rohrinnenwand ergeben, wird die Berechnung nicht wie bei den örtlichen Verlusten mit dem allgemeinen Verlustansatz (4.19) sondern mit dessen Spezifizierung (8.15), der Darcy-Weisbach-Gleichung, durchgeführt. Zwar gilt auch beim Rohrwiderstand $h_v = \zeta v^2/2g$, jedoch ist der Verlustbeiwert nach (8.14) aufgeschlüsselt als

Tab. 8.5 Verlustbeiwerte ζ für die Führungsnuten von Notverschlüssen in Einlaufbauwerken von Druckrohrleitungen, Druckstollen, Druckschächten o. dgl

Relative Nutbreite b/d	V = Q/A in m/s	ζ-Beiwert
> 0,1	> 2	0,05–0,10
< 0,1	> 1	0,02–0,05
Beliebig	< 1	≈ 0

Abb. 8.16 Geschwindigkeits- und Schubspannungsverteilung

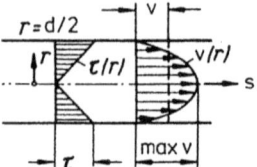

$\zeta = \lambda L/D$, worin L die Länge des gleichförmig beschaffenen Rohres ist, das berechnet werden soll. Der Durchmesser d des Rohres mit Kreisquerschnitt wird bei anderen Querschnittsformen durch deren hydraulischen Durchmesser D nach (8.2) ersetzt.

Es kommt also darauf an, den Widerstandsbeiwert λ des Rohres so genau wie möglich zu bestimmen, wobei die Unterscheidung zwischen der laminaren und der turbulenten Strömungsform eine bedeutende Rolle spielt, siehe unter 1.3 sowie Abb. 3.4. Im laminaren Zustand ist der Wandwiderstand des Rohres, abgesehen vom Durchfluss, nur zähigkeitsbedingt, die Beschaffenheit der Rohrwand, ob glatt oder rau, hat darauf keinen Einfluss, im Gegensatz zur turbulenten Strömung.

In beiden Fällen ist die schon mehrfach genannte *Reynolds-Zahl* eine dimensionslose Kennzahl, mit der in den betreffenden Widerstandsgesetzen dem Einfluss der Viskosität Rechnung getragen wird:

$$Re = \frac{vd}{\nu} \quad \text{bzw.} \quad Re = \frac{vD}{\nu} \tag{8.29}$$

Zugleich markiert eine kritische Reynolds-Zahl die Grenze zwischen laminarer und turbulenter Bewegung: krit Re = 2320.

Im laminaren Strömungszustand mit $Re <$ krit Re lässt sich der Widerstandsbeiwert λ ausschließlich als Funktion der Re-Zahl darstellen, $\lambda = f(Re)$. Für Rohre mit Kreisquerschnitt soll dies mit einer Untersuchung des Zusammenhangs zwischen der querschnittsgemittelten Geschwindigkeit v nach (4.2) und dem Wandschub τ nach (8.5) gezeigt werden.

Im Vorgriff auf die Ausführungen über das laminare Geschwindigkeitsprofil unter 8.4.1 wird dabei von folgender Verteilung der Geschwindigkeit über dem kreisförmigen Rohrquerschnitt ausgegangen, Abb. 8.16:

$$v(r) = \frac{gI}{4\nu}\left(\frac{d^2}{4} - r^2\right) \tag{8.30}$$

Sie ergibt sich auf Grund der mit (8.11) festgestellten Schubspannungsverteilung in Verbindung mit dem Newtonschen Reibungsgesetz (1.1) und dem durch (8.5) definierten Energieliniengefälle I. Es sind ferner d der Rohrdurchmesser, ν die kinematische Viskosität und g die Erdbeschleunigung. Die unabhängige Variable r hat ihren Nullpunkt in der Rohrachse.

Aus der Geschwindigkeitsverteilung ergibt sich gemäß $v = \frac{1}{A}\int v(r)dA$ zunächst das Querschnittsmittel v der Geschwindigkeit, die bekannte Hagen-Poiseuille-Formel:

$$v = \frac{gId^2}{32\nu} \tag{8.31}$$

8.3 Verlusthöhenberechnung

Wird dieser Ausdruck mit der Darcy-Weisbach-Gleichung (8.16) verglichen, wobei $D = d$ zu setzen ist, und die Reynolds-Zahl (8.29) eingeführt, so liefert die Auflösung nach dem gesuchten Widerstandsbeiwert λ folgenden einfachen Ausdruck:

$$\lambda = \frac{64}{Re} \quad Re < 2320 \tag{8.32}$$

Zu der hierin enthaltenen Konstanten ist anzumerken, dass die Zahl 64 herleitungsgemäß nur für kreisförmige Rohrquerschnitte gilt.

Für die laminare Strömung zwischen zwei parallelen Wänden (Spaltströmung), welche als extrem breiter Rechteckquerschnitt $A = ab$ mit $b \to \infty$ aufgefasst werden können, ergibt sich mit der gleichen Vorgehensweise der Ausdruck $\lambda = 96/Re$. Dabei ist nun aber Re mit $D = 2a$ zu bilden. Der Vergleich mit (8.32) zeigt, dass die Form des Fließquerschnitts für das allgemein als $\lambda = konst/Re$ zu schreibende Widerstandsgesetz der laminaren Strömung eine wesentliche Rolle spielt.

Für die Bildung der Reynolds-Zahl, die aus ähnlichkeitstheoretischer Sicht als ein dimensionsloses Verhältnis von Trägheits- zu Reibungskräften zu interpretieren ist, hier aber als Kennzahl für den Einfluss von mittlerer Geschwindigkeit bzw. Durchfluss und Fluidviskosität dient, werden entsprechende Materialdaten benötigt. Man unterscheidet die *dynamische Viskosität* η von der *kinematischen Viskosität*

$$\nu = \eta/\rho \tag{8.33}$$

worin ρ die Fluiddichte bezeichnet. Für reines Wasser und für Luft (bei Atmosphärendruck) gelten folgende Daten:

Für Wasser ist der ν-Wert bei 20 °C leicht zu merken; mit ihm ist die Größenordnung einer Reynolds-Zahl als $Re \approx 10^6 \nu d$ schnell abzuschätzen (Einheiten: m und s).

Das als Umkehrung aus (8.31) hervorgehende Widerstandsgesetz der laminaren Rohrströmung

$$I = 32 \frac{\nu v}{g d^2} \tag{8.34}$$

ist linear: $h_v = I \cdot L$ ist zum Durchfluss $Q = vA$ proportional. Die I-v-Beziehung gilt für Rohre mit Kreisquerschnitt. Mit (8.18) kann sie auch als Schubspannungsgeschwindigkeit geschrieben werden:

$$v_* = v\sqrt{\frac{8}{Re}} \tag{8.35}$$

Der eigentliche Rohrwiderstand, die Wandschubspannung τ, folgt daraus als

$$\tau = \rho v_*^2 = \frac{8}{Re}\rho v^2 = 8\eta \frac{v}{d} \tag{8.36}$$

Entsprechende Relationen werden für andere laminar durchströmte Rohrquerschnitte gefunden. Bei der zuvor schon erwähnten Spaltströmung mit der Spaltweite a bzw. mit $D = 2a$ würde z. B. $\tau = 12\eta v/D$ erhalten werden.

Abb. 8.17 Zur Definition der relativen Rauheit

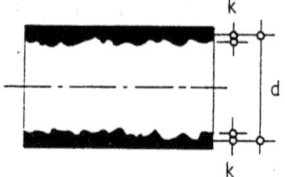

8.3.3 Rohrwiderstand bei turbulenter Strömung

Bei einer Rohrströmung mit $Re >$ krit $Re = 2320$ ist der Strömungszustand turbulent. Im Vergleich zur von der Viskosität dominierten laminaren Strömung liegt ein gänzlich anderes, von turbulenter Verwirbelung gekennzeichnetes Strömungsbild vor, wie in Abb. 3.4 schematisch angedeutet. Der als turbulente Diffusion ausgleichend wirkende Quertransport von Flüssigkeit führt zu einer gleichmäßigeren Verteilung der Geschwindigkeit über dem Rohrquerschnitt, die zwangsläufig in der Nähe der Rohrwand ein größeres Quergefälle der Geschwindigkeit ergibt als eine vergleichbare Laminarströmung. Infolgedessen ist auch der Rohrwiderstand von ganz anderer Art als im laminaren Strömungszustand.

Im Gegensatz zum Widerstandsgesetz der laminaren Rohrströmung, das den Widerstandsbeiwert λ als eine allein von der Reynolds-Zahl abhängige Größe ausweist, $\lambda = f(Re)$, sind es bei der turbulenten Rohrströmung im allgemeinen zwei Parameter, die für den λ-Wert maßgebend sind: Reynolds-Zahl und *relative Rauheit*, $\lambda = f(Re, k/d)$. Neben der mit (8.29) definierten Re-Zahl spielt im turbulenten Strömungsfall auch die Beschaffenheit der Rohrinnenwand eine wesentliche Rolle.

Die Unregelmäßigkeiten der Rohrwand werden durch eine charakteristische Länge k erfasst, die man als durchschnittliche Höhe der Rauheitserhebungen über einem mit dem Rohrdurchmesser d festgelegten Bezugsniveau deuten kann, Abb. 8.17. Es hat sich herausgestellt und ist bewährte Praxis, dass die einer rauen Rohrwand zuzuordnende, charakteristische Länge k durch die sogenannte *äquivalente Sandrauheit* ausgedrückt werden kann. Man versteht darunter den einheitlichen Korndurchmesser einer aus Sandkörnern gleicher Korngröße in dichtester Packung gebildeten Rauheit der Rohrwand, die im Experiment unter sonst gleichen Bedingungen für $Re \to \infty$ den gleichen Widerstand aufweist wie das Rohr, dem der k-Wert zugeordnet werden soll. Zu dieser Frage sind bei Schröder (1990) eingehendere Informationen zusammengestellt; im übrigen wird auf die dort angeführten, klassischen Literaturstellen verwiesen, insbesondere auf die experimentellen Arbeiten von Nikuradse aus den Jahren 1932 und 1933.

Für den Widerstandsbeiwert λ wird der Einfluss der Wandrauheit nicht durch den Absolutwert k erfasst, sondern man bildet durch Bezug der äquivalenten Sandrauheit k auf den Rohrdurchmesser d folgenden dimensionslosen Kennwert:

$$\text{Relative Rauheit} = k/d \text{ bzw. } k/D \qquad (8.37)$$

Der hydraulische Durchmesser D nach (8.2) kommt statt des Rohrdurchmessers zum Ansatz, wenn der Rohrquerschnitt nicht kreisförmig ist. In diesem Fall ist auch die Re-Zahl mit D zu bilden.

8.3 Verlusthöhenberechnung

Bei dem mit Reynolds-Zahl und relativer Rauheit entstehenden Widerstandsgesetz $\lambda = f(Re, k/d)$ der turbulenten Rohrströmung sind neben diesem „Normalfall" folgende zwei asymptotische Grenzfälle zu nennen:

$k/d \to 0$ *Hydraulisch glatt* (kurz: *glatt*), kein Rauheitseinfluss, Widerstand nur zähigkeitsbedingt, daher λ nur *Re*-abhängig, $\lambda_{glatt} = f(Re)$. Deutung: Alle Rauheiten liegen in einer wandnahen viskosen Unterschicht und ragen nicht in die eigentliche, turbulente Strömung hinein; es tritt nur *Flächenwiderstand* auf.

$Re \to \infty$ *Vollkommen rau* (kurz: *rau*), verschwindender Zähigkeitseinfluss, daher λ nur k/d-abhängig, $\lambda_{rau} = f(k/d)$. Deutung: Alle Rauheiten ragen aus der viskosen Unterschicht heraus und bewirken eine Summe von Einzelwiderständen an den umströmten Rauheitselementen; es tritt nur *Formwiderstand* auf.

Der zwischen diesen Grenzfällen liegende Normalfall mit $\lambda = f(Re, k/d)$, bei dem beide Einflüsse wirksam sind, ist als Übergangsfall anzusehen und nimmt in einem λ-Re-Diagramm den entsprechenden *Übergangsbereich* ein. Das Widerstandsverhalten in diesem Übergangsbereich ist zusätzlich von der Art der Rauheitsstruktur abhängig, d. h. jeder Rauheitsart kommt im Übergangsbereich streng genommen ein eigenes Übergangsgesetz zu. In der Praxis unterscheidet man allerdings meist nur zwei Fälle:

Sandrauheit (auch: Nikuradse-Rauheit)
Technisch vorkommende, *„natürliche"* Rauheit

In den mit „glatt" und „rau" bezeichneten Grenzfällen von turbulenten Rohrströmungen ist diese Unterscheidung dagegen belanglos; es gelten unabhängig von der Art der Rauheitsstruktur die gleichen Widerstandsgesetze.

Hydraulisch glattes Widerstandsverhalten: Im Prinzip ergibt sich die Beziehung $\lambda = f(Re)$ für die glatte Rohrwand auf dem gleichen Weg wie bei der Laminarströmung, vgl. unter 8.3.2. Liegt die Geschwindigkeitsverteilung $v(r)$ bzw. $v(z)$ vor, so kann das Querschnittsmittel der Geschwindigkeit gebildet werden, $v = \frac{1}{A} \int v(z) dA$, womit sich, dem Darcy-Weisbach-Ansatz (8.18) entsprechend, auch der Widerstandsbeiwert λ ergibt. Den Ausführungen unter 8.4.2 vorgreifend, ist die Geschwindigkeitsverteilung mit dem Wandabstand $z = d/2 - r$, Abb. 8.16, im glatten Rohr ($k/d \approx 0$) anzugeben als

$$v(z) = \frac{v_*}{\kappa} \ln\left(9 \frac{v_* z}{\nu}\right) \qquad (8.38)$$

Diese als Wandgesetz bezeichnete logarithmische Geschwindigkeitsverteilung erschwert die bei der mittleren Geschwindigkeit verlangte Integration insofern, als die untere Grenze nicht durch $z = 0$ sondern sinnvoll nur durch $z = \nu/(9 v_*)$ ausgedrückt werden kann. Unter Zuhilfenahme experimenteller Daten von Nikuradse hat sich für die mittlere Geschwindigkeit ergeben:

$$v = \frac{v_*}{\kappa} \ln\left(1{,}13 \frac{v_* d}{\nu}\right) \qquad (8.39)$$

Wie schon zuvor bedeutet darin v_* die Schubspannungsgeschwindigkeit an der Wand nach (8.7), und $\kappa = 0{,}4$ ist die Kármán-Konstante. Als Schreibweise für v gilt wie schon überall zuvor, dass v ohne Argument das Querschnittsmittel, v mit Argument, also v(z) oder v(r), die Verteilung der Geschwindigkeit bezeichnen. Analoges gilt für τ und $\tau(z)$ sowie v_* und $v_*(z)$.

Mit (8.39) ist das Widerstandsgesetz des glatten Rohres bereits gegeben. Um es auf die für den Anwender benötigte Form $\lambda = f(Re)$ zu bringen, bedarf es der Hinzuziehung der Darcy-Weisbach-Gleichung (8.18). Danach wird v/v_* als $\sqrt{8/\lambda}$ ausgedrückt, und mit (8.39) ergibt die Auflösung nach dem λ-Beiwert (glatt) die implizite Beziehung

$$\frac{1}{\sqrt{\lambda}} = 2 \log (Re\, \sqrt{\lambda}) - 0{,}8 = -2 \log \left(\frac{2{,}51}{Re\, \sqrt{\lambda}} \right) \qquad (8.40)$$

Hierin steht log für den Logarithmus zur Basis 10; die Kármán-Konstante ist mit $\kappa = 0{,}4$ eingerechnet.

Es sei noch darauf hingewiesen, dass die Wandrauheit keine Rolle spielt und folglich daher die Rauheitshöhe k in den vorstehenden Gleichungen nicht enthalten ist.

Vollkommen raues Widerstandsverhalten: Vollkommen raues Verhalten liegt vor, wenn die wandnahe viskose Strömungsschicht so dünn ist, dass die Rauheitselemente praktisch vollständig der turbulenten Strömung ausgesetzt sind, wo sie als einzelne Störkörper einen Druckwiderstand erzeugen (wie z. B. ein Baum im Wind). Mit dem gleichen Vorgehen wie im Fall des glatten Rohres ergibt sich auch das als $\lambda = f(k/d)$ zu formulierende Widerstandsgesetz des Grenzfalls $Re \to \infty$. Das etwas später unter 8.4.2 erläuterte, turbulente Geschwindigkeitsprofil der Rohrströmung bei vollkommen rauem Widerstandsverhalten lautet

$$v(z) = \frac{v_*}{\kappa} \ln \left(30 \frac{z}{k} \right) \qquad (8.41)$$

Darin stellt k die äquivalente Sandrauheit dar, die als Bezugsgröße für den Wandabstand $z = d/2 - r$ dient. Auf dieser Grundlage ergibt sich in Übereinstimmung mit den experimentellen Ergebnissen von Nikuradse für die mittlere Geschwindigkeit

$$v = \frac{v_*}{\kappa} \ln \left(3{,}71 \frac{d}{k} \right) \qquad (8.42)$$

Mit der Darcy-Weisbach-Beziehung (8.18) folgt als Widerstandsgesetz der turbulenten Rohrströmung im vollkommen rauen Bereich ($Re \to \infty$):

$$\frac{1}{\sqrt{\lambda}} = -2 \log \left(\frac{k/d}{3{,}71} \right) = 1{,}14 - 2 \log \frac{k}{d} \qquad (8.43)$$

Die Beziehung ist explizit; log hat wiederum die Basis 10, und die Zahlenwerte enthalten $\kappa = 0{,}4$.

Im Zusammenhang mit (8.42) wird oft von einem quadratischen Widerstandsverhalten gesprochen: Weil λ für $Re \to \infty$ von Re und folglich von v unabhängig ist, ergibt

8.3 Verlusthöhenberechnung

Abb. 8.18 λ-Re-Diagramm für sandraues Widerstandsverhalten

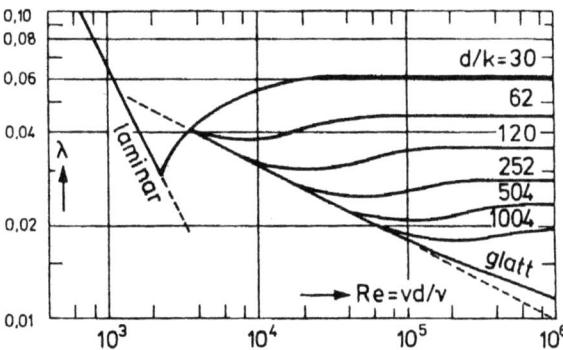

sich nach Darcy-Weisbach für die Wandschubspannung $\tau = \rho v_*^2$ eine Abhängigkeit vom Quadrat der mittleren Geschwindigkeit v, das *quadratische Widerstandsgesetz*

$$\tau = \rho v^2 \left[\frac{\kappa}{\ln(3{,}71\, d/k)} \right]^2 \qquad (8.44)$$

Grobe Angaben über die für die relative Rauheit benötigten k-Werte sind unter 8.3.5 zu finden. Für ausführlichere Daten siehe u. a bei Wallisch (1990).

Übergangsverhalten bei Sandrauheit: Der Übergang vom hydraulisch glatten zum vollkommen rauen Widerstandsverhalten bei zunehmender Reynolds-Zahl vollzieht sich bei sandrauem Rohr anders als bei einem Rohr mit technisch vorkommender Rauheit. Dies geht aus dem Vergleich der λ-Re-Diagramme der beiden unterschiedlichen Rauheitsstrukturen deutlich hervor. Abbildung 8.18 zeigt die Auftragung der Kurvenschar λ(Re, k/d) für Rohre mit Sandrauheit. Im Übergangsbereich ist gegenüber dem für Rohre mit technisch vorkommender Rauheit geltenden λ-Re-Diagramm, Abb. 8.19, festzustellen, dass der Übergang von hydraulisch glatt zu hydraulisch rau unterschiedlich verläuft. Man deutet das unterschiedliche Übergangsverhalten mit dem anders gearteten „Auftauchen" der Rauheitselemente aus der viskosen Unterschicht an der Wand, in der sie wirkungslos sind. Die gleich großen Rauheitselemente der nach Nikuradse benannten Sandrauheit treten bei steigender *Re*-Zahl alle zugleich aus der viskosen Unterschicht heraus. Die unterschiedlich großen Rauheitselemente des technisch rauen Rohres „tauchen" hingegen nacheinander auf. Folglich erzeugen unter sonst gleichen Bedingungen bereits bei kleineren *Re*-Zahlen erst einige große und mit steigendem *Re* immer mehr Rauheitselemente Druckwiderstand in der turbulenten Strömung,

8.3.4 Prandtl-Colebrook-Gleichung

Das in der Praxis bewährte Übergangsgesetz für Rohre mit technischer (natürlicher) Rauheit verbindet die von Prandtl und Nikuradse für die Grenzfälle glatt und rau

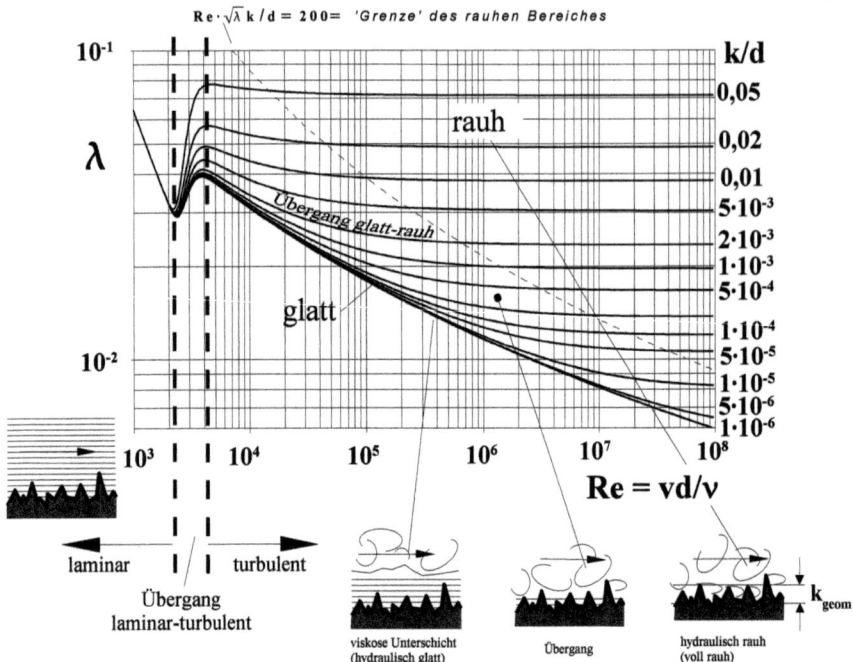

Abb. 8.19 λ-Re-Diagramm für technisch raues Widerstandsverhalten (Gl. 8.45b)

gefundenen Gesetzmäßigkeiten (8.40) und (8.43) auf Grund eines Vorschlags von Colebrook und White durch Superposition beider Einflüsse im Argument des Logarithmus. Für $\lambda = f(Re,k/d)$ entsteht so der als Prandtl-Colebrook- Formel bezeichnete Ausdruck

$$\frac{1}{\sqrt{\lambda}} = -2\log\left[\frac{2{,}51}{Re\sqrt{\lambda}} + \frac{k/d}{3{,}71}\right] \quad Re > 2320 \qquad (8.45)$$

Im angelsächsischen Sprachraum kennt man 8.45 als Moody-Formel. Sie ist im Übergangsbereich eine hervorragende Approximation für das individuelle Widerstandsverhalten von technischen Rauheiten, soweit sie sich für $Re \to \infty$ durch eine äquivalente Sandrauheit k darstellen lassen.

Diese nur iterativ lösbare implizite Gleichung kann nach Zanke (1993) mit sehr guter Genauigkeit ersetzt werden durch die explizite Gleichung

$$\frac{1}{\sqrt{\lambda}} = -2\log\left[\frac{2{,}7\,(\log Re)^{1{,}2}}{Re} + \frac{k/d}{3{,}71}\right] Re > 2320 \qquad (8.45a)$$

Mit Zuordnung von Wahrscheinlichkeiten P für das Auftreten von viskositätsbedingten und turbulenzbedingten Widerständen kann nach Zanke (1993, 1996) eine einheitliche Berechnung für alle Re-Zahlen erreicht werden, $\lambda = P_{lam}\,\lambda_{lam} + P_{turb}\,\lambda_{turb}$, wobei die beiden Übergangsbereiche laminar-turbulent und glatt-rau eingeschlossen sind. Darin ist $P_{turb} = 1 - P_{lam} = e^{-e^{-(0{,}0025 Re - 6{,}75)}} = \text{EXP} - [\text{EXP} - (0{,}0025\,Re - 6{,}75)]$ nur von der Re-Zahl abhängig:

$$\lambda = P_{lam}\frac{64}{Re} + P_{turb}\left[-2\log\left[\frac{2{,}7(\log Re)^{1{,}2}}{Re} + \frac{k/d}{3{,}71}\right]\right]^{-2} \quad \text{alle Re-Zahlen} \quad (8.45b)$$

Abbildung 8.19 gibt das Ergebnis grafisch wieder.

Handelt es sich um Rohre mit nichtkreisförmigem Querschnitt, so werden mit (8.45a, b) meist brauchbare Ergebnisse erzielt, wenn mit dem hydraulischen Durchmesser D nach (8.2) statt mit dem Rohrdurchmesser d gerechnet wird, also mit $Re = vD/v$ und der relativen Rauheit k/D. Auch im Verlustansatz (8.15) von Darcy-Weisbach ist dann D statt d zu verwenden. Zu stark von der Kreisform abweichende Rohrquerschnitte können zusätzlich einen Formbeiwert f erfordern, mit dem die Modifizierung fD an Stelle von D allein anzusetzen ist. Von Söhngen (1987) liegt zum Thema Formbeiwerte eine ausführliche Darstellung vor.

Die für die Kennzahlen Re und k/d benötigten Angaben über die kinematische Viskosität v und über die äquivalente Sandrauheit k können aus Tab. 8.6 und 8.7 gewonnen werden. Soweit die Daten über k-Werte technischer Rauheiten zu unscharf erscheinen, wird insbesondere auf die von Wallisch (1990) zusammengestellten Rauheitstabellen verwiesen. Darüber hinaus liegen im neueren Schrifttum äußerst informative Darstellungen zu dem die turbulenten Strömungswiderstände betreffenden Themenkomplex vor, auch solche, die der Phänomenologie des wandnahen Strömungsgeschehens nachgehen. Zu nennen sind insbesondere Truckenbrodt (1980), Schlichting-Gersten (1997) und Prandtl et al. (1984).

Tab. 8.6 Dichte ρ und kinematische Viskosität v

Fluid	Wasser (rein)		Luft (bei Atm.druck)	
Temperatur °C	ρ kg/m^3	v m^2/s	ρ kg/m^3	v m^2/s
0	999,8	$1{,}78 \cdot 10^{-6}$	1,293	$1{,}328 \cdot 10^{-5}$
10	999,6	$1{,}30 \cdot 10^{-6}$	1,247	$1{,}418 \cdot 10^{-5}$
20	998,2	$1{,}00 \cdot 10^{-6}$	1,205	$1{,}511 \cdot 10^{-5}$
30	995,6	$8{,}06 \cdot 10^{-7}$	1,165	$1{,}603 \cdot 10^{-5}$

8.3.5 Rauheitsbestimmung

Von den zahlreichen Möglichkeiten, für die nach Darcy-Weisbach mit (8.15) vorzunehmende Berechnung der kontinuierlichen Verlusthöhen eine der jeweiligen Rohrwandbeschaffenheit äquivalente Sandrauheit k festzusetzen, sollen hier nur folgende vier beschrieben werden:

Schätzverfahren mit Hilfe von Rauheitstabellen
Abtastverfahren, ggf. mit Abdrucktechnik
Rohrströmungsexperiment mit Druckverlustmessung
Asymmetrische Spaltströmung

Eine ausführliche Diskussion dieser und zahlreicher weiterer Verfahren zur Bestimmung von Rauheiten liegt von Schröder (1990) vor.

Tab. 8.7 Äquivalente Sandrauheit k

Wandmaterial, Art und Zustand der Oberfläche	Stufe	k-Wert in mm
Stahl, poliert, verchromt	nicht	0,0014–0,0015
Glas	rau	<0,0015
Gummi, neu		0,0016
Nichteisenmetalle		<0,003
PVC-Material		0,003–0,015
PE-Material		0,003–0,028
Steinzeug, glasiert, ohne Stoßfugen	kaum	0,010
Stahl mit Kunststoffbeschichtung	rau	0,010–0,032
Gasleitungen, neu		0,020–0,065
Asbestzement		0,01–0,06
Stahl, nahtlos gezogen		0,01–0,06
Stahl, geschweißt		0,02–0,10
Messingblech		0,05–0,10
Schmiedeeisen, neu		0,01–0,15
Steinzeug, unglasiert, neu, ohne Stoßfugen		0,02–0,15
PE-Harzbeton ‚Gekaton', neu		0,09
Zementmörtelputz, geglättet, neu		0,012–0,170
Stahl mit geschleuderter Zementmörtelauskleidung		0,030–0,180
Erdgasleitungen, alt	mäßig	0,10–0,14
Gusseisen mit Zementmörtelauskleidung, neu	rau	<0,12
Steinzeug, unglasiert, alt		0,14
Spannbeton, neu		<0,15
Schmiedeeisen, genietet		0,13–0,19
Schleuderbeton		0,11–0,22
Holz, gehobelt		0,05–0,30
Gusseisen, bitumenüberzogen		0,06–0,30
Stahl, verzinkt		0,06–0,30
Mauerwerk, verputzt		0,18
Gusseisen mit Asphaltauskleidung		0,12–0,30
Betonsteine, Verbundpflaster		0,23–0,35
Betonfertigteile, neu		0,03–0,64
Rüttelpressbeton, neu		0,20–0,50
Stahl, geschweißt, mit Lacküberzug		0,01–1,00
Stahl, bituminiert, neu		0,03–1,00
Gusseisen, roh, neu		0,15–0,95
Schleuderbeton mit Sielhaut		0,575
Zementmörtelputz, alt		0,2–1,2
Stampfbeton, neu		0,75
Steinzeug, glasiert, neu		0,04–1,5
Beton aus Stahlschalung, neu		0,06–1,5
Gusseisen, gereinigt		0,10–1,5
Asphalt		0,20–1,5
Ziegelmauerwerk, gut gefugt		0,75–0,95
Spritzbeton, geglättet	deutlich	0,50–1,5
Quadersteinmauerwerk	rau	0,65–1,5
Asphaltauskleidungen, neu		0,25–2,0
Beton aus Stahlschalung, alt		0,55–1,8
Beton aus Holzschalung, neu		0,6–1,8
Steinzeug, verkrustet		0,5–2,0
Schleuderbeton, alt		0,5–2,0
Holz, ungehobelt		0,25–2,5

8.3 Verlusthöhenberechnung

Tab. 8.7 (continued)

Wandmaterial, Art und Zustand der Oberfläche	Stufe	k-Wert in mm
Stahl mit Asphaltüberzug, neu		0,15–2,9
Holz, alt, verquollen		0,10–3,0
Schmiedeeisen, korrodiert		0,15–3,0
Stahl, genietet, neu		0,30–3,0
Kokereigasleitungen, alt		0,16–3,2
Steinzeugfliesen		0,6–3,0
Stahl, genietet, mit Lacküberzug		0,3–3,6
Fels, nachbehandelt und verputzt		1,5–3,8
Zementmörtelverputz von Druckstollen		1,5–3,9
Stahl, geschweißt/gezogen, korrodiert, verkrustet		0,14–6,0
Stahl, genietet, gebraucht		0,60–6,0
Mauerwerk, verfugt		1,8–5,0
Ziegel in Zementmörtel		1,5–6,0
Stahl, genietet, korrodiert, verkrustet		2,0–6,0
Betonfertigteile, alt		1,9–6,4
Bruchsteinmauerwerk		3,0–6,0
Gusseisen, korrodiert, verkrustet		1,0–8,5
Spritzbeton, ungeglättet		3–10
Beton aus Holzschalung, alt		6–8,5
Waschbeton, je nach Körnung	sehr	4–23,5
Grobes Bruchsteinmauerwerk, roh	rau	8–20
Gebohrter Fels, Bohrstollen		2–28
Beton, alt, schlechter Zustand, beschädigt		6–24
Bruchsteinschüttung, eben, 10–20 mm Korndurchmesser		16–18
Mauerwerk, rissig, alt		6,0–30
Wasserleitungen, alt		1,5–60
Erdmaterial, bewuchsfrei, neu aufgebracht		6–60
Sand und Kies, eben		20–50
Grobkies und Schotter, eben		30–55
Gusseisen, sehr stark verkrustet		42–46
Erdmaterial, schollig aufgeworfen	extrem	100–400
Felsausbruch, gesprengt, nachbehandelt	rau	220–350
Steiniger Boden mit Bewuchs		80–500
Erdmaterial, stark verkrautet -		500–1500
Roher Felsausbruch		450>1000

Schätzverfahren: Der benötigte k-Wert wird auf Grund von bekannten empirischen Daten festgesetzt, die in Tabellenform vorliegen. In diesen Rauheitstabellen ist das Erfahrungsmaterial über die Zuordnung von Sandrauheiten zu technisch oder natürlich rauen Oberflächen zusammengestellt. Die Benutzung von Rauheitstabellen zur empirischen Festsetzung einer für den Widerstandsbeiwert λ benötigten äquivalenten Sandrauheit k ist in der Ingenieurpraxis zweifellos das am häufigsten angewandte Verfahren.

Die Gliederung einer Rauheitstabelle kann unter dem Gesichtspunkt einer größenordnungsmäßigen Klassifizierung vorgenommen werden, wie nachstehend bei

Tab. 8.7, in der die in Millimetern angeführten k-Werte dekadenweise mit entsprechenden Gruppennamen erfasst sind. Die Bezeichnungen *nicht rau* bis *extrem rau* sind so gewählt, dass sie den Grad der Rauheit möglichst überzeugend veranschaulichen. Mit Rücksicht darauf, dass die Verlusthöhenberechnung nach Darcy-Weisbach mit dem Widerstandsbeiwert λ nach (8.45) unter Ansatz von D statt d verallgemeinert werden kann, ist Tab. 8.7 von Begriffen wie Rohr oder Gerinne unabhängig. Es spielt nur das Wandmaterial bzw. die Beschaffenheit der den Strömungswiderstand hervorrufenden Wand eine Rolle, die Rauheitsdaten sind invariant gegenüber der Form des durchströmten Querschnitts. Die angeführten k-Werte gelten daher auch bei Freispiegelströmungen.

Es ist nicht immer sinnvoll, eine nach Rauheitsgrößen geordnete Rauheitstabelle zu benutzen, weil in dieser das Aufsuchen eines bestimmten Wandmaterials schwerfällt. Es gibt daher auch nach Materialien geordnete Tabellen, in denen z. B. alle für Stahl maßgebenden Rauheitsangaben in einer Gruppe zusammengefasst sind, unabhängig vom Grad der Rauheit. Eine so gegliederte Rauheitstabelle ist von Wallisch (1990) zusammengestellt worden; sie informiert darüber hinaus über die Herkunft der äquivalenten k-Werte und ermöglicht dem Anwender, die Zuverlässigkeit seiner Wahl an Hand der angegebenen Herkunftsmerkmale selbst zu bewerten.

Abtastverfahren: Die mit einer äquivalenten Rauheit k zu erfassende, raue Oberfläche wird mit einem mechanischen oder elektronischen Abtastgerät vermessen. Die Rauheitsaufzeichnungen werden statistisch ausgewertet, um beispielsweise die Standardabweichung der durchschnittlichen Rauheitserhebungen zu gewinnen. Diese ist eine mit der äquivalenten Sandrauheit unmittelbar korrespondierende Größe. Die Korrelation beider ist gerätespezifisch, häufig auch von der Auswertemethode abhängig. Trotz solcher Unsicherheiten ist das Abtasten der rauen Wandfläche ein wegen seines geringen Aufwands sehr beliebtes Verfahren. Es kann vorteilhaft durch die Abdrucktechnik ergänzt werden, mit der man die Struktur einer Rauheit, wenn auch mit einem geringen Informationsverlust, kopieren kann. Statt des Originals vor Ort kann dann der Abdruck im Labor untersucht werden.

Rohrströmungsexperiment: Der Rohrversuch ist das zuverlässigste unter den experimentellen Verfahren zur Rauheitsbestimmung. Unter günstigen Voraussetzungen kann dieses Verfahren auch am Einbauort der Rohrleitung durchgeführt werden, jedoch sind Laborbedingungen meist vorzuziehen. In jedem Fall entspricht die Ermittlung des k-Wertes einer Rohrinnenfläche der rechnerischen Umkehrung der Verlusthöhenberechnung unter Verwendung gemessener Daten von Druckliniengefälle und Durchfluss. Im allgemeinen Fall ist die Rohrachse geneigt, und für die parallel zur Drucklinie DL liegende Energielinie EL ist der Zusammenhang $I = \tan\alpha \cos\beta$ zu beachten, siehe Abb. 8.20. Auf der Messstrecke L wird dieses Gefälle aus der Piezometerhöhendifferenz ermittelt, die gleich der Verlusthöhe h_v ist.

$$I = \frac{h_\mathrm{v}}{L} = \frac{1}{L}\left(\frac{p_1 - p_2}{\rho g} + z_1 - z_2\right) \qquad (8.46)$$

8.3 Verlusthöhenberechnung

Abb. 8.20 Definitionen zur Rohrströmung

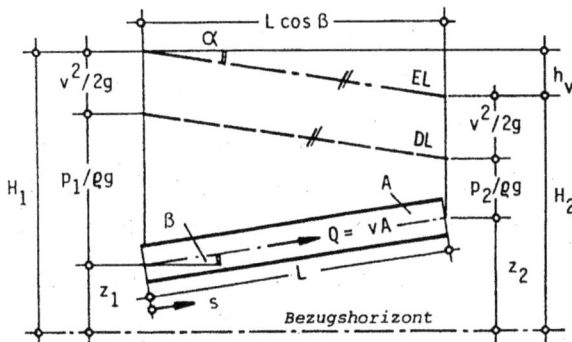

Durch (8.15) ist damit der Widerstandsbeiwert λ bekannt. Aus der Durchflussmessung ergibt $v = Q/A$ die zu λ gehörende *Re*-Zahl nach (8.29). Wird die exakte Gültigkeit der Prandtl-Colebrook-Formel (8.45) unterstellt, so führt deren Umkehrung auf

$$\frac{k}{d} = 3{,}71 \left[e^{-M/(2\sqrt{\lambda})} - \frac{2{,}51}{Re\sqrt{\lambda}} \right] \qquad M = \ln 10 \qquad (8.47)$$

Werden die Messungen im Übergangsbereich durchgeführt, weil genügend große Reynolds-Zahlen nicht erreichbar sind, so muss man sich darüber im Klaren sein, dass eigentlich jede Rauheitsart beim Übergang von *glatt* nach *rau* einem individuellen Widerstandsgesetz folgt. Daher können die mit (8.47) gefundenen Ergebnisse geringfügige Unsicherheiten aufweisen. Da man bei der Auswertung des Rohrversuchs aber stets mehrere Wertepaare (λ, *Re*) verwenden wird, hat man diesbezüglich eine gewisse Kontrolle: Es müssen für ein und dieselbe Wandstruktur stets gleiche *k*-Werte erhalten werden, wenn das Prandtl-Colebrook-Gesetz zutrifft.

Es ist aber anzuraten, die Messungen im vollkommen rauen Bereich, also bei möglichst großen Reynolds-Zahlen vorzunehmen. Wegen des verschwindenden *Re*-Einflusses folgt die äquivalente Sandrauheit *k* dann über die relative Rauheit aus

$$\frac{k}{d} = 3{,}71 \, e^{-M/(2\sqrt{\lambda})} \qquad M = \ln 10 = 2{,}30259 \qquad (8.48)$$

Die *Re*-Zahl wird im voll rauen Bereich nicht benötigt, es sei denn zur Feststellung, ob man sich in diesem Bereich befindet. Aus mehreren Messungen müssen dann die gleichen Werte λ und *k* hervorgehen.

Asymmetrische Spaltströmung: Mit dem großen Vorteil, ein mit Luft statt Wasser zu betreibendes, einfaches Messgerät auch vor Ort auf beliebig geneigten, ebenen Flächen einsetzen zu können, ist das in Abb. 8.21 schematisch dargestellte *Spaltgerät* ein beliebtes Instrument für die experimentelle Rauheits bestimmung. Im Prinzip handelt es sich um die Strömung zwischen zwei parallelen Platten. Die eine der beiden Platten ist Bestandteil des Geräts und begrenzt den Spaltquerschnitt zusammen mit zwei parallelen Abstandhaltern auf drei Seiten. Der Widerstand dieser Platte

Abb. 8.21 Spaltgerät auf
ebener Testfläche (Prinzip)

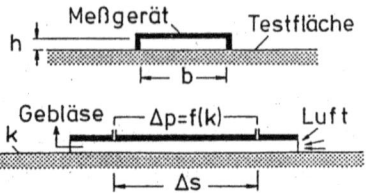

ist bekannt; zweckmäßig ist, sie hydraulisch glatt auszustatten. Das so beschaffene Spaltgerät wird auf die zu testende raue Oberfläche gesetzt; erst dadurch ergibt sich die Parallelplattensituation. Infolge der unterschiedlichen Wandwiderstände, glatt auf der einen, rau auf der anderen Seite, stellt sich im Spalt eine asymmetrische Geschwindigkeits- sowie Schubspannungsverteilung ein: Schubnullpunkt und Geschwindigkeitsmaximum liegen außermittig. Der im Spalt auf einer Distanz Δs messbare Druckabfall Δp ist von diesen Umständen, also von einem einseitig varianten Wandwiderstand, betroffen. Folglich kann das Messsignal Δp wegen seiner Abhängigkeit von der Testflächenrauheit k zu deren Bestimmung benutzt werden. Messungen von Druckabfall Δp und Volumendurchsatz Q werden wie beim Rohrversuch zu λ und Re verarbeitet und ermöglichen die Bestimmung des k-Werts mit dem für die asymmetrische Spaltströmung geltenden Widerstandsgesetz, ggf. ergänzt durch eine darauf aufbauende Kalibrierung des Geräts.

Der theoretische Hintergrund dieses Verfahrens ist bei Schröder (1990) eingehender beschrieben, ausgehend von der symmetrischen Spaltströmung mit beiderseits gleicher Wandrauheit. Es genügt daher, nachstehend die wesentlichen Aussagen dieser Studie zusammenzufassen.

Wichtigste Grundlage für die Beschreibung des Widerstandsverhaltens ist die schon 1936 von Schlichting aufgestellte Hypothese, dass die Geschwindigkeitsverteilung an der einen Wand nur von den Verhältnissen an dieser und nicht von denen an der gegenüberliegenden Wand abhängt. Auf dieser Grundlage und für $b \ll h$ lassen sich einerseits für die glatte Wand des Spalts, andererseits für die zu testende raue Wand, die jeweils maßgebenden Geschwindigkeitsverteilungen angeben, in Abb. 8.22 mit $v_G(y)$ und $v_R(y)$ bezeichnet. Der Gesamtwiderstand τ setzt sich aus τ_G und τ_R zusammen (Indizes: G = glatte Wand, R = raue Wand), und mit den beiden Wandschubspannungen ist die Lage e des Schubnulls bzw. des Geschwindigkeitsmaximums definiert durch $e\tau_G = (h-e)\tau_R$, worin h die Spalthöhe ist. Mit den beiden Geschwindigkeitsprofilen, die bei $y=e$ ihr gemeinsames Maximum haben, kann für jede Wand analog dem unter 8.3.3 beschriebenen Vorgehen eine Widerstandsbeziehung gefunden werden. In der Reihenfolge glatte Wand/raue Wand ergeben sich

$$\frac{1}{\sqrt{\lambda}} = -2\sqrt{1 - e/h} \log \frac{1{,}70}{Re\sqrt{\lambda}\,(1 - e/h)^{3/2}} \qquad (8.49)$$

$$\frac{1}{\sqrt{\lambda}} = -2\sqrt{e/h} \log \frac{k/D}{5{,}52\,e/h} \qquad (8.50)$$

8.4 Geschwindigkeitsverteilung

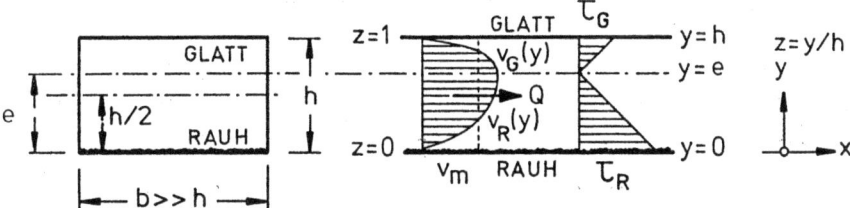

Abb. 8.22 Spaltströmung, asymmetrisch

Darin sind $Re = vD/\nu$ und k/D mit dem hydraulischen Durchmesser des Spalts zu bilden, $D = 2bh/(b + h)$. Der Widerstandsbeiwert λ ist nach Darcy-Weisbach durch (8.16) definiert und ergibt sich aus den gemessenen Werten Δp und $Q = vbh$. Aus (8.49) kann also der Asymmetriefaktor e/h bestimmt werden, und aus (8.50) folgt mit diesem:

$$\frac{k}{D} = 5{,}52 \; \frac{e}{h} \exp\left(-\frac{1{,}131}{\sqrt{\lambda e/h}}\right) \qquad (8.51)$$

Die Herkunft der in diesen Beziehungen enthaltenen Zahlenwerte ist bei Schröder (1990) angegeben; sie bedürfen wegen der beim Spaltgerät vorliegenden Abweichungen von den theoretischen Voraussetzungen aber einer Kalibrierung. Es ist ersichtlich, dass die asymmetrische Spaltströmung eine geeignete Basis für die Rauheitsbestimmung bietet und zugleich eine für die Praxis sehr angenehme Messtechnik ermöglicht.

8.4 Geschwindigkeitsverteilung

8.4.1 Laminares Geschwindigkeitsprofil

Wie unter 8.2.2 beschrieben, liegt bei der Rohrströmung sowohl im laminaren als auch im turbulenten Strömungszustand eine lineare Verteilung der Schubspannung über dem Rohrhalbmesser vor; sie ist wegen des Kreisquerschnitts rotationssymmetrisch. Mit dem Wandabstand $z = d/2 - r$ als unabhängiger Variabler ausgedrückt, Abb. 8.23, und mit τ (ohne Index) als Wandschubspannung gemäß (8.5) gilt einerseits

$$\tau(z) = \tau \cdot (1 - 2z/d) \qquad (8.52)$$

Andererseits ist in Verallgemeinerung von (1.1) nach dem Newtonschen Reibungsgesetz (Newtonsche Fluide, siehe unter 1.2) für den Zusammenhang mit dem Geschwindigkeitsprofil anzusetzen

$$\tau(z) = \eta \, \frac{dv(z)}{dz} \qquad (8.53)$$

Abb. 8.23 Zur Schubspannungsverteilung im Rohr

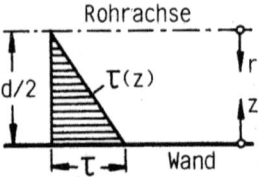

Gleichsetzen ergibt eine Differentialgleichung für die Geschwindigkeitsverteilung, deren Integration mit der Randbedingung v(0) = 0 auf folgende Aussage führt:

$$v(z) = \frac{\tau}{\eta} z \left(1 - \frac{z}{d}\right) \qquad (8.54)$$

Unter 8.3.2 war statt dessen v(r) mit $r = d/2 - z$ zum Ausdruck gebracht worden. Mit der Schubspannungsgeschwindigkeit v_* nach (8.7) kann dieses laminare Geschwindigkeitsprofil auch dimensionslos dargestellt werden:

$$\frac{v(z)}{v_*} = \frac{v_* d}{\nu} \frac{z}{d} \left(1 - \frac{z}{d}\right) \qquad (8.55)$$

Darin ist ν die kinematische Viskosität nach (8.33).

Das parabolisch über dem Rohrdurchmesser verteilte laminare Geschwindigkeitsprofil ist ziemlich ungleichförmig. Daher können die mit (4.9) und (4.17) definierten Korrekturbeiwerte α' und α für den Impulsstrom und für die Geschwindigkeitshöhe bei laminarer Rohrströmung auch nicht näherungsweise zu Eins gesetzt werden. Für das Laminarprofil im Rohr mit Kreisquerschnitt ergeben sie sich zu $\alpha' = 1{,}33$ und $\alpha = 2{,}00$.

Als querschnittsgemittelte Geschwindigkeit folgt aus der laminaren Verteilung bei Kreisquerschnitt des Rohres der Ausdruck

$$\frac{v}{v_*} = \frac{1}{8} \frac{v_* d}{\nu} \qquad (8.56)$$

Diese Formel ist mit (8.31) identisch und führt mit dem Darcy-Weisbach-Ansatz (8.15) auf das für $Re < 2320$ geltende Widerstandsgesetz, siehe unter 8.3.2.

8.4.2 Turbulente Geschwindigkeitsprofile

Auch bei turbulenter Rohrströmung ist die Schubspannungsverteilung über dem Rohrhalbmesser linear, es gilt nach wie vor (8.52). Dagegen vermag das Newtonsche Reibungsgesetz die Verknüpfung zwischen Schubspannungs- und Geschwindigkeitsverteilung nicht wiederzugeben. Schon unter 3.2.4 wurde ausgeführt, dass man einfache Vorgänge, insbesondere Parallelströmungen, formal mit dem gleichen Reibungsansatz behandeln kann, dass dann aber die Viskosität ν um eine turbulenzbedingte sogenannte Wirbelviskosität ε zu vergrößern ist. Auf der Grundlage von (1.1), (3.13) und (3.17) ist also anzusetzen:

$$\tau(z) = \rho[\nu + \varepsilon(z)]\frac{dv(z)}{dz} \qquad (8.57)$$

8.4 Geschwindigkeitsverteilung

Darin ist $z = d/2 - r$ wiederum der Wandabstand gemäß Abb. 8.23 mit der Variationsbreite $0 \leq z \leq d/2$. Weil die Wirbelviskosität ε keine Konstante ist sondern wie Schub und Geschwindigkeit ebenfalls vom Wandabstand z abhängt, bedarf es eines geeigneten Turbulenzmodells, das diese Abhängigkeit hinreichend gut beschreibt. Als solches genügt für viele Aufgaben das berühmte Prandtlsche *Mischungswegkonzept*, wonach die Wirbelviskosität bei der turbulenten Rohrströmung in Wandnähe darstellbar ist durch

$$\varepsilon(z) = l^2 \left| \frac{dv(z)}{dz} \right| \qquad l \approx \kappa z \tag{8.58}$$

Die Konstante $\kappa = 0{,}4$ ist der Anstieg der Verteilung des Mischungswegs l bei $z = 0$; sie stimmt mit der schon mehrfach verwendeten Kármán-Konstanten überein. Wird der Mischungswegansatz, dessen phänomenologischer Hintergrund u.a. bei Truckenbrodt (1980) anschaulich dargestellt ist, in (8.57) eingebracht und die Viskosität ν gegenüber ε vernachlässigt, so entsteht im Bereich der positiven Geschwindigkeitsgradienten

$$\tau(z) = \rho \kappa^2 z^2 \left[\frac{dv(z)}{dz} \right]^2 \qquad \text{oder} \qquad v_*(z) = \kappa z \frac{dv(z)}{dz} \tag{8.59}$$

Andererseits ist der Schub $\tau(z)$ durch (8.52) festgelegt, gleichbedeutend mit $v_*(z) = v_* \sqrt{1 - 2z/d}$, so dass sich folgende Differentialgleichung für die Geschwindigkeitsverteilung ergibt:

$$\frac{dv(z)}{dz} = \frac{v_*}{\kappa z} \sqrt{1 - 2\frac{z}{d}} \tag{8.60}$$

Für kleine z kann dieser Ausdruck verkürzt werden zu

$$\frac{dv(z)}{dz} = \frac{v_*}{\kappa z} \tag{8.61}$$

Diese ebenfalls auf Prandtl zurückgehende, in Wandnähe gut zutreffende Näherung kann auch als Folge einer konstant angenommenen Schubspannungsverteilung gedeutet werden. Trotzdem werden durch Auswertung von (8.61) beinahe bis hin zur Rohrmitte Profile erhalten, die mit experimentellen Beobachtungen gut übereinstimmen. Die Lösung der vollständigen Differentialgleichung (8.60) bringt demgegenüber nur geringe Verbesserungen; eine diesbezügliche Betrachtung liegt bei Schröder (1968) vor.

Die Integration von (8.61) führt auf eine logarithmische Geschwindigkeitsverteilung:

$$v(z) = C + \frac{v_*}{\kappa} \ln z \tag{8.62}$$

Die Bestimmung der Integrationskonstanten C wird durch die Unbestimmtheit des Logarithmus bei $z = 0$ erschwert; sie bedarf einiger plausibler Annahmen unter Anpassung an experimentelle Daten (Nikuradse-Messungen) und hängt darüber hinaus von der Wandbeschaffenheit ab (glatt oder rau).

Glatte Rohrwand: Für Rohre mit Kreisquerschnitt, die dem Merkmal $k/d \to 0$ entsprechen, hat sich $C = \frac{v_*}{\kappa}\ln\frac{9v_*}{\nu}$ mit v_* als Schubspannungsgeschwindigkeit an der Wand als optimale Anpassung ergeben. In dimensionsloser Form lautet damit die als „*Wandgesetz*" bezeichnete Geschwindigkeitsverteilung

$$\frac{v(z)}{v_*} = \frac{1}{\kappa}\ln 9\frac{v_* z}{\nu} = \frac{1}{\kappa}\ln\frac{v_* z}{\nu} + 5{,}5 \qquad (8.63)$$

Sie wurde als (8.38) schon zur Untersuchung des hydraulisch glatten Widerstandsverhaltens herangezogen. Bestimmt man C dagegen mit Hilfe von $v(d/2) = v_{max}$, so erhält man das sog. „*Mittengesetz*"

$$v(z) - v_{max} = \frac{v_*}{\kappa}\ln\frac{2z}{d} \qquad (8.64)$$

Es gilt in dieser Form auch bei rauer Rohrwand, hat für die Anwendung aber weniger Bedeutung. Die Unterschiede treten im Geschwindigkeitsmaximum zutage.

Als Querschnittsmittel der mit (8.63) gefundenen Verteilung ergibt sich schließlich noch die mit (8.39) identische Beziehung

$$\frac{v}{v_*} = 0{,}31 + \frac{1}{\kappa}\ln\frac{v_* d}{\nu} \qquad (8.65)$$

Raue Rohrwand: Es ist übliche Gepflogenheit und hat sich als Anpassung an experimentelle Daten hervorragend bewährt, den Nullpunkt des Geschwindigkeitsprofils bei $z = k/30$ anzunehmen, worin k die äquivalente Sandrauhigkeit der Wand bedeutet. Als „*Wandgesetz*" im Fall „*rau*" ergibt sich damit:

$$\frac{v(z)}{v_*} = 8{,}5 + \frac{1}{\kappa}\ln\frac{z}{k} \qquad (8.66)$$

Dieses Profil kann auch in der Form (8.41) zum Ausdruck gebracht werden. Als querschnittsgemittelte Geschwindigkeit v (ohne Index) erhält man ferner

$$\frac{v}{v_*} = 3{,}28 - \frac{1}{\kappa}\ln\frac{k}{d} \qquad (8.67)$$

Wird der Zahlenwert in den Logarithmus eingearbeitet, so ergibt sich die Beziehung (8.42).

Die mit (4.9) und (4.17) definierten Ausgleichsbeiwerte α' und α können sowohl bei rauem als auch bei glattem Rohr annähernd zu Eins gesetzt werden, also als Korrekturfaktoren vernachlässigt werden.

Vergleich mit der Spaltströmung: Für Rohre mit breitem Rechteckquerschnitt, die eine ebene Parallelströmung zwischen zwei Platten ergeben, wenn ihre Breite $b \to \infty$ bzw. $b \gg h$ ist, gelten die Beziehungen (8.57) bis (8.59) unverändert. Daher ist auch (8.61) für die Geschwindigkeitsverteilung der ebenen Spaltströmung zuständig, und es ergeben sich die gleichen turbulenten Geschwindigkeitsprofile wie mit (8.63) und (8.66) angegeben. Lediglich die querschnittsgemittelten

Abb. 8.24 Druckrohrabschnitt zwischen zwei Knoten eines Leitungssystems

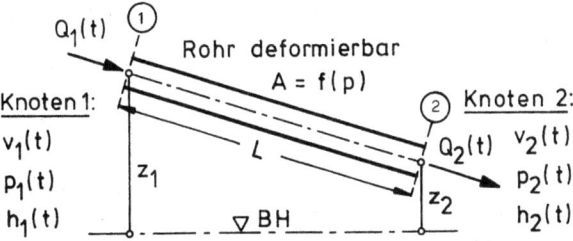

Geschwindigkeiten sind auf Grund der veränderten Abmessungen anderslautend. An die Stelle des Rohrdurchmessers d tritt einerseits der hydraulische Durchmesser $D = 2bh/(b+h) \to 2h$, andererseits entspricht d der Spaltweite h. Es ergeben sich folgende mittlere Geschwindigkeiten der ebenen Spaltströmung:

Glatt:
$$\frac{v}{v_*} = \frac{1}{\kappa} \ln \frac{v_* D}{\nu} - 0{,}467 = \frac{1}{\kappa} \ln \frac{v_* h}{\nu} + 1{,}266 \qquad (8.68)$$

Rau:
$$\frac{v}{v_*} = 2{,}538 - \frac{1}{\kappa} \ln \frac{k}{D} = 4{,}271 - \frac{1}{\kappa} \ln \frac{k}{h} \qquad (8.69)$$

Dabei handelt es sich um die symmetrische Spaltströmung mit beidseitig gleichem Wandwiderstand; ferner ist mit $\kappa = 0{,}4$ sowie wegen $b \gg h$ mit $D \approx 2h$ zu rechnen. In Verbindung mit der Darcy-Weisbach-Formel (8.16) sind durch diese Gleichungen die Widerstandsgesetze der symmetrischen Spaltströmung bekannt.

Weitere Informationen über turbulente Geschwindigkeitsprofile betreffend ist besonders auf Schlichting (1982) und Prandtl et al.(1984) zu verweisen.

8.5 Instationäre Rohrströmungen

8.5.1 Schwingungsfähige Systeme

Instationäre Strömungsvorgänge in Druckrohrleitungen ergeben sich als Folge von betrieblich notwendigen Eingriffen in den Fluidtransport. Mit Hilfe von Durchflussreglern, Auslass- oder Drosselorganen wird eine zeitliche Änderung des Durchflusses erzwungen, die sich vor allem bei Geschwindigkeit und Druck bzw. Druckhöhe durch zeitvariantes Verhalten äußert. In der Ingenieurpraxis ist bei durchflussgeregelten Rohrströmungen besonders der an einzelnen Stellen des Systems auftretende Druckverlauf $p(t)$ von Interesse.

Für die Berechnung der Druckänderungen wird das Leitungssystem dahingehend abstrahiert, dass man es in einzelne, zwischen benachbarten Knoten liegende Druckrohrabschnitte auflöst, Abb. 8.24, und diese eindimensional behandelt wie schon in der stationären Rohrhydraulik. Es wird also mit querschnittsgemittelten Größen gearbeitet. Dabei können die in den Knoten vorliegenden Bedingungen in einfacheren Systemen auch durch echte Randbedingungen festgelegt sein, andernfalls die

Möglichkeiten der Technischen Hydraulik überfordert und numerische Lösungsmethoden einzusetzen wären, siehe Zielke (1974). Solche durch die Systemstruktur festgelegten Bedingungen können sein:

Knoten 1: Speicher oder Schwallschacht mit freiem Wasserspiegel, durch den die Druckhöhe h_1 vorgegeben ist, oder Druckerhöhungsanlage (Pumpe), bei der die Druckhöhe h_1 durch die Pumpenkennlinie festgelegt ist.

Knoten 2: Schwallschacht bzw. Druckausgleichkessel, Überdruckturbine eines Wasserkraftwerks, Freistrahlturbine oder Auslassregler mit freiem Strahlaustritt unter Atmosphärendruck, so dass konstant $p_2(t) = p_o = konst$ anzusetzen ist (rechnerisch meist mit $p_o = 0$).

Diese und ähnliche Knotenbedingungen können vorliegen bei Leitungen in der Fernwasser- oder Kühlwasserversorgung, bei Verteilleitungssystemen und Wasserkraftanlagen. Wo das nicht der Fall ist, kann häufig mit der Annahme der genannten einfacheren Randbedingungen gerechnet werden, wobei zumindest Näherungsaussagen möglich sind. Mit dieser Intention werden die folgenden Untersuchungen exemplarisch für die bei einer Hochdruckwasserkraftanlage vorliegenden Verhältnisse durchgeführt.

Das zwei Rohrabschnitte, also drei Knoten, umfassende Triebwasserleitungssystem dieses Wasserkraftwerks ist mit Abb. 8.1 schon vorgestellt worden. In der Reihenfolge, in der das System durchflossen wird, sind seine Anlagenteile: Speicher – Einlauf – Druckstollen – Schwallschacht – Druckrohr (bzw. Schrägschacht) – Turbine (bzw. Auslass) – Ablaufgerinne. Gegenstand der instationären Untersuchungen sind a) der Druckstollen (Einlauf bis Schwallschacht) und b) das Druckrohr (Schwallschacht bis Auslass).

Von den Betriebseinrichtungen ist der Auslassregler das für die instationären Vorgänge verantwortliche Instrument: Beim Kraftwerk der Turbinenregler, in der Abstraktion ein frei auslassender, geregelter Auslassschieber o.dgl. Durch seine Steuerung wird der instationäre Durchfluss $Q(t)$ erzwungen, und das gesamte System, also Druckstollen *und* Druckrohr reagieren darauf ihren Systemeigenschaften entsprechend. Folgende Betriebsweisen spielen dabei eine Rolle: *Öffnen* (Durchflusssteigerung) und *Schließen* (Durchflussdrosselung). Beide können ganz oder teilweise sowie allmählich oder plötzlich erfolgen. Der Öffnungs- oder Schließvorgang gibt zeitgesteuert einen bestimmten Auslassquerschnitt frei (zwischen „auf" und „zu"); in Bezug auf diesen liegt entweder lineares Öffnen/Schließen vor, oder es handelt sich um eine nichtlineare Kennlinie.

In dem mit Abb. 8.1 in Betracht stehenden System bewirkt die am Druckrohrende erzwungene Durchflussänderung, z. B. bei einem plötzlichen vollständigen Schließen, dass in den Leitungsteilen Druckschwingungen zweierlei Art auftreten. Das untersuchte System ist unter den gegebenen Randbedingungen in den beiden Systemteilen a) Druckstollen und b) Druckrohr, wie in Abb. 8.25 schematisch angedeutet, unterschiedlich schwingungsfähig. Es treten folgende Erscheinungen auf:

Massenschwingung: Das kommunizierende Teilsystem a) aus Speicher OW, Druckstollen ST und Schwallschacht WS reagiert auf jede am Auslassregler AR

8.5 Instationäre Rohrströmungen

Abb. 8.25 Anordnung Wasserschloß, schematisch

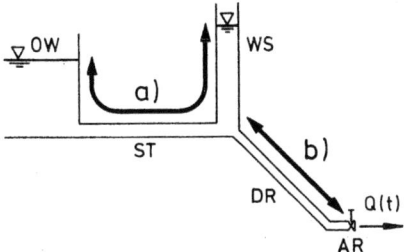

erzwungene Durchflussänderung $Q(t)$ mit einer auf Trägheitswirkungen zurückzuführenden Schwingung der Wasserspiegellage im Schwallschacht. Wegen der im vorliegenden Fall sehr großen Speicheroberfläche schwingt der Wasserspiegel nur einseitig, das Oberwasser bleibt auf konstanter Höhe. Im Wasserkraftanlagenbau wird dieser Schwingungszustand als *Wasserschlossschwingung* bezeichnet, entsprechend dem klassischen Namen „Wasserschloss" des Schwallschachtes. Es handelt sich um eine träge Massenschwingung mit relativ großen Schwingungszeiten.

Druckwellen: Das Teilsystem b) aus Schwallschacht WS und Druckrohr DR mit dem Auslassregler AR ist in gänzlich anderer Weise schwingungsfähig: Wassersäule und Rohr reagieren mit elastischen Formänderungen auf eine Druckänderung, die mit der Durchflussregelung am Auslassregler erzeugt wird. Es entsteht eine Druckwelle, die sich (vergleichbar mit einer Schallwelle), beginnend am Auslassregler, im Rohr fortbewegt, am Schwallschacht wegen dessen freien Wasserspiegels reflektiert wird und das Druckrohr mehrfach mit wechselndem Vorzeichen durchläuft. Diese Erscheinung wird in Abb. 8.26 für den Fall eines plötzlichen totalen Schließens des Auslassreglers demonstriert, wobei a die Druckwellengeschwindigkeit ist, $t=0$ den Zeitpunkt des instationären Eingriffs markiert und OW die Spiegellage im Schwallschacht angibt. Ferner ist idealisierend angenommen, dass die durch Formänderungen entstehenden geringen Wasserbewegungen keine Energieverluste aufweisen.

Die Laufgeschwindigkeit a der Druckwelle ist von den elastischen Eigenschaften des Druckrohrs und des Wassers abhängig und kann maximal (bei starrem Rohr) Schallgeschwindigkeit erreichen. Ein Zyklus des schematisch in Abb. 8.26 wiedergegebenen Vorgangs hat die Dauer $4L/a$ und stellt daher selbst bei großer Leitungslänge eine sehr kurze Schwingungsperiode dar. Diese kann als Unterscheidungsmerkmal gegenüber der großen Schwingungsdauer der Massenschwingung im Druckstollen, Systemteil a), gelten und lässt erkennen, dass die beiden Schwingungsvorgänge in derartigen Systemen praktisch unabhängig voneinander ablaufen. Meist ist es daher näherungsweise zulässig, die Vorgänge in den Teilsystemen a) und b) rechnerisch zu entkoppeln.

Den zeitlichen Verlauf des Drucks p an einer Stelle s der Druckrohrleitung bezeichnet man als *Druckstoßfolge*, das einzelne Maximum oder Minimum dieser Schwingung als positiven oder negativen *Druckstoß*. Für die Druckstoßberechnung ist in der Hauptsache das Druckrohrende $s=L$ von Interesse. Der Bemessung des

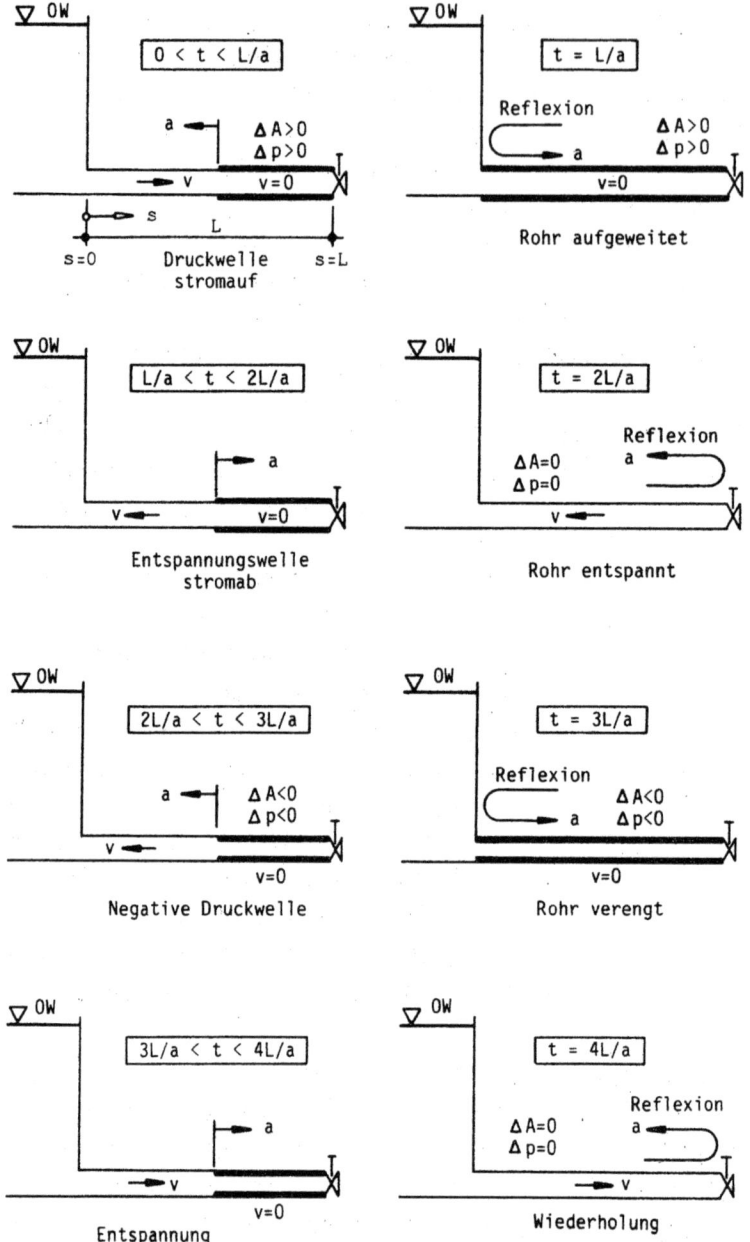

Abb. 8.26 Schema des Druckwellenverlaufs im Druckrohr nach einem plötzlichen vollständigen Schließen

Rohres wird in der Regel der Druckverlauf $p(L, t)$ oder die Druckhöhe $h(L, t)$ zugrunde gelegt.

8.5.2 Schwingung des Wasserspiegels im Schwallschacht

Mit der Anordnung eines Schwallschachtes in einem Druckrohrsystem wie dem mit Abb. 8.1 exemplarisch untersuchten Fall einer Triebwasserleitung verfolgt man den Zweck, einen möglichst großen Teil des Gesamtsystems von den am Leitungsende bei der Ausflussregelung angefachten Druckwellen zu entlasten.

Die Druckstoßerscheinungen bleiben dann nahezu völlig auf die Druckrohrleitung unterhalb des Schwallschachtes beschränkt, der oberhalb liegende Druckstollen wird von den Druckwellen praktisch ganz verschont. Laufzeit und Amplituden der im Teil b) des Systems, s. Abb. 8.25, verbleibenden Druckwellen werden dank des Schwallschachtes um so stärker vermindert, je näher dieser am Leitungsende liegt. Diesem Vorteil steht der Massenschwingungsvorgang im Teil a) des Systems als Nachteil gegenüber.

Als Bemessungsaufgabe ergibt sich, die extremen Spiegellagen im Schacht nachzuweisen, denn ein unkontrolliertes Ansteigen des Wasserspiegels kann nicht zugelassen werden, und zu starkes Absinken des Wasserspiegels würde zur Belüftung der Druckrohrleitung und zu entsprechenden Störungen des Betriebs führen. Darüber hinaus kann nötig sein, das Zusammenspiel zwischen Auslassregelung und instationärer Systemreaktion in Bezug auf Resonanzschwingungen des Schwallschachtwasserspiegels zu überprüfen. Einige dieser Fragen sind von Schröder (1972) eingehender behandelt worden wie nachstehend.

Es gibt zahlreiche Möglichkeiten, auf die im Schwallschacht (Wasserschloss) entstehenden Schwingungen durch gezielte konstruktive Gestaltungsmaßnahmen einzuwirken. Die Schächte können mit oder ohne Drossel (Dämpfung), mit in der Höhe variablem oder konstantem Querschnitt sowie als Wasserschlosssysteme ausgeführt werden, um insbesondere die Schwingungsweiten beeinflussen zu können. Die Vielzahl möglicher Schwallschachtformen, siehe z. B. bei Preß (1967), zwingt im Rahmen der nachstehend durchgeführten Erörterungen aber zur Beschränkung auf einen einfachen Schwallschachttyp, das *ungedrosselte Schachtwasserschloss*. Dieses ist durch einen zylindrischen Schacht mit konstantem Kreisquerschnitt gekennzeichnet und erlaubt am Fußpunkt ungehinderten Wasserein- und -austritt.

Die Berechnung der instationären Vorgänge in einem derartigen Schwallschacht kann auf der Basis eines Bernoullischen Energiehöhenvergleichs durchgeführt werden. Die instationäre Bernoullische Gleichung ist für den Fall eines konstanten Rohrquerschnitts (vom Weg s unabhängige Geschwindigkeit) unter 4.4 schon vorbereitet worden. Wird der Bezugshorizont BH für den Energiehöhenvergleich in den Ruhespiegel gelegt, so dass wegen des konstanten Oberwasserspiegels die Gesamtenergiehöhe $H(t) = 0$ wird, Abb. 8.27, so liefert (4.13 zunächst für das bei $s = L$ gelegene Stollenende $\frac{L}{g}\frac{dv(L,t)}{dt} + \frac{v^2(L,t)}{2g} + \frac{p(L,t)}{\rho g} + z(L) + h_V(L, t) = 0$. Mit Abb. 8.27 ist die momentane Druckhöhe am Fußpunkt des Wasserschlosses bei $s = L$ durch die

Abb. 8.27 Systemdefinition zum Schwallschacht

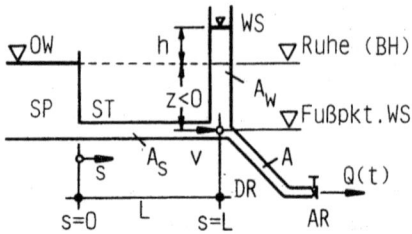

Abb. 8.28 Verzweigungsbedingung

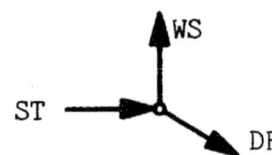

Spiegellage im Schacht gegeben, $p(L, t)/\rho g = h(t) - z(L)$, wobei $z(L)$ wegen des im Ruhespiegel definierten Bezugshorizonts negativ ist.

Die Verlusthöhe $h_v(L, t)$, die den gesamten Stollen umfasst, kann durch die Darcy-Weisbach-Formel (8.15) mit einem den kontinuierlichen Energiehöhenverlust beziffernden Widerstandsbeiwert λ in Rechnung gestellt werden als $h_v(L, t) = \lambda \frac{L}{d} \frac{v^2(L,t)}{2g}$. Örtliche Verlusthöhen, z. B. am Einlauf, können vernachlässigt werden oder lassen sich in den λ-Wert einrechnen. Unter Weglassung der Argumente (L, t) ergibt sich so als erste Bedingung für die Schwallschachtberechnung:

$$\frac{L}{g}\frac{dv}{dt} + \frac{v^2}{2g}\left[1 + \lambda\frac{L}{d}\right] + h = 0 \qquad (8.70)$$

Eine zweite Gleichung wird mit Abb. 8.28 aus der für den Fußpunkt des Schachtes geltenden Verzweigungsbedingung gewonnen:

$$A_W \frac{dh}{dt} - vA_S + Q(t) = 0 \qquad (8.71)$$

Darin sind A_w und A_s die Querschnitte von Schwallschacht WS und Druckstollen ST, wie auch schon in Abb. 8.7. Als schwingungserregend ist ferner der zwangsgesteuerte Ausfluss $Q(t)$ am Ende des Systems enthalten. In beiden Gleichungen sind nicht nur die üblichen Voraussetzungen der eindimensionalen Hydraulik verarbeitet, z. B. querschnittsgemittelte Geschwindigkeiten im Druckstollen (präziser: am Druckstollenende bei $s = L$) und Vernachlässigung des Geschwindigkeitshöhenkorrekturbeiwerts nach (4.17) durch Ansatz von $\alpha \approx 1$. Es wird auch angenommen, dass die Verlusthöhe mit einem konstanten λ-Wert zufriedenstellend modelliert werden kann, d. h. es wird von quadratischem Widerstandsverhalten (voll rau) ausgegangen, obwohl streng genommen während des Schwingungsverlaufs auch ein Einfluss der Reynolds-Zahl vorliegt.

8.5 Instationäre Rohrströmungen

Abb. 8.29 Spiegellagen im Schwallschacht

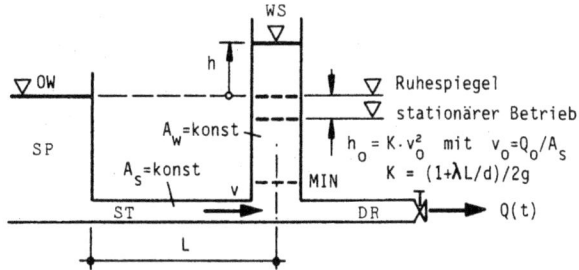

Reduzierte Schwingungsuntersuchung: Die Auswertung des mit (8.70) und (8.71) gefundenen Gleichungssystems lässt sich vereinfachen, wenn man sich mit der Berechnung der Extremwerte der Wasserschlossschwingung begnügt. Es sind dann nur solche Zeitpunkte in Betracht zu ziehen, in denen $dh/dt = 0$ wird, wobei zugleich $v = Q(t)/A_S$ sein muss. Für die Schwallschachtbemessung gehören das erste Maximum nach dem Schließen und das erste Minimum nach dem Öffnen zu den wichtigsten Betriebsfällen. Bei der diesbezüglichen Aufbereitung der Gleichungen wird nachstehend zweckmäßig mit dimensionslosen Größen gearbeitet.

Werden (8.70) und (8.71) zusammengefasst, so ergibt sich zunächst folgende v-h-Relation:

$$\frac{L}{g}\frac{A_S}{A_W}\left(v - \frac{Q}{A_S}\right)\frac{dv}{dh} + K v^2 + h = 0 \qquad (8.72)$$

Darin bezeichnet K einen die Widerstände erfassenden Faktor: $K = (1 + \lambda L/d)/2g$.

Q als zwangsgeregelte Größe sowie v und h als Abhängige sind Funktionen der Zeit t.

Für die zur dimensionslosen Darstellung von (8.72) nötige Transformation werden die nachstehend genannten Bezugsgrößen benutzt:

$v_0 = Q_0/A_S$ Stationäre Geschwindigkeit ($Q_0 = konst$)
$h_* = v_0 \cdot \sqrt{\frac{L A_S}{g A_W}}$ Amplitude der ungedämpften Schwingung ($K = 0$)
$t_* = 2\pi \cdot \sqrt{\frac{L A_W}{g A_S}}$ Schwingungsperiode
$h_0 = K \cdot v_0^2$ Geschwindigkeits- und Verlusthöhe am Schwallschacht bei stationärem Betrieb mit $Q_0 = konst$, vgl. Abb. 8.29.

Mit diesen kann durch Bildung der folgenden dimensionslosen Größen eine übersichtlichere Darstellung von (8.72) erreicht werden:

$u = v/v_0$ relative Geschwindigkeit im Druckstollen
$y = h/h_*$ relative Spiegelauslenkung im Schwallschacht
$m_0 = h_0/h_*$ stationäre Betriebskennziffer

Die m_0-Ziffer ist der für die Schwingungsdämpfung verantwortliche Relativwert. Für die Bestimmung der Extrema ergibt sich die Differentialgleichung

Abb. 8.30 Betriebsdiagramm
‚Schliessen'

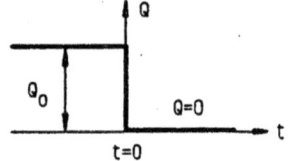
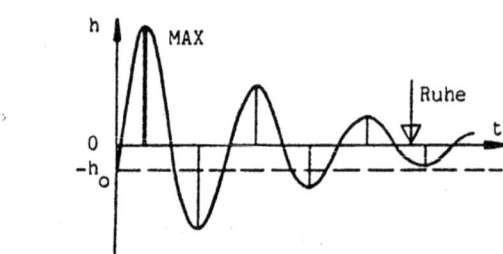

$$\left(u - \frac{Q}{v_o A_S}\right)\frac{du}{dy} + m_o u^2 + y = 0 \tag{8.73}$$

Die Lösungen dieser Beziehung sind abhängig von dem jeweils am Auslassregler erzwungenen Betriebsfall $Q(t)$.

Betriebsfall „Schließen": Beim plötzlichen, vollständigen Schließen des Auslasses entsprechend dem in Abb. 8.30 gezeigten Betriebsdiagramm stellt sich im Schwallschacht eine Schwingung ein, die im Betriebsspiegel beginnt und auf dem Ruhespiegel ausklingt. Bei der reduzierten Untersuchung dieser Schwingung geht es um die erste Viertelschwingung, an deren Ende das Schwallmaximum liegt. Für $t > 0$ ist $Q(t) = 0$, und (8.73) ergibt damit eine bezüglich u^2 lineare Differentialgleichung:

$$\frac{du^2}{dy} + 2m_o u^2 + 2y = 0 \tag{8.74}$$

Mit den bis zum Erreichen des ersten Maximums geltenden Anfangswerten $Q(0) = 0$ und $h(0) = -h_o$ ergibt sich die Lösung

$$u^2 = \frac{1}{2m_o^2}\left[1 - e^{-2m_o(m_o+y)}\right] - \frac{y}{m_o} \tag{8.75}$$

Beim Erreichen des Maximums ist $dh/dt = 0$ und wegen des geschlossenen Auslassreglers folglich auch $v = 0$, d. h. man findet die größte Spiegelhebung aus (8.75) mit $u(y_{max}) = 0$. In der nach Forchheimer benannten Schreibweise lautet die Lösung:

$$(1 - 2m_o y_{max}) - \ln(1 - 2m_o y_{max}) = 1 + 2m_o^2 \tag{8.76}$$

Dies ist ein impliziter Zusammenhang $y_{max} = f(m_o)$, der iterativ ausgewertet werden kann. Nur eine seiner beiden Lösungen ist brauchbar.

8.5 Instationäre Rohrströmungen

Abb. 8.31 Betriebsdiagramm „Öffnen"

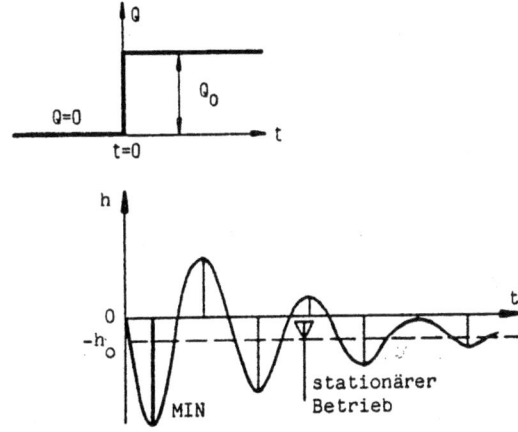

Abb. 8.32 Betriebsdiagramm „Teilöffnen"

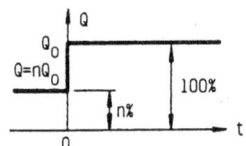

Betriebsfall „Öffnen": Auch beim plötzlichen, vollständigen Öffnen des Auslasses ist für die Bemessung nur das erste Minimum des Schwingungsvorgangs von Interesse; es ist bei dem in Abb. 8.31 gezeigten Betriebsdiagramm ebenfalls nur von der stationären Betriebskennziffer m_o abhängig. Die Spiegelbewegung beginnt in der Ruhelage und klingt auf dem durch h_o gegebenen stationären Betriebsspiegel aus.

Für $t > 0$ ist $Q(t) = Q_o = v_o A_s = konst$, und aus (8.73) wird erhalten:

$$(u - 1)\frac{du}{dy} + m_o u^2 + y = 0 \quad (8.77)$$

Diese nichtlineare Differentialgleichung ermöglicht keine geschlossene Lösung. Es gibt aber zahlreiche, auf Reihenentwicklung beruhende Näherungslösungen $y_{min} = f(m_o)$, für die wegen des offenen Auslassreglers zu setzen ist $v = v_o = Q_o/A_s$, sobald $dh/dt = 0$ eintritt. Eine solche Näherungsformel für $m_o \leq 1$ ist

$$y_{min} = -1 - \frac{1}{8}m_o - \frac{1}{32}m_o^4 \quad (8.78)$$

Sie überdeckt die von Stucky (1962) für Betriebskennziffern $m_o < 0{,}8$ angegebene Formel $y_{min} = -1 - m_o/8$, die schon 1927 aus Untersuchungen von Calame und Gaden hervorging.

Betriebsfall „Teilöffnen": Bei einem plötzlichen Teilöffnen handelt es sich um die Steigerung der Auslassleistung $Q(t)$ von n % auf 100 % der Leistung bei voller Öffnung entsprechend dem in Abb. 8.32 wiedergegebenen Betriebsdiagramm. Das

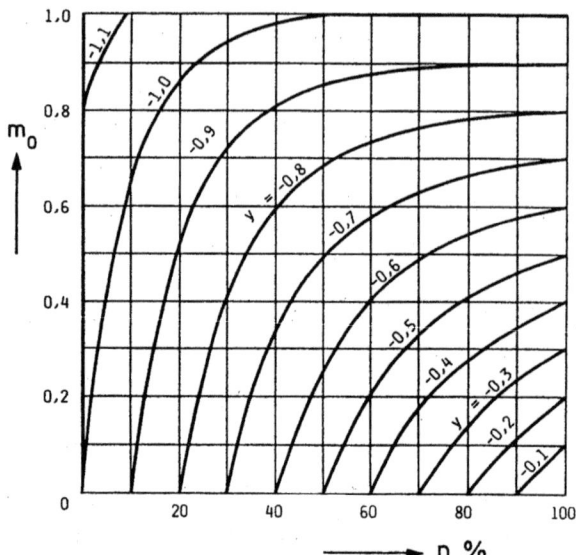

Abb. 8.33 Erster Sunk bei einem Teilöffnen

erste Minimum der entstehenden Schwingung ist außer von der Kennziffer m_o auch vom Anfangsöffnungsgrad n des Auslassreglers abhängig: $y_{min} = f(m_o, n)$

Die aus (8.73) hervorgehende Lösung liegt in Diagrammform vor, z. B. bei Stucky (1962). In Abb. 8.33 gibt die mit y gekennzeichnete Kurvenschar die Werte y_{min} an.

Betriebsfall „Allmähliches Öffnen": Für Bemessungsaufgaben kann auch ein Öffnungsvorgang interessant sein, der sich über eine längere Öffnungsdauer T_s erstreckt. Beispielsweise kann gefragt sein, wie die Schwingungsamplitude im Schwallschacht vermindert wird, wenn die Öffnung nicht plötzlich sondern allmählich erfolgt, etwa linear wie nach Abb. 8.35. Die mit diesem Betriebsdiagramm aus (8.73) hervorgehende Lösung ist aus Abb. 8.34 ersichtlich. Das erste Minimum wird auch in diesem Fall außer durch den Betriebskennwert m_o mit einem weiteren Parameter beschrieben, der die relative Öffnungsdauer vertritt: $y_{min} = f(m_o, T_*)$. Darin wird die dimensionslose Öffnungszeit als $T_* = T_S/t_*$ gebildet, mit der zuvor schon als Bezugsgröße angeführten Schwingungszeit $t_* = 2\pi \cdot \sqrt{LA_W/gA_S}$. Das bei Stucky (1962) eingehender erläuterte Diagramm weist eine mit y bezeichnete Kurvenschar aus, die den ersten Sunk y_{min} angibt.

Numerische Auswertung: Vorstehend geschilderte Lösungen werden meist nur als vergleichende Orientierungshilfen dienen können, denn die praktisch vorkommenden Fälle von Schwallschachtproblemen betreffen überwiegend kompliziertere Systeme als hier beschrieben. Häufig möchte man auch den gesamten Schwingungsverlauf berechnen können oder speziellen Betriebsbedingungen nachgehen. Dann bleibt letztlich kein anderer Lösungsweg, als die maßgebenden Differentialgleichungen mit numerischen Verfahren auszuwerten. Man wird direkt von (8.70) und (8.71) ausgehen oder sogar von Gleichungen, die wie unter 8.5.1 beschrieben an Hand von Abb. 8.24 erst formuliert werden müssen. Für deren Lösung kommen insbesondere

Abb. 8.34 Erster Sunk bei linearem Öffnen

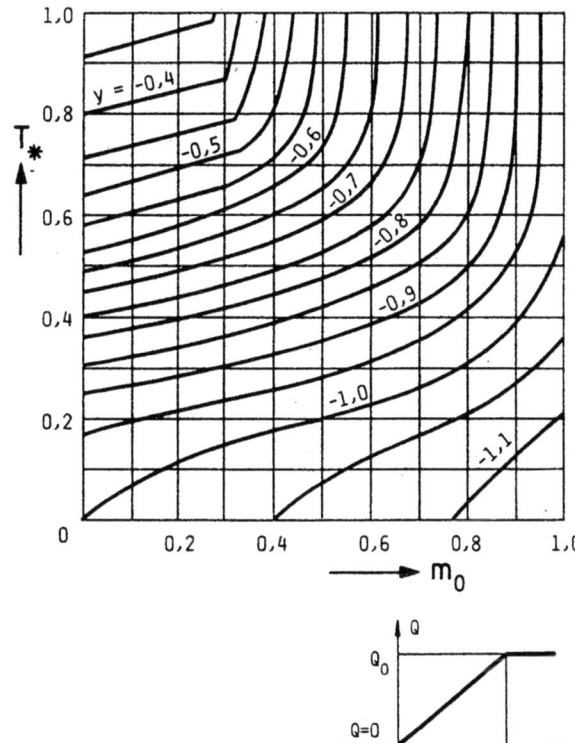

Abb. 8.35 Betriebsdiagramm ‚Allmähliches Öffnen'

Differenzenverfahren in Betracht. Diesbezüglich wird u. a. auf Schreck (1974) und Jaeger (1977) verwiesen.

8.5.3 Einzeldruckrohr unter Druckstoßbelastung

Das Phänomen Druckstoß wurde unter 8.5.1 schon erklärt. Im folgenden wird seine Berechnung erläutert, wobei wiederum das mit Abb. 8.1 exemplarisch herangezogene System Wasserkraftanlage benutzt wird. Betroffen ist nunmehr der Systemteil b) in Abb. 8.25, das zwischen Schwallschacht WS und Auslassregler AR (Turbine) gelegene Druckrohr DR. Es liegt eine Einzelleitung vor, so als bestünde das System nur aus Speicherbecken, Druckrohr der Länge L und Auslass, denn durch die Anordnung des Schwallschachtes sind die Druckstoßerscheinungen zum weitaus überwiegenden Teil auf den in Fließrichtung *hinter* dem Schwallschacht liegenden Leitungsabschnitt beschränkt.

Die Druckstoßberechnung hat zu berücksichtigen, dass neben den auf Massenträgheit, Schwerkraft und Reibungseinfluss beruhenden Wirkungen noch solche infolge der elastischen Fluid- und Systemeigenschaften auftreten. Im Gegensatz

Abb. 8.36 Definitionen zur Druckstoßberechnung

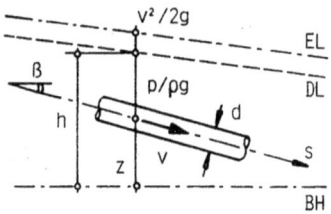

zu den in der Hydraulik sonst üblichen inkompressiblen Berechnungsansätzen ist daher beim Druckstoß mit zusätzlichen Bedingungen zu arbeiten, die eine spezielle Aufbereitung der für seine Berechnung benötigten Gleichungen erfordern.

Gleichungssystem: Im Kern sind, wie sonst auch, eine dynamische Gleichung und eine Kontinuitätsbedingung erforderlich. Sie müssen jedoch außer durch den auch im stationären Strömungsfall benötigten Reibungsansatz ergänzt werden durch eine sog. *Zustandsbeschreibung*, mit der die Abhängigkeit der Fluid- sowie der Rohrverformbarkeit vom Druck zum Ausdruck kommt.

Ausgehend von der vektoriellen Grundform (3.12) der *Bewegungsgleichung* ist bei dem vorliegenden instationären Problem deren für natürliche Koordinaten aufbereitete eindimensionale Form (4.11) verwendbar. In geringfügiger Abwandlung, aber inhaltlich übereinstimmend, lautet sie:

$$\rho \left[\frac{\partial v}{\partial t} + v \frac{\partial v}{\partial s} - g \sin \beta - R_S \right] + \frac{\partial p}{\partial s} = 0 \qquad (8.79)$$

Darin ist v das Querschnittsmittel der Geschwindigkeit, β die Achsneigung des Rohres gemäß $\sin \beta = -dz/ds$, und s zählt in Achsrichtung, Abb. 8.36. Der Reibungsterm wird als $R_S = -g\,I$ mit I entsprechend dem Darcy-Weisbach-Ansatz (8.16) eingebracht, und als Zustandsbeschreibung für isothermes Fluidverhalten wird mit c als Schallgeschwindigkeit im Fluid angesetzt: $\rho = p/c^2$. Damit entsteht eine p-v-Form der Bewegungsgleichung, die für die Druckstoßberechnung aber besser in eine v-h-Relation überführt wird, siehe bei Schröder (1974). Dazu wird als Drucklinienhöhenkote die Piezometerhöhe $h(s, t)$ eingeführt und der Druck mittels $p = \rho g(h - z)$ gegen h ausgetauscht. Die Dichte ρ kann dabei mit ihrem Durchschnittswert als Konstante aufgefasst werden. Aus (8.79) geht so als *dynamische Gleichung* hervor:

$$\frac{\partial h}{\partial s} + \frac{1}{g} \left[\frac{\partial v}{\partial t} + v \frac{\partial v}{\partial s} \right] + I = 0 \qquad (8.80)$$

Dies ist die erste Bedingung für die Druckstoßberechnung, den getroffenen Annahmen entsprechend gültig für schwach kompressible Fluide wie Wasser. Zu ihr gehört die Widerstandsbeschreibung mittels I nach (8.16).

Die Aufbereitung der *Kontinuitätsgleichung* geht von der mit Vektorausdrücken gebildeten Grundform (3.4) aus, die auch geschrieben werden kann als $\partial \rho / \partial t + V \text{grad} \rho + \rho \text{div} V = 0$. Mit dem Querschnittsmittel v der Geschwindigkeit lautet ihre eindimensionale Form

8.5 Instationäre Rohrströmungen

$$\frac{\partial \rho}{\partial t} + v\frac{\partial \rho}{\partial s} + \rho\frac{\partial v}{\partial s} = 0 \tag{8.81}$$

Aus dieser Forderung ergibt sich mit der die Schallgeschwindigkeit c enthaltenden Zustandsgleichung $\rho = p/c^2$ die p-v-Relation $\frac{\partial p}{\partial t} + p\frac{\partial v}{\partial s} + v\frac{\partial p}{\partial s} = 0$. Da man in der Technischen Hydraulik statt mit Drücken lieber mit Druckhöhen arbeitet, wird wieder $h(s, t)$ eingeführt und $p = \rho g(h-z)$ verwendet, um p durch h zu ersetzen. Mit der Zustandsgleichung ist dabei für die durchschnittlich als Konstante aufgefasste Dichte ρ zu setzen $p/\rho g \approx c^2/g$, und es entsteht:

$$\frac{\partial v}{\partial s} + \frac{g}{c^2}\left[\frac{\partial h}{\partial t} + v\left(\frac{\partial h}{\partial s} + \sin\beta\right)\right] = 0 \tag{8.82}$$

Dies ist die zweite Bedingung für die Druckstoßberechnung, allerdings nur gültig für schwach kompressibles Fluid (Wasser) in einem starr angenommenen Rohr. Eine Anwendung ist lediglich bei dickwandigen, nahezu unelastischen Rohren gegeben.

Handelt es sich dagegen um merklich elastische Rohre, so ist die Ausbreitungsgeschwindigkeit a der im Druckrohr durch Auslassregelung erzeugten Druckwellen geringer als die Schallgeschwindigkeit c. Zwecks Berücksichtigung dieses Effektes ist, wie u. a. von Schröder (1974) gezeigt wurde, in (8.82) mit a^2 statt mit c^2 zu rechnen, wobei für die Druckwellengeschwindigkeit folgender Zusammenhang gilt:

$$\frac{1}{a^2} = \frac{1}{c^2} + \frac{\rho}{A}\frac{dA}{dp} \quad \text{oder} \quad a = \sqrt{\frac{1}{\frac{1}{c^2} + \frac{\rho}{A}\frac{dA}{dp}}} \tag{8.83}$$

Darin ist c nach wie vor die Schallgeschwindigkeit im Fluid (Wasser), während $\frac{1}{A}\frac{dA}{dp}$ die relative Querschnittserweiterung unter Innendruckzunahme, die *Rohraufweitbarkeit*, darstellt. Beim dickwandigen Rohr ist $dA/dp \to 0$, und es wird $a \to c$ erhalten, andernfalls ist $a < c$. Die Schallgeschwindigkeit liegt für Wasser bei etwa $c = 1400$ m/s.

Die Festsetzung der Rohraufweitbarkeit ist eine ausschließlich systembezogene Aufgabe, die im Einzelfall nach den Regeln von Statik und Festigkeitslehre durchzuführen ist. Für ein dünnwandiges Stahlrohr mit dem Durchmesser d und der Wanddicke w beträgt die Rohrausdehnung nach Hooke $\frac{\Delta r}{r} = \frac{r\Delta p}{E_R w}$, worin E_R den Elastizitätsmodul des Rohrmaterials beziffert. Die mit der Halbmesseränderung verbundene Querschnittsänderung ist $\Delta A = 2\pi r \Delta r$, so dass sich mit $d = 2r$ als Rohraufweitbarkeit $\frac{1}{A}\frac{\Delta A}{\Delta p} = \frac{1}{E_R}\frac{d}{w}$ ergibt. Wird noch die Schallgeschwindigkeit, wie die Physik lehrt, durch $c = \sqrt{E/\rho}$ ausgedrückt, wobei E den Hookeschen Elastizitäts- bzw. Kompressionsmodul des Fluids darstellt, so folgt aus (8.83) als Druckwellengeschwindigkeit im dünnwandigen Rohr bei schwach kompressiblem Fluid (Abb. 8.37):

$$a = \sqrt{\frac{\frac{E}{\rho}}{1 + \frac{E}{E_R}\frac{d}{w}}} < c = \sqrt{\frac{E}{\rho}} \tag{8.84}$$

Abb. 8.37 Definitionen zur Rohrausdehnung

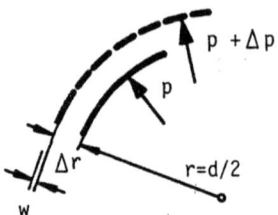

Das Verhältnis der E-Werte von Wasser und Stahl beträgt ungefähr 1:100; übliche Werte sind $E = 2,0 \cdot 10^5$ N/cm^2 für Wasser und $E_R = 2,1 \cdot 10^7$ N/cm^2 für Stahl. Die Formel gilt herleitungsgemäß nur für Rohre mit Kreisquerschnitt. Weitere Beziehungen für a sind u. a. bei Jaeger (1977) angegeben.

Mit dem aus den Hauptgleichungen (8.80) und (8.82), letztere mit a statt c, sowie aus den Zusatzgleichungen (8.16) und (8.84) bestehenden Gleichungssystem kann eine numerische Auswertung vorgenommen werden. Dabei sind an den Enden des Rohrabschnitts, wie mit Abb. 8.24 schon erörtert, Knotenbedingungen zu formulieren. Im vorliegenden Fall sind diese durch den freien Wasserspiegel am oberen und durch die Auslassregelung am unteren Leitungsende gegeben.

Der Gleichungssatz ermöglicht darüber hinaus aber auch die Berechnung komplizierterer Leitungssysteme, z. B. Leitungsnetze. Für die Auswertung kommen dabei außer den verschiedenen Differenzenverfahren besonders auch Formen der Charakteristikenmethode in Frage, siehe dazu u. a. bei Streeter und Wylie (1967). Auch Kombinationen dieser Rechenverfahren haben sich bewährt, wie Zielke (1974) berichtet hat. Weitere diesbezügliche Informationen sind auch bei Jaeger (1977) zu finden.

Linearisierte Gleichungen: Mit einigen Vernachlässigungen können (8.80) und (8.82) zu gekoppelten, homogenen, partiellen Differentialgleichungen des Cauchy-Typs vereinfacht werden. Mit deren Lösungen wird nicht nur die Diskussion des Druckstoßphänomens erleichtert; es ergibt sich auch ein Rechenschema, das sich bestens als abschätzendes Näherungsverfahren für die Druckstoßberechnung eignet. Dazu sind folgende Annahmen nötig:

Reibungseinfluss vernachlässigbar, d. h. $I \approx 0$

Trägheitswirkungen vergleichsweise gering, d. h. $\dfrac{\partial v}{\partial t} \gg v \dfrac{\partial v}{\partial s}$

Betont instationäre Druckänderungen, d. h. $\dfrac{\partial h}{\partial t} \gg v \left(\dfrac{\partial h}{\partial s} + \sin \beta \right)$.

Trotz dieser einschneidenden Vernachlässigungen ergeben sich erstaunlich aussagekräftige, linearisierte Gleichungen:

$$\frac{\partial h}{\partial s} + \frac{1}{g}\frac{\partial v}{\partial t} = 0 \quad \text{und} \quad \frac{\partial v}{\partial s} + \frac{g}{a^2}\frac{\partial h}{\partial t} = 0 \qquad (8.85)$$

Hierin sind die elastischen Fluid- und Rohreigenschaften durch die Laufgeschwindigkeit a der Druckwellen erfasst; bei dünnwandigen Rohren gilt dafür (8.84).

8.5 Instationäre Rohrströmungen

Abb. 8.38 Definitionen zur Druckstoßberechnung

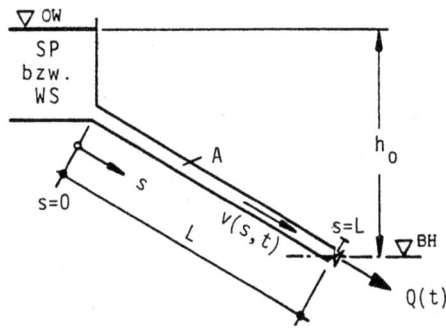

Zu den gekoppelten Differentialgleichungen (8.85) gehören mit Bezug auf Abb. 8.38 folgende allgemeine Lösungen:

$$h(s, t) = h_o + \phi\left(t - \frac{L-s}{a}\right) + \varphi\left(t + \frac{L-s}{a}\right)$$

$$v(s, t) = v_o - \frac{g}{a}\left[\phi\left(t - \frac{L-s}{a}\right) - \varphi\left(t + \frac{L-s}{a}\right)\right] \quad (8.86)$$

Darin sind ϕ und φ vorerst willkürliche Funktionen von s und t, die aber wie folgt zu deuten sind: Aus der h-Gleichung ist ersichtlich, dass ϕ und φ Druckhöhen sind.

Ein mit der Geschwindigkeit a längs des Rohres stromauf oder stromab wandernder Beobachter würde ferner feststellen, dass es sich um Druckwellen konstanter Form handelt, die in entgegengesetzten Richtungen durch das Rohr laufen. Ihre Überlagerung $\phi + \varphi$ an einer Stelle s der Leitung ergibt in jedem Zeitpunkt t die dort herrschende Druckhöhendifferenz $\Delta h = h(s, t) - h_o$.

Eine Besonderheit liegt am Leitungsanfang vor und betrifft die an diesem Knoten zu formulierende Randbedingung: Wegen des freien Wasserspiegels im Speicher SP bzw. im Schwallschacht WS (Wasserschloss in Abb. 8.1) ist bei $s = 0$ stets $h(0, t) = h_o = konst$ und daher $\varphi(t + L/a) = -\phi(t - L/a)$. Dies besagt, dass die Druckwellen am Einlauf mit Vorzeichenumkehrung reflektiert werden, vgl. Abb. 8.25. Eine von $s = L$ kommende ϕ-Welle trifft zur Zeit t bei $s = 0$ ein und wird unter Vorzeichenwechsel zur stromab gerichteten v-Welle totalreflektiert. Die ϕ-Welle ist um L/a früher in $s = L$ erzeugt worden, die v-Welle trifft um L/a später in $s = L$ ein. Für das Leitungsende $s = L$, an dem die Druckstöße berechnet werden sollen, muss daher gelten:

$$\varphi(L, t) = -\phi(L, t - T) \quad \text{mit} \quad T = 2L/a \quad (8.87)$$

Hierin wird $T = 2L/a$ als sogenannte *Hauptzeit* bezeichnet. Sie entspricht einem Druckwellendurchlauf „hin und zurück" und somit der halben Schwingungsperiode des Vorgangs, wie aus Abb. 8.25 hervorgeht.

Mit (8.87) ist eine der beiden Druckwellenfunktionen aus den Lösungen (8.86) eliminierbar, und man erkennt, dass es möglich sein muss, die zweite unbekannte

Funktion mit Hilfe der am Rohrende vorliegenden Knotenbedingung, der erzwungenen Ausflussregelung, auszuschalten. Dieser Lösungsweg ist Gegenstand der Alliévischen Druckstoßtheorie. Kompliziertere Leitungssysteme wird man jedoch auch mit den linearisierten Differentialgleichungen numerisch bearbeiten müssen. Dazu bleibt noch anzumerken, dass die zuvor geschilderte Interpretation des Druckwellenverhaltens im Rohr eine numerische Auswertung auf der Basis der Charakteristikenmethode geradezu herausfordert.

8.5.4 Druckstoßberechnung nach Alliévi

Die weitere Auswertung der mit (8.86) gefundenen Lösungen sieht folgende Beschränkungen vor:

Druckstöße am Rohrende: Ort fixiert bei $s = L$
Druckstöße zu den Hauptzeiten: Nur Zeitpunkte $t_n = n \cdot T$

Wird n als Zeitmarkierung in ganzzahligen Vielfachen der Hauptzeit $T = 2L/a$ eingeführt, so gehen die Lösungen (8.86) mit der Reflexionsbedingung (8.87) für das Leitungsende $s = L$ über in die Kurzform

$$h_n = h_o + \phi_n - \phi_{n-1}$$
$$v_n = v_o - \frac{g}{a}[\phi_n + \phi_{n-1}]$$

Durch die Beschränkung auf die Hauptzeiten lassen sich die ϕ-Funktionen eliminieren, indem mit je zwei benachbarten Gleichungen die Ausdrücke $h_n + h_{n-1}$ und $v_n - v_{n-1}$ gebildet werden. Die Zusammenfassung derselben liefert eine Rekursionsformel zur Berechnung der Druckhöhe h_n bei $s = L$:

$$h_n + h_{n-1} = 2 h_o - \frac{a}{g}(v_n - v_{n-1}) \qquad (8.88)$$

Die hierin enthaltenen Geschwindigkeiten sind mit der Ausflussbedingung bei $s = L$ zu bestimmen. Im vorliegenden Fall wird dabei exemplarisch von freiem Ausfluss ausgegangen, wie unter 8.5.1 schon angedeutet.

Reglercharakteristik: Die Randbedingung am Leitungsende ist fallweise unterschiedlich und muss daher normaler-weise jeweils neu formuliert werden. Der hier angenommene freie Ausfluss liegt z. B. bei einer Freistrahlturbine vor. Dabei ist einerseits die Austrittsgeschwindigkeit hinter dem Regler durch $v_a = \sqrt{2gh}$ gegeben, wenn der Bezugshorizont, s. Abb. 8.39, im Leitungsende liegt. Andererseits gilt vor und hinter dem Regler zu jeder Zeit t aus Kontinuitätsgründen $vA = v_a A_R$. Mit A_R ist der vom Regler freigegebene Auslassquerschnitt bezeichnet, der bei Vollöffnung den Maximalwert A_{R_o} annimmt und dann im Rohr die Geschwindigkeit v_o des stationären Betriebs ergibt. Definiert man mit diesen Größen den dimensionslosen

8.5 Instationäre Rohrströmungen

Abb. 8.39 Systemdarstellung Regler

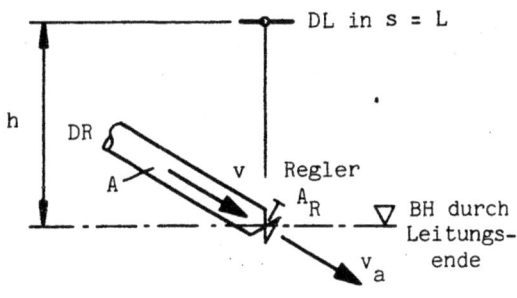

Abb. 8.40 Betriebsdiagramme, *oben* lineares Schließen, *unten* lineares Öffnen

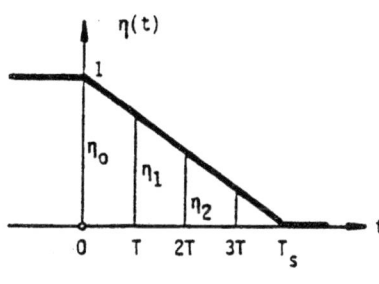

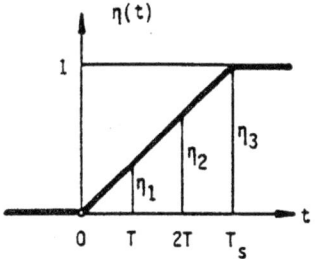

Öffnungsgrad $\eta(t) = A_R(t)/A_{R_0}$, so wird die auf v_0 bezogene Geschwindigkeit vor dem Regler:

$$\frac{v(L,t)}{v_0} = \eta(t)\sqrt{\frac{h(L,t)}{h_0}} \quad \text{bzw.} \quad v_n = v_0 \eta_n \sqrt{\frac{h_n}{h_0}} \tag{8.89}$$

Die Indizierung mit n markiert wieder den Zeitpunkt $t_n = nT$, d. h. η_n ist der erzwungene Schließ- bzw. Öffnungsgrad zur Zeit t_n.

Häufig in Rechnung gestellte Betriebsdiagramme gehen aus Abb. 8.40 hervor. Zu den durch n gekennzeichneten Hauptzeiten gelten dafür:

Lineares Schließen: $\quad \eta_n = 1 - nT/T_S$
Lineares Öffnen: $\quad \eta_n = nT/T_S$

Die Gesamtdauer des Schließ- bzw. Öffnungsvorgangs ist mit T_S bezeichnet, während $T = 2L/a$ ist. Analog kann jeder beliebige Regelungsvorgang in die Druckstoßberechnung eingeführt werden. T_S muss nicht notwendigerweise ein ganzzahliges Vielfaches von T sein, ist dann aber mitunter rechnerisch von Vorteil.

Alliévische Kettengleichungen: Eliminierung der Geschwindigkeiten aus (8.89) mittels (8.90) ergibt eine Rekursionsformel für die Berechnung der zum Zeitpunkt $t_n = nT$ am Leitungsende $s = L$ herrschenden Druckhöhe h_n:

$$h_n + h_{n-1} = 2h_o - \frac{av_o}{g\sqrt{h_o}}\left[\eta_n\sqrt{h_n} - \eta_{n-1}\sqrt{h_{n-1}}\right] \quad (8.90)$$

Statt dessen ist für die hiermit formulierten Kettengleichungen folgende dimensionslose Darstellung üblich und zweckmäßig, siehe z. B. Jaeger (1977):

$$(y_n^2 - 1) + (y_{n-1}^2 - 1) = 2R\,(\eta_{n-1}y_{n-1} - \eta_n y_n) \quad (8.91)$$

Die darin enthaltenen Relativwerte bedeuten:

$y_n = \sqrt{h_n/h_o}$, so dass $y_n^2 - 1 = \dfrac{h_n - h_o}{h_o} = \dfrac{\Delta h_n}{h_o}$ wird,

$R = \dfrac{av_o}{2gh_o}$, eine als *Rohrcharakteristik* bezeichnete Kennzahl,

$\eta = A_R/A_{R_o}$, Öffnungsgrad des Regelorgans, Abb. 8.40,

v_o und h_o sind die Daten des stationären Betriebs ($\eta = 1$).

Typische Druckstoßdiagramme in dimensionsloser Auftragung, wie sie mit der Alliévischen Theorie erhalten werden, zeigt Abb. 8.41 (qualitativ).

Druckstoß-Sonderfälle: Mit der Druckstoßberechnung nach Alliévi ergeben sich in bestimmten Betriebsfällen bemerkenswerte Aussagen, die einer besonderen Erwähnung bedürfen. Es handelt sich dabei um Grenzfälle, wie sie bei extrem kurzen Schließ- und Öffnungsvorgängen auftreten, und um das Schwingungsverhalten nach Beendigung eines Schließens oder Öffnens.

Betriebsfall „Schnellschluss": Wird ein vollständiges Schließen des Auslassreglers mit extrem kurzer Schließzeit durchgeführt, so dass $T_S \leq T = 2L/a$ ist, so muss in (8.92) zu den relativen Zeitpunkten n = 0 und n = 1 mit den Öffnungsgraden $\eta_o = 1$ (ganz offen) und $\eta_1 = 0$ (ganz geschlossen) gerechnet werden. Es spielt keine Rolle, ob das Schließen linear abläuft oder nicht. Ferner ist $y_o = 1$, und die für n = 1 als einzige unter diesen Bedingungen auszuwertende Alliévische Kettengleichung reduziert sich auf $y_1^2 - 1 = 2R$. Die linke Seite davon ist gleich der relativen Druckhöhenänderung $\Delta h_1/h_o$, und mit der Rohrcharakteristik $R = av_o/2gh_o$ ergibt sich der sog. *Joukowski-Stoß*:

$$\Delta h_1 = \frac{av_o}{g} \quad (8.92)$$

Er ist der in einem Einzelrohr maximal mögliche Druckstoß am Ende der Leitung und ergibt sich mit der Druckwellengeschwindigkeit a nach (8.84) bzw. (8.85) sowie mit der stationären Geschwindigkeit v_o im Rohr bis zum Beginn des Schließens, siehe dazu auch bei Vischer und Huber (1978).

Betriebsfall „Schnellöffnung": Bei einem vollständigen Öffnen des Auslassreglers mit der extrem kurzen Öffnungszeit $T_S \leq T = 2L/a$ kommen die Werte $\eta_o = 0$ und $y_o = 1$ sowie $\eta_1 = 1$ (ganz offen) zum Ansatz. Die Alliévi-Gleichung für n = 1 ergibt

8.5 Instationäre Rohrströmungen

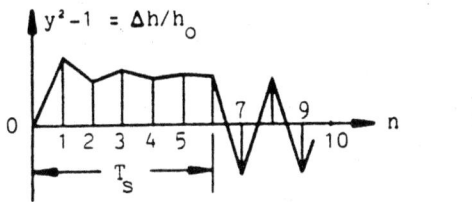 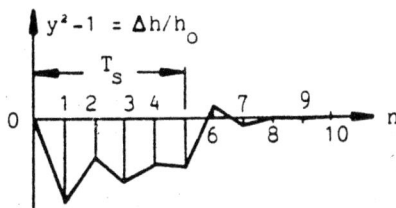

Abb. 8.41 Druckstöße, *links* infolge eines Schließvorgangs mit $T_S = 6T$ und *rechts* infolge eines Öffnungsvorgangs mit $T_S = 5T$

damit die quadratische Beziehung $y_1^2 + 2Ry_1 - 1 = 0$, deren Lösung man unschwer auf folgende Form bringen kann:

$$\Delta h_1 = -\frac{a v_o}{g}(\sqrt{1+R^2} - R) \qquad (8.93)$$

Daran ist erkennbar, dass ein negativer Joukowski-Stoß nur mit $R \to 0$ eintreten kann, während sich für $R \to \infty$ zeigt, dass dann $\Delta h_1 \to 0$ tendiert.

Druckstöße nach beendetem Schließen: Wenn der Schließvorgang beendet ist (Regler ganz geschlossen), hat der Öffnungsgrad für alle $n > T_S/T$ den Wert Null. Wegen $\eta_{n+1} = \eta_n = 0$ liefern die Alliévischen Kettengleichungen dann

$$(y_{n+1}^2 - 1) = -(y_n^2 - 1) \qquad (8.94)$$

Dies ist gleichbedeutend mit einer oszillierenden Druckschwingung: Die Druckhöhenänderungen $\Delta h = h - h_o$ pendeln gegenüber der stationären Druckhöhe h_o mit $\Delta h_{n+1} = -\Delta h_n$, siehe Abb. 8.41 (links). Nach dem Schließen ergibt sich rechnerisch eine gleichbleibende Schwingung, die in der Realität aber unter Reibungseinfluss allmählich abklingt. Sie ist dennoch sorgfältig zu beachten, weil sie meist ziemlich lange erhalten bleibt. Maßgebende Amplitude ist der am Schließzeitende T_S vorhandene Wert von $(y_n^2 - 1)$. Es empfiehlt sich daher, die Schließdauer T_S rechnerisch als ganzzahliges Vielfaches der Hauptzeit $T = 2L/a$ anzusetzen, um am Ende des Schließens den Amplitudenwert der Oszillation zu erhalten. Eingehendere Ausführungen zu diesem Phänomen können bei Jaeger (1977) nachgelesen werden.

Druckstöße nach beendetem Öffnen: In diesem Fall ist der Öffnungsgrad für alle $n \geq T_S/T$ konstant, und in (8.92) ist dann $\eta_{n+1} = \eta_n = 1$ einzugeben, wodurch sich $(y_{n+1}^2 - 1) = -(y_n^2 - 1) + 2R(y_n - y_{n+1})$ ergibt. Dies bedeutet ein von R abhängiges Abklingen der negativen Druckänderungen mit der Zeit:

$$y_{n+1} = \sqrt{R^2 + 2(1 + Ry_n) - y_n^2} - R \qquad (8.95)$$

Die Größenordnung der Rohrcharakteristik R entscheidet, ob die Schwingung periodisch oder aperiodisch abklingt. Im Grenzfall $R \to 0$ würde sich wieder (8.95) ergeben mit der rechnerisch gleichbleibenden Oszillation. Weitergehendes zum Druckstoß findet man z. B. bei Schröder (1972).

Kapitel 9
Gerinnehydraulik

9.1 Stationäre Gerinneströmungen

9.1.1 *Normalabfluss*

Unter den Begriff Gerinneströmung fallen praktisch alle Abflussvorgänge mit freiem Wasserspiegel. Schon im stationären Abflusszustand ist daher eine außerordentliche Vielfalt der Freispiegelströmungen festzustellen. Allein schon Art und Form des Gerinnequerschnitts sind von großem Einfluss auf das Erscheinungsbild der Gerinneströmung; sie erfordern die Untersuchung von Abflüssen in Gerinnen mit kompakten oder gegliederten Querschnitten sowie als ebene Gerinneströmungen, wenn extrem große Gerinnebreiten ($b \to \infty$) vorliegen. Im Gegensatz zu den Rohrströmungen hat man es wegen des freien Wasserspiegels mit Stromröhren zu tun, die außer den festen Berandungen (Sohle, Ufer) auch die variable Wasserspiegelfläche als Mantelfläche enthalten, d. h. die Abflussbedingungen sind an der Bildung der Stromröhre (s. unter 1.3) maßgeblich beteiligt. Diesbezüglich sind mit Abb. 9.1 die konvektiv beschleunigten, ungleichförmigen Abflussvorgänge vom gleichförmigen Abfluss zu unterscheiden.

Die Darstellung in Abb. 9.1 betrifft eine ebene Gerinneströmung (Rechteckquerschnitt mit $b \to \infty$), deren Fließgeschwindigkeit v in Fließrichtung auch im stationären Fall zunimmt oder abnimmt, während sich die Wassertiefe wegen (4.3) umgekehrt verhält.

Übliches Unterscheidungskriterium ist bei einem prismatischen Gerinne, insbesondere einem solchen mit breitem Rechteckquerschnitt, das gegenseitige Verhältnis von Energieliniengefälle I, Spiegelliniengefälle I_w und Sohlengefälle I_s. Man unterscheidet ungleichförmigen von gleichförmigem Abfluss im Gerinne wie folgt:

$I_w > I > I_s$ Abfluss beschleunigt, v nimmt in Fließrichtung zu
$I_w < I < I_s$ Abfluss verzögert, v nimmt in Fließrichtung ab
$I_w = I = I_s$ Gleichförmiger *Normalabfluss* mit v = *konst*

Es leuchtet ein, dass der Zustand des Normalabflusses, bei dem längs des Fließwegs s der Fließquerschnitt $A(s) = konst$ ist, einer Berechnung am ehesten zugänglich

Abb. 9.1 Ungleichförmige Gerinneströmungen

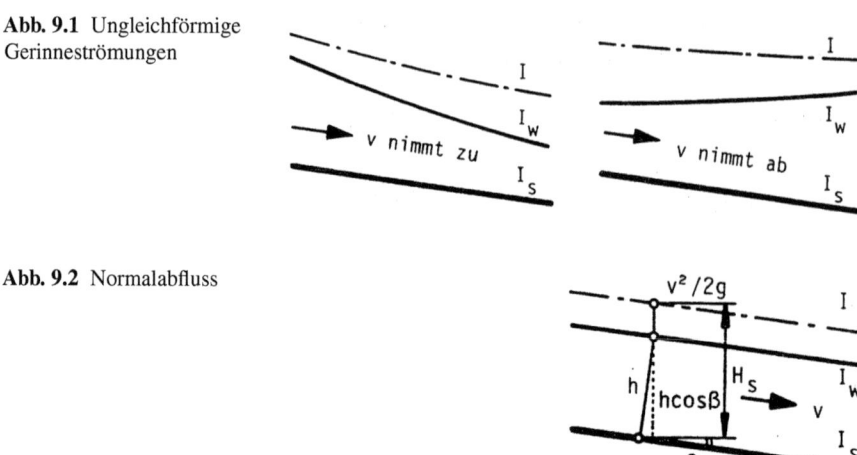

Abb. 9.2 Normalabfluss

ist. Wegen $A(s) = konst$ liegt z. B. in Bezug auf das Widerstandsverhalten eine gewisse Ähnlichkeit zur Rohrströmung vor, die dazu ausgenutzt werden kann.

Für die eindimensionale hydraulische Berechnung des Normalabflusses mit der Bernoullischen Gleichung bedarf es dabei einer eindeutigen Definition der Wassertiefe. Es gilt grundsätzlich, dass die Wassertiefe h und der Fließquerschnitt A stets *sohlennormal* definiert sind. Der Vertikalabstand zwischen Wasserspiegel und Sohle beträgt daher nicht h sondern $h \cdot \cos \beta$, wo β die Sohlenneigung angibt. Weil außerdem von hydrostatischer Druckverteilung nach (2.1) mit zu Null gesetztem p_0 auszugehen ist, wird in jeder Höhe z über der Sohle die Summe aus Druckhöhe und diesem Vertikalabstand zu $\frac{p}{\rho g} + z = h \cos \beta$. Damit ergibt sich aus (4.14) als *sohlenbezogene Energiehöhe* der für Energiehöhenvergleiche bei Gerinneströmungen besonders bequeme Ausdruck (Abb. 9.2)

$$H_S = \frac{v^2}{2g} + h \cos \beta \qquad (9.1)$$

Für Normalabfluss mit $h = konst$ ist auch $H_s = konst$ längs s. Ein Energiehöhenvergleich muss aber zusätzlich den Sohlenhöhenunterschied zwischen den verglichenen Gerinnequerschnitten berücksichtigen. Sohlenhöhe z_s über einem frei gewählten Bezugsniveau und sohlenbezogene Energiehöhe H_s beschreiben als Summe den Verlauf der *Energielinie*. Die bei Normalabfluß parallel dazu verlaufende *Drucklinie* liegt im Wasserspiegel; die Gefälle I, I_w und I_s sind gleich groß.

Die Verlusthöhe betreffend sind auch bei der Gerinneströmung kontinuierliche und örtliche Energiehöhenverluste zu unterscheiden. Im Normalabflußzustand sind die kontinuierlichen Widerstände längs einer prismatischen Gerinnestrecke L wegen $I = I_w = I_s$ mit dem Sohlengefälle I_s von vornherein bekannt, $h_v = I_S L$; andernfalls liegt ungleichförmiger Abfluss vor, bei dem die Spiegellinienberechnung auch über Verlusthöhen- und Energielinienverlauf Auskunft gibt. Örtliche Verlusthöhen

9.1 Stationäre Gerinneströmungen

Abb. 9.3 Definitionen zum Kompaktquerschnitt

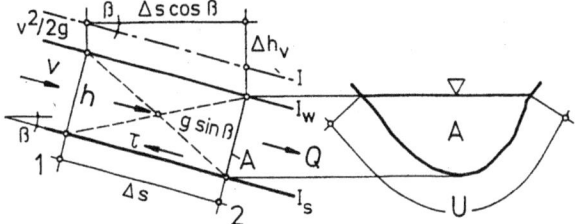

ergeben sich insbesondere infolge von Einbauten im Gerinne. Auch diese wirken sich auf die Wasserspiegellage aus.

Die Geschwindigkeitshöhe in (9.1) muß streng genommen mit einem Faktor α korrigiert werden. Dieser ist mit (4.17) definiert und ist auf dieser Basis je nach vorliegender Querschnittsform des Gerinnes sowie nach der zu erwartenden Geschwindigkeitsverteilung zumindest abzuschätzen. Lediglich bei sog. *kompakten* Querschnitten kann in vielen Fällen näherungsweise mit $\alpha \approx 1$ gearbeitet werden.

Als *Kompaktquerschnitte* werden Gerinnequerschnitte mit fester Sohle und relativ nah beieinander liegenden Seitenwänden (Ufern) angesehen, und zwar um so eher, je mehr der vorhandene Querschnitt dem Kreisquerschnitt einer Druckrohrströmung ähnelt. In diesem Sinne ist ein quadratischer Gerinnefließquerschnitt eher als Kompaktquerschnitt zu werten als ein breites Rechteckprofil. Für ein Gerinne mit einem derartigen Kompaktquerschnitt ergibt sich der Wandwiderstand bei Normalabfluss unter Annahme einer über dem benetzten Umfang U gleichverteilten Wandschubspannung mit dem Impuls- bzw. Stützkraftsatz. Wegen der verschwindenden Stützkraftdifferenz erhält man mit Abb. 9.3 die Aussage $\rho g A \Delta s \sin\beta - \tau U \Delta s = 0$. Mit dem durch (8.4) definierten hydraulischen Radius $R = A/U$ des Kompaktquerschnitts bzw. mit dem hydraulischen Durchmesser $D = 4R$ gewinnt man daraus die *umfangsgemittelte Wandschubspannung*

$$\tau = \rho g I_S R = \frac{1}{4}\rho g I_S D \tag{9.2}$$

Da bei Normalabfluß das Sohlengefälle $I_s = \sin\beta$ mit dem Energieliniengefälle I übereinstimmt, ist dieser Ausdruck formal völlig mit (8.5) identisch. Beim hydraulischen Durchmesser $D = 4R$ ist jedoch insofern ein wichtiger Unterschied vorhanden, als der hydraulische Radius $R = A/U$ nur mit dem *benetzten Umfang*, also ohne den freien Wasserspiegel, gebildet werden darf, denn nur er vermag den Wandschub aufzunehmen. Man bezeichnet τ häufig auch als *Schleppspannung*; ein Begriff, der aus der Hydraulik der Gerinne mit beweglicher Sohle stammt.

Auf Grund der zuvor festgestellten, formalen Identität der Formeln (9.2) und (8.5) liegt der Gedanke nahe, den Normalabfluß im Kompaktgerinne mit der Kreisrohrströmung zu vergleichen. Es hat sich herausgestellt, dass eine Übernahme der für Druckrohre mit Kreisquerschnitt gefundenen Widerstandsgesetze nicht auf Druckrohre mit beliebigem Querschnitt beschränkt bleiben muß, wie unter 8.1.3 und 8.2.1 diskutiert. Kompakte Gerinnequerschnitte und Normalabfluß lassen es zu, auch Gerinneströmungen mit den für Druckrohre geltenden Formeln zu berechnen.

Selbstverständlich handelt es sich dabei nur um eine mehr oder weniger gute Näherung, denn man muss bedenken, dass der Wandschub τ über dem benetzten Umfang U des Gerinnequerschnitts ungleich verteilt ist, beim Kreisquerschnitt des Rohres dagegen vollkommen gleichmäßig. Die Folge sind Sekundärbewegungen bei der Gerinneströmung, die es beim geraden Kreisrohr nicht gibt, die aber im Gerinne deutliche Wirkungen haben können, z. B. indem sie die Geschwindigkeitsverteilung über dem Querschnitt beeinflussen. Solche Erscheinungen kommen nur bei der ebenen Gerinneströmung nicht vor, also bei Rechteckgerinnen mit $b \to \infty$ oder wenigstens $b \gg h$.

Die genannte Übernahme von Gesetzmäßigkeiten aus der Rohrhydraulik betrifft einerseits die Darcy-Weisbach-Formel (8.16), andererseits die Prandtl-Colebrook-Gleichung (8.45). In beiden Beziehungen ist mit dem hydraulischen Durchmesser $D = 4R = 4A/U$ an Stelle des Rohrdurchmessers d zu rechnen, wobei U den benetzten Teil von A (ohne Wasserspiegel) bedeutet. Für Normalabfluss im Kompaktgerinne dürfen mit $v = Q/A$ also angesetzt werden:

Darcy-Weisbach:

$$I = \frac{h_v}{L} = \frac{\lambda}{D}\frac{v^2}{2g} \quad \text{bzw.} \quad v = \frac{1}{\sqrt{\lambda}}\sqrt{2gID} \tag{9.3}$$

Prandtl-Colebrook (PC):

$$\frac{1}{\sqrt{\lambda}} = -2\log\left(\frac{2{,}51}{\text{Re}\sqrt{\lambda}} + \frac{k/D}{3{,}71}\right) \tag{9.4}$$

oder in expliziter Form der Modifikation nach Zanke (1993)

$$\frac{1}{\sqrt{\lambda}} = -2\log\left(\frac{2{,}7(\log \text{Re})^{1{,}2}}{\text{Re}} + \frac{k/D}{3{,}71}\right) \tag{9.4a}$$

Reynolds-Zahl: $\quad \text{Re} = \dfrac{vD}{\nu} \quad \text{mit } D = 4R = 4A/U \tag{9.5}$

Einzelheiten zu diesen Formeln sind unter 8.3.4 angegeben; Werte der kinematischen Viskosität ν können aus Tab. 8.6 entnommen werden, und als Berechnungshilfe steht das λ-Re-Diagramm nach Prandtl-Colebrook in Abb. 8.19 zur Verfügung. Äquivalente Sandrauheiten k sind in Tab. 8.7 zusammengestellt.

Die Unterscheidung von laminarer und turbulenter Strömung im Kompaktgerinne kann aus praktischen Erwägungen entfallen: Berechnungsfälle mit laminarem Widerstandsverhalten kommen bei derartigen Gerinnen nicht vor oder sind dann uninteressant. Ein diesbezügliches Problem liegt allenfalls beim Dünnschichtabfluss von Entwässerungsflächen vor, etwa bei der Niederschlagsabfuhr von Straßenflächen. Dabei handelt es sich aber um einen ebenen Strömungsfall, nicht um den Normalabfluss im Kompaktgerinne.

9.1 Stationäre Gerinneströmungen

Dimensionslose Fließformel: Als Umkehrung des Verlustansatzes von Darcy-Weisbach ergibt sich die mit (8.17) und (9.3) schon genannte Fließformel $v = \frac{1}{\sqrt{\lambda}}\sqrt{2gID}$, die sich mit $Re = vD/\nu$ in dimensionsloser Form darstellen lässt als $Re\sqrt{\lambda} = \frac{1}{\nu}\sqrt{2gID^3} = (D/l)^{3/2}$. Dabei ist l eine Hilfsgröße, die insbesondere das Energieliniengefälle I erfasst:

$$l = \sqrt[3]{\frac{\nu^2}{2gI}} \qquad (9.6)$$

Mit dieser Abkürzung ergibt die Zusammenfassung von Darcy-Weisbach-Umkehrung und Prandtl-Colebrook-Gleichung eine allgemeine, dimensionslose und λ-freie Fließformel:

$$Re = -2\left(\frac{D}{l}\right)^{3/2} \log\left[2{,}51\left(\frac{l}{D}\right)^{3/2} + \frac{k/D}{3{,}71}\right] \qquad (9.7)$$

Darin steht Re nach (9.5) für die querschnittsgemittelte Geschwindigkeit v, während man l/D in erster Linie als einen Gefälleparameter auffassen kann, und k/D ist wie schon in (9.4) die relative Rauheit. Werte k der für letztere benötigten äquivalenten Sandrauheit sind mit Tab. 8.7 verfügbar.

Wie die Prandtl-Colebrook-Beziehung (9.4) gilt auch die dimensionslose Fließformel (9.7) für turbulenten Abfluss mit $Re >$ krit $Re = 2320$. Ferner ist das unter 8.3.4 erläuterte Übergangsverhalten vorausgesetzt, wie es im Übergangsbereich zwischen *hydraulisch glatt* und *vollkommen rau* bei technisch und natürlich vorkommenden Rauheiten anzusetzen ist. Mit dem hydraulischen Durchmesser D als der für Reynolds-Zahl und relative Rauheit maßgebenden Querabmessung ergeben sich nach (9.7) um so bessere Resultate, je kompakter der Fließquerschnitt des Normalabflusses ist.

Wenn die Voraussetzung des Kompaktquerschnitts nicht gegeben ist, muss zusätzlich mit einem *Formbeiwert f* gerechnet werden, s. unter 9.1.2. Dies gilt z. B. auch im ebenen Strömungsfall, der sich bei Normalabfluss in sehr breiten Rechteckgerinnen ($b \to \infty$) einstellt. Man hat dann von der formbeiwertbeeinflussten Fassung (9.42) der Prandtl-Colebrook-Gleichung statt von (9.4) auszugehen.

Falls die Verwendung der zusätzlich ins Spiel gebrachten Hilfsgröße l nach (9.6) auf Ablehnung stößt, kann ein Kompaktgerinne statt mit der dimensionslosen Fließformel auch auf dem üblichen Weg berechnet werden: λ-Wert aus (9.4), dann v aus der Umkehrung von (9.3). Auf beiden Wegen wird den Einflüssen der Zähigkeit des Fluids und der Rauheit der Gerinnewandungen dank des Prandtl-Colebrook-Ansatzes optimal Rechnung getragen.

Manning-Strickler-Formel: Neben der dimensionslosen Fließformel (9.7), mit der die Physik des Normalabflusses im Gerinne umfassend beschrieben wird, gibt es einige *empirische Fließformeln*, die als Potenz-Produkte aufgebaut sind und sich ihrer einfachen Handhabung wegen außerordentlicher Beliebtheit erfreuen. Von diesen hat sich die Manning-Strickler-Formel am besten behauptet.

Abb. 9.4 Exakte Lösung und Näherungslösung

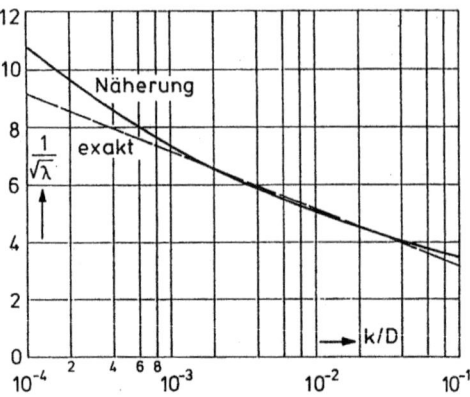

Zwar hat diese Formel einen anderen historischen Ursprung, sie kann aber, wie Schröder (1964) gezeigt hat, aus der allgemeineren Fließformel (9.7) hergeleitet werden. Damit wird der Manning-Strickler-Formel in gewisser Weise ein Vertrauensbeweis geliefert, indem der Vergleich mit Prandtl-Colebrook genau angibt, in welchen Grenzen hinreichende Übereinstimmung besteht.

Für $Re \to \infty$ kann die dimensionslose Normalabflussformel (9.7) asymptotisch angenähert werden durch

$$Re = 2{,}33 \, (k/l)^{3/2} \, (k/D)^{-5/3} \tag{9.8}$$

Resubstitution der Re-Zahl und der Hilfsgröße l führt auf

$$v = 2{,}33 \, (k/D)^{-1/6} \sqrt{2gID} \tag{9.9}$$

Vergleicht man mit der Darcy-Weisbach-Gleichung bzw. mit deren Umkehrung, so entspricht diese Näherung einem voll rauen Widerstandsverhalten:

$$\lambda = 0{,}184 \, (k/D)^{1/3} \tag{9.10}$$

Dagegen gilt nach Prandtl-Colebrook genau genommen (mit D statt d) die Beziehung (8.43). Die Gegenüberstellung in Abb. 9.4 zeigt die Unterschiede. Danach ist festzustellen, dass die Approximation (9.9) für relative Rauheiten zwischen $k/D = 10^{-3}$ und 10^{-1} praktisch übereinstimmende λ-Werte ergibt. In diesem Bereich liegt der überwiegende Teil der vorkommenden Anwendungsfälle.

Statt mit (9.9) wird in der Praxis mit folgendem Aufbau der Manning-Strickler-Formel gearbeitet:

$$v = \frac{1}{n} R^{2/3} \, I^{1/2} \tag{9.11}$$

Darin ist $R = A/U = D/4$ der hydraulische Radius des Kompaktquerschnitts. Das Energieliniengefälle I darf bei Normalabfluss durch das I_s ersetzt werden. Neu in (9.11) ist der Fließbeiwert n bzw. $1/n$, der sich durch Vergleich mit (9.9) ergibt:

$$k_{St} = \frac{1}{n} = 5{,}87 \sqrt{2g} \, k^{-1/6} = 8{,}3 \sqrt{g} \, k^{-1/6} \tag{9.12}$$

9.1 Stationäre Gerinneströmungen

Tab. 9.1 Werte $k_{St} = 1/n$ der Manning-Strickler-Formel für den Normalabfluss in Gerinnen mit Kompaktquerschnitt

Wandmaterial (alphabetisch) Art der Oberfläche, Sohle, Ufer		Strickler-Beiwerte $1/n$ in $m^{1/3}/s$	
		Zustand: gut/neu	Zustand: schlecht/alt
Asphalt:	asphaltbeton	75	70
	walzgußasphalt	80	75
Beton:	geschliffen	110	95
	aus Stahlschalung	100	90
	geglättet	95	85
	aus Holzschalung	90	60
	schlecht verschalt	60	45
Erdmaterial:	ohne Bewuchs	60	40
	bewegte Sohle	40	35
	steinig, bewachsen	38	30
	schollig, verkrautet	37	26
Fels:	roher Ausbruch	33	26
	nachgearbeitet	70	35
	gebohrt	72	47
Holz:	gehobelt, stoßfrei	110	76
	ungehobelt, rauh	80	68
Kies:	grob	35	30
	mit Sand	50	40
	mit Geröll	32	26
Mauerwerk:	verputzt	105	65
	verfugt	88	60
	bruchstein	65	45
Stahl:	gezogen, verzinkt	125	100
	geschweißte Stöße	110	95
	genietete Quernahte	95	70
	mit Rostwarzen	80	60
Steinzeug:	unglasiert	140	110
	glasiert	130	100
	leicht verkrustet	90	70

Man bezeichnet k_{St} als *Strickler-Beiwert*, und n als *Manning-Beiwert*. Beide sind nicht dimensionslos: Der Strickler-Beiwert hat im m-kg-s-System die Dimension $m^{1/3}/s$.

Die für eine Umrechnung äquivalenter Rauheiten k in Strickler-Werte $k_{St} = 1/n$ zu benutzende Formel (9.12) ist dimensionsrein.

Ausführliche Tabellen mit Strickler-Beiwerten sind von Wallisch (1990) zusammengestellt worden, außer für Kompaktquerschnitte auch für die ebene Gerinneströmung im Vergleich zum Kreisquerschnitt der Druckrohre. Nachstehend wird nur eine grobe Orientierungshilfe gegeben:

Zu den Grenzbereichen der in Tab. 9.1 aufgeführten Strickler-Werte sind einige kritische Anmerkungen zu machen: Werte $k_{St} = 1/n > 100\,m^{1/3}/s$ müssen in bezug auf die relative Rauheit k/D überprüft werden. Die dem Strickler-Beiwert zukommende äquivalente Sandrauheit k wird dazu aus (9.12) bestimmt und sollte im konkreten

Einzelfall eine relative Rauheit $k/D > 10^{-3}$ ergeben, wie bei Abb. 9.4 erklärt. Andernfalls ist besser mit (9.7) oder mit der Prandtl-Colebrook-Relation (9.4) zu arbeiten, denn die Manning-Strickler-Formel vermag dann die Widerstandsverhältnisse nicht mehr zuverlässig zu beschreiben.

Ähnliches gilt auch im unteren Grenzbereich: Werte $k_{St} = 1/n < 30\,\text{m}^{1/3}/\text{s}$ sollten auf gleiche Weise dahingehend überprüft werden, ob sie in dem durch D charakterisierten Einzelfall auf $k/D < 10^{-1}$ führen. Wenn nicht, wäre ebenfalls besser die dimensionslose Fließformel (9.7) bzw. das Widerstandsgesetz (9.4) nach Prandtl-Colebrook anzuwenden. Bei sehr kleinen Strickler-Werten geht im übrigen auch die Anschaulichkeit des physikalischen Begriffs Rauheit verloren; beispielsweise entspricht der Strickler-Beiwert $k_{St} = 1/n = 26\,\text{m}^{1/3}/\text{s}$ nach (9.12) bereits einer äquivalenten Sandrauheit von $k = 1000$ mm! Man kann die niedrigen Strickler-Werte daher oft nur noch als reine Rechengrößen interpretieren.

Die in Tab. 9.1 und bei Wallisch (1990) zusammengestellten Fließbeiwerte der Manning-Strickler-Formel sind im übrigen unabhängig von der Art der Stromröhre: Druckrohr oder offenes Gerinne. Nur die Beschaffenheit der benetzten Umfangsfläche spielt eine Rolle, wenn es sich um kompakte Querschnitte handelt. Die Fließformel von Manning-Strickler gilt auch für turbulente Rohrströmungen, soweit große Re-Zahlen vorliegen, die ein Widerstandsverhalten im Bereich *vollkommen rau* ergeben, vgl. unter 8.3.3. Die mit dem Begriff Normalabfluss verbundenen Voraussetzungen sind bei Druckrohren mit konstantem Querschnitt von vornherein erfüllt.

Abflusskurven: Für prismatische Gerinne, bei denen die Form des kompakten Gerinnequerschnitts vom Fließweg s unabhängig ist, können mit einer Fließformel *Normalabflusskennlinien* entworfen werden. Bedarf an derartigen Kennlinien besteht u. a. in der Ingenieurhydrologie, wenn beispielsweise eine Pegelkurve ersatzweise unter Annahme von Normalabfluss aufgestellt werden muss. Die Kennlinie beschreibt als Abflusscharakteristik $Q(h)$ den Zusammenhang zwischen Durchfluss Q und Wassertiefe h im Gerinne und geht aus von $Q(h) = v(h) \cdot A(h)$. Für ihre Darstellung sind also eine Fließformel, mit der unter Normalabflussbedingungen die mittlere Geschwindigkeit v als Funktion von h beschrieben wird, und eine wassertiefenabhängige Erfassung der geometrischen Größen des Fließquerschnitts erforderlich.

Als Fließformeln kommen die nach v aufgelöste Form des Darcy-Weisbach-Ansatzes (9.3) und die Manning-Strickler-Formel (9.11) in Frage:

$$v = \frac{1}{\sqrt{\lambda}} \sqrt{2gID} \quad \text{bzw.} \quad v = \frac{1}{n} R^{2/3} I^{1/2} \qquad (9.13)$$

Da Normalabfluss vorausgesetzt wird, kann I durch das Sohlengefälle I_s ausgedrückt werden. Für den hydraulischen Durchmesser gilt $D = 4R = 4\,A/U$, und der Widerstandsbeiwert $\lambda = f(Re, k/D)$ ist durch die Prandtl-Colebrook-Beziehung (9.4) gegeben.

Abb. 9.5 Definitionen bei beliebiger Gerinneform

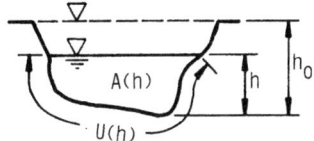

Abb. 9.6 Definitionen beim Dreiecksgerinne

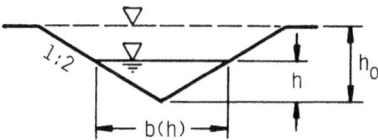

Für eine dimensionslose Kennlinie ist eine relative Abflusscharakteristik zu bilden:

$$\frac{Q(h)}{Q(h_o)} = \frac{v(h)}{v(h_o)} \frac{A(h)}{A(h_o)} \quad \text{oder kurz} \quad \frac{Q}{Q_o} = \frac{v}{v_o} \frac{A}{A_o} \qquad (9.14)$$

Dazu werden $Q_o = Q(h_o)$, $v_o = v(h_o)$ und $A_o = A(h_o)$ als Bezugsgrößen benutzt. Beispielsweise kann Q_o wie in Abb. 9.5 der bordvolle Abfluss mit der Wassertiefe h_o sein.

Die im folgenden untersuchten Beispiele betreffen zwei häufig vorkommende Anwendungsfälle. Mit diesen wird zugleich gezeigt, welche Auswirkungen unterschiedliche Fließformeln auf die zu berechnende Normalabflusskurve haben.

Dreieckgerinne: Die wassertiefenabhängigen geometrischen Größen des in Abb. 9.6 wiedergegebenen Gerinnes sind $b = 4h$, $A = 2h^2$, $U = 2\sqrt{5}\,h$, $R = h/\sqrt{5}$, die Böschungsneigung ist 1:2. Zwecks Vergleichbarkeit werden die sich damit aus den Fließformeln (9.13) ergebenden Kennlinien in der gleichen Reihenfolge wie diese nebeneinandergestellt:

$$\frac{v}{v_o} = \sqrt{\frac{\lambda_o}{\lambda}} \left(\frac{h}{h_o}\right)^{1/2} \quad \text{bzw.} \quad \frac{v}{v_o} = \left(\frac{h}{h_o}\right)^{2/3} \qquad (9.15)$$

$$\frac{Q}{Q_o} = \sqrt{\frac{\lambda_o}{\lambda}} \left(\frac{h}{h_o}\right)^{5/2} \quad \text{bzw.} \quad \frac{Q}{Q_o} = \left(\frac{h}{h_o}\right)^{8/3} \qquad (9.16)$$

Wäre $\lambda = konst$ angesetzt worden, so hätte man mit Darcy-Weisbach erhalten:

$$\frac{Q}{Q_o} \approx \left(\frac{h}{h_o}\right)^{5/2} \qquad (9.17)$$

Man erkennt, dass sich mit dieser Annahme verschiedene Abflusskurven ergeben (Potenzen: $5/2 \neq 8/3$). Die Indizierung mit „o" markiert die mit h_o vorliegenden Bezugsgrößen, s. Abb. 9.6.

Teilgefülltes Rohr: Die Normalabflusskennlinien teilgefüllter Kreisrohre sind besonders für die Kanalisationstechnik von Bedeutung; sie werden als *Füllkurven*

Abb. 9.7 Definitionen beim teilgefüllten Rohr

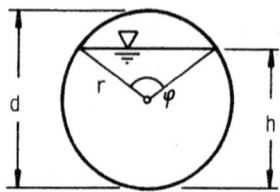

Abb. 9.8 Kreisrohr-Füllkurven

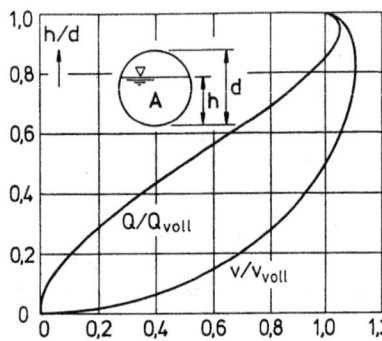

bezeichnet. Mit den in Abb. 9.7 angegebenen Bezeichnungen ist h/d der *Füllungsgrad*, und die maßgebenden geometrischen Zusammenhänge sind $h = \frac{1}{2}\left(1 + \cos\frac{\varphi}{2}\right)d$, $A = \frac{1}{4}\left(\pi - \frac{\varphi}{2} + \cos\frac{\varphi}{2}\right)d^2$ und $U = \left(\pi - \frac{\varphi}{2}\right)d$. Mit ihnen werden $D = f(h/d)$ und $R = D/4$ gewonnen, und in der Reihenfolge der Fließformeln, wie mit (9.13) vorgegeben, folgt mit diesen für die Kennlinien:

$$\frac{v}{v_o} = \sqrt{\frac{\lambda_o}{\lambda}}\left(\frac{D}{d}\right)^{1/2} \quad \text{bzw.} \quad \frac{v}{v_o} = \left(\frac{D}{d}\right)^{2/3} \tag{9.18}$$

$$\frac{Q}{Q_o} = \frac{4}{\pi}\sqrt{\frac{\lambda_o}{\lambda}}\frac{A\sqrt{D}}{d^{5/2}} \quad \text{bzw.} \quad \frac{Q}{Q_o} = \frac{4}{\pi}\frac{AD^{2/3}}{d^{8/3}} \tag{9.19}$$

Der Index „o" markiert scheitelvollen Abfluss, bei dem $D_o = d$ ist. Wird vereinfachend mit $\lambda = konst$ gerechnet, so ergeben sich mit Darcy-Weisbach

$$\frac{v}{v_o} = \left(\frac{D}{d}\right)^{1/2} \tag{9.20}$$

$$\frac{Q}{Q_o} = \frac{4}{\pi}\frac{A\sqrt{D}}{d^{5/2}} \tag{9.21}$$

Diese Normalabflusskurven haben den in Abb. 9.8 gezeigten Verlauf. Danach treten die Füllkurvenmaxima nicht bei Vollfüllung auf sondern bei kleineren Füllungsgraden. Im Bereich zwischen Abflussmaximum und scheitelvollem Abfluss neigt die Strömung u. U. zu Instabilitäten, je nach den vorliegenden Abflussbedingungen

9.1 Stationäre Gerinneströmungen

am Anfang oder Ende der Rohrstrecke, z. B. bei einem Rohrdurchlass. Bei der Bemessung teilgefüllter Rohrleitungen sollten daher Füllungsgrade im scheitelnahen Bereich vermieden werden.

9.1.2 Einfluss der Querschnittsform

Für den Wandwiderstand eines Gerinnes bei Normalabfluss ergibt sich nach (9.2) lediglich eine umfangsgemittelte Schubspannung $\tau = \frac{1}{4}\rho g I D$, die mit $I = I_s$ und $D = 4A/U$ den rechnerischen Genauigkeitsansprüchen im allgemeinen genügt, sofern kompakte Fließquerschnitte vorliegen. Mit dieser Tatsache ist zu rechtfertigen, dass man die Gesetzmäßigkeiten der Rohrströmung für die Gerinneberechnung übernehmen kann, wenn dafür mit dem hydraulischen Durchmesser D an Stelle des Rohrdurchmesser d gearbeitet wird, Normalabflussbedingungen vorausgesetzt. Es gibt aber auch Fälle, in denen die Annahme einer gleichmäßig über dem benetzten Umfang verteilten Wandschubspannung nicht zutrifft. Ungleichmäßige Wandschübe haben zusammen mit dem Einfluss des freien Wasserspiegels je nach Querschnittsform Sekundärströmungen zur Folge, die eine Veränderung der Geschwindigkeitsverteilung über dem Querschnitt bewirken. Damit ist folglich auch eine Änderung des Widerstandsverhaltens verbunden, die sich im Übergangsgesetz (9.4) von Prandtl-Colebrook zeigt und genau genommen auch die Formel (9.11) von Manning-Strickler betrifft.

Liegen solche Umstände vor, so ist eine formabhängige Korrektur des hydraulischen Durchmessers D erforderlich. Von den zahlreichen Korrekturmöglichkeiten wird aus Zweckmäßigkeitsgründen ein einparametriger Ansatz gewählt, das *Marchische Formbeiwertkonzept*. Es besteht im Prinzip darin, dass in der Prandtl-Colebrook-Gleichung nicht mit D allein sondern mit einem wirksamen hydraulischen Durchmesser D_{eff} gearbeitet wird:

$$D_{\text{eff}} = f \cdot D \tag{9.22}$$

Dabei ist f ein nur von der Querschnittsform abhängiger *Formbeiwert*, der von Reynolds-Zahl Re und relativer Rauheit k/D unabhängig ist. Er bewirkt, dass die Prandtl-Colebrook-Formel (9.4) verallgemeinert wird zu

$$\frac{1}{\sqrt{\lambda}} = -2\log\left(\frac{2{,}51}{f \cdot Re\sqrt{\lambda}} + \frac{k/D}{3{,}71 \cdot f}\right) \tag{9.23}$$

$$\frac{1}{\sqrt{\lambda}} = -2\log\left(\frac{2{,}7(\log Re)^{1{,}2}}{f \cdot Re} + \frac{k/D}{f \cdot 3{,}71}\right) \tag{9.24}$$

Der Ersatz von D durch $f \cdot D$ verändert dabei weder die Reynolds-Zahl, $Re = vD/\nu$, noch die relative Rauheit k/D. Der Formeinfluss wirkt sich dagegen auf die Zahlenwerte aus, die durch f angepasst werden.

Abb. 9.9 Definitionen beim Trapezgerinne

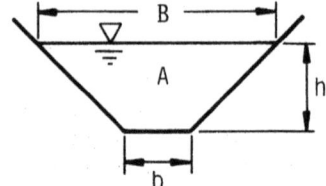

Der Vorteil des Marchi-Konzepts besteht also darin, dass man unter Beibehaltung der gewohnten Kenngrößen *Re* und *k/D* mit den durch *f* modifizierten Zahlenwerten der Prandtl-Colebrook-Beziehung die Ermittlung des λ-Wertes durchführen kann, um diesen anschließend in die unveränderte Fließformel von Darcy-Weisbach, die Umkehrung von (9.3), einzugeben.

Will man die Ermittlung des Widerstandsbeiwerts λ jedoch mit Hilfe des in Abb. 8.19 dargestellten λ-*Re*-Diagramms durchführen, so ist der Formbeiwert *f* mit D_{eff} in die Reynolds-Zahl und in die relative Rauheit einzuarbeiten, denn dem Prandtl-Colebrook-Diagramm liegen die Zahlenwerte 2,51 und 3,71 zugrunde.

Neben der Marchischen Formbeiwertmethode sind auch andere Konzeptionen möglich, sowohl ein- als auch mehrparametrige. Zwei weitere einparametrige Ansätze sind im Vergleich zur Marchi-Methode bei Schröder (1990) angeführt. Obwohl auch diesen eine Berechtigung nicht abzusprechen ist, hat sich gezeigt, dass der Marchi-Methode, ihrer größeren Anwenderfreundlichkeit wegen, der Vorzug zu geben ist. Formbeiwerte *f* der Marchi-Definition sind von anders definierten *f*-Werten, z. B. von den bei Schröder (1968) angegebenen, sorgfältig zu unterscheiden.

Für einige typische Querschnittsformen liegen Angaben über Marchi-Formbeiwerte *f* aus experimentellen Untersuchungen von Bock (1966) vor. In den nachstehend für Trapezquerschnitt und dessen Grenzfälle Rechteck und Dreieck genannten *f*-Wertformeln bedeuten *B* die Spiegelbreite, *b* die Sohlenbreite, Abb. 9.9, und *R* ist der hydraulische Radius des Profils, der außer *h/b* beim Trapez auch die Böschungsneigung erfasst. Es gelten:

Rechteckgerinne: $\qquad f = 1{,}130 \left(\dfrac{h}{b}\right)^{1/4} \left(1 + 2\dfrac{h}{b}\right)^{-1/4}$ \hfill (9.25)

Trapezgerinne: $\qquad f = 1{,}130 \left(\dfrac{R}{b}\right)^{1/4}, \quad \dfrac{h}{b} < 1$ \hfill (9.26)

Dreieckgerinne: $\qquad f = 1{,}276 \left(\dfrac{h}{B}\right)^{3/20}$ \hfill (9.27)

Zu diesen Formeln ist kritisch anzumerken, dass sie den Bereich großer Werte *h/b* bzw. *h/B* nicht befriedigend beschreiben können; es handelt sich dabei um sehr

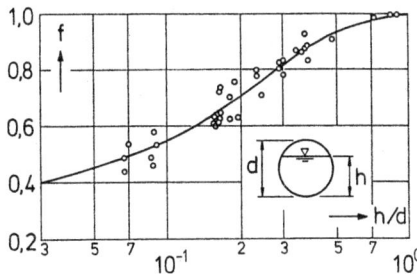

Abb. 9.10 Formbeiwerte f für teilgefüllte Kreisrohre

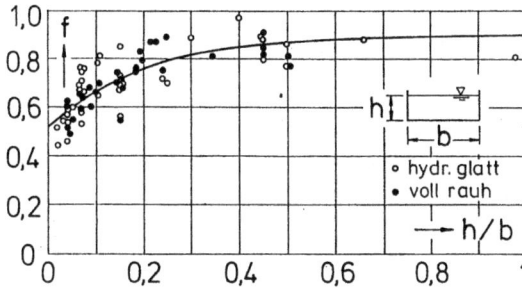

Abb. 9.11 Formbeiwerte f für Rechteckgerinne

schmale Gerinnequerschnitte, die im Grenzfall an die Strömung zwischen parallelen, vertikalen Wänden herankommen, so dass die Formbeiwerte f sicherlich einem asymptotischen Grenzwert zustreben werden. Man wird (9.25) und (9.26) daher vorsorglich nur mit der Restriktion $h/b < 1$ auswerten können. Bis zu diesem Füllungsgrad sind die beiden Beziehungen durch Versuchsdaten belegt. Bei der Formel (9.27) für den Dreieckquerschnitt liegen experimentelle Daten nur im Bereich $h/B < 2$ vor. An der f-Formel für den Trapezquerschnitt ist ferner störend, dass sie mit $b \to 0$ keinen Übergang zum Dreieckquerschnitt vermitteln kann. Man möge die Formbeiwertformeln angesichts solcher Schwächen daher hauptsächlich als Orientierungshilfe ansehen.

Von Bock (1966) sind auch experimentelle Untersuchungen mit teilgefüllten Kreisrohren durchgeführt worden. Wegen ihres Grenzfalls Vollfüllung mit Übergang zum Formbeiwert $f = 1$ des sekundärströmungsfreien Kreisquerschnitts sind diese Versuche besonders interessant. Die Ergebnisse liegen jedoch nur in Diagrammform vor, Abb. 9.10. Der niedrigste, noch durch Messungen belegte Füllungsgrad liegt bei $h/d \approx 0{,}07$.

Wesentlich besser mit experimentellen Daten belegbare Aussagen liegen über Formbeiwerte f von Gerinnen mit Rechteckquerschnitt vor. Insbesondere von Söhngen (1987) sind zahlreiche Messdaten über f-Werte von Rechteckgerinnen zusammengetragen worden, wie in Abb. 9.11 gezeigt. Damit ist zugleich festzustellen, dass die Marchi-Formbeiwerte tatsächlich nur von der Querschnittsform, nicht von der Wandbeschaffenheit abhängen. Aus den Ergebnissen dieser Untersuchung und den begleitenden theoretischen Betrachtungen haben sich ferner für $h/b \to 0$ sowie für $h/b \to \infty$ als Grenzwerte $f(0) = 0{,}52$ und $f(\infty) = 0{,}90$ herausgestellt. Auf dieser

Tab. 9.2 Zahlenwerte f der verallgemeinerten Prandtl-Colebrook-Formel bei Gerinnen mit Rechteckquerschnitt

h/b	f
0,00	0,520
0,25	0,791
0,50	0,869
1,00	0,897
Kreisrohr	1,000

Basis kann als Ausgleichskurve für die in Abb. 9.11 eingetragenen Formbeiwerte des Rechteckgerinnes nach Schröder (1990) vorgeschlagen werden:

$$f = 0{,}90 - 0{,}38 e^{-5h/b} \tag{9.28}$$

Diese Relation sollte allerdings nur auf Füllungsgrade $h/b < 1$ angewandt werden. Weil $h/b \to \infty$ mit $b \to 0$ korrespondiert, ist dieser Grenzfall der einer Strömung zwischen zwei vertikalen, parallelen Platten, für die sich theoretisch ein Formbeiwert $f = 0{,}74$ ergibt. Es kann daher angenommen werden, dass die Ausgleichskurve schon für $h/b \to 1$ wieder etwas absinkt statt dem Wert $f = 0{,}90$ zuzustreben. Auch (9.28) ist daher nur als Orientierungshilfe für die Abschätzung des Formbeiwerts zu betrachten.

Die Bedeutung der Formbeiwerte für die Berechnung des Fließwiderstands wird mit Tab. 9.2 deutlich, in der die f-Werte der Prandtl-Colebrook-Verallgemeinerung (9.23) exemplarisch für Rechteckgerinne aufgelistet sind.

Wenn der Einfluss der Querschnittsform in dieser Weise bei der Prandtl-Colebrook-Formel berücksichtigt wird, so muss dies konsequenterweise auch bei der Manning-Strickler-Formel geschehen. Dem Marchi-Formbeiwertkonzept entsprechend, das den Einfluss der Form des Gerinnequerschnitts ausschließlich dem Widerstandsbeiwert λ zuweist, ist bei der Manning-Strickler-Formel nur der Strickler-Beiwert $k_{St} = 1/n$ davon betroffen. Ersetzt man in (9.10) den hydraulischen Durchmesser D durch fD, so wird $1/\sqrt{\lambda} = 2{,}33 f^{1/6}(k/D)^{-1/6}$, und mit der Darcy-Weisbach-Gleichung (9.3), nach v aufgelöst, ergibt sich statt (9.9) die Modifizierung

$$v = 2{,}33\, f^{1/6}(k/D)^{-1/6}\sqrt{2gID} \tag{9.29}$$

Aus dem Vergleich mit der Manning-Strickler-Formel (9.11) folgt schließlich der Strickler-Beiwert

$$k_{St} = \frac{1}{n} = 5{,}87\, f^{1/6}\sqrt{2g}\,k^{-1/6} = 8{,}3\, f^{1/6}\sqrt{g}\,k^{-1/6} \tag{9.30}$$

Diese Beziehung ersetzt (9.12), wenn die Querschnittsform des Gerinnes die Berücksichtigung des Formbeiwerts f verlangt, vgl. bei Schröder (1990). Es wird deutlich, dass die Strickler-Werte $1/n$ nicht allein durch die Wand- bzw. Sohlenbeschaffenheit festgelegt sind. Daher wurden in der von Wallisch (1990) erstellten, umfassenden Tabelle der Werte $k_{St} = 1/n$ die Formbeiwerte $f = 0{,}6$ und $f = 0{,}9$ sowie $f = 1{,}0$ berücksichtigt, die in dieser Reihenfolge dem breiten Rechteckquerschnitt, dem Kompaktquerschnitt und dem Kreisquerschnitt (Druckrohr) entsprechen. Die

Unterschiede der so gewonnenen Strickler-Werte sind allerdings nicht besonders groß; die durch f bedingte Streubreite geht vielfach unter in der Streubreite, die durch eine zu geringe Auflösung bei der Spezifizierung der Wandbeschaffenheit entsteht. In den meisten Tabellen sind daher nur Werte zu finden, die $f \approx 1$ voraussetzen.

9.1.3 Ebene Strömung mit freier Oberfläche

Abgesehen davon, dass es Gerinneströmungen gibt, die tatsächlich ebene Strömungsverhältnisse aufweisen, liegt mit sehr breiten Rechteck- oder Trapezgerinnen häufig ein Gerinneabfluss vor, den man näherungsweise als ebene Strömung auffassen kann. Die für diese spezielle Freispiegelströmung bei Normalabfluss geltenden Gesetzmäßigkeiten können bei der hydraulischen Berechnung von Gerinnen oft zu Hilfe genommen werden.

Als sekundärströmungsfreier Vorgang eignet sich die ebene Gerinneströmung darüber hinaus ihrer Eindeutigkeit wegen in hervorragender Weise als Bezugsfall bei vergleichenden Untersuchungen. Sie ist aufzufassen als Normalabfluss in einem Rechteckgerinne mit extrem großer Breite, $b \to \infty$, ist aber trotz Sekundärströmungsfreiheit wegen des freien Wasserspiegels nicht formbeiwertfrei.

Im allgemeinen hat man bei ebenen Freispiegelabflüssen mit turbulenten Strömungsvorgängen zu tun. Bei Dünnschichtabflüssen von ebenen Flächen kann wegen sehr kleiner Reynolds-Zahlen aber auch der laminare Strömungszustand eintreten. Als Beispiel sind flächenhafte Entwässerungen mit dünnem Wasserfilm zu nennen, bei denen geringe Werte von hydraulischem Durchmesser D und tiefengemittelter Geschwindigkeit v auch auf unterkritische Reynolds-Zahlen führen können.

Schubspannungsverteilung: Die Wassertiefe im Gerinne ist sohlennormal definiert, daher wird der Wandabstand z ebenfalls normal zur Gerinnesohle ausgerichtet. Man beachte, dass diese Größe nicht mit der geodätischen Höhe z der Bernoullischen Gleichung verwechselt werden darf, die lotrecht orientiert ist. Dies gilt auch für die Sohlenhöhe z_s, mit der das Sohlengefälle $I_s = -dz_s/ds$ als $I_s = \sin\beta$ angegeben wird. Da bei Normalabfluss $g \cdot \sin\beta$ die einzige treibende Kraft je Masseneinheit ist, die auf ein Wasservolumen $\Delta V = (h-z)b\Delta s$ oberhalb eines Schnittes im Abstand z von der Sohle einwirkt, wird die Anwendung des Impulssatzes auf dieses Kontrollvolumen sehr einfach: Die bei Normalabfluss verschwindende Stützkraftdifferenz führt mit Abb. 9.12 zunächst auf die Bedingung $\rho(h-z)b\Delta s g \sin\beta = \tau(z)b\Delta s$, woraus die lineare Schubspannungsverteilung $\tau(z) = \rho g(h-z)\sin\beta$ hervorgeht. Als Schubspannungsrandwerte werden $\tau(h) = 0$ an der Oberfläche und $\tau(0) = \tau = \rho g h \sin\beta$ an der Sohle erhalten. Mit $I_S = \sin\beta$ lautet die Schubspannungsverteilung

$$\tau(z) = \rho g h I_S \left(1 - \frac{z}{h}\right) = \tau\left(1 - \frac{z}{h}\right) \tag{9.31}$$

Diese lineare Verteilung ist unabhängig davon, ob die ebene Freispiegelströmung laminar oder turbulent ist. Der Sohlenschub $\tau = \rho g h I_S$ wird traditionell als *Schleppspannung* bezeichnet.

Abb. 9.12 Definitionen zur Schubspannungsverteilung

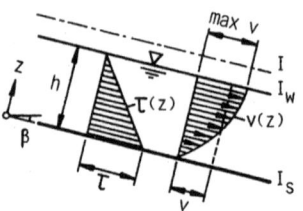

Laminare Gerinneströmung: Die ebene laminare Strömung mit freiem Wasserspiegel folgt als Normalabfluss dem mit (1.1) und (8.53) angegebenen Newtonschen Reibungsgesetz, $\tau(z) = \eta \frac{dv(z)}{dz}$. Gleichsetzen mit (9.31) ermöglicht die Ermittlung des laminaren Geschwindigkeitsprofils aus $\frac{dv(z)}{dz} = \frac{\tau}{\eta}\left(1 - \frac{z}{h}\right)$. Mit der Schubspannungsgeschwindigkeit $v_* = \sqrt{\tau/\rho}$ an der Sohle dimensionslos dargestellt, ergibt die Integration mit $v(0) = 0$ ein parabolisches Profil:

$$\frac{v(z)}{v_*} = \frac{v_* h}{\nu} \frac{z}{h}\left(1 - \frac{1}{2}\frac{z}{h}\right) \qquad (9.32)$$

Mit dieser Geschwindigkeitsverteilung folgt aus $vh = \int v(z)dz$ als tiefengemittelte Geschwindigkeit (Zeichen: v ohne Index):

$$\frac{v}{v_*} = \frac{1}{3}\frac{v_* h}{\nu} \qquad (9.33)$$

Diese Gleichung bringt das laminare Widerstandsverhalten der ebenen Gerinneströmung zum Ausdruck. Mit dem Darcy-Weisbach-Verlustansatz (9.3), der für Normalabfluss mit $I = I_s$ auszuwerten ist, gewinnt man aus (9.33) den Widerstandsbeiwert λ:

$$\lambda = \frac{24\,\nu}{vh} = \frac{96}{Re} \qquad (9.34)$$

Darin ist die Reynolds-Zahl gemäß (9.5) als $Re = vD/\nu$ zu bilden mit dem hydraulischen Durchmesser $D = 4h$ (für $b \to \infty$). Der λ-Wert entspricht formal dem der laminaren Strömung zwischen zwei parallelen Wänden, siehe unter 8.3.2.

Das mit (9.32) gefundene laminare Geschwindigkeitsprofil ist relativ ungleichmäßig. Daher kann bei der Bernoullischen Gleichung und bei der sohlenbezogenen Energiehöhe H_s nach (9.1) auf eine Korrektur der Geschwindigkeitshöhe nicht verzichtet werden: $v^2/2g$ ist durch $\alpha v^2/2g$ zu ersetzen. Entsprechendes gilt für den Impulssatz und dessen Korrekturfaktor α'. Die beiden Beiwerte sind mit (4.17) und (4.9) definiert, und die verlangten Integrationen ergeben mit dem Laminarprofil (9.32) für den Geschwindigkeitshöhenbeiwert $\alpha = 1,54$ und für den Impulsstrombeiwert $\alpha' = 1,20$. Die Annahme von $\alpha \approx 1$ bzw. $\alpha' \approx 1$ ist also im laminaren Strömungsfall nicht zulässig.

9.1 Stationäre Gerinneströmungen

Turbulente Gerinneströmung: Ziemlich ausgeglichene Geschwindigkeitsverteilungen sind dagegen beim turbulenten Normalabfluss in offenen Gerinnen mit sehr breitem Rechteckquerschnitt ($b \to \infty$) zu verzeichnen. Die Ermittlung dieser Verteilungen erfolgt auf den gleichen Grundlagen wie bei der turbulenten Kreisrohrströmung. Es wird daher auf 8.4.2 verwiesen und im folgenden hauptsächlich nur auf die Ergebnisse eingegangen.

Wie bei der turbulenten Rohrströmung wird auch bei der ebenen Gerinneströmung vom Prandtlschen Mischungswegansatz als einem gleichermaßen einfachen wie bewährten Turbulenzmodell Gebrauch gemacht. Es kommen daher unverändert die Gleichungen (8.57) bis (8.59) zum Ansatz, und die dazu unter 8.4.2 gemachten Voraussetzungen werden übernommen. Zusammen mit der Schubspannungsverteilung (9.31) ergibt sich zur Bestimmung der Geschwindigkeitsverteilungen

$$\frac{d\mathrm{v}(z)}{dz} = \frac{\mathrm{v}_*}{\kappa z}\sqrt{1 - \frac{z}{h}} \approx \frac{\mathrm{v}_*}{\kappa z} \qquad (9.35)$$

Darin sind z der Wandabstand wie mit Abb. 9.12 definiert, $\mathrm{v}_* = \sqrt{\tau/\rho}$ die Schubspannungsgeschwindigkeit und $\kappa = 0{,}4$ die Kármán-Konstante. Die Auswertung dieser Differentialgleichung wird für kleine z mit der Prandtlschen Vernachlässigung des Wurzelterms durchgeführt, die man auch als Annahme einer konstanten statt linearen Schubspannungsverteilung deuten kann. Es ergeben sich zunächst die gleichen Geschwindigkeitsprofile wie beim Kreisrohr; beim Querschnitts- bzw. Tiefenmittel derselben ist die Integration aber eine andere, denn der Querschnitt wird nicht in Polarkoordinaten wie bei der Rohrströmung dargestellt sondern mit Rechteckkoordinaten. Trotz gleicher Profile ergeben sich infolgedessen andere Widerstandsaussagen:

Glatte Sohle:
$$\frac{\mathrm{v}(z)}{\mathrm{v}_*} = \frac{1}{\kappa}\ln\frac{\mathrm{v}_* z}{\nu} + 5{,}5 \qquad (9.36)$$

$$\frac{\mathrm{v}}{\mathrm{v}_*} = \frac{1}{\kappa}\ln\left(3{,}32\frac{\mathrm{v}_* h}{\nu}\right) \qquad (9.37)$$

$$\frac{1}{\sqrt{\lambda}} = -2\,\log\frac{3{,}41}{Re\sqrt{\lambda}} \qquad (9.38)$$

Raue Sohle:
$$\frac{\mathrm{v}(z)}{\mathrm{v}_*} = \frac{1}{\kappa}\ln\frac{z}{k} + 8{,}5 \qquad (9.39)$$

$$\frac{\mathrm{v}}{\mathrm{v}_*} = \frac{1}{\kappa}\ln\frac{11}{k/h} \qquad (9.40)$$

$$\frac{1}{\sqrt{\lambda}} = -2\,\log\frac{k/D}{2{,}76} \qquad (9.41)$$

Abb. 9.13 Definitionen zum gegliederten Gerinne

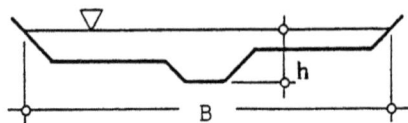

In dieser Zusammenstellung bedeuten v (ohne Index) die mittlere Geschwindigkeit, $v_* = \sqrt{\tau/\rho}$ die Schubspannungsgeschwindigkeit an der Sohle und k die äquivalente Sandrauheit. Die relative Rauheit k/D ist mit $D \to 4h$ für $b \to \infty$ (sehr breites Rechteckgerinne) zu bilden, ebenso auch die Reynolds-Zahl $Re = vD/\nu = 4vh/\nu$. Werte der kinematischen Viskosität können der Tab. 8.6 entnommen werden.

Die Berechnung des Sohlenwiderstands einer ebenen Freispiegelströmung mit der Prandtl-Colebrook-Formel (9.4) bedarf der Anwendung eines Formbeiwerts, d. h. man hat mit folgender Fassung des Prandtl-Colebrook-Gesetz es zu arbeiten:

$$\frac{1}{\sqrt{\lambda}} = -2\log\left(\frac{2{,}51}{f\,Re\sqrt{\lambda}} + \frac{k/D}{3{,}71\,f}\right) \quad \textit{implizite Form} \qquad (9.42)$$

$$\frac{1}{\sqrt{\lambda}} = -2\log\left(\frac{2{,}7(\log Re)^{1{,}2}}{f\cdot Re} + \frac{k/D}{3{,}71\,f}\right) \quad \textit{explizite Lösung} \qquad (9.42a)$$

Dieser Ausdruck ist gleichbedeutend mit (9.23), und der benötigte Formbeiwert f ergibt sich nach (9.24) zu $f = 0{,}74$. Er beruht auf den zuvor genannten Beziehungen (9.38) und (9.41) und stellt daher einen theoretischen Wert dar, der offenbar als Folge der vereinfachenden Annahmen etwas zu groß ausfällt. Von Söhngen (1987) wurde gezeigt, dass bei breiten Rechteckgerinnen f-Werte bis herab zu $f = 0{,}52$ möglich sind, siehe Abb. 9.11. Diese Aussage ist in der Formbeiwertformel (9.28) verarbeitet worden.

9.1.4 Gegliederte Gerinne

Als gegliedert bezeichnet man Gerinne, deren Fließquerschnitte aus Teilquerschnitten mit unterschiedlichem Strömungs- bzw. Widerstandsverhalten zusammengesetzt sind. Dabei kann es sich um *querschnittsgegliederte Gerinne* handeln, etwa Flussprofile mit Vorländern, Abb. 9.13, oder um *rauheitsgegliederte Gerinne*, bei denen der benetzte Umfang mit unterschiedlichen Rauheiten belegt ist, auch wenn es sich um einen Kompaktquerschnitt handelt, Abb. 9.15

Ein bei natürlichen Gerinnen sehr häufig vorkommender Fall ist die Kombination beider Gliederungsarten, denn die Sohlen- und Uferrauheit ist wegen des natürlichen Bewuchses der Vorländer von der Rauheit des eigentlichen Flussprofils deutlich zu unterscheiden. Unter solchen Bedingungen ist die Berechnung des Normalabflusses nicht mehr mit den für eine Stromröhre geltenden Voraussetzungen möglich, vgl. unter 1.3. Es ergeben sich unzutreffende Abflüsse, wenn gegliederte Gerinne mit dem bei Kompaktquerschnitten bewährten hydraulischen Durchmesser des Gesamtprofils berechnet werden.

Abb. 9.14 Teilquerschnitte

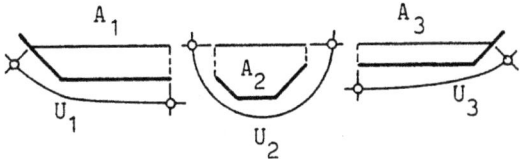

Abb. 9.15 Rauheitsgegliedertes Gerinne

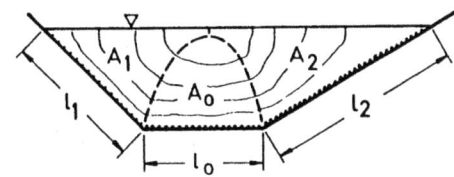

Eine strenge eindimensionale Lösung ist nicht zu erzielen, jedoch gibt es Näherungslösungen, die mit Hilfe einer sinnvollen *Querschnittszerlegung* herbeigeführt werden können.

Gerinne mit Vorländern: Eine hervorragende Approximation der Abflussberechnung bei gegliederten Querschnitten nach Abb. 9.13 beruht darauf, dass eine Querschnittszerlegung wie in Abb. 9.14 vorgenommen wird. Dabei gilt die Regel, dass die Höhe der Schnittflächen, mit denen die Vorländer vom Hauptgerinne abgetrennt werden, nur einmal, nämlich beim zentralen bzw. tiefsten Querschnittsteil zum benetzten Umfang zu zählen ist, siehe bei Könemann (1980); d. h. bei den Vorlandquerschnitten wird der benetzte Umfang nur mit der Sohlenbreite und der Uferböschung gebildet, wie in Abb. 9.14 eingetragen. Mit diesen Vorgaben erfolgt die Berechnung der Teilabflüsse für Normalabfluss mit $I = I_s$ unter der Annahme, dass alle Teilquerschnitte das gleiche Energielinien- bzw. Sohlgefälle aufweisen. Als Gesamtabfluss wird so erhalten:

$$Q = \sum Q_i \quad \text{mit} \quad Q_i = v_i A_i \qquad (9.43)$$

Darin markiert i die mit der Querschnittszerlegung erhaltenen Teilquerschnitte, und die im jeweiligen Teilquerschnitt vorhandene Fließgeschwindigkeit v_i wird mit Hilfe einer Fließformel berechnet. Dafür kommen sowohl die Darcy-Weisbach - als auch die Manning-Strickler-Formel in Frage, wobei die mit Abb. 9.14 geforderten Besonderheiten bei der Festlegung des hydraulischen Durchmessers der Teilquerschnitte zu beachten sind.

Mit der Darcy-Weisbach-Formel (9.3) ergeben sich die mittleren Geschwindigkeiten in den Teilquerschnitten aus $v_i = \frac{1}{\sqrt{\lambda_i}} \sqrt{2gID_i}$ nach Abb. 9.4 mit $D_i = 4A_i/U_i$ und $I = I_s$ für Normalabfluss. Als Abfluss im Gesamtgerinne (Fluss *und* Vorländer) folgt damit gemäß (9.43):

$$Q = \sqrt{2gI_s} \sum \frac{A_i \sqrt{D_i}}{\sqrt{\lambda_i}} = 2\sqrt{2g}\, I_s^{1/2} \sum \frac{1}{\sqrt{\lambda_i}} \sqrt{\frac{A_i^3}{U_i}} \qquad (9.44)$$

Die hierin benötigten λ_i-Werte ergeben sich mit der Prandtl-Colebrook-Beziehung (9.4). Da meist sehr breite Querschnittsteile vorliegen, kann auch ein Formbeiwert *f* berücksichtigt und von (9.23) bzw. (9.42) ausgegangen werden. Mit $f = 0{,}6$ wird man dem Formeinfluss (breites Teilgerinne) einigermaßen gerecht werden. Dazu ist aber anzumerken, dass wegen der fiktiven Trennflächen zwischen Vorland und Fluss, in denen je nach Unterschied der v_i-Werte erhebliche turbulente Schubspannungen auftreten, Unsicherheiten in Bezug auf die Formbeiwertdefinition bestehen. In der Praxis wird daher meist formbeiwertfrei gerechnet, und zwar unter Annahme vollkommen rauen Widerstandsverhaltens nach

$$\frac{1}{\sqrt{\lambda_i}} = -2\log\frac{k_i/D_i}{3{,}71} = -2\log\frac{k_i/R_i}{14{,}84} \qquad (9.45)$$

Wie in (9.44) ist auch hierin $D_i = 4R_i = 4A_i/U_i$ nach Abb. 9.14 zu bilden. Mit unterschiedlichen k_i-Werten wird ferner auch einer Rauheitsgliederung des geometrisch gegliederten Gerinnes entsprochen.

Wenn in allen Teilquerschnitten von vollkommen rauem Widerstandsverhalten ausgegangen werden kann, ist auch eine einfachere Berechnung mit Hilfe der Manning-Strickler-Formel (9.11) zulässig, die ebenfalls unterschiedliche Rauheiten zu berücksichtigen erlaubt. Mit $v_i = \frac{1}{n_i} R_i^{2/3} I^{1/2}$ und $R_i = A_i/U_i$ nach Abb. 9.14 sowie mit $I = I_s$ bei Normalabfluss beträgt die gesamte Abflussleistung des Gerinnes (Fluss und Vorländer):

$$Q = I_S^{1/2} \sum \frac{A_i R_i^{2/3}}{n_i} = I_S^{1/2} \sum \frac{1}{n_i} \frac{A_i^{5/3}}{U_i^{2/3}} \qquad (9.46)$$

Die mit vorstehenden Formeln angesprochenen Probleme betreffen besonders natürliche Fließgewässer und den naturnahen Gewässerausbau. Zu diesen Themen liegen bei Bretschneider und Schulz (1985) sowie Pasche und Rouvé (1987) ausführliche Darstellungen vor. Zum Trennflächenwiderstand und dem zwischen Fluss und Vorländern auftretenden Impulsaustausch s. auch DFG (1987).

Rauheitsgegliederte Gerinne: Auch bei Kompaktgerinnen kann eine Querschnittszerlegung zur Normalabflussberechnung nötig sein, dann nämlich, wenn Teile des benetzten Umfangs unterschiedliche Rauheiten haben, Abb. 9.15. Besonders häufig sind trapezförmige Gerinnequerschnitte, deren Böschungsflächen durch natürlichen Bewuchs ein anderes Widerstandsverhalten zeigen als die Gerinnesohle. Die eindimensionale hydraulische Berechnung fasst auch solche Gerinne als Stromröhre auf, so dass sich die Frage stellt, welcher Widerstandsbeiwert oder welche rechnerische Rauheit für das Gerinne maßgebend ist. Auch dies lässt sich sowohl mit Darcy-Weisbach als auch mit Manning-Strickler beantworten.

Dazu ist eine gedankliche Querschnittszerlegung entsprechend Abb. 9.15 nötig, bei der die Trennlinien so verlaufen, dass sich schubspannungsfreie Trennflächen ergeben. Dies ist der Fall, wenn die Trennlinien normal zu den Isotachen der Geschwindigkeitsverteilung verlaufen. Die Folge dieser Festsetzung ist, dass die gedachten schubspannungsfreien Trennflächen nicht zum benetzten Umfang U_i der i-ten Teilfläche A_i beitragen. Die einzelnen U_i sind also durch die Teillängen l_i

9.1 Stationäre Gerinneströmungen

des Gesamtumfangs $U_i = \sum l_i$ gegeben, und der jeweils maßgebende hydraulische Durchmesser ist $D_i = 4A_i/l_i$.

Die weitere Berechnung setzt voraus, dass alle Teilflächen des Kompaktquerschnitts die gleiche mittlere Geschwindigkeit v = v_i aufweisen, so dass jede Teilfläche anteilig mit $Q_i = v \cdot A_i$ zum Gesamtabfluss Q beiträgt. Ferner wird bei allen Teilquerschnitten vom gleichen Energielinien- bzw. Sohlengefälle ausgegangen. Mit der Darcy-Weisbach-Formel (9.3) ergibt sich so wegen v = $(1/\sqrt{\lambda}) \cdot \sqrt{2gID}$ = v = $(1/\sqrt{\lambda_i}) \cdot \sqrt{2gID_i}$ die wichtige Relation

$$\frac{D}{\lambda} = \frac{D_i}{\lambda_i} \tag{9.47}$$

Darin sind $D = 4A/U$ mit $U = \sum l_i$ und $D_i = 4A_i/l_i$ die jeweiligen hydraulischen Durchmesser, und aus den Widerstandsbeiwerten λ_i der Teilquerschnitte ist der λ-Wert des Gesamtquerschnitts zu berechnen. Wegen $\sum A_i = A$ erhält man damit

$$\lambda U = \sum \lambda_i \, l_i \tag{9.48}$$

Die Widerstandsbeiwerte λ_i ergeben sich aus (9.4) oder bei Vorliegen vollkommen rauen Widerstandsverhaltens aus (9.45). Mit λ werden schließlich v und $Q = vA$ gewonnen.

Die Benutzung der Darcy-Weisbach-Formel für die Normalabflussberechnung eines rauheitsgegliederten Kompaktgerinnes hat den Nachteil, dass man bei der Ermittlung der Widerstandsbeiwerte λ_i auf eine Schätzung von D_i angewiesen ist, um beispielsweise die relative Rauheit k_i/D_i benennen zu können. Für diese Schätzung hat Schröder (1990) einen Vorschlag unterbreitet, der die Querschnittszerlegung in dreieckige Teilflächen als Näherung für die λ_i-Berechnung (nur für diese!) vorsieht.

Eine derartige Annahme ist entbehrlich, wenn die Berechnung mit der Manning-Strickler-Formel (9.11) durchgeführt wird. Auf Grund der getroffenen Voraussetzungen folgt dann aus v = $\frac{1}{n}R^{2/3}I^{1/2} = \frac{1}{n_i}R_i^{2/3}I^{1/2}$ für die Manning-Beiwerte bzw. deren Kehrwerte, die Strickler-Beiwerte:

$$\frac{n_i}{n} = \left(\frac{R_i}{R}\right)^{2/3} = \left(\frac{A_i}{A}\right)^{2/3}\left(\frac{U}{l_i}\right)^{2/3} \tag{9.49}$$

Darin ist mit Abb. 9.15 wieder $U = \sum l_i$, und wegen $\sum A_i = A$ ergibt sich zur Berechnung des für das Kompaktgerinne maßgebenden Strickler-Beiwerts $1/n$ die Beziehung

$$n^{3/2}U = \sum n_i^{3/2} l_i \tag{9.50}$$

Die Kenntnis von A_i ist hierbei nicht erforderlich.

Von Indlekofer (1981) liegen bezüglich der Überlagerung von Rauheitswirkungen eingehende Informationen vor. Ein besonderes Anwendungsgebiet für diese Methoden stellen die natürlichen Fließgewässer dar, bei denen der Bewuchs der Ufer eine bedeutende Rolle spielt. Dabei ist die Umsetzung des von Bewuchselementen

Abb. 9.16 Zum Seitenwandeinfluss

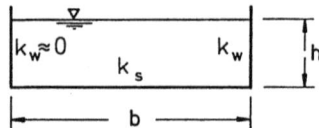

ausgehenden Strömungswiderstands in Werte der äquivalenten Sandrauheit oder in entsprechende Strickler-Beiwerte ein wichtiges Thema. Es wird diesbezüglich auf das Merkblatt des DVWK (1991) verwiesen, dessen Ausführungen speziell die Normalabflussberechnung von Fließgewässern betreffen sowie auf LFuBW (2002) u. Mertens (2006).

Seitenwandeinfluss beim Rechteckgerinne: Eine im wasserbaulichen Versuchswesen oft vorkommende Anwendung des für rauheitsgegliederte Gerinne geschilderten Verfahrens betrifft Rechteckgerinne mit glatten Seitenwänden und rauer Sohle, Abb. 9.16. Dabei lautet die Aufgabe, aus dem Gesamtwiderstand des Gerinnes (Sohle und Seitenwände) die Schubbelastung der Sohle zu ermitteln, d. h. die Seitenwandwirkung rechnerisch auszuschalten. Ziel dieser *Seitenwandkorrektur* ist die Sohlenschubspannung τ_s, die nicht mit dem Umfangsmittel τ des gesamten benetzten Gerinneumfangs übereinstimmt. Die genaue Angabe von τ_s ist z. B. für Sedimenttransportvorgänge wichtig, ebenso für die Bestimmung der Sohlenrauheit k_s.

Ausgangsdaten für die Eliminierung des Seitenwandeinflusses sind die Reynolds-Zahl $Re = vD/\nu$ und der Widerstandsbeiwert $\lambda = 2gID/v^2$, die sich aus dem Normalabfluss von $Q = vA$ mit $A = bh$ und $D = 4bh/(b+2h)$ sowie mit $I = I_s$ ergeben. Der Widerstandsbeiwert λ_w der hydraulisch glatten Seitenwände folgt mit $k_w \approx 0$ gemäß (9.4) aus $\frac{1}{\sqrt{\lambda_w}} = -2\log\frac{2{,}51}{Re_W\sqrt{\lambda_w}}$ mit $Re_W = \frac{vD_W}{\nu} = Re\frac{D_W}{D}$. Dabei ist auf Grund von (9.47) für $D_W/D = \lambda_W/\lambda$ zu setzen, so dass λ_w bestimmt werden kann aus

$$\frac{1}{\sqrt{\lambda_W}} = -2\log\frac{2{,}51\lambda}{Re\lambda_W^{3/2}} \qquad (9.51)$$

Nach (9.48) wird damit $\lambda(b+2h) = \lambda_S b + 2\lambda_W h$, wobei die Indizes s und w wie schon zuvor für Sohle und Wand stehen. Es folgt also für den Widerstandsbeiwert λ_s der Gerinnesohle:

$$\lambda_S = \lambda + 2\frac{h}{b}(\lambda - \lambda_W) \qquad (9.52)$$

Dieser Wert kann mit der Prandtl-Colebrook-Gleichung (9.4) oder mit (9.42) weiter ausgewertet werden, z. B. zwecks Ermittlung der Sohlenrauheit k_s. Für die relative Rauheit k_s/D_s gilt dabei entsprechend (9.47) als hydraulischer Durchmesser $D_S = D\lambda_S/\lambda$. Der für die Sohle maßgebende D_s-Wert gilt auch für die „bereinigte" Sohlenschubspannung $\tau_S = \frac{1}{4}\rho g I D_S$. Aus dem Vergleich mit der umfangsgemittelten Schubspannung $\tau = \frac{1}{4}\rho g I D$ ergibt sich daher die Korrektur

$$\tau_S = \tau\frac{\lambda_S}{\lambda} \qquad (9.53)$$

9.1 Stationäre Gerinneströmungen

Abb. 9.17 Definitionen zur Wandkorrektur via Manning-Strickler-Formel

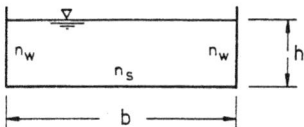

Diese Sohlenschubspannung, aus den experimentellen Daten eines endlich breiten Rechteckgerinnes, Abb. 9.16, gewonnen, würde sich bei einer ebenen Gerinneströmung ($b \to \infty$, kein Seitenwandeinfluss) mit der Wassertiefe $h = D_s/4$ einstellen, gleiches Energieliniengefälle vorausgesetzt.

Ein einfacheres, aber weniger leistungsfähiges Korrekturverfahren beruht auf der Manning-Strickler-Formel (9.11). Es geht mit Abb. 9.17 von den gleichen Voraussetzungen aus wie zuvor, erfordert jedoch eine Schätzung für den Manning-Beiwert n_w oder den Strickler-Beiwert $1/n_w$ der glatten Seitenwände des in Betracht stehenden Rechteckgerinnes. Auf Grund von (9.50) kann der Manning-Beiwert n_s für die Sohle berechnet werden aus

$$n_S^{3/2} = n^{3/2} + 2\frac{h}{b}(n^{3/2} - n_W^{3/2}) \tag{9.54}$$

Hierin ist der für das Gerinne insgesamt geltende Manning-Beiwert n bei Normalabfluss durch $n = R^{2/3} I_S^{1/2}/v$ fixiert, während n_w geschätzt werden muss, z. B. mit einem Strickler-Beiwert von etwa $1/n_w = 120\,\mathrm{m}^{1/3}/\mathrm{s}$. Dies ist, wie (9.54) erkennen lässt, eine Schwäche des Verfahrens. Auf der Basis von (9.49) kann weiter der für die Sohle maßgebende hydraulische Radius $R_s = D_s/4$ angegeben werden:

$$R_S = R\left(\frac{n_S}{n}\right)^{3/2} \tag{9.55}$$

Die Schubspannungskorrektur lautet mit $\tau_S = \rho g I R_S$ an der Sohle und mit $\tau = \rho g I R$ als Gesamtumfangsmittel folglich:

$$\tau_S = \tau\left(\frac{n_S}{n}\right)^{3/2} \tag{9.56}$$

Wird mit Strickler-Beiwerten gearbeitet, so ist der Korrekturfaktor als $(n_S/n)^{3/2} = [k_{St}(gesamt)/k_{St}(Sohle)]^{3/2}$ auszudrücken.

9.1.5 Mindestenergiehöhe und mögliche Wassertiefen

Jeder Durchfluss $Q = vA$ durch einen örtlich fixierten Gerinnequerschnitt A findet mit einer durch (9.1) definierten sohlenbezogenen Energiehöhe H_s statt, deren Zusammensetzung das Verhältnis von Geschwindigkeitshöhe zu Wassertiefe beschreibt, Abb. 9.18. Die Untersuchung dieser wechselseitigen Beziehung wird in der Technischen Hydraulik als *Theorie der kritischen Tiefe* bezeichnet. Sie betrifft einen

Abb. 9.18 Zur Mindestenergiehöhe

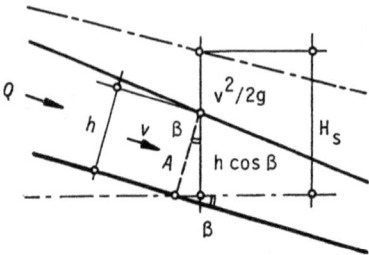

beliebigen, ortsfesten Gerinnequerschnitt im stationären Fließzustand, wobei es sich weder um Normalabfluss, noch um ein prismatisches Gerinne handeln muss, und fragt nach den unter diesen Umständen möglichen Konstellationen $h = f(Q, H_s)$.

Diese Abhängigkeit ist mit (9.1) gegeben, wenn man die Geschwindigkeitshöhe mit Hilfe der mittleren Geschwindigkeit $v = Q/A$ ausdrückt und den Fließquerschnitt mit $A(h)$ als wassertiefenabhängige Größe ansieht. Es ergibt sich die örtliche, sohlenbezogene Energiehöhe

$$H_S = \frac{Q^2}{2g A^2(h)} + h \cos\beta \qquad (9.57)$$

Auf einen Ausgleichsbeiwert α nach (4.17) kann dabei im allgemeinen verzichtet werden; wo er dennoch als zu schätzender Korrekturfaktor nötig erscheint, muss αQ^2 statt Q^2 angesetzt werden. Die nachstehenden Ausführungen gehen von $\alpha \approx 1$ aus.

Bei (9.57) handelt es sich um eine Bernoullische Energiehöhe; dies hat aber nicht zu bedeuten, dass bei deren Auswertung mit einem Energiehöhenvergleich im Sinne der Bernoullischen Gleichung (4.14) zu arbeiten ist, vielmehr wird lediglich eine Diskussion der internen Zusammenhänge durchgeführt, die am betrachteten Ort des Gerinnes vorliegen. Für einen Durchfluss $Q = konst$ ergibt (9.57) eine enge Beziehung $H_s(h)$ zwischen Wassertiefe h und sohlenbezogener Energiehöhe H_s mit den Merkmalen $H_S \to h \cos\beta$ für $h \to \infty$ ($A \to \infty$) sowie $H_S \to \infty$ für $h \to 0$ ($A \to 0$).

Dazwischen ist ein Minimum auszumachen, das sich mit $dH_S/dh = 0$ ergibt. Die Extremwertbedingung lautet zunächst $-\frac{Q^2}{gA^3}\frac{dA}{dh} + \cos\beta = 0$. Darin kann dA/dh unabhängig von der Querschnittsform wegen $dA = b(h)dh$ durch die Spiegelbreite $b(h)$ ersetzt werden, Abb. 9.19. Mit $v(h)A(h) = Q = konst$ ergibt sich so:

$$\frac{Q^2}{\cos\beta\, g\, A^3/b} = 1 \quad \text{bzw.} \quad \frac{v^2}{\cos\beta\, g\, A/b} = 1 \qquad (9.58)$$

Demnach ist die zum Minimum von H_s gehörende Wassertiefe, die sogenannte *Grenztiefe* (auch: *kritische Tiefe*) $h = h_{gr}$, aus $A^3(h)/b(h) = Q^2/(g\cos\beta)$ zu ermitteln, wie Abb. 9.20 veranschaulicht. Die Art des Gerinnequerschnitts, der durch $A(h)$ beschrieben wird, ist dabei freibleibend. Dies gilt auch für die zu h_{gr}

9.1 Stationäre Gerinneströmungen

Abb. 9.19 Definitionen

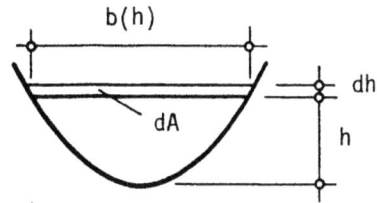

Abb. 9.20 Definitionen zur Grenztiefe

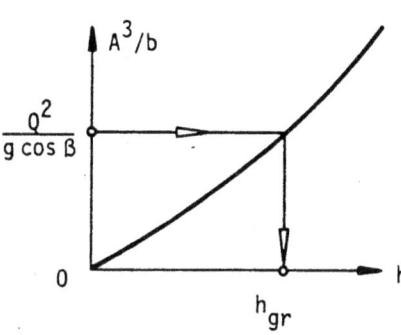

gehörende *Grenzgeschwindigkeit* v_{gr}, die unmittelbar aus (9.58) ablesbar ist und für beliebige Querschnitte gilt:

$$v_{gr} = \sqrt{\cos\beta \, g \, A/b} \tag{9.59}$$

Einsetzen von h_{gr} und v_{gr} in (9.57) führt schließlich auf das *sohlenbezogene Energiehöhenminimum*:

$$\min H_S = \frac{v_{gr}^2}{2g} + h_{gr}\cos\beta \tag{9.60}$$

Aus diesen Feststellungen ergibt sich eine Kurvenschar $H_s(Q, h)$. Für einen einzelnen Durchfluss $Q = konst$ erhält man ein $H_s(h)$-Diagramm nach Art von Abb. 9.21, mit dessen Hilfe die Frage nach den unter einer Energiehöhe H_s für den Abfluss von $Q = konst$ möglichen Wassertiefen h beantwortet werden kann. Man erkennt, dass mit der Grenztiefe h_{gr} und mit der Grenzgeschwindigkeit v_{gr} folgende Arten des Fließens zu unterscheiden sind:

Schießen (SCH): Überkritischer (*schießender*) Abfluss mit großer Geschwindigkeit bei kleiner Wassertiefe, $v > v_{gr}$, $h < h_{gr}$, $H_S > \min H_S$

Strömen (STR): Unterkritischer (*strömender*) Abfluss mit kleiner Geschwindigkeit bei großer Wassertiefe, $v < v_{gr}$, $h > h_{gr}$, $H_S > \min H_S$

Kritischer (Grenz-) Zustand: Abfluss mit Grenzgeschwindigkeit, Grenztiefe und Mindestenergiehöhe, $v = v_{gr}$, $h = h_{gr}$, $H_S = \min H_S$

Die klassischen Bezeichnungen *Schießen* und *Strömen* sind auf das Erscheinungsbild des über- bzw. unterkritischen Fließzustands zurückzuführen.

Abb. 9.21 $H_s(h)$-Diagramm

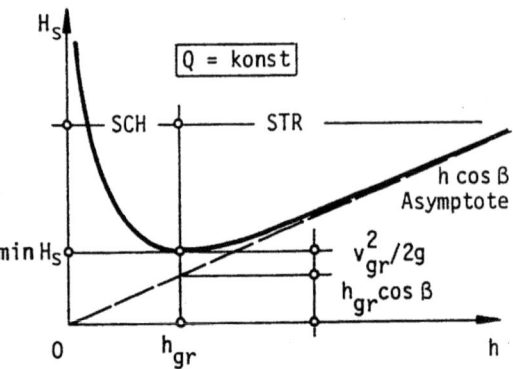

Das Kriterium Grenztiefe ergibt sich auch, wenn mit (9.57) danach gefragt wird, welcher Abfluss Q bei welcher Wassertiefe h unter einer vorgegebenen Energiehöhe $H_s = konst$ möglich wird. Die zu untersuchende Abflussgleichung, (9.57) nach $Q(h)$ aufgelöst, lautet:

$$Q = A(h)\sqrt{2g(H_S - h\cos\beta)} \qquad (9.61)$$

Für $h = 0$ und $h = H_s/\cos\beta$ ist der Abfluss $Q = 0$, dazwischen liegt bei $h = h_{gr}$ ein Maximum, das sich aus $dQ/dh = 0$ ergibt. Weil dies auf die gleiche Extremwertbedingung führt wie zuvor, ist das *Abflussmaximum* bei h_{gr} mit der Grenzgeschwindigkeit v_{gr} anzugeben:

$$\max Q = v_{gr} A(h_{gr}) \qquad (9.62)$$

Dabei ist der kritische Querschnitt $A(h_{gr})$ der Kennlinie $A(h)$ des untersuchten Fließquerschnitts zu entnehmen.

Zusammenfassend ist festzustellen:

min H_s ist die für den Transport von $Q = konst$ mindestens erforderliche sohlenbezogenen Energiehöhe

max Q ist der unter einer gegebenen Energiehöhe $H_s = konst$ höchstens mögliche Abfluß

Unter einer sohlenbezogenen Energiehöhe H_s ist ein und derselbe Abfluß Q mit zwei verschiedenen Wassertiefen h möglich

Für einige Querschnittsformen können die Kennlinien $A(h)$ spezifiziert werden, so dass für die Extremwertbedingung (9.58) auch A/b als $f(h)$ vorliegt. Die diesbezügliche Auswertung führt auf fertige Formeln für Grenztiefe und Grenzgeschwindigkeit, siehe bei Schröder (1968). Im folgenden wird dies nur für den am häufigsten vorkommenden Berechnungsfall Rechteckquerschnitt gezeigt, zumal in diesem Zusammenhang auf zahlreiches Schrifttum verwiesen werden kann, siehe z. B. bei Naudascher (1987) (Abb. 9.22).

9.1 Stationäre Gerinneströmungen

Abb. 9.22 Definitionen zum Rechteckgerinne

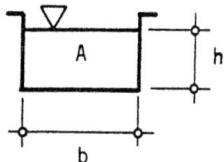

Sonderfall Rechteckgerinne: Die Querschnittskennlinie des Rechteckprofils $A = bh$ ist mit $b = konst$ linear, so dass in (9.58) mit $A/b = h$ gerechnet werden kann. Damit ist auch eine explizite Angabe der Grenztiefe möglich.

Es ergeben sich bei festgehaltenem Durchfluß $Q = konst$:

Grenztiefe: $$h_{gr} = \sqrt[3]{\frac{Q^2}{gb^2 \cos \beta}} \tag{9.63}$$

Grenzgeschwindigkeit: $$v_{gr} = \sqrt{g h_{gr} \cos \beta} \tag{9.64}$$

Energiehöhenminimum: $$\min H_S = \frac{3}{2} h_{gr} \cos \beta \tag{9.65}$$

Bei variablem Durchfluss unter einer festen Energiehöhe $H_s = konst$ gelten:

Grenztiefe: $$h_{gr} = \frac{2}{3} \frac{H_S}{\cos \beta} \tag{9.66}$$

Grenzgeschwindigkeit: $$v_{gr} = \sqrt{\frac{2}{3} g H_S} \tag{9.67}$$

Maximalabfluß: $$\max Q = \frac{2}{3} \frac{bH_S}{\cos \beta} \sqrt{\frac{2}{3} g H_S} \tag{9.68}$$

Für die Berechnung der beiden nach Abb. 9.21 möglichen Wassertiefen (schießend oder strömend) ergibt sich ferner aus (9.57) beim Rechteckquerschnitt die Bestimmungsgleichung

$$h^3 - \frac{H_S}{\cos \beta} h^2 + \frac{Q^2}{2 gb^2 \cos \beta} = 0 \tag{9.69}$$

Mit der Grenztiefe nach (9.63) kann man diese Bedingung zur Erleichterung der Auswertung auch in dimensionsloser Form darstellen:

$$1 - 3\frac{H_S}{\min H_S}\left(\frac{h}{h_{gr}}\right)^2 + 2\left(\frac{h}{h_{gr}}\right)^3 = 0 \qquad (9.70)$$

Die beiden positiven Lösungen dieser verkürzten kubischen Gleichung entsprechen den unter H_s möglichen Wassertiefen bei schießendem und strömendem Abfluss der Größe Q.

Beim Rechteckquerschnitt ist ferner noch auf eine Besonderheit zur Beurteilung der Fließart hinzuweisen: Für kleine Gerinnegefälle mit $\cos\beta \approx 1$ wird als Bewertungskriterium wegen $A/b = h$ als v/v_{gr} die *Froude-Zahl* erhalten:

$$Fr = \frac{v}{\sqrt{gh}} \qquad (9.71)$$

Sie ist eine in der Gerinnehydraulik sehr wichtige Kenngröße, im vorliegenden Fall für die Unterscheidung des schießenden vom strömenden Zustand:

$Fr > 1$ kennzeichnet *schießenden* Abfluss
$Fr < 1$ kennzeichnet *strömenden* Abfluss
$Fr = 1$ liegt bei Abfluss mit *Grenztiefe* vor

In einem Gerinne kann sich ein Übergang von der einen zur anderen Art des Fließens vollziehen. Man bezeichnet diesen Vorgang als *Fließwechsel*. Die Art des Fließwechsels ist von den vorliegenden Randbedingungen des Gerinnes abhängig. Der Übergang vom Strömen zum Schießen erfolgt mit stetigem Spiegellinienverlauf, beim Übergang vom Schießen zum Strömen liegt dagegen im allgemeinen ein sprungartiger Wechsel der Wasserspiegellage vor, verbunden mit einem oft erheblichen Energiehöhenverlust.

9.1.6 Örtliche Verlusthöhen bei strömendem Abfluss

Auch die in offenen Gerinnen vorkommenden örtlichen Energiehöhenverluste, z. B. verursacht durch Unstetigkeiten der Gerinnegeometrie oder durch Einbauten, werden mit dem durch (4.19) definierten allgemeinen Verlustansatz erfasst:

$$h_v = \zeta\frac{v^2}{2g} \quad \text{mit} \quad v = Q/A \qquad (9.72)$$

Dabei gilt wiederum, dass die Verlustbeiwerte ζ sich normalerweise auf die Geschwindigkeitshöhe unmittelbar unterhalb (in Fließrichtung *hinter*) der verursachenden Störung beziehen.

Die Bedeutung der Verlustberechnung ist beim offenen Gerinne geringer als bei der Rohrströmung, denn oft ist nicht die Verlusthöhe h_v gefragt sondern die mit h_v verbundene örtliche Änderung der Wasserspiegellage. Daher genügt es, im folgenden hauptsächlich nur die dafür wichtigsten örtlichen Verluste zu nennen.

9.1 Stationäre Gerinneströmungen

Tab. 9.3 Verlustbeiwerte ζ für Gerinneeinläufe

Einlaufgestaltung	ζ-Beiwert
Sohle niveaugleich, Seiten trompetenförmig aufgeweitet, Kanten großzügig ausgerundet, optimale Formgebung	0,06 ... 0,10
Sohle und Seiten trompetenförmig aufgeweitet, gut ausgerundet	0,10 ... 0,20
Sohle niveaugleich, Seiten gut ausgerundet, ohne Aufweitung	0,20 ... 0,30
Sohle und Seiten großzügig ausgerundet, ohne Aufweitung	0,30 ... 0,40
Sohle niveaugleich, Seiten nicht ausgerundet, kantige Form	0,40 ... 0,50
Sohle und Seiten nicht ausgerundet, allseits kantige Form	0,50 ... 0,60

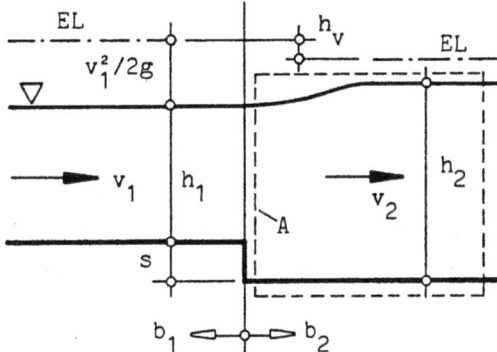

Abb. 9.23 Gerinneerweiterung

Einlaufverlust: Die Verlustbeiwerte ζ für Gerinneeinläufe entsprechen in etwa den für Rohreinläufe mit Abb. 8.7 angegebenen Daten. Für Rechteckgerinne im Fließzustand Strömen gelten je nach Gestaltung des Einlaufs die in Tab. 9.3 zusammengestellten ζ-Werte; sie sind zugleich als Orientierungshilfe für die Abschätzung der Verlustbeiwerte bei Einläufen von Trapezgerinnen o.dgl. verwendbar.

Erweiterungsverlust: Der Verlustbeiwert ζ für eine Gerinneerweiterung mit strömendem Durchfluss kann mit Hilfe des Impulssatzes ermittelt werden.

Dies wird nachstehend mit Abb. 9.23 für ein Rechteckgerinne demonstriert, das einen Querschnittswechsel von $b_1 h_1$ auf $b_2 h_2 > b_1 h_1$ aufweist. Der für die Impulssatzanwendung festzusetzende Kontrollraum, siehe unter 4.2, wird so gewählt, dass die obere Kontrollraumgrenze mit dem Querschnitt $A = b_2(h_1 + s)$ unmittelbar hinter der Erweiterung liegt, während die untere Kontrollraumgrenze den Querschnitt $A_2 = b_2 h_2$ aufweist. Für horizontal angenommene Sohle ist ferner $\cos \beta = 1$. Mit hydrostatischer Druckverteilung, siehe unter 2.2, ergeben sich unter diesen Umständen die Stützkräfte $S_1 = \rho Q v_1 + \frac{1}{2}\rho g b_2(h_1 + s)^2$ und $S_2 = \rho Q v_2 + \frac{1}{2}\rho g b_2 h_2^2$. Nach (4.8) ist für diese wegen der horizontalen Strömungsrichtung und bei Vernachlässigung von Tangentialkräften zu fordern: $S_1 = S_2$.

Andererseits folgt aus dem Bernoullischen Energiehöhenvergleich mit Abb. 9.23 die Verlusthöhe $h_v = \frac{v_1^2}{2g} + h_1 + s - \frac{v_2^2}{2g} - h_2$, wobei die tiefer gelegene Sohle als Bezugsniveau angesetzt wurde. Zusammen mit der Kontinuitätsgleichung $Q = v_1 b_1 h_1 = v_2 b_2 h_2$ als dritte Bedingung ergibt sich für den Erweiterungsverlust schließlich

Abb. 9.24 Zum Tauchwandverlust

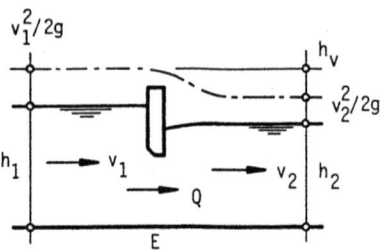

$$h_v = \frac{(v_1 - v_2)^2}{2g} + (h_1 + s) - \sqrt{\left(\frac{v_1 v_2 - v_2^2}{g}\right)^2 + (h_1 + s)^2} \qquad (9.73)$$

Danach ist der Gerinneerweiterungsverlust also immer etwas kleiner als der für Rohrerweiterungen geltende Borda-Verlust (8.23). Man kann daher näherungsweise durchaus mit der Borda-Formel rechnen: $h_v = (v_1 - v_2)^2/2g$. Im vorliegenden Fall liefert dann der Vergleich mit (9.72) den Verlustbeiwert

$$\zeta = \left(1 - \frac{A_2}{A_1}\right)^2 = \left(1 - \frac{b_2 h_2}{b_1 h_1}\right)^2 \qquad (9.74)$$

Man beachte, dass hierin A_1 nicht mit dem oberen Kontrollraumquerschnitt A zu verwechseln ist. Es ist ferner der strömende Fließzustand vorausgesetzt.

Tauchwandverlust: Die an einer Tauchwand im strömenden Fließzustand auftretende Verlusthöhe kann man als Überlagerung zweier Verlustarten auffassen: Einlaufverlust und Erweiterungsverlust. Die in Abb. 9.24 mit E markierte Engstelle wird durch die Tauchwand herbeigeführt und hat die Durchflusshöhe h_E (Spaltweite), so dass bei überall gleicher Breite des Rechteckgerinnes die Kontinuitätsbedingung $v_1 h_1 = v_E h_E = v_2 h_2$ gilt. Dabei bezeichnet $v_E = Q/bh_E$ die Geschwindigkeit im Spalt unter der Tauchwand.

Die aus dem Bernoullischen Energiehöhenvergleich hervorgehende Verlusthöhe h_v, s. Abb. 9.24, setzt sich als $h_v = h_v(Einlauf) + h_v(Erweiterung)$ zusammen. Mit einem nach Tab. 9.3 zu wählenden Verlustbeiwert wird der zustromseitige, einlaufbedingte Anteil $h_v(Einlauf) = \zeta_E v_E^2/2g$, während der unterstromseitige, erweiterungsbedingte Anteil $h_v(Erweiterung) = \left(1 - \frac{h_2}{h_E}\right)^2 \frac{v_2^2}{2g}$ beträgt, nach (9.74) angesetzt. Die Summe beider, $h_v = \zeta v_2^2/2g$, liefert mit einem ungünstig geschätzten Wert $\zeta_E = 0{,}5$ für den Verlustbeiwert der Tauchwand:

$$\zeta = 1 - 2\frac{h_2}{h_E} + \frac{3}{2}\left(\frac{h_2}{h_E}\right)^2 \qquad (9.75)$$

Dabei ist h_E die in Abb. 9.24 nicht eingetragene Höhe des unter der Tauchwand verbliebenen Durchflussquerschnitts. Zu beiden Seiten der Tauchwand ist die Fließart *Strömen* vorausgesetzt.

9.1 Stationäre Gerinneströmungen

Gerinnebauwerke: Die außerordentliche Vielfalt der in offenen Gerinnen mögliche Bauwerke, die der Strömung Widerstand entgegensetzen und mehr oder weniger große Energiehöhenverluste hervorrufen, lässt keine umfassende Darstellung der Bauwerkseinflüsse zu. Daher haben nachstehende Ausführungen zu diesem Thema nur Übersichtscharakter.

In jedem Fall interessiert vor allem der durch die Gerinnebauwerke beeinflusste Spiegellinienverlauf, und dabei besonders der als *Aufstau* bezeichnete Höhenunterschied zwischen Oberwasser- und Unterwasserspiegel. Die Bauwerke haben diesbezüglich sehr verschiedene Auswirkungen, so dass man sie nach mindestens drei Arten zu unterscheiden hat, wie folgt:

Einbauten: Diesem Begriff werden alle Einzelbaukörper zugeordnet, die den regulären Gerinnequerschnitt einengen und den Abfluss behindern. Dazu gehören sowohl horizontal ausgerichtete Bauelemente an der Gerinnesohle als auch vertikal angeordnete Einbauten. Zu nennen sind einerseits die quer zur Fließrichtung verlaufenden Sohlenschwellen, die der Verbesserung der Abflusssituation bei Niedrigwasser oder der Sohlensicherung dienen sollen, andererseits Brückenpfeiler und Brückenwiderlager oder deren Baugrubenumschließungen während der Bauzeit. Im Prinzip gehören dazu auch die durch Großbewuchs bei natürlichen Gerinnen oft vorhandenen, nahezu zylindrischen Stamm-„Einbauten".

Im strömenden (unterkritischen) Abflusszustand ist die Untersuchung der durch solche Einbauten entstehenden Verlusthöhen mit Impulssatz und Bernoulli-Gleichung. Der für die Auswertung von (4.8) benötigte Kontrollraum wird dazu so ausgelegt, dass man den Widerstand des betroffenen Einbauelements, $W = \frac{1}{2}\rho c_\mathrm{w} A v^2$, in den Stützkraftvergleich miteinbeziehen kann. Dabei ist c_w die Widerstandsziffer des umströmten Bauelements, A seine Projektionsfläche, und v muss als Anströmgeschwindigkeit nicht immer gleich der querschnittsgemittelten Geschwindigkeit sein. Auf Grund des im Gerinne vorhandenen Geschwindigkeitsprofils sind beispielsweise Sohlenschwellen mitunter von einer wesentlich kleineren Anströmgeschwindigkeit betroffen. Zusammen mit der Bernoullischen Gleichung wird mit dem Impulssatz zumindest eine Abschätzung des durch die Einbauten verursachten Energiehöhenverlustes $h_\mathrm{v} = \zeta \frac{v^2}{2g}$ und des Verlustbeiwertes ζ möglich. Meist ist man aber schon mit der Berechnung des Aufstaues zufrieden, für die der Impulssatz ausreicht. Die c_w-Werte betreffend kann man u. a. auf Angaben von Sigloch (1980) und Schröder (1990) zurückgreifen. Datenmaterial über Verbau mit Großbewuchs ist ferner in DVWK (1991) zu finden.

Übergangsbauwerke: Als solche sind alle baulichen Einrichtungen aufzufassen, die eine Abweichung von der Regelform des Gerinnes (prismatisch, gerade) auszugleichen haben. Dazu gehören nicht nur Bauwerke, die z. B. den Übergang vom Trapez- zum Rechteckquerschnitt oder, wie bei Durchlässen, zum Kreisquerschnitt vermitteln, sondern auch die Gestaltung von Gerinnebögen bei Richtungswechsel sowie von Gerinneverzweigungen. Die durch Übergangsbauwerke verursachten Energiehöhenverluste sind im allgemeinen gering, denn die Bauwerksgestaltung wird normalerweise mit einer Minimierung der Strömungsverluste verbunden. Eine

Abb. 9.25 Überfallwehr mit Stauklappe und Tosbecken

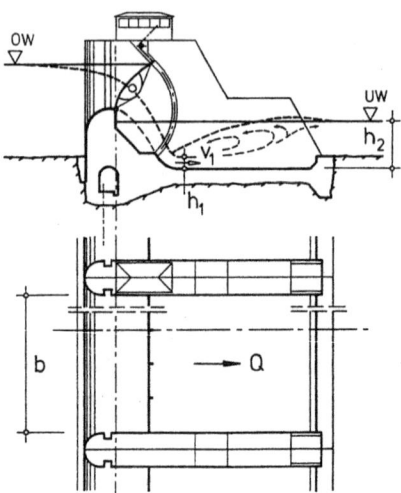

besondere Bedeutung haben die Übergangsbauwerke erst bei schießendem Abfluss. Naudascher (1987) hat hierüber eingehend berichtet. Verlustbeiwerte für strömend durchflossene Gerinneverzweigungen sind von Mock (1960) ermittelt worden. Das Abflussverhalten in gekrümmten Gerinnen betreffend sind von Preß u. Schröder (1966) viele Informationen zusammengetragen worden, sowohl für den strömenden als auch für den schießenden Fließzustand. Den Spiegelverlauf in gekrümmten Schussrinnen hat Krause (1970) untersucht und daraus Gestaltungsvorschläge für das Bauwerk entwickelt.

Wehranlagen: Die in Bezug auf die Wasserspiegellagen und den Aufstau an Wehren wesentlichen Angaben sind bereits zu den Themen Überfall und Ausfluss genannt worden; es wird daher auf Abschn. 5 verwiesen. Ergänzend ist noch der Sohlenauslass, das sogenannte *Tiroler Wehr*, zu erwähnen. Ein auf Frank (1956) zurückgehendes Bemessungsverfahren für dieses Wehrbauwerk ist bei Schröder (1968) wiedergegeben. Abgesehen von diesem Sonderbauwerk ist bei Wehranlagen auch der unvollkommene Abfluss hinsichtlich der Verlusthöhe von Bedeutung; diesbezüglich wird auf 5.1.1 verwiesen.

Die Verlusthöhe an einem Wehr betreffend ist auf den aufstaubedingten Überschuss der Energiehöhe gegenüber der unterwasserseitig zum Weitertransport des Wassers benötigten Energiehöhe hinzuweisen; er muß in einer Energieumwandlungsanlage durch Herbeiführung eines sogenannten Wechselsprungs abgebaut werden. Zu einer Wehranlage gehört daher ein *Tosbecken*, Abb. 9.25, das den hochgradig verwirbelten *Wechselsprung* aufnimmt. Dieser äußerst turbulente Vorgang findet beim Übergang vom *Schießen* zum *Strömen* statt und ist wegen der verwirbelungsbedingten intensiven Flüssigkeitsreibung durch eine große Verlusthöhe ausgezeichnet. Daher ist seine Herbeiführung im Tosbecken des Wehres erwünscht; es bedarf einer sorgfältigen Tosbeckendimensionierung, um dies zu erreichen.

9.1 Stationäre Gerinneströmungen

Abb. 9.26 Freier ebener Wechselsprung auf horizontaler Sohle

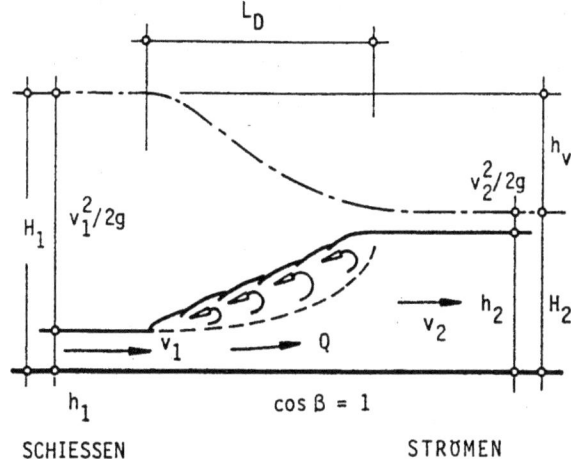

Das Tosbecken hat zugleich die Aufgabe, den Wechselsprung zu kontrollieren: Außerhalb des Bauwerks würde ein Wechselsprung Erosionsschäden an der Gerinnesohle verursachen. In Abb. 9.26 sind Spiegellinienverlauf und Wechselsprung mit sogenannter *Deckwalze* für den Wehrbetrieb mit umgelegter Stauklappe gestrichelt eingetragen. Es hängt insbesondere von der Froude-Zahl $Fr_1 = v_1/\sqrt{gh_1}$ ab, ob sich diese verlustreiche Form des Wechselsprungs einstellt. Zu diesem Thema liegen von Naudascher (1987) überaus informative Ausführungen vor, nicht nur die verschiedenen Tosbeckenarten betreffend sondern u. a. auch die Maßnahmen, mit denen der Wechselsprung im Tosbecken stabilisiert werden kann. Der Ausführlichkeit dieser Darstellung wegen sind die folgenden Betrachtungen auf den ebenen freien Wechselsprung auf horizontaler Sohle beschränkt.

Wechselsprung: Der in Abb. 9.25 angedeutete Abflussvorgang mit einem Wechselsprung im Tosbecken findet in einer durch Wehrpfeiler begrenzten Wehröffnung der Breite b statt, so dass von Rechteckquerschnitt ausgegangen werden kann bzw. von einem vertikal-ebenen Problem. Der Überfallstrahl erreicht das Tosbecken schießend mit der Strahldicke h_1 und geht mit einem Wechselsprung zum Strömen über, wenn er durch eine entsprechende Unterwassertiefe h_2 dazu gezwungen wird. In Abb. 9.26 ist diese Situation idealisiert als Fließwechsel auf horizontaler Sohle.

Man bezeichnet das Verhältnis h_2/h_1 der beiden Wassertiefen, unter denen sich ein stationärer Wechselsprung einstellt, als *konjugierte Tiefen*. Diese lassen sich auf der Grundlage des Impuls- bzw. Stützkraftsatzes (4.8) auch unter Vernachlässigung von Tangentialkräften (Umfangsschub) sehr genau bestimmen. Der Kontrollraum erstreckt sich auf den Bereich zwischen den mit 1 und 2 markierten Fließquerschnitten und schließt den Wechselsprung vollständig ein.

Auf horizontaler Sohle und bei vernachlässigten Umfangskräften bleibt von (4.8) nur die Forderung $S_1 = S_2$ übrig. Die beiden Stützkräfte sind mit den nach (2.2) anzusetzenden hydrostatischen Druckkräften zu formulieren als $S_i = \rho Q v_i + \frac{1}{2}\rho g b h_i^2$, wobei i = 1,2 den jeweiligen Querschnitt angibt. Mit $Q = v_i \, bh_i$ führt $S_i = konst$ auf eine quadratische Gleichung für die konjugierten Tiefen: $h_2^2/h_1^2 + h_2/h_1 - 2v_1^2/(gh_1) = 0$. Mit $Fr_1 = v_1/\sqrt{gh_1}$ als zuflussseitige Froude-Zahl gemäß (9.71) lautet deren (positive) Lösung:

$$\frac{h_2}{h_1} = \frac{1}{2}\left[\sqrt{8Fr_1^2 + 1} - 1\right] \tag{9.76}$$

Dieses Ergebnis zeigt, dass ein stationärer Wechselsprung bei vorgegebenen Zuflussbedingungen (Index 1) nur mit einer einzigen Wassertiefe h_2 möglich ist. Eine kleinere Unterwassertiefe könnte den Wechselsprung nicht an der betrachteten Stelle des Gerinnes fixieren. Dies übertragen auf Abb. 9.25 bedeutet, dass für das Tosbecken, den konjugierten Tiefen entsprechend, eine Mindesttiefe h_2 unter dem Unterwasserspiegel benötigt wird. Wo dies nicht realisiert werden kann, muß versucht werden, die Lage des Wechselsprungs mit Störkörpern, Schikanen oder Schwellen zu stabilisieren, siehe u. a. bei Naudascher (1987).

Als ein Maß für die Distanz, auf der sich der sprungartige Übergang vom Schießen zum Strömen vollzieht, ist beim Wechselsprung mit freier Deckwalze deren Länge L_D anzusehen. Eine der zahlreichen empirischen Formeln dafür lautet

$$L_D \approx 6\,(h_2 - h_1) \tag{9.77}$$

Mit dem hiernach gegebenen Deckwalzenende ist aber der Übergang zum Strömen noch nicht beendet, denn das normale Geschwindigkeitsprofil im Unterwassergerinne hat sich dort noch nicht eingestellt.

Durch den Bernoullischen Energiehöhenvergleich erhält man mit den sohlenbezogenen Energiehöhen nach (9.1) schließlich auch die Verlusthöhe: $h_v = H_1 - H_2$, Abb. 9.26. Sind nur die zulaufseitigen Bedingungen bekannt, ergibt sich die Verlusthöhe auch aus

$$\frac{h_v}{h_1} = \frac{1}{16} \frac{\left(\sqrt{8Fr_1^2 + 1} - 3\right)^3}{\sqrt{8Fr_1^2 + 1} - 1} \tag{9.78}$$

Der rechnerische Weg über die Energiehöhen ist jedoch wesentlich einfacher.

Die zulaufseitige Froude-Zahl $Fr_1 = v_1/\sqrt{gh_1}$ entscheidet auch über die Art des Wechselsprungs, siehe bei Schröder (1954): Ein *freier Wechselsprung* mit ausgeprägter *Deckwalze* stellt sich erst ab etwa $Fr_1 > 1{,}7$ ein, entsprechend konjugierten Tiefen von $h_2/h_1 > 2{,}0$; seine Energieumwandlung nimmt mit der Froude-Zahl stark zu. Für $Fr_1 < 1{,}6$ bzw. $h_2/h_1 < 1{,}8$ ergibt sich dagegen ein *gewellter Wechselsprung* mit stationären Oberflächenwellen, der wegen seiner großen Längserstreckung und seiner geringen Energieumwandlungsfähigkeit für ein Tosbecken kaum in Frage kommt. Zwischen der gewellten und der freien Form des Wechselsprungs kommt es zu *Mischformen*, bei denen sich eine Deckwalze noch nicht voll ausbilden kann. Als vierte Form des Wechselsprungs ist schließlich noch der *rückgestaute Wechselsprung* zu nennen, bei dem die Deckwalze unter Rückstau steht und der Schußstrahl völlig überstaut ist. Dieser Fall liegt z. B. beim unvollkommenen Ausfluss unter Schützen vor, s. Abb. 5.17.

Die mit der zulaufseitigen Froude-Zahl Fr_1 zunehmende Verlusthöhe h_v des freien Wechselsprungs ist auf die außerordentlich große Flüssigkeitsreibung im Bereich zwischen Schußstrahl und Deckwalze zurückzuführen. Beispielsweise ist an (8.57) erkennbar, dass in Zonen, die nicht nur von hoher Wirbelviskosität ε sondern vor allem auch durch so extreme Geschwindigkeitsgradienten dv/dz geprägt sind wie beim Wechselsprung, enorm große turbulente Schubspannungen auftreten. Wie von Schröder (1963) gezeigt wurde, sind diese für die hohe Energiedissipation verantwortlich, die hauptsächlich im oberen Schußstrahlbereich dicht unter der Deckwalze festzustellen ist. Der Vorgang ist darüber hinaus von heftiger Lufteinmischung in die Deckwalze betroffen, und die starke turbulente Diffusion sorgt für eine wirksame Sauerstoffanreicherung des Abflusses, auf die Naudascher (1987) hingewiesen hat. Der Wechselsprung ist daher auch als Maßnahme zur Verbesserung der Gewässergüte nutzbar.

Alle diese internen Erscheinungen sind für die Wechselsprungberechnung mit dem Impulssatz, die auf die konjugierten Tiefen (9.76) führt, ohne Belang, denn dem Kontrollraumkonzept entsprechend kann der gesamte Wechselsprungbereich bei der Impulstransportbilanz ausgeklammert werden. Dies gilt analog auch für andere Wechselsprung- bzw. Tosbeckenarten, z. B. für Radialtosbecken, bei denen sich der Wechselsprung in einem fächerförmig erweiterten Gerinne ausbreitet. Die Wechselsprungberechnung zählt im übrigen zu den klassischen Impulssatzanwendungen. Weiterführende Informationen zu diesem Thema sind u. a. von Wanoschek und Hager (1989) sowie Hager und Bremen (1989) erarbeitet worden.

9.1.7 Aufstau

Örtliche Störungen des strömenden Normalabflusses in einem ansonsten prismatischen Gerinne, z. B. Einengungen wie in Abb. 9.27, haben in jedem Fall eine Anhebung der oberwasserseitigen Wasserspiegellage zur Folge. Diese Höhendifferenz gegenüber der ungestörten Spiegellage bei Normalabfluss bezeichnet man als *Aufstau*; er bezieht sich auf den Fließzustand *Strömen*, denn bei schießendem Abfluss können an Hindernissen nur unstetige Änderungen der Spiegellage in Form von sogenannten *Schockwellen* entstehen. Dennoch kann der Zustand des Schießens auch bei der Aufstauberechnung eine Rolle spielen, denn die Engstelle kann u. U. einen Fließwechsel vom Strömen zum Schießen erzwingen, gefolgt von einem erneuten Fließwechsel, zurück zum Strömen, nach Verlassen der Engstelle. Man hat daher zwischen den in Abb. 9.28 angedeuteten Aufstaufällen zu unterscheiden: Strömender Durchfluss *ohne* oder *mit* Fließwechsel.

In den beiden Abbildungen bedeutet B die ursprüngliche Gerinnebreite, über der sich die Wassertiefe h_2 auf Grund der unterwasserseitigen Abflussbedingungen einstellt, während mit $b < B$ die eingeschränkte Breite des Gerinnes bezeichnet ist,

Abb. 9.27 Engstelle eines Gerinnes

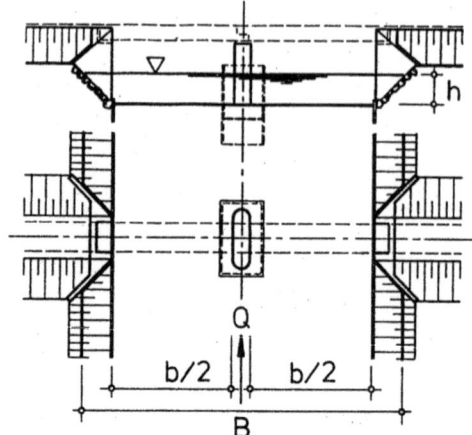

Abb. 9.28 Engstellendurchfluß, *oben* durchweg strömend, *unten* mit Fließwechsel

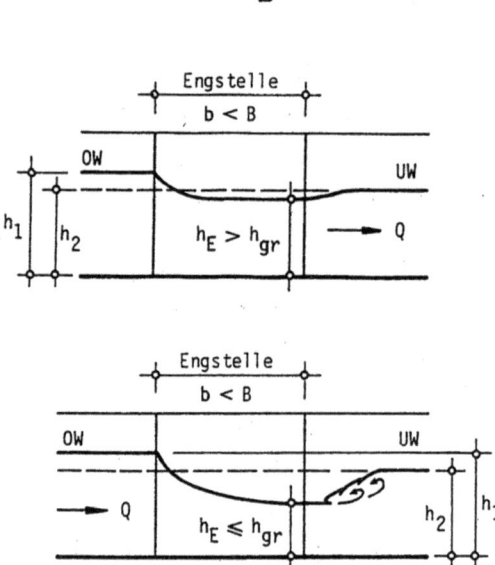

die auf der Oberwasserseite die neue Wassertiefe h_1 verursacht. Die Einengung kann z. B. auf Brückenpfeiler und -widerlager wie in Abb. 9.27 zurückzuführen sein; im Bauzustand kann dabei durch eine Baugrubenumschließung für die Gründung des Mittelpfeilers (Inselbaugrube) eine noch stärkere Einengung vorkommen als nach Fertigstellung des Bauwerks. Im folgenden werden die Einengung und das Gerinne mit Rechteckquerschnitten idealisiert, z. T. kann die Engstelle aufgefaßt werden als ein durchströmtes Widerstandselement.

Aufstau bei strömendem Durchfluss: Unabhängig davon, welcher Art der Aufstauverursacher ist, kann dieser Berechnungsfall wie in Abb. 9.29 idealisiert werden: Für die Anwendung der Bernoullischen Gleichung genügt es, die Engstelle E gedank-

9.1 Stationäre Gerinneströmungen

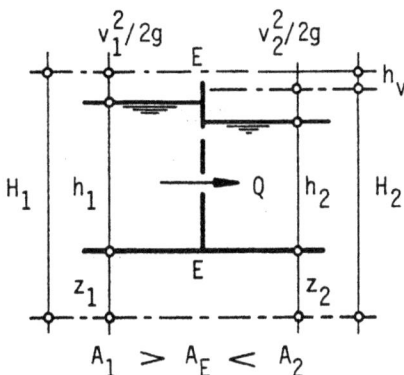

Abb. 9.29 Definitionen zum Aufstau bei strömendem Abfluss

lich durch einen hydraulischen Widerstand zu ersetzen. Diesen kann man rechnerisch als einen blendenartigen Durchflussquerschnitt A_E wie bei einer Drosselwand behandeln, wobei $A_E < A_1$ ist.

Der Energiehöhenvergleich zwischen den beiden die Engstelle einschließenden Gerrinnequerschnitten lautet mit einer Verlusthöhe, die als $h_V = \zeta v_2^2/2g$ anzusetzen ist und wie beim Tauchwandverlust, s. Abb. 9.24, genügend genau als Summe aus Einlaufverlust und Erweiterungsverlust aufgefaßt werden kann: $v_1^2/2g + h_1 + z_1 = v_2^2/2g + h_2 + z_2 + h_V$.

Als Aufstau $\Delta h = (h_1 + z_1) - (h_2 + z_2)$ bei durchweg strömendem Durchfluss ergibt sich aus dem Energiehöhenvergleich

$$\Delta h = \left[1 + \zeta - \left(\frac{A_2}{A_1}\right)^2\right] \frac{v_2^2}{2g} \qquad (9.79)$$

Dabei ist die Kontinuitätsbedingung $v_1 A_1 = v_2 A_2$ berücksichtigt. Bei der mit ζ bezeichneten Summe der Verlustbeiwerte ist zu beachten, dass sich die einzelnen ζ-Werte auf $v_2^2/2g$ beziehen müssen. Wird mit Einlauf- plus Erweiterungsverlust gearbeitet, so lässt sich ζ analog (9.75) festsetzen. Es hängt im Einzelfall von A_E ab, welcher Gesamtbeiwert ζ in (9.79) zum Tragen kommt.

Beim Einlaufanteil ζ_E an ζ ist zu beachten, dass ζ_E im Verhältnis der Querschnittsquadrate umzurechnen ist in $\zeta_E A_2^2/A_E^2$, um den Bezug auf $v_2^2/2g$ herbeizuführen. Diese durch $v_2 A_2 = v_E A_E$ begründete Umrechnung ergibt zusammen mit (9.74) den Gesamtverlustbeiwert

$$\zeta = 1 - 2\frac{A_2}{A_E} + (1 + \zeta_E)\frac{A_2^2}{A_E^2} \qquad (9.80)$$

Die Auswertung von (9.81) ist nicht nur dadurch erschwert, dass für ζ die Kenntnis von A_E nötig ist, sondern auch durch die wegen $A_1 = A_2 + \Delta A = f(\Delta h)$ erforderliche Iteration. Es gibt daher auch empirische Aufstauformeln, die einfacher zu handhaben sind. Eine der bekanntesten ist die von Rehbock schon 1921 aufgestellte Formel für

Tab. 9.4 Pfeilerformbeiwerte der Rehbock-Formel für Pfeiler mit einem Verhältnis Breite:Länge ≈ 1:7

Pfeilerquerschnitt	δ
Rechteck, ohne Kantenausrundung	3,9
Rechteck, beide Enden stumpf zugespitzt	2,9
Rechteck, abgerundete Kanten	2,4
Pfeilerenden halbkreisförmig ausgerundet	2,1
Pfeilerenden schlank zugespitzt	< 1,6

den *Pfeilerstau* an Brücken, siehe bei Preß und Schröder (1966), die sich mit Bezug auf Abb. 9.29 wie folgt schreiben lässt:

$$\frac{\Delta h}{h_2} = c(\alpha, \delta) Fr_2^2 \left(1 + Fr_2^2\right) \tag{9.81}$$

$$c(\alpha, \delta) = \frac{1}{10}[\delta - \alpha(\delta - 1)] \cdot [2\alpha + 5\alpha^2 + 45\alpha^4] \tag{9.82}$$

Darin bedeuten $Fr_2 = v_2/\sqrt{gh_2}$ die Froude-Zahl im unverbauten Gerinne (unterwasserseitig), α den Grad der Verbauung und δ einen Pfeilerformbeiwert nach Tab. 9.4. Der Verbauungsgrad beträgt

$$\alpha = 1 - \frac{A_E}{A_2} \tag{9.83}$$

Als Engstellenquerschnitt A_E ist dafür die zwischen den Pfeilern bis zur Höhe h_2 verbleibende Fläche anzusetzen.

Der Pfeilerstau lässt sich auch auf dem Umweg über die Widerstandsziffer c_w des Pfeilers ermitteln, denn aus der Verlusthöhe h_v nach (9.72) und dem Pfeilerwiderstand $W = \frac{1}{2}\rho c_w A_P v^2$ mit A_P als Projektionsfläche des Pfeilers ergibt sich mittels Impulssatz und Bernoulli-Gleichung ein eindeutiger Zusammenhang zwischen ζ und c_w. Diese Möglichkeit hat Naudascher (1987) eingehend untersucht.

Aufstau bei Fließwechsel: Wird in einer durch Einbauten herbeigeführten Gerinneverengung ein Übergang vom Strömen zum Schießen erzwungen, der unterhalb der Engstelle wieder umgekehrt wird, so liegen für die Aufstauberechnung besonders günstige Umstände vor. Dies soll nachstehend mit Abb. 9.30 demonstriert werden. Die Engstelle wird dabei sowohl durch seitliche Einengungen, z. B. Brückenwiderlager, als auch durch Sohlenanhebung im Bereich erhöhter Geschwindigkeiten, z. B. zur Sohlensicherung, gebildet. Die geometrischen Merkmale der Engstelle sind mit Rechteckquer-schnitten gegeben, wobei B die ursprüngliche, ungestörte Gerinnebreite, b die eingeschränkte Breite in der Engstelle und a die Höhe der Sohlenanhebung bezeichnen. Das am Ort vorhandene Sohlengefälle des Gerinnes sei mit $\cos\beta \approx 1$ vernachlässigbar, so dass die Sohle zugleich als Bezugshorizont für den Energiehöhenvergleich dienen kann.

Die Berechnung wird mit einem Bernoullischen Vergleich der Energiehöhen durchgeführt, jedoch mit der Besonderheit, dass der unterstromseitige Querschnitt des Fließwechsels wegen in der Engstelle liegt, wo sich die *Grenztiefe* h_{gr} und

9.1 Stationäre Gerinneströmungen

Abb. 9.30 Engstelle mit Fließwechsel

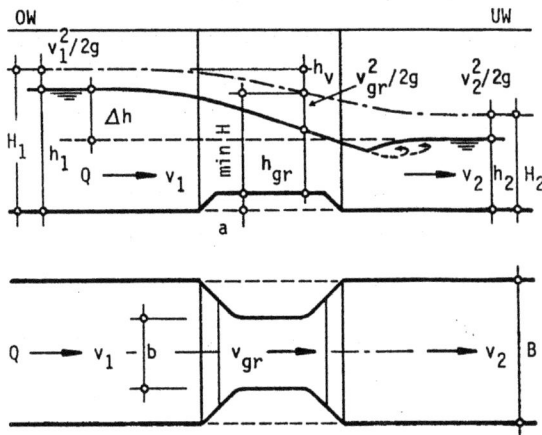

das für den Durchfluss Q mindestens notwendige *Energiehöhenminimum* einstellen. Man bezeichnet dieses Vorgehen, bei dem der Energiehöhenvergleich das Auftreten des kritischen Zustands ausnutzt, als *Extremalprinzip*. Das Prinzip ist nichts anderes als die übliche Anwendung der Bernoullischen Gleichung mit einem durch das Energiehöhenminimum fixierten Punkt der Energielinie, wie mit Abb. 9.30. gezeigt.

Vor Anwendung des Extremalprinzips ist zunächst zu prüfen, ob sich in der Engstelle die Grenztiefe einstellen kann oder ob vom Unterwasser her soviel Rückstau vorliegt, dass der Fließwechsel verhindert und der durchweg strömende Fließzustand herbeigeführt wird. Für eine rückstaufreie Engstelle mit Fließwechsel ist zu fordern, dass $\min H_s + a > H_2$ ist, weil die Energielinie in Bewegungsrichtung nur fallenden Verlauf haben kann.

Unter den in Abb. 9.30 gegebenen Umständen ist also mit $\min H_s$ nach (9.65) nachzuweisen, dass

$$a + \frac{3}{2}\sqrt[3]{\frac{Q^2}{gb^2}} > \frac{Q^2}{2gB^2h_2^2} + h_2 \quad (9.84)$$

Man beachte, dass $\min H_s$ sohlenbezogen ist und der Vergleich die Schwellenhöhe a miteinbeziehen muß.

Als Nachweis für den strömenden Zufluss zur Engstelle reicht ferner eine unterwasserseitige Froude-Zahl $Fr_2 = v_2/\sqrt{gh_2} < 1$ aus, vgl. unter 9.1.5, denn bei Strömen unterhalb der Engstelle ist wegen des Aufstaues erst recht Strömen im Oberwasser vorhanden. Mit diesen vor dem eigentlichen Berechnungsgang vorzunehmenden Tests wird entschieden, ob die Aufstauberechnung für durchweg strömenden Durchfluss oder mit dem Extremalprinzip durchzuführen ist.

Ist (9.84) erfüllt, so lautet der Energiehöhenvergleich zwischen Oberwasser und Engstelle $H_1 = \min H_s + a + h_v$. Dabei ist die Verlusthöhe h_v als Einlaufverlust anzusetzen, dessen Verlustbeiwert ζ sich auf die Geschwindigkeitshöhe $v_{gr}^2/2g$ in der Engstelle bezieht. Da bei Rechteckquerschnitten wegen (9.65) bei $\cos\beta \approx 1$

ein Verhältnis $(v_{gr}^2/(2g))/h_{gr}$ von 1:2 vorliegt, kann die Verlusthöhe ausgedrückt werden durch $h_V = \zeta v_{gr}^2/2g = \frac{1}{2}\zeta h_{gr}$. Der Energiehöhenvergleich wird damit zu $H_1 = a + \frac{1}{2}h_{gr}(3 + \zeta)$. Mit $v_1 = Q/Bh_1$ ist ferner $H_1 = \frac{Q^2}{2gB^2h_1^2} + h_1$. Für die Aufstauberechnung folgt damit:

$$h_1^3 - \left[a + \frac{1}{2}(3+\zeta)h_{gr}\right]h_1^2 + \frac{Q^2}{2gB^2} = 0 \quad \text{mit} \quad h_{gr} = \sqrt[3]{\frac{Q^2}{gb^2}} \qquad (9.85)$$

Diese Bestimmungsgleichung entspricht der bei Wassertiefenberechnungen mit der Bernoullischen Gleichung oft vorkommenden Beziehung (9.69). Auch sie lässt sich dimensionslos schreiben:

$$\left(\frac{h_1}{h_{gr}}\right)^3 - \left[\frac{a}{h_{gr}} + \frac{1}{2}(3+\zeta)\right]\left(\frac{h_1}{h_{gr}}\right)^2 + \frac{1}{2}\left(\frac{b}{B}\right)^2 = 0 \qquad (9.86)$$

Dabei ist h_{gr} wie bei (9.85) angegeben mit der Engstellenbreite b zu bilden. Der ζ-Wert für den Einlaufverlust kann variiert werden, Tab. 9.3 dient dabei als Orientierungshilfe. Die gefundenen Aussagen beziehen sich auf den in Abb. 9.30 dargestellten exemplarischen Anwendungsfall. Davon abweichende Berechnungsfälle sind analog zu lösen.

9.1.8 Ungleichförmiger Abfluss in Gerinnen

Wurde als „Normalabfluss" unter 9.1.1 ein gleichförmiger Vorgang definiert, der in einem prismatischen Gerinne mit gleichem Gefälle von Sohle, Wasserspiegel und Energielinie abläuft, so muß zu diesem Begriff ergänzend betont werden, dass er keinesfalls den praktisch vorkommenden „Normalfall" eines Abflusses repräsentiert. Vor allem in natürlichen Gerinnen kommt statt dessen der stationär-ungleichförmige Abfluss, wie mit Abb. 9.1 schematisch dargestellt, viel häufiger vor. Gleichwohl sind die für Normalabfluss geltenden Regeln maßgeblich auch an der Beschreibung ungleichförmiger Abflussvorgänge beteiligt. Beispielsweise hängt der Verlauf einer Spiegellinie im offenen Gerinne nicht nur von einem Startwert h_o der Wassertiefe ab sondern entscheidend auch von den gerinnespezifischen Parametern Normalwassertiefe h_n und Grenztiefe h_{gr}.

Da es sich bei natürlich vorkommenden Gerinnen vielfach um gegliederte Querschnitte handelt (siehe unter 9.1.4), bei denen sich sehr ungleichmäßige Geschwindigkeitsverteilungen ergeben können, darf bei der Berechnung des ungleichförmigen Abflusses meist nicht darauf verzichtet werden, in der Bernoullischen Gleichung einen Geschwindigkeitshöhenausgleichsbeiwert α nach (4.17) zu berücksichtigen, Abb. 9.31. Für die Gesamtenergiehöhe ergibt sich dann:

$$\frac{\alpha v^2}{2g} + h\cos\beta + z_S + h_V = konst \qquad (9.87)$$

9.1 Stationäre Gerinneströmungen

Abb. 9.31 Definitionen zum stationär ungleichförmigen Abfluss

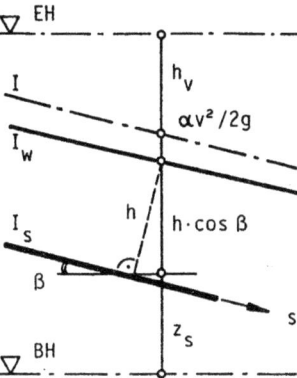

Dabei ist vorausgesetzt, dass im Fließquerschnitt hydrostatische Druckverteilung herrscht, so dass die Summe aus Druckhöhe und Vertikalabstand von der Sohle überall zwischen Sohle und Wasserspiegel durch $h \cos \beta$ ausgedrückt werden kann; es sind also nur mäßige Vertikalkrümmungen der Stromlinie zulässig.

Spiegelliniengleichung: Aus (9.87) ergibt sich für die Änderung der Wassertiefe h längs s die Differentialgleichung

$$\frac{dh}{ds} = \frac{I_S - I}{\cos \beta - \alpha Fr^2} \qquad (9.88)$$

Dabei ist in der Froude-Zahl die mit Abb. 9.19 definierte Spiegelbreite $b(h)$ berücksichtigt: $Fr = v/\sqrt{gA/b}$. Ferner bedeuten $I_S = -dz_S/ds = \sin \beta$ das Sohlengefälle und $I = dh_V/d_s$ das Energieliniengefälle.

Die Spiegelliniengleichung gilt für beliebige, auch s-abhängige Fließquerschnitte des Gerinnes. Sie kann mit einer Differenzenmethode numerisch ausgewertet werden. Dabei ist der Startwert h_0 des vorliegenden Anfangswertproblems je nach Abflussart (Schießen, Strömen) entweder am oberen oder am unteren Ende des zu berechnenden Gerinneabschnitts gelegen; seine Lage entscheidet zwangsläufig über die Berechnungsrichtung, stromauf oder stromab.

Für prismatische Gerinne, insbesondere solche mit Rechteckquerschnitt, gibt es geschlossene Lösungen, die meist in Tabellenform vorliegen, z. B. für Staulinien nach Rühlmann, siehe bei Schmidt (1957). An diesen ist vor allem die Diskussion der Zusammenhänge von Wassertiefe h, Normalwassertiefe h_n und Grenztiefe h_{gr} aufschlußreich. Für ein breites, flach geneigtes Rechteckgerinne ($\cos \beta \approx 1$) kann (9.88) unter Annahme von $\alpha \approx 1$ überführt werden in

$$\frac{dh}{ds} = I_S \frac{1 - (h_n/h)^3}{1 - (h_{gr}/h)^3} \qquad (9.89)$$

Dabei bedeuten gemäß (9.63) und (9.3), wobei λ als Konstante aufgefaßt und mit $D \approx 4h$ gearbeitet wird:

Normalwassertiefe: $\qquad h_n = \frac{1}{2} \sqrt[3]{\frac{\lambda Q^2}{gb^2 I_S}} \qquad (9.90)$

Grenztiefe: $$h_{\mathrm{gr}} = \sqrt[3]{\frac{Q^2}{gb^2}} \qquad (9.91)$$

Mit (9.89) ist erkennbar, dass der Spiegellinienverlauf entscheidend davon abhängt, in welchem Verhältnis die Wassertiefe $h(s)$ zu den Durchflussabhängigen Gerinneparametern Normalwassertiefe h_n und Grenztiefe h_gr steht. Es lohnt sich daher, sich vor der eigentlichen Spiegellinienberechnung qualitativ über den zu erwartenden Spiegellinienverlauf zu informieren.

Abschätzung des Spiegellinienverlaufs: Wird mit x die nicht notwendigerweise mit der Fließrichtung s übereinstimmende Berechnungsrichtung bezeichnet, so sind für die Art des Spiegellinienverlaufs folgende Größen maßgebend:

$h_\mathrm{o}(x_\mathrm{o})$ *Anfangswassertiefe* h_o *an der Stelle* x_o
$h_\mathrm{n}(Q)$ *Normalwassertiefe* im gleichen Gerinne, die sich für gleiches Q bei Normalabfluss einstellen würde
$h_\mathrm{gr}(Q)$ *Grenztiefe* im gleichen Gerinne, die sich für gleiches Q bei kritischem Abfluss unter Mindestenergiehöhe einstellen würde

Je nach Verhältnis $h_\mathrm{o}:h_\mathrm{n}:h_\mathrm{gr}$ ergeben sich für $h(x)$ sechs verschiedene Grundtypen von Spiegellinien. In Abb. 9.32 sind diese zusammengestellt, wobei die Wassertiefen zwecks besserer Übersichtlichkeit vertikal statt sohlennormal aufgetragen sind.

Somit sind folgende zwei Gruppen von Spiegellinien zu unterscheiden:

Typen 1 bis 3:   Der Normalabfluss von Q im Gerinne wäre
                 strömend, $h_\mathrm{n} > h_\mathrm{gr}$
Typen 4 bis 6:   Der Normalabfluss von Q im Gerinne wäre
                 schießend, $h_\mathrm{n} < h_\mathrm{gr}$

Ferner ist festzustellen, dass die Normalabflusslinie die Asymptote der jeweiligen Spiegellinie bildet, ausgenommen die Fälle mit Wechselsprung (Typen 3 und 4).

Als Abgrenzung der Spiegellinie gegenüber dem Normalabfluss gilt bei der Berechnung ein Abbruchkriterium, z. B.

$$|h(x) - h_\mathrm{n}| < 0{,}01 h_\mathrm{n} \qquad (9.92)$$

Man ist gut beraten, sich auf Grund der längs einer Gerinnestrecke vorhandenen Verläufe von Normalwassertiefe h_n und Grenztiefe h_gr einen qualitativen Entwurf des Spiegellinienverlaufs zu skizzieren. Von Naudascher (1987) sind dafür Muster zusammengestellt worden. Eine derartige Skizze könnte sich beispielsweise wie in Abb. 9.33 ergeben. Darin sind die Linien h_n und h_gr unter Annahme ebener Strömungsverhältnisse bzw. überall gleicher Gerinnebreiten $b = konst$ aufgetragen. Normalerweise variieren sie, den Relationen (9.90) und (9.91) für Rechteckgerinne entsprechend, insbesondere mit der Rinnenbreite b, die h_n-Linie außerdem mit dem Sohlengefälle I_s.

9.1 Stationäre Gerinneströmungen

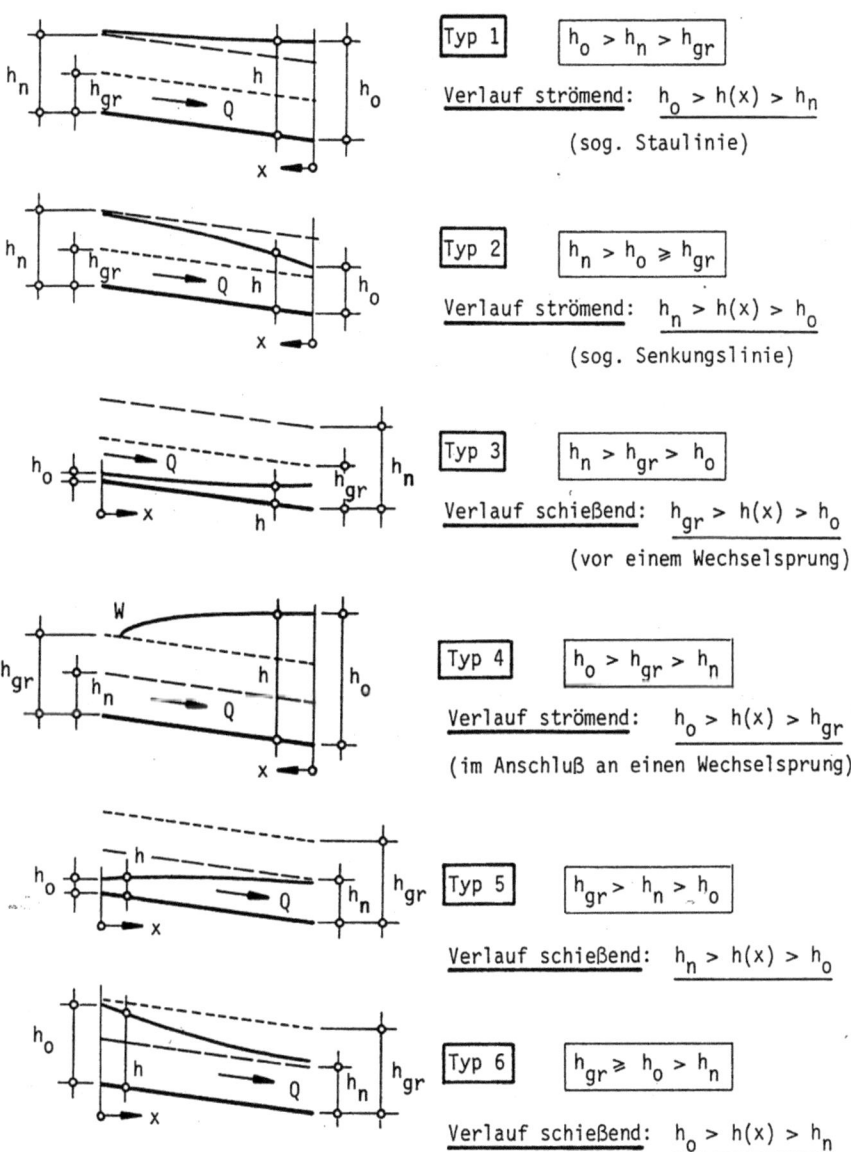

Abb. 9.32 Spiegellinienarten

Für die Abschätzung von Spiegellinien des Typs 1 und 2, als *Staulinien* bzw. *Senkungslinien* bezeichnet, können ferner die für Rechteck- und Parabelgerinne von Rühlmann und Tolkmitt erarbeiteten Lösungen benutzt werden, die in tabellarischer Form vorliegen, siehe z. B. bei Schröder (1968).

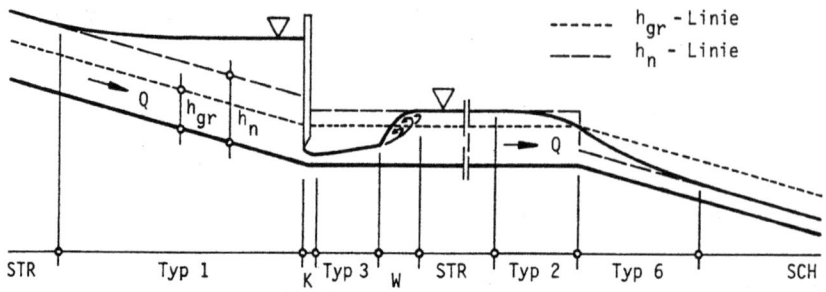

Abb. 9.33 Qualitativer Spiegellinienentwurf. *STR* strömender Normalabfluss, *SCH* schießender Normalabfluss, *K* Kontraktionszone, *W* Wechselsprung

Abb. 9.34 Definitionen zur iterativen Spiegellinienberechnung

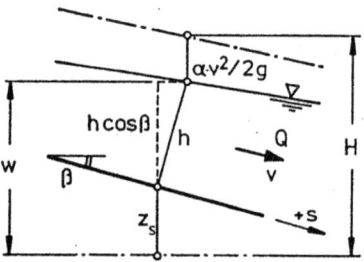

Iterative Spiegellinienberechnung: Es ist zweckmäßig, sich bei einer schrittweisen Berechnung des Spiegellinienverlaufs mit dem Wasserstand w statt mit der Wassertiefe h zu befassen. Mit Abb. 9.34 ist der Wasserstand definiert als $w = h\cos\beta + z_S$, wobei z_S die Höhenlage der Gerinnesohle angibt, so dass als örtliche Energiehöhe (im Sinne von H_i nach Abb. 4.12) anzusetzen ist: $H = \alpha v^2/2g + w$. Das Energieliniengefälle I, mit dem am gleichen Ort die abnehmende Tendenz von H quantifiziert wird, ist $I = -dH/ds$ und kann z. B. mit Hilfe der Darcy-Weisbach-Beziehung (9.3) beschrieben werden. Es ergibt sich als Grundlage für die Spiegelhöhenberechnung $d(\alpha v^2/2g + w) + I\,ds = 0$. In Schritten Δs diskretisiert, die jeweils einen Gerinneabschnitt zwischen den Stellen i und i+1 des Gerinnes umfassen, folgt daraus $(\alpha v^2/2g + w)_{i+1} - (\alpha v^2/2g + w)_i + I_{i,i+1}\Delta s = 0$. Führt man noch die mittleren Geschwindigkeiten mit $v = Q/A$ ein, so ergibt sich als Basis der iterativen Spiegellinienberechnung:

$$\Delta w_{i,i+1} = w_{i+1} - w_i = \frac{Q^2}{2g}\left[\frac{\alpha_i}{A_i^2} - \frac{\alpha_{i+1}}{A_{i+1}^2}\right] - I_{i,i+1}\Delta s \qquad (9.93)$$

Es hängt nun ganz vom Ansatz für die Verlusthöhe $\Delta H_{i,i+1} = I_{i,i+1}\Delta s$ ab, wie diese Basisgleichung ausgewertet wird, Abb. 9.35. Bei Gerinnestrecken, in denen keine örtlichen Energiehöhenverluste vorkommen, die Verlusthöhe also ausschließlich nach Darcy-Weisbach mit (9.3) ausgedrückt werden kann, gibt es dennoch ziemlich

9.1 Stationäre Gerinneströmungen

Abb. 9.35 Zur Auswertung bei iterativer Spiegellinienberechnung

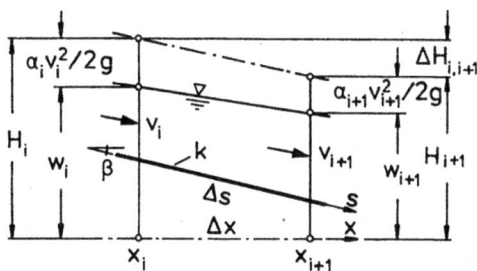

unterschiedliche Lösungswege, weil die im endlich großen Abschnitt Δs vorzunehmenden Mittelungen sehr verschieden sein können. Im folgenden werden drei diesbezügliche Möglichkeiten, „Methoden" genannt, vorgestellt; eine vierte bezieht örtliche Verluste mit ein.

Methode 1: Es wird mit dem arithmetischen Mittel der in i und i + 1 vorhandenen Energieliniengefälle gerechnet, wofür sich mittels (9.3) ergibt: $I_{i,i+1} = \frac{1}{2}(I_i + I_{i+1}) = \frac{1}{2}\left[\frac{\lambda_i}{D_i}\frac{v_i^2}{2g} + \frac{\lambda_{i+1}}{D_{i+1}}\frac{v_{i+1}^2}{2g}\right]$. Mit v = Q/A entsteht daraus:

$$I_{i,i+1} = \frac{Q^2}{4g}\left[\frac{\lambda_i}{D_i A_i^2} + \frac{\lambda_{i+1}}{D_{i+1} A_{i+1}^2}\right] \tag{9.94}$$

Es bringt keinen Vorteil, wenn hierin $\lambda_i = \lambda_{i+1}$ gesetzt wird, weil im nächsten Intervall trotzdem ein neuer λ-Wert festgesetzt werden muß. Für die Bestimmung der Widerstandsbeiwerte λ ist von (9.42) auszugehen, denn im allgemeinen ist der Einfluss der Querschnittsform nicht vernachlässigbar, vor allem nicht bei natürlichen Gerinnen. Die dafür benötigten Formbeiwerte f können nach den unter 9.1.2 gemachten Angaben abgeschätzt werden.

Methode 2: Es werden die Mittelwerte der Geschwindigkeit und des hydraulischen Durchmessers gebildet, $v_{i,i+1} = \frac{1}{2}(v_i + v_{i+1})$ und $D_{i,i+1} = \frac{1}{2}(D_i + D_{i+1})$. Mit diesen wird das Energieliniengefälle $I_{i,i+1} = \frac{\lambda_{i,i+1}}{D_{i,i+1}}\frac{v_{i,i+1}^2}{2g}$ formuliert; es ergibt sich mit v = Q/A zu

$$I_{i,i+1} = \frac{Q^2}{4g}\frac{\lambda_{i,i+1}}{D_i + D_{i+1}}\left(\frac{1}{A_i} + \frac{1}{A_{i+1}}\right)^2 \tag{9.95}$$

Dabei gilt $\lambda_{i,i+1}$ im ganzen Abschnitt Δs, es ist ebenfalls auf der Grundlage der verallgemeinerten Prandtl-Colebrook-Formel (9.42) mit Formbeiwerten f in Rechnung zu stellen, sofern keine Kompaktquerschnitte vorliegen.

Methode 3: Statt der Geschwindigkeiten werden die Geschwindigkeitsquadrate gemittelt, $v_{i,i+1}^2 = \frac{1}{2}(v_i^2 + v_{i+1}^2)$, sonst aber wie bei Methode 2 verfahren. Dies führt auf

$$I_{i,i+1} = \frac{Q^2}{2g}\frac{\lambda_{i,i+1}}{D_i + D_{i+1}}\left(\frac{1}{A_i^2} + \frac{1}{A_{i+1}^2}\right) \tag{9.96}$$

Es lässt sich zeigen, dass dieser Ansatz im Vergleich zu Methode 2 normalerweise nur wenige Prozent Abweichungen bei den berechneten Δw-Werten hervorruft, siehe Schröder (1990).

Methode 4: Die zuvor erläuterten Ansätze für den Verlustterm in (9.93) setzen freie Gerinnestrecken ohne örtliche Verlusthöhen infolge von Einbauten, Querschnittswechsel usw. voraus. Muß man örtliche Störungen in die Spiegellinienberechnung miteinbeziehen, so sind die genannten Ansätze für $I_{i,i+1}$ entsprechend zu ergänzen; z. B. wird mit Abb. 9.35 davon ausgegangen, dass in $I_{i,i+1} = \Delta H_{i,i+1}/\Delta s$ mit dem allgemeinen Verlustansatz (9.72) gearbeitet werden kann: $\Delta H_{i,i+1} = \zeta_{i,i+1} v_{i+1}^2/2g$. Darin erfaßt $\zeta_{i,i+1}$ die Summe aller im Abschnitt Δs vorkommenden Verlusthöhen (örtliche und kontinuierliche):

$$\zeta_{i,i+1} = \frac{\lambda_{i,i+1}}{D_{i,i+1}} \Delta s + \sum \zeta_{i+1} \qquad (9.97)$$

Wird wieder das arithmetische Mittel $D_{i,i+1} = \frac{1}{2}(D_i + D_{i+1})$ eingebracht, so ergibt sich

$$I_{i,i+1} = \frac{Q^2}{g} \left[\frac{\lambda_{i,i+1}}{D_i + D_{i+1}} + \frac{1}{2\Delta s} \sum \zeta_{i+1} \right] \frac{1}{A_{i+1}^2} \qquad (9.98)$$

Darin gibt ζ_{i+1} den Verlustbeiwert für eine im Intervall Δs zu berücksichtigende örtliche Verlusthöhe an. Ist keine solche vorhanden, $\sum \zeta_{i+1} = 0$, so ähnelt (9.98) den bei Methoden 1–3 aufgestellten Beziehungen. Die örtlichen Verlusthöhen werden mit diesem Ansatz rechnerisch über Δs verteilt angenommen, ihre Verlustbeiwerte ζ_{i+1} (bezogen auf die Geschwindigkeitshöhe unterhalb) können den Ausführungen unter 9.1.6 folgend festgesetzt werden. Der Verlustansatz zu Methode 4 kann ferner ggf. modifiziert werden, so dass weitere Varianten der iterativen Spiegellinienberechnung entstehen.

Iterative Auswertung: Das Prinzip der Auswertung von (9.93) mit einem der vorstehenden Ansätze besteht darin, dass man eine Schätzung von Δw, mit der sich entsprechende Werte für A, D usw. ergeben, mit (9.93) überprüft und solange verbessert, bis hinreichende Übereinstimmung zwischen Schätzwert und Rechenergebnis besteht. Gleichgültig, welche Berechnungsrichtung eingeschlagen werden muß, stromauf oder stromab, stets sind die Daten eines der beiden Querschnitte bekannt, die des anderen zu berechnen. Für letzteren, ohne Indizes geschrieben, ist das Schema der in mehreren Schleifen zu vollziehenden Iteration etwa folgendes: $\Delta w \rightarrow w \rightarrow h \rightarrow A, D \rightarrow \alpha, f, \lambda \rightarrow I \rightarrow \Delta w$.

Sofern der Geschwindigkeitshöhenausgleichsbeiwert α nicht zu $\alpha \approx 1$ angenommen werden darf, muß dabei eine möglichst plausible α-Annahme getroffen werden, die von (4.17) ausgeht. Handelt es sich um ein gegliedertes Gerinne, für das eine Querschnittszerlegung nach Abb. 9.14 vorgenommen werden kann, so sind für jeden Teilquerschnitt A_j, wie unter 9.1.4 beschrieben, Teilabflüsse Q_j und Geschwindigkeiten $v_j = Q_j/A_j$ auszumachen. An der Stelle i des Gerinnes sind $A_i = \sum A_{ij}$ und

9.1 Stationäre Gerinneströmungen

$Q = \sum Q_j$, so dass aus (4.17) hervorgeht:

$$\alpha_i \approx \frac{A_i^2}{Q^3} \sum^j v_{ij}^3 A_{ij} \tag{9.99}$$

Dieser Ausdruck ermöglicht in allen Fällen, in denen Teilflächen des Fließquerschnitts mit unterschiedlichen Geschwindigkeiten vorliegen, zumindest eine überschlägige Geschwindigkeitshöhenkorrektur.

Berechnungsrichtung: Die Frage, ob die intervallweise Spiegellinienberechnung stromauf oder stromab fortschreitend zu erfolgen hat, wird zweckmäßigerweise in einer Vorabanalyse der zu untersuchenden Gerinnestrecke geklärt, etwa nach dem in Abb. 9.33 angedeuteten Schema. Dabei sind auch alle örtlichen Störungen zu erfassen, die z. B. durch Sonderbauwerke oder Querschnittswechsel entstehen. Die Wahl der Intervallbreiten Δs sollte diesen Störungen Rechnung tragen.

Mit dem qualitativen Spiegellinienentwurf lassen sich vorab insbesondere auch jene Bereiche ausmachen, in denen ein Fließwechsel zu erwarten ist. An solchen Stellen versagt die eindimensionale Theorie: Aus (9.88) ist ersichtlich, dass $dh/ds \to \infty$ eintritt, wenn $\cos\beta = \alpha Fr^2$, wobei die Froude-Zahl $Fr = v/\sqrt{gA/b}$ mit der Spiegelbreite b zu bilden ist, s. Abb. 9.19. Bei Gerinnen mit $\cos\beta \approx 1$ und $\alpha \approx 1$ tritt dieser Fall mit $Fr = 1$ ein. Bei Fließwechsel ist die vorausgesetzte hydrostatische Druckverteilung also offensichtlich nicht mehr zutreffend; es ergeben sich unbestimmte Ausdrücke. Dabei ist der Wechsel vom Strömen zum Schießen, wie er beispielsweise am Einlauf eines Steilgerinnes auftritt, weniger problematisch als der sprunghafte Wechsel vom Schießen zum Strömen.

Hat man in der vorab durchgeführten qualitativen Analyse des zu erwartenden Spiegellinienverlaufs festgestellt, dass in einer Teilstrecke des Gerinnes ein Wechselsprung auftreten wird, so liegt eine Situation vor wie im Mittelteil von Abb. 9.90: Schießender Abfluss vor und strömender Abfluss hinter dem Wechselsprung. Die Spiegellinienberechnung muß daher von zwei Seiten her durchgeführt werden, denn es liegen Startwerte h_0 bzw. $w_0 = h_0 \cos\beta + z_s$ sowohl am Anfang des schießenden Teils als auch am Ende des strömenden Teils vor. Durch sie ist die Berechnungsrichtung von vornherein festgelegt:

Strömen → Anfangswert am Gerinneende → Berechnungsrichtung *stromauf*
Schießen → Anfangswert am Gerinneanfang → Berechnungsrichtung *stromab*

Liegt dazwischen ein Wechselsprung, so kann man sich also von beiden Seiten her an diesen „heranrechnen", Abb. 9.93. Dabei können die konjugierten Tiefen (9.76) des ebenen Wechselsprungs Hilfe leisten, denn zu jeder berechneten Spiegellage unterhalb des Wechselsprungs (Strömen) gehört eine durch die konjugierten Tiefen festgelegte Spiegellage auf der Zuflussseite (Schießen) des Wechselsprungs.

Bei der stromaufwärts gerichteten Berechnung des strömenden Abflusses ist es daher zweckmäßig, sich zusätzlich zur Normalabfluss- und zur Grenztiefenlinie noch über den Verlauf der h_1-Linie des erwarteten Wechselsprungs zu informieren. Die Lage des Wechselsprungs ergibt sich dann aus der stromabwärts gerichteten Berechnung des schießenden Abflusses an der Stelle, an der $h = h_1 < h_{gr}$ auftritt. Für die

Abb. 9.36 Eingrenzung eines Wechselsprungs

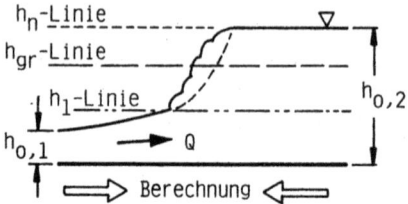

Bestimmung von h_1 ist allerdings Voraussetzung, dass breite Gerinnequerschnitte vorliegen, um die Annahme eines ebenen Wechselsprungs rechtfertigen zu können, Abb. 9.26. Statt der konjugierten Tiefen nach (9.76) ist folgende Formel hier sinnvoller, die durch zyklische Vertauschung der Indizes entsteht und die gleiche Aussage liefert (Abb. 9.36):

$$\frac{h_1}{h_2} = \left[\sqrt{8Fr_2^2 + 1} - 1\right] \qquad (9.100)$$

Dabei haben h_1 und h_2 unverändert die in Abb. 9.26 angegebene Bedeutung, und $Fr_2 = v_2/\sqrt{gh_2}$ ist die unterwasserseitige Froude-Zahl.

Vorarbeiten und begleitende Kontrollen: Die Vorabanalyse des zu berechnenden Gerinnes betrifft dessen Systemeigenschaften und dient der Vorbereitung der iterativen Spiegellinienberechnung. Dabei geht es u. a. um folgende Informationen:

Erfassung der Gerinnestruktur in einem Längsschnitt, der außer den Längen-, Gefälle- und Rauheitsdaten auch Angaben über Gerinneeinbauten, Sonderbauwerke, Querschnittsänderungen, Umlenkungen etc. ausweist

Festsetzen der Intervallbreiten Δs für die Spiegellinienberechnung unter Beachtung der durch Einbauten, Bauwerke etc. erzwungenen Schnittstellen

Auswertung der Querpofile in bezug auf die Querschnittskennlinien $A(h)$ und $D(h)$

Eintragung der h_n-Linie und der h_{gr}-Linie in den Längsschnitt, z. B. bei Annahme breiter Rechteckquerschnitte nach (9.90) und (9.91)

Feststellen der Startwerte h_o bzw. $w_o = h_o \cos\beta + z_s$ für die Gerinneteilstrecken, am unteren Ende derselben bei strömendem Abfluss, am oberen Ende bei schießendem Abfluss; Beispiele: Übergang vom Strömen zum Schießen an einem Gefällewechsel, größte Strahlkontraktion beim Ausfluss unter einer Schütze, vgl. Abb. 9.33.

Festsetzung der Berechnungsrichtung auf Grund der Startwerte in den Gerinneteilstrecken: Stromauf in strömend durchflossenen, stromab in schießend durchflossenen Bereichen

Qualitativer Entwurf des zu erwartenden Spiegellinienverlaufs, Eintragung in den Längsschnitt unter Beachtung des Verlaufs von Normalwassertiefe h_n und Grenztiefe h_{gr} sowie des jeweiligen Startwerts h_o

9.1 Stationäre Gerinneströmungen

Überprüfung des Gerinnes in bezug auf das Vorkommen eines Wechselsprungs mit Hilfe des qualitativen Spiegellinienentwurfs

Bei der schrittweisen Spiegellinienberechnung ist es ferner zweckmäßig, den ermittelten Wasserstand $w(s)$ durch folgende begleitende Kontrollen zu ergänzen:

Froude-Zahl $Fr = v/\sqrt{gA/b}$ mit der zu w gehörenden Spiegelbreite b, zur Beurteilung des Fließzustands

Reynolds-Zahl $Re = vD/v$ zur Beurteilung des Widerstandsverhaltens (Übergangsgesetz nach Prandtl-Colebrook)

Im strömend durchflossenen Teil des Gerinnes und sofern ein Wechselsprung zu erwarten ist: Ermittlung der konjugierten (schießenden) Wassertiefe h_1 des Wechselsprungs, ggf. Eintragung als h_1-Linie in den Längsschnitt zur Ergänzung der h_n- und der h_{gr}-Linie

Ermittlung der zu $w(s)$ gehörenden örtlichen Energiehöhe $H = \alpha v^2/2g + w$ und Eintragung in den Längsschnitt zur Überprüfung des Energielinienverlaufs

Außerdem ist noch auf den Zusammenhang $\Delta x = \Delta s \cos \beta$ hinzuweisen, s. Abb. 9.35, weil die Längen der Gerinneteilstrecken meist aus Lageplänen abgegriffen werden, während der hydraulisch maßgebende Abstand in der geneigten Sohle zu messen ist. Nachzutragen ist ferner der Hinweis auf ein von Naudascher (1987) vorgestelltes Verfahren für die Zerlegung des Querschnitts bei gegliederten Gerinnen, das sich bei der iterativen Spiegellinienberechnung bewährt hat. Dabei wird nicht in Hauptgerinne und Vorländer wie bei Abb. 9.14 aufgeteilt, sondern in zahlreiche vertikale Streifen, mit denen aber im Prinzip wie unter 9.1.4 verfahren wird. Durch die enge Einteilung des Gerinneprofils kann wechselnden Rauheiten des benetzten Umfangs Rechnung getragen, vor allem aber die Geschwindigkeitsverteilung im Gesamtquerschnitt gut angenähert und auch die Schätzung des Geschwindigkeitshöhenausgleichsbeiwerts α nach der Näherungsformel (9.99) verbessert werden.

Diskontinuierlicher Abfluss: Der Abfluss Q in einem Gerinne ist diskontinuierlich, wenn er infolge flächen- oder linienhafter Quellen bzw. Senken in der Fließrichtung s stetig zu- oder abnimmt: $Q = Q(s) \neq konst$. Diese Diskontinuität entsteht durch eine unter dem Winkel φ gegen die s-Richtung eingetragene bzw. ausgeleitete Wassermenge $q(s) = dQ/ds$, wobei deren Vorzeichen die Zunahme oder Abnahme des Durchflusses Q längs s angibt. Es spielt dabei keine Rolle, ob die Diskontinuität von oben her, wie in Abb. 9.37, seitlich oder an der Sohle in Erscheinung tritt. Beispiele sind die Zufuhr von Niederschlägen, die Abflusszunahme in Sammelrinnen und die Abflussminderung durch Entnahme mittels Streichwehr oder Bodenauslass (Tiroler Wehr).

Die Spiegelliniengleichung des diskontinuierlichen Abflusses in offenen Gerinnen unterscheidet sich von derjenigen des ungleichförmigen kontinuierlichen Abflusses erheblich; sie kann mit Hilfe des Impulssatzes aufgestellt werden. Die Abflussverhältnisse im Bereich der Diskontinuität stellen sich wie in Abb. 9.37 dar. Darin bedeuten:

Abb. 9.37 Kontrollraum zum diskontinuierlichen Abfluss

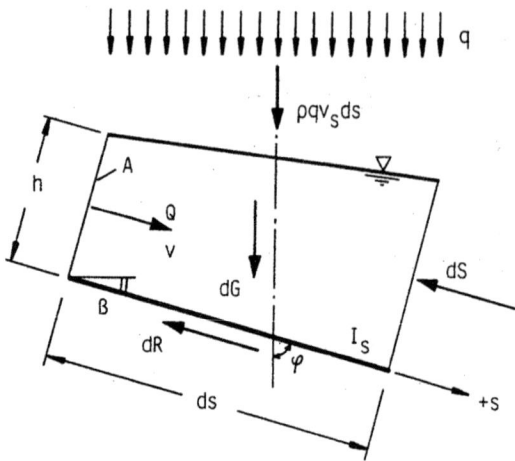

dG Eigengewicht der vom Kontrollraum erfaßten Wassermasse
dS Stützkraftdifferenz am Kontrollraumelement
dR Widerstand der benetzten Kontrollraumumfangsflächen

Ferner beträgt der Impulseintrag (-austrag, wenn q negativ) in den elementaren Kontrollraum $dZ = \rho q v_s ds$, worin v_s die Geschwindigkeit benennt, mit der dieser Vorgang erfolgt. Nach (4.8) verlangt der Impulssatz bzw. seine Komponentengleichung in s-Richtung mit den in Abb. 9.37 definierten Größen, dass $dG \sin\beta + dZ \cos\varphi - dS - dR = 0$ ist. Aus dieser Bedingung lässt sich eine Gleichung zur Bestimmung des Spiegellinienverlaufs bei diskontinuierlichem Abfluss gewinnen.

Für den Eigengewichtsanteil ist $dG = \rho g A ds$ mit dem Gefälle $I_s = \sin\beta$ der Sohle in Rechnung zu stellen. Bei den Umfangskräften kann unter Bezug auf (8.5) mit dem hydraulischen Durchmesser $D = 4 A/U$ angesetzt werden $dR = \tau U ds = \rho g A I_R ds$. Dabei ist I_R als reines Reibungsgefälle zu betrachten; es ist nicht mit dem Energieliniengefälle I identisch, das sich aus der Bernoullischen Gleichung ergibt:

Auch mit $\tau = 0$ bzw. $I_R = 0$ hat der diskontinuierliche Abfluss ein Energieliniengefälle!

Für den in Abb. 9.37 dargestellten Kontrollraum geht damit aus dem Impuls- bzw. Stützkraftsatz zunächst hervor:

$$dS = \rho g A \left(I_S - I_R + \frac{q v_S}{g A} \cos\varphi \right) ds \qquad (9.101)$$

Der bei (4.7) vorgenommenen Definition der Stützkräfte entsprechend wird die Stützkraftdifferenz $dS = \rho \alpha' d(Q v) + dW$, wobei die ungleichmäßige Geschwindigkeitsverteilung in den Querschnitten mit dem Impulsbeiwert α' nach (4.9) berücksichtigt ist. Die in der Stützkraftdifferenz dS enthaltene Druckkraftdifferenz dW aus den beiden Kontrollraumquerschnitten wird mit Abb. 9.38 und den Ausführungen unter 2.2 folgend zu $dW \approx \rho g A dh \cos\beta$, so dass sich weiter ergibt

Abb. 9.38 Zur Kräftebilanz beim diskontinuierlichen Abfluss

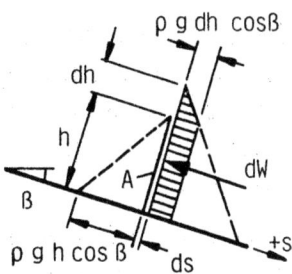

$dS = \rho\alpha'(Qdv + vdQ) + \rho gAdh\cos\beta$. Mit $dv = d(Q/A) = \frac{1}{A}dQ - \frac{Q}{A^2}dA = \frac{1}{A}(dQ - vbdh)$, worin b die Spiegelbreite nach Abb. 9.19 bedeutet, und mit der Froude-Zahl $Fr = v/\sqrt{gA/b}$, vgl. (9.71), folgt für die Stützkraftdifferenz in (9.101) schließlich

$$dS = 2\rho\alpha'v\,dQ + \rho gA(\cos\beta - \alpha'Fr^2)dh \qquad (9.102)$$

Darin hat dQ die Bedeutung $dQ = q \cdot ds$ mit positivem Vorzeichen von q für die Zufuhr, mit negativem Vorzeichen für die Ausleitung von Wasser. Gleichsetzen der beiden Ausdrücke für dS liefert folgende Spiegelliniengleichung bei diskontinuierlichem Abfluss:

$$\frac{dh}{ds} = \frac{I_S - I_R + \frac{1}{gA}(v_S\cos\varphi - 2\alpha'v)q}{\cos\beta - \alpha'Fr^2} \qquad (9.103)$$

Das mit Hilfe der Darcy-Weisbach-Formel (9.3) zu berechnende Reibungsgefälle I_R ist ausschließlich durch den Widerstand der Gerinneumfangsflächen bedingt und darf nicht mit dem Energieliniengefälle I verwechselt werden, das sich aus dem Verlauf der örtlichen Energiehöhen ergibt. Zwischen I_R und I besteht bei diskontinuierlichen Abflüssen keine Übereinstimmung. Ferner ist anzumerken, dass zwischen β und φ nicht notwendigerweise ein Zusammenhang bestehen muß; der Richtungsunterschied φ zwischen Fließrichtung und Eintrag bzw. Ausleitung ist normalerweise unabhängig vom Sohlengefälle $I_S = \sin\beta$. Eine Ausnahme macht die vertikale Zufuhr, etwa bei einfallendem Niederschlag, mit $\varphi = \pi/2 - \beta$.

Nur unter starken Vereinfachungen sind aus (9.103) geschlossene Lösungen erzielbar; meist wird eine iterative Auswertung nötig. Für zwei häufige Anwendungsfälle, *Streichwehr* und *Sammelrinne*, werden nachstehend die bei diskontinuierlichen Abflüssen aus der Spiegelliniengleichung hervorgehenden Besonderheiten diskutiert.

Streichwehr: Mit einigen für strömenden Abfluss längs eines seitlichen Überfalls zulässigen vereinfachenden Annahmen kann man aus (9.103) eine speziell das Streichwehr betreffende Spiegelliniengleichung herleiten. Abgesehen vom vorausgesetzten Fließzustand Strömen längs des seitlichen Überlaufs, vgl. Abb. 5.11, werden zu diesem Zweck angenommen: Rechteckquerschnitt $A = bh$, $\cos\beta \approx 1$, $I_S \approx I_R$ und $\alpha' \approx 1$. Das Streichwehr, siehe unter 5.2, wird ferner parallel angeströmt, so dass von $\varphi \approx 0$ und $v_S \approx v$ auszugehen ist, und q ist negativ: $dQ/ds < 0$.

Abb. 9.39 Definitionen zum diskontinuierlichen Abfluss

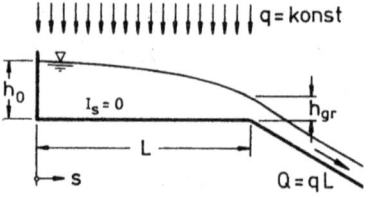

Aus (9.103) geht unter diesen Umständen für den diskontinuierlichen Abfluss längs des Streichwehrs hervor:

$$Q(s) = \frac{gb^2}{q(s)}(1 - Fr^2)h^2\frac{dh}{ds} \quad \text{mit} \quad Fr = v/\sqrt{gh} \qquad (9.104)$$

Wird ferner angenommen, dass die sohlenbezogene Energiehöhe nicht mit s variiert, $H_S = \frac{Q^2}{2gb^2h^2} + h \approx konst$, so gilt als zweite Aussage für den Durchfluss:

$$Q(s) = bh\sqrt{2g(H_S - h)} \quad \text{mit} \quad H_S \approx konst \qquad (9.105)$$

In Anlehnung an die unter 5.2 erläuterte Streichwehrformel (5.12) kann die Verteilung der seitlichen Abgabe längs s ausgedrückt werden durch

$$q(s) = \frac{2}{3}\mu\sqrt{2g}(h - w)^{3/2} \qquad (9.106)$$

Darin ist w wie in Abb. 5.11 die Höhe der Überlaufschwelle (Wehrhöhe) über der Gerinnesohle. Die Zusammenfassung dieser drei Beziehungen führt auf die schon 1934 von Marchi formulierte Streichwehr-Spiegelliniengleichung:

$$\frac{dh}{ds} = \frac{4}{3}\mu\frac{(H_S - h)^{1/2}(h - w)^{3/2}}{b(3h - 2H_S)} \qquad (9.107)$$

Den getroffenen Annahmen entsprechend gilt diese Relation für strömenden Fließzustand; ein Fließwechsel im Streichwehrbereich ist damit nicht berechenbar. Man erkennt auch, dass die Spiegellinienneigung unbestimmt wird, wenn $h = h_{gr} = \frac{2}{3}H_S$ erreicht wird, siehe (9.65), was eine Froude-Zahl nach (9.71) von $Fr = 1$ bedeuten würde. Über weitere Einzelheiten zur Auswertung von (9.107) hat Naudascher (1987) berichtet; bezüglich der damit zusammenhängenden Leistungsfähigkeit eines Streichwehrs ist ferner auf Abschn. 5.2 zu verweisen.

Sammelrinne: Die seitliche Beschickung eines Gerinnes ist ein bei Hochwasserentlastungen häufig vorkommender Strömungsfall. Dabei ist $dQ/ds > 0$, und für die Zufuhrrichtung kann näherungsweise von $\varphi = 90°$ ausgegangen werden, vgl. Abb. 9.37. Außer mit $\cos\varphi \approx 0$ kann vereinfachend wieder mit $I_S = I_R$ gerechnet werden, was bei Abb. 9.39 auch als reibungsfreier diskontinuierlicher Abfluss auf horizontaler Sammelrinnensohle ($I_S \approx 0$) gedeutet werden kann. Liegt außerdem Rech-

9.1 Stationäre Gerinneströmungen

teckquerschnitt mit $A = bh$ vor, und ist für die Sammelrinne $\cos\beta \approx 1$ und als Impulsbeiwert $\alpha' \approx 1$ zu setzen, so verkürzt sich (9.104) mit $Q(s) = qs$ bei $q = konst$ zu

$$\frac{dh}{ds} = -\frac{2q\mathrm{v}}{gbh(1 - Fr^2)} \tag{9.108}$$

Für die Froude-Zahl steht darin $Fr = \mathrm{v}/\sqrt{gh}$. Mit $\mathrm{v} = Q/A = qs/(bh)$ gewinnt man daraus eine bezüglich s^2 lineare Differentialgleichung:

$$\frac{ds^2}{dh} - \frac{1}{h}s^2 + \frac{gb^2}{q^2}h^2 = 0 \tag{9.109}$$

Für deren Lösung $s^2 = Ch - \frac{1}{2}\frac{gb^2}{q^2}h^3$ ist die Integrationskonstante C aus der Bedingung $h = h(L)$ für $s = L$ bestimmbar, wenn die der Abb. 9.39 zugrundeliegenden Verhältnisse gegeben sind. Für die von s unabhängige Zufuhr von $q > 0$ ergibt sich der Spiegellinienverlauf in $0 \leq s \leq L$ aus

$$\frac{s}{L} = \sqrt{\frac{h}{h(L)}\left[1 + \frac{gb^2h^3(L)}{2q^2L^2}\left(1 - \frac{h^2}{h^2(L)}\right)\right]} \tag{9.110}$$

Die Spiegellage $h = h_o$ am Sammelrinnenanfang erhält man danach mit $s = 0$ zu

$$\frac{h_o}{h(L)} = \sqrt{1 + 2\frac{q^2L^2}{gb^2h^3(L)}} \tag{9.111}$$

Stellt sich wie bei Abb. 9.39 bei $s = L$ Fließwechsel ein, so liegt dort die Grenztiefe vor, $h(L) = h_{\mathrm{gr}}(L) = \sqrt[3]{q^2L^2/gb^2}$, siehe (9.63). Aus (9.111) folgt dann:

$$h_o = \sqrt{3}h_{\mathrm{gr}}(L) = \sqrt{3} \cdot \sqrt[3]{\frac{q^2L^2}{gb^2}} \tag{9.112}$$

Auf dieser Höhe beginnt auch der Energielinienverlauf in der Sammelrinne, denn bei $s = 0$ ist $\mathrm{v} = 0$. Bei $s = L$ dagegen liegt im Fall von Abb. 9.39 das Energiehöhenminimum nach (9.65) vor, $H(L) = \frac{3}{2}h_{gr}$. Der Energiehöhenunterschied beläuft sich zwischen $s = 0$ und $s = L$ also auf $(\sqrt{3} - 3/2)h_{gr}$, wenn $I_S = 0$ ist, d. h. das durchschnittliche Energieliniengefälle in der Sammelrinne beträgt $I = (1 - \sqrt{3}/2)h_o/L$, obwohl bei dieser Herleitung mit $I_S = 0$ auch das Reibungsgefälle I_R zu Null gesetzt ist. Zum Einfluß der vernachlässigten Reibung s. Zanke (2002).

Abfluss mit Lufteinmischung: Sehr auffällige Erscheinungen des Abflussbildes zeigen sich bei Steilgerinnen im schießenden Fließzustand (Schussrinnen). Wegen des überkritischen Abflusses ist nicht nur ein am Rinnenende erzwungener Übergang zum unterkritischen Zustand Strömen unstetig (Wechselsprung, siehe 9.1.6). Auch jede örtliche Störung im Verlauf des Gerinnes ruft abrupte Änderungen der Wasserspiegellage hervor, z. B. bei einer Richtungsänderung der Gerinneseitenwände. Diese

Wassertiefenänderungen treten als sogenannte Keilwellen längs Störungslinien auf, die mit den Seitenwänden des Gerinnes einen durch sin $\vartheta \approx 1/Fr_0$ bestimmten Winkel ϑ bilden, vgl. Preß und Schröder (1966). Dabei ist Fr_0 die mit (9.71) definierte Froude-Zahl.

Von einer stetigen Spiegellinie kann daher bei schießendem Abfluss in steilen Rinnen nur dann die Rede sein, wenn das Gerinne frei von Störungen ist, insbesondere geradlinig verläuft. Es kommt auch sehr darauf an, ob schon der Zulauf zum Steilgerinne Störungen in die Rinne einträgt oder nicht. Beispielsweise kann ein Gefällewechsel wie in der rechten Hälfte von Abb. 9.33 bei gleichbleibender Gerinnebreite b durchaus einen störungsfreien Übergang zum Schießen im Steilgerinne ergeben. Dagegen verursachen vorgesetzte Einlaufbauwerke, mit denen der Übergang von einem Überfall (siehe unter 5.1.1) mit großer Breite auf die Schussrinne mit kleiner Breite vermittelt werden soll, fast immer Anfangsstörungen, die sich als stehende Störungswellen infolge von Relexionen an der jeweils gegenüberliegenden Rinnenwand durch das gesamte Gerinne ziehen. Bei den folgenden, die belüfteten Abflüsse betreffenden Betrachtungen werden diese Phänomene ausgeklammert; sie sind u. a. von Naudascher (1987) ausführlich behandelt worden. Es wird also eine von örtlichen Störungen freie Schussrinne mit gerader Rinnenachse und gleichbleibender Breite vorausgesetzt.

Selbstbelüfteter Abfluss: In einem so idealisierten Steilgerinne kommt es nach einer gewissen Anlaufstrecke wegen ausgebildeter Turbulenz des schießenden Abflusses zu einer selbsttätigen Lufteinmischung in den Schußstrahl. Der Strahl schwillt infolge dieser *Selbstbelüftung* an, genauer: Es entsteht ein *Wasser-Luft-Gemisch*, dessen Dicke größer ist als die Dicke (Wassertiefe) eines fiktiven luftfreien Strahls unter sonst gleichen Abflussbedingungen. Diese Dicke des belüfteten Strahls muß der Bemessung der Schussrinnenseitenwände zugrunde gelegt bzw. neben anderen Faktoren berücksichtigt werden, falls nicht von dem vorausgesetzten Idealgerinne ausgegangen werden kann.

Die Länge der Anlaufstrecke, gerechnet ab Schussrinnenanfang, von der an eine Selbstbelüftung des Schußstrahls zu erwarten ist, hängt nicht nur von den Eigenschaften der Schussrinne ab sondern auch von der Art des Wassereintritts in diese, d. h. vom Rinneneinlauf. Man geht davon aus, dass sich unter dem Einfluss des Sohlenwiderstands eine turbulente Grenzschicht $\delta(x)$ bildet, in der sich die Geschwindigkeitsverteilung neu orientiert. Zugleich grenzt $\delta(x)$ den Bereich der durch den Widerstand der Sohle angefachten Turbulenz von der Zone ab, in der noch die schwächere Anfangsturbulenz vorhanden ist, mit der das Wasser in die Schussrinne gelangte. Der Anfangsort $x = 0$ für die Entwicklung dieser Grenzschicht ist, wie mit Abb. 9.40 angedeutet, bei störungsfreiem Zulauf im Scheitelbereich des schwellenähnlichen Anfangsteils der Rinne anzunehmen. In grober Näherung kann dann die Grenzschichtentwicklung nach einem Vorschlag von Annemüller (1961) beschrieben werden durch

$$\delta(x) \approx \delta_0 + \frac{x}{100} \qquad (9.113)$$

In dieser Formel kann mit δ_0 eine etwaige Anfangsturbulenz berücksichtigt werden; ansonsten ist sie rein empirisch, denn sie beruht auf Beobachtungen, die den

Abb. 9.40 Definitionen zum Fall des belüfteten Abflusses

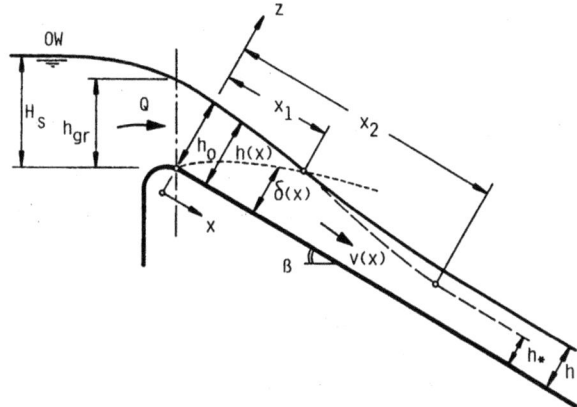

Abstand x des beginnenden Lufteintrags dort ergeben haben, wo im Fall $\delta_o \approx 0$ die Grenzschichtdicke $\delta(x)$ gleich der sohlennormal definierten Wassertiefe $h(x)$ ist. An dieser Stelle hat die von der Sohle ausgehende Turbulenz bis zur Wasseroberfläche durchgegriffen, so dass die Voraussetzungen für eine selbsttätige Lufteinmischung gegeben sind.

Es kommt daher zunächst darauf an nachzuweisen, in welchem Abstand $x = x_1$ Lufteinmischung zu erwarten ist. Dazu ist mit Hilfe einer Spiegellinienberechnung nach (9.95) folgende einfache Bedingung auszuwerten:

$$\delta(x_1) = h(x_1) \quad \text{bzw.} \quad x_1 - 100[h(x_1) - \delta_o] = 0 \qquad (9.114)$$

Mit einer geeigneten Schätzung für $\delta_o < h_o$ kann der Beginn der Selbstbelüftung rechnerisch bis auf $x_1 = 0$ zurückverlegt werden, wenn bei entsprechender Zulaufsituation stärkere Anfangsturbulenz zu berücksichtigen ist. Der in Abb. 9.40 gezeigte Fall geht von $\delta_o = 0$ aus; es kann aber auch je nach Art des vorgeschalteten Einlaufbauwerks ein δ_o-Wert in Rechnung zu stellen sein, z. B. bei einer Sammelrinne, an deren Ende die Schussrinne beginnt.

Statt dieser empirischen Behandlung des Problems lässt sich der Beginn der Lufteinmischung, einer bei Naudascher (1987) angegebenen Empfehlung folgend, auch an Hand einer mindestens erforderlichen Selbstbelüftungskennzahl S beurteilen:

$$S(x) = \frac{\rho v^2(x) h(x)}{\sigma \sqrt{Re_*(x)}} \quad \text{mit} \quad Re_*(x) = \frac{v_*(x) D(x)}{\nu} \qquad (9.115)$$

Darin sind $v_* = \sqrt{\tau/\rho}$ die Schubspannungsgeschwindigkeit an der Sohle und $D = 4A/U$ der hydraulische Durchmesser. Als neue Materialkonstante kommt zu Dichte ρ und kinematischer Viskosität φ die Oberflächenspannung σ (Wasser gegen Luft) hinzu. Bei 10 °C kann für letztere $\sigma = 0{,}074$ N/m angesetzt werden.

Handelt es sich um einen ebenen Abflussvorgang, also um eine vergleichsweise breite Schussrinne mit $D \to 4\,h$, so ist für die einsetzende Luftdurchmischung $S > 28$

zu fordern. Somit ergibt sich auf der Basis von (9.115) der Abstand x_1 aus

$$S(x_1) \approx 28 \qquad (9.116)$$

Auch für diesen Weg der x_1-Ermittlung ist die Spiegellinienberechnung nach (9.93) erforderlich, denn für die Kennzahl $S(x)$ werden die Wassertiefe $h(x)$, die mittlere Geschwindigkeit $v(x)$ und der hydraulische Durchmesser $D(x)$ benötigt, darüber hinaus für $Re_*(x)$ die Schubspannungsgeschwindigkeit $v_* = \sqrt{\tau/\rho}$ mit der Sohlenschubspannung $\tau(x) = \frac{1}{8}\lambda\rho v^2(x)$ nach (8.19).

Die Spiegellinienberechnung benötigt einen Anfangswert h_0, der den Zulaufbedingungen entsprechend anzusetzen ist, je nach Art des der Schussrinne ggf. vorgeschalteten Einlaufbauwerks. So ist z. B. bei einer Schütze oder einem Segmentverschluß, mit dem die Beaufschlagung der Schussrinne gesteuert wird, mit einem Anfangswert h_0 zu rechnen, der sich aus Abb. 5.16 ermitteln lässt. Andere Einlaufgestaltungen wie etwa Sammelrinnen nach Abb. 9.39 erlauben den Ansatz der Grenztiefe h_{gr} am Schussrinnenanfang. Ist dies der Fall, so liegen vereinfacht die in Abb. 9.40 dargestellten Zulaufverhältnisse vor (ebenes Problem bzw. $b = konst$). An der Stelle $x = 0$ kann man dann abschätzend davon ausgehen, dass die sohlenbezogene Energiehöhe einerseits durch $H_s(0) = \min H_s$ nach (9.65) mit $\cos\beta = 1$ ausgedrückt werden kann, während andererseits nach (9.57) an der gleichen Stelle, aber mit $\cos\beta < 1$ schon in der Schussrinne, $H_S(0) = Q^2/(2gb^2h_0^2) + h_0\cos\beta$ gilt. Der Startwert h_0 für die Strahldickenberechnung kann daher bei einer Schussrinne mit Rechteckquerschnitt unter den mit Abb. 9.40 angenommenen Zulaufverhältnissen festgesetzt werden auf Grund der Beziehung

$$\left(\frac{h_0}{h_{gr}}\right)^3 \cos\beta - \frac{3}{2}\left(\frac{h_0}{h_{gr}}\right)^2 + \frac{1}{2} = 0 \quad \text{mit} \quad h_{gr} = \sqrt[3]{\frac{Q^2}{gb^2}} \qquad (9.117)$$

Nur die kleinere der beiden positiven Lösungen ist brauchbar.

Die Spiegellinienberechnung wird außer zur Bestimmung von x_1 auch dazu benutzt zu beurteilen, in welchem Abstand x_2 von einem ausgeprägten Durchmischungszustand die Rede sein kann, sich also keinerlei Änderungen des Abflussbildes mehr bemerkbar machen, Abb. 9.40. Man kann annehmen, dass sich dieser gleichförmige Abflusszustand des Wasser-Luft-Gemisches dort einstellt, wo sich auch mit unbelüftetem Strahl der Normalabfluss ergeben würde. Diese fiktive Normalwassertiefe ist in Abb. 9.40 mit h_* ausgewiesen; sie dient als Basisgröße für die Ermittlung der Dicke h des Wasser-Luft-Gemisches und erfordert die Fortsetzung der Spiegellinienberechnung über $x = x_1$ hinaus mit unbelüftetem Strahl bis zu der mit dem Abbruchkriterium (9.92) ermittelten Stelle $x = x_2$.

Anhand dieser Berechnungen ergibt sich für eine gerade Schussrinne mit der Länge L folgende Bewertung:

$x_1 > L$ Es ist keine Lufteinmischung zu erwarten, die Ermittlung von x_2 erübrigt sich

$x_1 < L$ Es kommt vor dem Schussrinnenende zur Selbstbelüftung des Schußstrahls

$x_2 > L$ Der Normalabflusszustand des luftdurchmischten Schußstrahls wird nicht erreicht

9.1 Stationäre Gerinneströmungen

Tab. 9.5 Konzentrationswerte C_0 in der Nähe der Oberfläche luftdurchmischter Abflüsse in Schussrinnen (voll entwickelt)

Rinnenneigung β	$C_0 = C(z_0)$ in $z_0 = 0{,}95\,h$	
	Mindestens	höchstens
15°	0,47	0,52
30°	0,55	0,61
45°	0,62	0,76
60°	0,77	0,82

$x_2 < L$ Der gleichförmige Normalabfluss stellt sich noch vor dem Rinnenende ein

$x_2 > x_1$ entspricht der in Abb. 9.40 dargestellten Situation

$x_2 < x_1$ ist denkbar, würde die Ermittlung von x_1 nicht in Frage stellen, aber für $x > x_1$ sowohl eine konstante Dicke h_* des fiktiven unbelüfteten Schußstrahls als auch eine konstante Dicke h des Wasser-Luft-Gemisches bedeuten. Dies ist zwar widersprüchlich, dennoch kann h_* als Basis für die Dicke h des belüfteten Strahls benutzt werden; h ist eine der Bemessungsgrößen, die für die seitlichen Begrenzungen der Schussrinne maßgebend sind.

Im allgemeinen wird man die Schussrinne auf der gesamten Strecke zwischen Belüftungsbeginn und Rinnenende ($x_1 < x < L$) unter der Annahme einer voll ausgebildeten Luftdurchmischung dimensionieren. Außer der fiktiven unbelüfteten Strahldicke h_* wird dafür die Kenntnis der Konzentrationsverteilung der Luftblasen im Fließquerschnitt benötigt. Diese Information kann man sich in Analogie zur Schwebstoffverteilung, den Ausführungen über schwebend transportierte Feststoffe unter 9.4.6 vorgreifend, beschaffen. Mit den nach Abb. 9.40 festgelegten Koordinaten kann danach für die Luftblasenkonzentration $C(z)$ im Abstand z von der Sohle angesetzt werden:

$$\frac{C(z)}{C_0} = \left(\frac{z_0}{z}\frac{h-z}{h-z_0}\right)^{\beta_*} \quad \text{mit} \quad \beta_* = -\frac{w\,\cos\beta}{r\kappa v_*} \qquad (9.118)$$

Darin sind $v_* = \sqrt{\tau/\rho}$ die Schubspannungsgeschwindigkeit an der Sohle, w die Steiggeschwindigkeit der Luftblasen und C_0 eine Referenzkonzentration in der Höhe z_0. Werden Luftblasendurchmesser zwischen 2 mm und 6 mm zugrunde gelegt, so ist deren Steiggeschwindigkeit mit $w \approx 0{,}20$ m/s ziemlich einheitlich. Für das Produkt $r \cdot \kappa$, worin $\kappa = 0{,}4$ die Kármán-Konstante ist, kann mit $r \approx 1{,}5$ gerechnet werden. Dieser Korrekturwert berücksichtigt vor allem den Unterschied im Diffusionsverhalten der Luftblasen gegenüber der turbulenten Diffusion des Wassers.

Für die Referenzkonzentration C_0 ist der Abstand $z_0 = 0{,}95\,h$ sinnvoll, weil für den Luftblasengehalt in Oberflächennähe empirisches Datenmaterial vorliegt. Aus Angaben in Preß und Schröder (1966), die auf amerikanischen Messungen beruhen, ergeben sich für $C_0 = C(z_0)$ die in Tab. 9.5 angeführten Grenzwerte. Weitere Daten über selbstbelüftete Abflüsse sind bei Naudascher (1987) zu finden.

Mit den getroffenen Festsetzungen und mit (9.118) folgt weiter für die mittlere Luftblasenkonzentration (ohne Index):

$$\frac{C}{C_0} \approx 1 - \frac{1}{h}\left[z_0 - \int_0^{z_0} \frac{C(z)}{C_0}dz\right] \quad \text{mit} \quad z_0 = 0{,}95\,h \qquad (9.119)$$

Damit wird, ausgehend von dem in der Spiegellinienberechnung für $x > x_2$ erhaltenen Endwert h_*, siehe in Abb. 9.40, für die maßgebende Dicke des voll ausgebildeten selbstbelüfteten Schußstrahls erhalten:

$$h = \frac{h_*}{1 - C} \tag{9.120}$$

Der Weg bis zu diesem Ergebnis erfordert ein iteratives Auswerteschema, weil $C(z)$ in (9.118) die Kenntnis von h verlangt, die aber erst nach Bestimmung der mittleren Konzentration C mit (9.120) vorliegt.

Problematisch an dem vorstehend beschriebenen Berechnungsverfahren sind nicht nur die diesem zugrunde gelegten Systemvoraussetzungen (ungestörter schießender Abfluss in einem geraden Steilgerinne), sondern auch die Unsicherheiten, die mit der Ermittlung des Abstands x_2 verbunden sind. Die Annahme, dass gleichförmiger Wasser-Luft-Gemisch-Abfluss dort erreicht ist, wo auch der unbelüftete Schußstrahl in den Zustand des Normalabflusses übergehen würde, ist zwar plausibel, aber im Grunde genommen nicht belegbar. Man kann sich dennoch mit den Berechnungsergebnissen zufriedengeben, denn man wird die Schussrinne aus praktischen Erwägungen ohnehin für gleichförmigen Abfluss des Wasser-Luft-Gemisches dimensionieren, auch wenn der Ort $x = x_2$ rechnerisch hinter dem Rinnenende $x = L$ liegt. Unsicherheiten bestehen auch bei den auf Straub u. Anderson (1960) zurückgehenden Daten der Tab. 9.5. Weitere Angaben zum Thema Selbstbelüftung können aus Preß und Schröder (1966) entnommen werden.

Zwangsbelüfteter Abfluss: Unter diesen Begriff fallen alle Abflüsse von Wasser-Luft-Gemischen, bei denen die Lufteinmischungin den Schußstrahl mittels geeigneter baulicher Vorrichtungen durch *künstliche Belüftung* herbeigeführt wird. Dabei kann es sein, dass der Abflussvorgang selbst zur Erzeugung des für den Lufteintrag benötigten Unterdrucks herangezogen wird. Während bei der zuvor behandelten Selbstbelüftung die oben liegende Grenzfläche Wasser/Luft den Ausgangspunkt für die Lufteinmischung darstellt, sind bei der Zwangsbelüftung stets zusätzliche Maßnahmen erforderlich, mit denen ein gezielter Lufteintrag herbeigeführt werden kann. Bei Schussrinnen und schießend durchflossenen Freispiegelstollen sind es insbesondere sogenannte *Sohlenbelüfter*, mit denen die Belüftung des Schußstrahls „von unten her" ermöglicht werden soll.

Diese sohlennahe Strahlbelüftung ist vor allem dann erwünscht, wenn zu befürchten ist, dass die an unvermeidbaren Unebenheiten der Sohle entstehenden Unterdrücke so groß werden könnten, dass es zu der gefürchteten *Kavitationserosion* kommt. Diese Erscheinung kann bei sehr hohen Fließgeschwindigkeiten vorkommen und beruht darauf, dass die in örtlichen Unterdruckbereichen spätestens bei Unterschreiten des Dampfdrucks entstehenden Hohlräume (Kavitationsblasen) beim Weitertransport in Bereiche mit höherem Druck schlagartig zusammenbrechen und dabei an festen Wänden Materialzerstörung hervorrufen. Hierüber ist von Vischer (1987) anschaulich berichtet worden. Die Zwangsbelüftung der Gerinnesohle vermag dieser Erosionsgefahr entgegenzuwirken, während die natürliche Strahlbelüftung von oben her meist nicht ausreicht, die Gerinnesohle wirksam zu schützen.

Aus der praktischen Erfahrung weiß man, dass Schussrinnen in üblicher Betonausführung an schalungsbedingten Unebenheiten und an Dehnungsfugen etc. ab

9.1 Stationäre Gerinneströmungen

Abb. 9.41 Strahlbelüftung mit Sohlennische und Anrampung

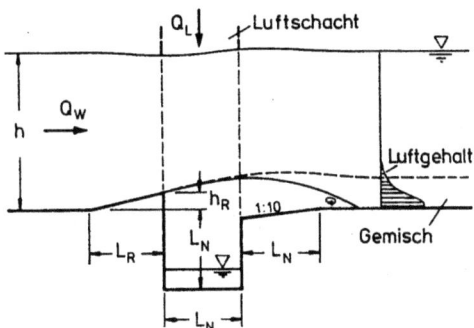

etwa 20 m/s bis 25 m/s Fließgeschwindigkeit zu Kavitationsschäden neigen. Liegen höhere Geschwindigkeiten vor, kann mit Sohlenbelüftern Abhilfe geschaffen werden, z. B. mit der in Abb. 9.41 dargestellten Vorrichtung. Dabei erfolgt die Belüftung der Strahlunterseite mit einer quer verlaufenden, aus seitlichen Luftschächten gespeisten Sohlennische, und mit einer davor angeordneten Rampe wird in der Nische für den zum Einsaugen der Luft benötigten Unterdruck gesorgt.

Ein erfolgreicher Einsatz solcher Sohlenbelüfter erfordert eine sorgfältige Abstimmung der Rampen- und Nischenabmessungen mit den jeweils vorliegenden Abflussparametern. Die Vielfalt diesbezüglich möglicher Lösungen verbietet eingehendere Angaben; es kann aber auf einschlägiges Spezialschrifttum verwiesen werden. So berichtet z. B. Bretschneider (1990) über eine ausgiebige Untersuchung des in Abb. 9.41 wiedergegebenen Systems mit und ohne Rampe. Diese sorgfältige Studie kann für die Bemessung derartiger Sohlenbelüfter herangezogen werden. Weitere Kriterien sind von Volkart (1984) zusammengestellt worden, auch den erforderlichen Abstand der Sohlenbelüfter bei längeren Schussrinnen betreffend. Zu Sohlenbelüftern s. auch Pfister/Hager (2010).

Mit der von unten zugeführten Luft, deren Volumenstrom man auf Grund der erwähnten Bemessungskriterien angeben oder je nach System zumindest schätzen kann, ist der mittlere Luftgehalt C berechenbar, so dass sich die Dicke des Wasser-Luft-Gemisches in Analogie zu (9.120) ergibt. Ist gleichzeitig auch Selbstbelüftung von oben her vorhanden, so werden entsprechend größere Strahldicken des Gemisches erhalten, die bei der Gestaltung der Rinnenseitenwände zu beachten sind.

Abfluss in gekrümmten Schussrinnen: Nur der Vollständigkeit halber, und weil an dieser Stelle keine umfassende Darstellung zu diesem Thema möglich ist, wird nachstehend nur kurz auf die besonderen Abflusserscheinungen eingegangen, die sich beim schießenden Abfluss in Gerinnebögen ergeben.

Sie sind vor allem für die Schussrinnentrassierung von Bedeutung sowie für die Seitenwandbemessung.

Liegt an der Seitenwand eines schießend durchflossenen Rechteckgerinnes eine kleine Richtungsänderung δ vor, so ergibt sich durch diese örtliche Störung eine unvermittelte Änderung der Wassertiefe entlang einer sog. *Stoßgeraden*, Abb. 9.42. Diese Störwelle verläuft unter einem Winkel ϑ gegen die Anfangsrichtung der Wand, der von den Zuflussverhältnissen abhängt. Auf Grund der Analogie dieses Vorgangs

Abb. 9.42 Störwelle an einer abgewinkelten Rinnenseitenwand

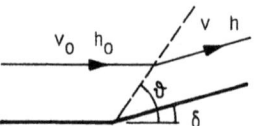

zu entsprechenden Erscheinungen bei überkritischen Gasströmungen (Überschallströmungen) kann man die Störwellenrichtung bei kleinen Ablenkungen δ bzw. geringen Wassertiefenänderungen ermitteln aus

$$\sin \vartheta \approx \frac{1}{Fr_0} \quad \text{mit} \quad Fr_0 = \frac{v_0}{\sqrt{gh_0}} \qquad (9.121)$$

worin der Index o den Bezug auf die zuflussseitigen Größen (Geschwindigkeit v_0 und Wassertiefe h_0) vor der Störung markiert, mit denen die Froude-Zahl zu bilden ist.

Wie in einer eingehenderen Darstellung bei Preß und Schröder (1966) ausgeführt wurde, kann ferner mittels des Impulssatzes für die Wassertiefenänderung infolge eines Richtungswechsels der Seitenwand folgende Differentialgleichung gewonnen werden:

$$\frac{dh}{d\delta} = \frac{v^2}{g\sqrt{Fr^2 - 1}} \qquad (9.122)$$

Mit Bezug auf Abb. 9.42 ergibt sich daraus eine auf Th. v. Kármán zurückgehende und von Ippen (1949) aufbereitete Lösung $\delta = f(Fr_0, Fr)$, die mit einer durch $(\delta, Fr) = (0, Fr_0)$ bestimmten Integrationskonstanten δ_0 wie folgt geschrieben werden kann:

$$\delta + \delta_0 = \sqrt{3} \arctan \frac{\sqrt{3}}{\sqrt{Fr^2 - 1}} - \arctan \frac{1}{\sqrt{Fr^2 - 1}} \qquad (9.123)$$

Mit der die Zuflusssituation angebenden Froude-Zahl Fr_0 kann daraus zunächst δ_0 bestimmt werden ($\delta = 0$ für $Fr = Fr_0$), so dass dann die einer gegebenen Richtungsänderung δ entsprechende Froude-Zahl Fr ermittelt werden kann. Aus $Fr = v/\sqrt{gh}$ ergibt sich schließlich unter Hinzuziehung der Kontinuitätsgleichung die neue Wassertiefe h und damit die Höhe $h - h_0$ der Störwelle. Andere im Schrifttum oft anzutreffende Bezeichnungen für diese sind: Schrägwelle, Keilwelle, Stoßfront oder *shock wave*.

In (9.123) ist δ durch $-\delta$ zu ersetzen, wenn statt der in Abb. 9.42 dargestellten „Ecke" (Linksablenkung), die auf $h > h_0$ führt, eine „Kante" (Rechtsablenkung) vorliegt, bei der sich eine Depression $h < h_0$ ergibt. Der Wert δ_0, der nur von Fr_0 abhängt, bleibt dabei unverändert.

Die gekümmten Seitenwände eines Schussrinnenbogens sind als eine Folge kleiner Ablenkungen δ zu deuten. Die entstehenden Störwellen gehen mit unterschiedlichen Vorzeichen von beiden Rinnenseiten aus, überlagern einander und werden an der jeweils gegenüberliegenden Wand reflektiert. Bei unvermitteltem Übergang von der Geraden zum Bogen ergibt sich ein Muster sich kreuzender Keilwellen wie schematisch in Abb. 9.43 gezeigt. In regelmäßigen Abständen ΔL treten

Abb. 9.43 Störungslinien in einem Gerinnekrümmer ohne Vorbogen

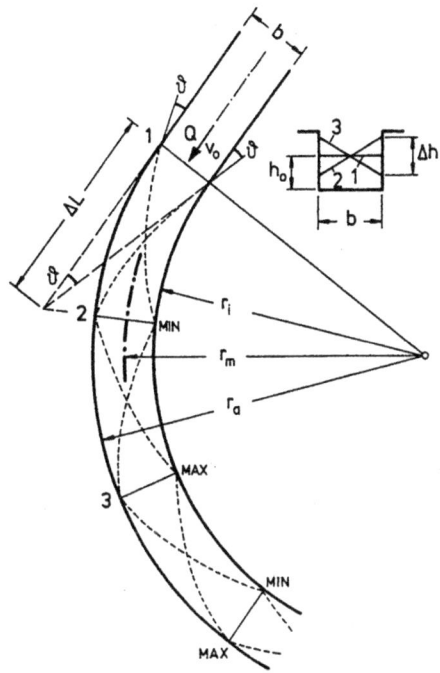

an den Wänden abwechselnd Maxima und Minima der Wassertiefen auf, sofern das Rinnenlängsgefälle konstant ist und auch die übrigen Abflussparameter unverändert bleiben. Für diese Abstände wird erhalten:

$$\Delta L = \frac{b}{\tan \vartheta} = b\sqrt{Fr_o^2 - 1} \qquad (9.124)$$

Darin ist b die Rinnenbreite (Rechteckquerschnitt), und die Froude-Zahl Fr_o hat die zu (9.121) angegebene Bedeutung; sie bezieht sich auf den in Abb. 9.43 eingetragenen Querschnitt am Beginn des Bogens.

Die ungünstigste Schräglage des Wasserspiegels, besser: Differenz der maximalen und minimalen Wassertiefen, geht mit dem Radius r_m der Schussrinnenachse näherungsweise hervor aus

$$\Delta h \approx 2\frac{v_o^2}{g}\frac{b}{r_m} \quad \text{bzw.} \quad \frac{\Delta h}{h_o} \approx 2\frac{b}{r_m}Fr_o^2 \qquad (9.125)$$

Weitere Einzelheiten zu vorstehenden Fragen sind u. a. bei Schmidt (1957) sowie bei Daily und Harleman (1966) zu finden.

Die geschilderten Unregelmäßigkeiten im Verlauf der Wasserspiegelfläche einer gekrümmten Schussrinne können durch eine sorgfältige Trassierung vermieden oder weitgehend unterdrückt werden. Zu diesem Zweck sind Klothoiden-Übergänge vom geraden zum gekrümmten Rinnenteil zu empfehlen, siehe Naudascher (1987). Nach

Untersuchungen von Krause (1970) genügen in den meisten vorkommenden Fällen auch schon einfache Vorbögen mit folgenden Trassierungselementen:

Länge des Vorbogens:

$$L_V = bFr_o \quad \text{mit} \quad Fr_o = v_o/\sqrt{gh_o}$$

Radius des Vorbogens:

$$r_V = 2r_m \quad \text{(Verdoppelung)}$$

Für die Sohlenquerneigung im Haupt- und im Vorbogen gilt mit Δh nach (9.125) als bewährtes Maß:

$$1 : n_q = \frac{v_o^2}{gr_m} = \frac{1}{2}\frac{\Delta h}{b} \tag{9.126}$$

Für die Anrampung zu dieser Querneigung wird ferner eine Rampenlänge $= 2L_v$ empfohlen, d. h. doppelte Vorbogenlänge.

9.2 Instationäre Strömungen mit freiem Wasserspiegel

9.2.1 Vorkommen, häufige Berechnungsfälle

Bei den instationären Vorgängen in offenen Gerinnen oder auf unbegrenzter freier Wasserfläche handelt es sich um Oberflächenwellen, die als zeitabhängige Änderungen der Wasserspiegellage in Erscheinung treten. Es hängt ganz vom hydraulischen System, seinem Anfangszustand und den vorliegenden Randbedingungen ab, welche Art der Wellenbewegung sich einstellt. Weitere Unterscheidungsmerkmale sind durch die Art des mathematischen Ansatzes begründet, mit dem man die Wellenbewegung zu beschreiben versucht, wobei auch die Zielsetzung der hydraulischen Berechnung eine Rolle spielt. Diese kann weit über die Bestimmung der Wasserspiegellagen bzw. Wellenkonturen hinausgehen, indem z. B. auch nach den dynamischen Wirkungen gefragt wird, denen von Wellen betroffene Bauwerke ausgesetzt sind.

Der einfache Sammelbgriff „Wellenbewegung" lässt nicht erkennen, wie vielfältig die damit angesprochenen instationären Vorgänge sind. Im Gegenteil handelt es sich um einen umfangreichen, ziemlich eigenständigen Teil der Technischen Hydraulik mit starkem Bezug auf küstenwasserbauliche Aufgaben. Von diesen können nachstehend nur einige Aspekte wiedergegeben werden. Die Wellenarten betreffend sind in diesem Sinne zunächst folgende Unterscheidungen zu nennen:

Flutwellen: Translationswellen in offenen Gerinnen; Hochwasserwellen (Wellenablauf) bei vergleichsweise geringer Wassertiefe (Flachwasser); relativ langsame Wasserspiegellagenänderung, als vertikal-ebenes Strömungsproblem aufzufassen; Berechnung bei quer zur Wellenlaufrichtung vernachlässigbarer Geschwindigkeit auch mit eindimensionalen Ansätzen möglich.

Schwall- und Sunkwellen: Rasche Änderungen der Wasserspiegellage im offenen Gerinne, ausgelöst durch eine plötzlich erzwungene Durchflussänderung, z. B. bei einem Schleusungsvorgang in einer Schiffahrtskanalhaltung; als vertikalebenes Translationswellenproblem aufzufassen (Flachwasser), Vertikalgeschwindigkeit bzw. -beschleunigung nicht vernachlässigbar, vereinfachte Berechnung unter Annahme einer unveränderlichen Wellenkontur im mitwandernden Koordinatensystem möglich.

Einzelwellen: Durch einmalige kurzzeitige Störung des stationären Durchflussbzw. Ruhezustands hervorgerufene Wasserspiegellagenänderung, sowohl in Gerinnen als auch bei großflächigen Systemen (unbegrenzter Grundriss) auftretend; Bewegung mit geringer Translation von Fluidmasse (einmaliger Versatz der Wasserteilchen), einer etwaigen stationären Grundströmung überlagert; aus der Sicht des Berechnungsansatzes als Grenzfall der sogenannten Cnoidal-Wellen zu deuten; die Wellenkontur hat Ähnlichkeit mit dem nichtbrechenden, sich in einer abklingenden Wellenfolge auflösenden Kopf einer Schwallwelle.

Periodische Oberflächenwellen: Von Laborstudien (Gerinne) abgesehen überwiegend in großflächigen, horizontal erstreckten Systemen auftretend (Meereswellen); fortschreitende Wellen je nach Beeinflussung durch die Sohle als Tiefwasser- oder Flachwasserwellen zu unterscheiden; stehende Wellen bei Überlagerung mit gegenläufiger Wellenbewegung; Auffassung als vertikal-ebenes, an der Wellenlaufrichtung orientiertes Strömungsproblem; bei Annahme einer unveränderlichen Wellenkontur im mitwandernden Koordinatensystem zu behandeln, wobei potentialtheoretische Lösungsansätze möglich sind (sog. *Sinusoidal-Wellen*); bei langperiodischen Wellen im Flachwasser sind hiervon entsprechend dem mathematischen Ansatz die sog. *Cnoidal-Wellen* zu unterscheiden, z. B. beim Auflaufen fortschreitender Flachwasserwellen auf flacher Böschung bis zum Eintreten der Brandung; uferbeeinflusste periodische Wellenbewegungen sind oft in Analogie zur Optik (Beugung, Brechung) beschreibbar.

9.2.2 *Instationäre Spiegellinienberechnung*

Die Berechnung des Ablaufs von Hochwasserwellen in natürlichen Gerinnen gehört sicherlich zu den am häufigsten vorkommenden instationären Aufgaben, denn jedes Fließgewässer ist von mehr oder weniger ausgeprägten Belastungen durch Flutwellen betroffen. Die rechnerische Behandlung des Wellenablaufs in Gerinnen hat daher große Bedeutung im Hinblick auf Überflutungen, Hochwasserschutz, Deichbau usw. Das Berechnungsziel ist die vollständige Darstellung des Flutwellenablaufs durch Bestimmung des Durchflusses $Q(s, t)$ und der mit diesem gekoppelten Wassertiefe $h(s, t)$. Das Problem kann eindimensional behandelt werden, indem der Durchfluss mit der querschnittsgemittelten Geschwindigkeit gemäß (4.2) ausgedrückt wird als $Q(s, t) = v(s, t) \cdot A(s, t)$. Im Fall von Hochwasserwellen in Flüssen liegt normalerweise der strömende (unterkritische) Abflusszustand vor, der kleine Gerinneneigungen β bzw. Sohlgefälle $I_S = -dz_S/ds = \sin \beta$ voraussetzt

Abb. 9.44 Zum Fall der instationären Strömung

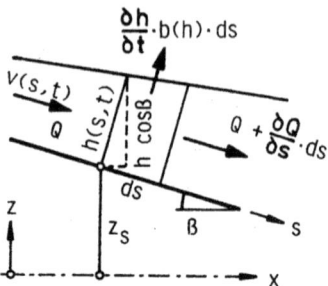

und daher erlaubt, $\cos\beta \approx 1$ zu setzen. Es wird ferner von kompakten Fließquerschnitten $A(s, t)$ ausgegangen, bei denen der nach (4.17) in Rechnung zu stellende Geschwindigkeitshöhenausgleichsbeiwert hinreichend genau $\alpha \approx 1$ beträgt.

Mit diesen Vorgaben gewinnt man aus (4.11) bei hydrostatischer Druckverteilung, $p/\rho g + z = h \cos\beta + z_S$, sowie mit dem im Widerstandsterm $R_S = gI$ enthaltenen Reibungsgefälle $I = Kv^2$ bzw. $I = K|v|v$ die *Bewegungsgleichung*

$$\frac{\partial v}{\partial t} + \alpha v \frac{\partial v}{\partial s} + g \frac{\partial h}{\partial s} \cos\beta + g(I - I_S) = 0 \qquad (9.127)$$

Dabei sind die Annahmen $\alpha \approx 1$ und $\cos\beta \approx 1$ noch nicht berücksichtigt. Der Faktor K im Reibungsgefälle I lässt sich in geeigneter Weise auf der Grundlage von (9.3) oder (9.11) nach Darcy-Weisbach oder Manning-Strickler ausdrücken.

Die übrigen Größen gehen aus Abb. 9.44 hervor; die Wegkoordinate s wird in der Sohle gemessen, die Wassertiefe h ist sohlennormal definiert, und für die Spiegelbreite b des Fließquerschnitts A gilt Abb. 9.19.

Die zweite Gleichung, die zur Bestimmung von $v(s, t)$ und $h(s, t)$ benötigt wird, ist eine Kontinuitätsbedingung. Sie ergibt sich unschwer aus der bei (4.1) und (4.2) aufgestellten Forderung $\oint V \, dA = 0$ oder bei entsprechender Formulierung der die Spiegellagenänderung angebenden Senke S aus (3.3), s. Abb. 9.44:

$$\frac{\partial Q}{\partial s} + b(h) \frac{\partial h}{\partial t} = \frac{\partial Q}{\partial s} + \frac{\partial A}{\partial t} = 0 \qquad (9.128)$$

Mit $Q = vA$ geht daraus zunächst $\frac{\partial A}{\partial t} + v \frac{\partial A}{\partial s} + A \frac{\partial v}{\partial s} = 0$ hervor. Darin sind aber wegen $A = f[s, h(s, t)]$ die Ausdrücke $\frac{\partial A}{\partial t} = \frac{\partial f}{\partial h} \frac{\partial h}{\partial t}$ und $\frac{\partial A}{\partial s} = \frac{\partial f}{\partial s} + \frac{\partial f}{\partial h} \frac{\partial h}{\partial s}$ zu verwenden, wobei sich mit $\partial f/\partial s$ neben der Spiegelbreite $b(h) = \partial f/\partial h$, Abb. 9.19, eine weitere geometrische Kenngröße (Profilparameter) ergibt:

$$P = \frac{1}{b(h)} \left(\frac{\partial A}{\partial s} \right)_{h=konst} \qquad (9.129)$$

Diese Größe ist aus der Geometrie des Gerinnes zu bestimmen. Es ist $P = 0$, wenn es sich um ein prismatisches Gerinne handelt. Aus (9.130) entsteht damit die *Kontinuitätsgleichung*

$$\frac{\partial h}{\partial t} + v \left(\frac{\partial h}{\partial s} + P \right) + \frac{A}{b} \frac{\partial v}{\partial s} = 0 \qquad (9.130)$$

9.2 Instationäre Strömungen mit freiem Wasserspiegel

Mit dieser und (9.127) liegt ein Gleichungssatz zur Ermittlung von v(s, t) und h(s, t) vor, der meist (insbesondere wenn P = 0) nach deSaint-Venant benannt wird.

Lösungsmöglichkeiten sind auf numerischem Wege u. a. durch die verschiedenen Differenzenverfahren gegeben. Diesbezüglich und die Formulierung der jeweiligen Anfangs- und Randbedingungen betreffend ist auf Abbott (1979) und Vreugdenhil (1989) zu verweisen. Auch das sogenannte Charakteristikenverfahren ist hervorragend geeignet, den unterkritischen Flutwellenablauf in offenen Gerinnen zu beschreiben. Dazu bedürfen die Saint-Venant-Gleichungen (9.127) und (9.130) einer Aufbereitung wie folgt:

Nach Einführung einer der kritischen Geschwindigkeit (9.20) entsprechenden *Wellengeschwindigkeit*

$$c = \sqrt{gA/b} \tag{9.131}$$

wird (9.130) mit g/c multipliziert und zu/von (9.127) addiert/subtrahiert. Mit den Annahmen $\alpha \approx 1$ und $\cos\beta \approx 1$ führt dies auf

$$\frac{\partial}{\partial t}\left[v \pm \frac{g}{c}h\right] + (v \pm c)\frac{\partial}{\partial s}\left[v \pm \frac{g}{c}h\right] = -g\left[I - I_S \pm \frac{v}{c}P\right] \text{ bzw.}$$

$$\left[\frac{\partial}{\partial t} + (v \pm c)\frac{\partial}{\partial s}\right]\left(v \pm \frac{g}{c}h\right) = -g\left[I - I_S + \frac{v}{c}P\right] \tag{9.132}$$

Man erkennt, dass ein Beobachter, der sich mit der Geschwindigkeit $v \pm c$ durch das Gerinne bewegt, auf seinem durch $ds = (v \pm c)dt$ gegebenen Weg eine Zustandsänderung wahrnimmt, die durch folgenden Satz gewöhnlicher Differentialgleichungen beschrieben wird:

$$\frac{dv}{dt} \pm \frac{g}{c}\frac{dh}{dt} + g\left[I - I_S \pm \frac{v}{c}P\right] = 0 \tag{9.133}$$

Es kann also eine numerische Integration entlang den durch die Weggleichungen des Beobachters gegebenen sog. *Charakteristiken* durchgeführt werden. Hierzu und zur Formulierung der Anfangs- und Randbedingungen wird insbesondere auf Dracos (1974) verwiesen.

Neben dieser „exakten", wenn auch eindimensionalen Beschreibung des Flutwellenablaufs, die einen oft als unangenehm empfundenen Aufwand erfordert, gibt es auch *hydrologische Verfahren*, die auf wesentlich einfacherem Wege zum Ziel führen können, wie von Seus und Rösl (1974) gezeigt wurde. Diese sogenannten *flood routing*-Methoden arbeiten mit einer Entkoppelung von Durchfluss Q und Wassertiefe h; es wird zunächst allein $Q(s, t)$ bestimmt und dann erst mit Hilfe einer am Ort s geltenden Abflussbeziehung $w = f(Q)$ die zeitliche Veränderung der Wasserstände. Wegen der im Hochwasserbereich vorliegenden Mehrdeutigkeit der Abflusskurve (sog. Hochwasserschleifen) ist diese Vorgehensweise jedoch nicht immer erfolgreich. Von Preissmann (1974) ist in bezug auf den Zusammenhang zwischen flood routing-Verfahren und Saint-Venant-Gleichungen anschaulich dargestellt worden, welche Auswirkungen die dem flood routing zugrunde liegenden Vernachlässigungen haben und welche Grenzen dieser hydrologischen Vorgehensweise demzufolge gesetzt sind. Weitere diesbezügliche Untersuchungen sind u. a. von Koussis (1975) durchgeführt worden.

Es kann umgekehrt auch vorkommen, dass man selbst mit den Saint-Venant-Gleichungen nicht die geforderte Güte der mathematischen Modellierung erreicht. Dies ist vornehmlich dann der Fall, wenn die für eine eindimensionale Behandlung vorausgesetzte querschnittsgemittelte Geschwindigkeit nicht den realen Gegebenheiten entspricht und auch die Anbringung eines korrigierenden α-Beiwerts unzureichend ist. Gegliederte Gerinne, Flußmündungsbereiche und andere durch große Querabmessungen gekennzeichnete Systeme erlauben es meist nicht, eine gleichverteilte Geschwindigkeit im Fließquerschnitt anzunehmen. Man muß in solchen Fällen auf ein zweidimensionales Modell mit tiefengemittelten Geschwindigkeiten übergehen. Wegen der Großflächigkeit solcher Systeme kann dabei im allgemeinen von $\cos\beta \approx 1$ in beiden horizontalen Richtungen ausgegangen werden, so dass eine lotrecht definierte Wassertiefe $h(x, y, t)$ und ein waagerechter Geschwindigkeitsvektor $V = (v_x\ v_y\ 0)$ ohne Vertikalkomponente zum Ansatz kommen. Die sich dann aus (3.3) analog (9.128) ergebende *Kontinuitätsbedingung* lautet

$$\frac{\partial h}{\partial t} + \frac{\partial}{\partial x}(h v_x) + \frac{\partial}{\partial y}(h v_y) = 0 \qquad (9.134)$$

und die beiden *Bewegungsgleichungen* dieses horizontal-ebenen Strömungsproblems, im Prinzip aus (3.18) unter Ansatz hydrostatischer Druckverteilung hervorgehend, sind

$$\frac{\partial v_x}{\partial t} + v_x \frac{\partial v_x}{\partial x} + v_y \frac{\partial v_x}{\partial y} + g \frac{\partial h}{\partial x} + g(I - I_S)_x = 0 \qquad (9.135)$$

$$\frac{\partial v_y}{\partial t} + v_x \frac{\partial v_y}{\partial x} + v_y \frac{\partial v_y}{\partial y} + g \frac{\partial h}{\partial y} + g(I - I_S)_y = 0 \qquad (9.136)$$

Darin sind das Reibungs- und das Sohlengefälle in x- und y-Richtung zu unterscheiden. Mit $v^2 = v_x^2 + v_y^2$ sind die Reibungsgefälle $I_{x,y} = K_{x,y} |v| v_{x,y}$ formulierbar, womit diese den örtlich vorhandenen Geschwindigkeitskomponenten entsprechen würden. Mitunter wird man vereinfachend mit $K_x = K_y$ rechnen dürfen, wobei z. B. von (9.3) auszugehen ist.

Auch die zweidimensionale Wellenablaufberechnung kann mit einem geeigneten Differenzenverfahren durchgeführt werden. Welche Ansätze dabei erfolgreich sind, hat Preissmann (1974) anschaulich dargestellt. Ebenso kann die Charakteristikenmethode angewandt werden, Vreugdenhil (1989). Bezüglich dabei (auch im eindimensionalen Fall) auftretender Schwierigkeiten infolge von Diskontinuitäten, wechselsprungartigen Unstetigkeiten des Wasserspiegels, wird u. a. auf Dracos (1974) verwiesen.

Abb. 9.45 Schwallwelle

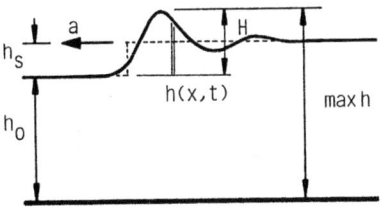

9.2.3 Einzelwellen, Schwall und Sunk

Konnte bei der mathematischen Modellierung des Flutwellenablaufs in offenen Gerinnen davon ausgegangen werden, dass es sich um relativ langsame Änderungen der Wasserspiegellage handelt, und daher vertikale Trägheitswirkungen vernachlässigbar sind, so liegt bei den Schwall- und Sunkwellen ein instationärer Vorgang mit ziemlich schnellen Wassertiefenänderungen vor, bei denen auf eine Berücksichtigung der Vertikalgeschwindigkeit v_z nicht verzichtet werden kann. Wird diese dennoch ignoriert, wie bei der eindimensionalen Behandlung des Schwallwellenproblems mit Hilfe des Impulssatzes, so ist damit ein erheblicher Informationsverlust verbunden. Man kann auf diese Weise nur „gemittelte" Aussagen über das Verhalten dieser Translationswelle gewinnen, während der reale Vorgang einen von abklingenden Wellen überlagerten Schwallkopf aufweist oder sogar als brechende, bore- oder wechselsprungartige Schwallwelle auftritt. Nachstehend wird lediglich auf solche Schwallwellen näher eingegangen, Abb. 9.45, bei denen ein Schwallkopf vorliegt, der aus einer abklingenden Wellenfolge besteht. Solche Schwallwellen werden in offenen Gerinnen durch plötzliche Durchflussänderungen hervorgerufen, z. B. beim sogenannten Schwellbetrieb von Flußkraftwerken. Der im folgenden behandelte Vorgang tritt oberwasserseitig als *Absperrschwall*, unterwasserseitig als *Füllschwall* in Erscheinung; die diesen im Gerinne zugeordneten Sunkwellen sind der unterwasserseitige *Absperrsunk* und der oberwasserseitige *Entnahmesunk*. Eine ausführlichere Darstellung dieser Vorgänge ist u. a. bei Preß und Schröder (1966) und bei Preißler und Bollrich (1985) zu finden.

Die sich über ruhendem Wasser mit der Fortpflanzungsgeschwindigkeit a ausbreitende (nicht brechende) Schwallwelle hat am Schwallkopf eine Wellenhöhe H, die wesentlich größer sein kann als die nach Durchlauf der Wellenfront schließlich verbleibende Schwallhöhe h_s, Abb. 9.45. Die erste Welle in der am Schwallkopf entstehenden Wellenfolge hat eine gewisse Ähnlichkeit mit einer *Einzelwelle*, Abb. 9.46, so dass deren Wellenhöhe H durchaus zum Vergleich mit der in Abb. 9.45 definierten Schwallwellenhöhe H herangezogen werden kann, siehe bei Weiß (1992). Dies um so mehr, als beide Wellenbewegungen auf der gleichen theoretischen Grundlage beruhen, die aus Bewegungsgleichung und Kontinuitätsbedingung unter Berücksichtigung von vertikaler Quergeschwindigkeit und Vertikalbeschleunigung hervorgeht. Für ein Rechteckgerinne mit horizontal angenommener Sohle bzw. im vertikalebenen, zweidimensionalen Strömungsfall lautet diese nach Korteweg und de Vries

Abb. 9.46 Einzelwelle

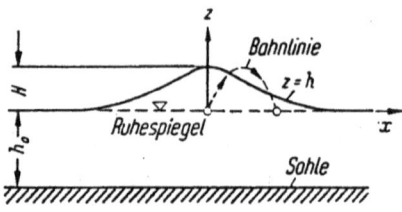

benannte Grundlage:

$$\frac{1}{c}\frac{\partial h}{\partial t} + \left(1 + \frac{3}{2}\frac{h}{h_o}\right)\frac{\partial h}{\partial x} + \frac{1}{6}h_o^2\frac{\partial^3 h}{\partial x^3} = 0 \qquad (9.137)$$

Darin ist $c = \sqrt{gh_o}$ nach (9.131) für Rechteckquerschnitt mit $b = konst$ definiert. Mit (9.137) ist ein Anfangswertproblem zu lösen, bei dem die Anfangswerte beispielsweise durch einen plötzlich erzwungenen Sprung h_s der Wasserspiegellage formuliert werden können, wie etwa bei der Schwallwelle nach Abb. 9.45.

Die Korteweg-de Vries-Gleichung setzt voraus, dass sich die Wellenkontur $h(x, t)$ längs des Wellenweges nicht ändert, im mitwandernden Koordinatensystem also ein quasi-stationärer Zustand mit permanenter Wellenform vorliegt. Dies gilt hinreichend exakt für die Einzelwelle, weniger für die Schwallwelle, deren Parameter sich mit der Zeit ändern. Die Vergleichbarkeit betrifft also in der Hauptsache die erste Aufschwingung der nach Favre benannten Wellenfolge des Schwalls.

Die Korteweg-de Vries-Gleichung vermag insbesondere langwellige periodische Flachwasserwellen zu beschreiben, deren Wellenlänge L im Vergleich zur Ruhewassertiefe h_o durch $h_o/L < 0{,}1$ charakterisiert ist, siehe bei Ippen (1966). Man bezeichnet diese Wellenart, der verwendeten Lösungsfunktion wegen (cn-Funktion) als *Cnoidal-Wellen*, vgl. unter 9.2.4. Der durch $h_o/L \to 0$ definierte Grenzfall einer Cnoidal-Welle ist die hier in Betracht stehende Einzelwelle. Für diese ergibt die zuvor angedeutete Auswertung von (9.137) die Wellenkontur

$$h(x,t) = \frac{H}{\cosh^2\left[\sqrt{\frac{3H}{4h_o^3}}(x - at)\right]} \qquad (9.138)$$

Diese Aussage gilt für eine Einzelwelle über ruhendem Wasser mit der Wassertiefe h_o und stimmt mit den Ergebnissen anderer wellentheoretischer Ansätze (Boussinesq) überein. Für die in ihr enthaltene Geschwindigkeit a des Wellenscheitels gilt als allgemein akzeptierte Approximation

$$a = c\sqrt{1 + \frac{H}{h_o}} = \sqrt{g(h_o + H)} \qquad (9.139)$$

Diese Ergebnisse gelten natürlich nur für eine Einzelwelle, die nicht zum Brechen kommt. Bedingung dafür ist, dass $H/h_o < 0{,}78$ vorliegt; weitere Brechkriterien sind

9.2 Instationäre Strömungen mit freiem Wasserspiegel 217

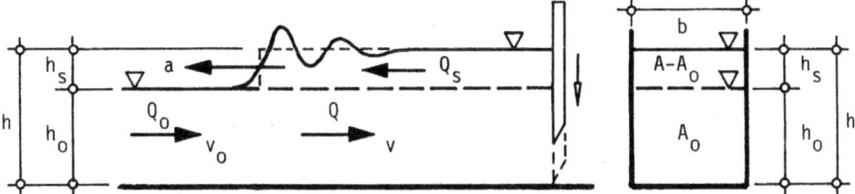

Abb. 9.47 Absperrschwall (Stauschwall) im Rechteckgerinne

u. a. im Küste-Archiv (1981) zusammengestellt. Zur Einzelwellentheorie wird ferner auf Lamb (1963) verwiesen.

Von Schröter und Prüser (1989) ist mit Erfolg versucht worden, die Korteweg-deVries-Gleichung (9.137) in leichter Modifikation des Auswerteschemas auch zur Beschreibung der beim Schwall auftretenden *Favre-Wellen* zu verwenden. Obwohl die für (9.137) vorausgesetzte permanente Wellenkontur bei den Favre-Wellen nicht gegeben ist, hat sich gezeigt, dass eine hinreichend gute Darstellung der Schwallwelle auf dieser Basis möglich ist. Von Prüser und Zielke (1993) ist daraufhin eine weitere Verallgemeinerung von (9.137) vorgenommen worden dahingehend, Lösungen auch für Trapezquerschnitt des Gerinnes herbeizuführen. Diese sind insofern von Bedeutung als die Uferböschungen Form und Schnelligkeit der Favre-Wellen merklich beeinflussen können, da über ihnen das o. g. Brechkriterium zum Tragen kommt und der vertikal-ebene Strömungsvorgang daher in ein dreidimensionales Problem übergeht.

Geradezu primitiv im Vergleich zu vorstehenden Lösungen ist die eindimensionale Behandlung des Vorgangs im mitwandernden Koordinatensystem unter Verwendung des Impuls- bzw. Stützkraftsatzes. Dabei gehen Informationen über die Bildung von Favre-Wellen dadurch verloren, dass auf Grund des Kontrollraumkonzepts alle im Innern des Kontrollraums auftretenden Erscheinungen ausgeklammert werden, denn der Kontrollraum wandert mit der Schwallfront mit. Außerdem kommt nur die sohlenparallele Komponentengleichung des Impulssatzes zum Ansatz. Infolgedessen können auf diese Weise nur Aussagen über die Schwallhöhe h_s, nicht aber über die maximale Wellenhöhe H gewonnen werden, vgl. Abb. 9.45. Stellvertretend für alle übrigen Schwall- und Sunkvorgänge wird nachstehend nur der Fall des Absperrschwalls in einem Gerinne mit Rechteckquerschnitt behandelt, Abb. 9.47.

Nicht nur beim Absperrschwall ist es möglich, den instationären Strömungsfall mittels mitwanderndem Koordinatensystem in einen quasi-stationären Zustand zu überführen, er eignet sich aber hervorragend dazu, diese Rückführung auf ein stationäres Problem zu demonstrieren. Der Absperrschwall möge wie in Abb. 9.47 durch plötzliches Schließen einer Schütze erzwungen sein; vor dem Schließen ist $Q = Q_0 = konst$ stationär, danach herrscht $Q < Q_0$ oder bei vollständigem Schließen sogar $Q = 0$. Die zugeordneten querschnittsgemittelten Geschwindigkeiten sind $v_0 = Q_0/A_0$ und $v = Q/A$ bzw. $v = 0$. Wird der für die Anwendung des Impulssatzes

Abb. 9.48 Idealisierte Schwallwelle im mitwandernden Kontrollraum (vollständiges Schließen)

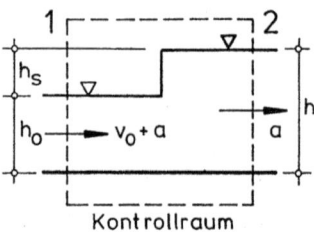

benötigte Kontrollraum so angeordnet, dass er den Schwallkopf eingrenzt und sich mit dessen Fortpflanzungsgeschwindigkeit a stromauf mitbewegt, so ergeben sich an den Kontrollraumgrenzen 1 und 2 die Relativgeschwindigkeiten relv$_1$ = v$_o$ + a und (bei vollständigem Schließen wegen v = 0) relv$_2$ = a.

Mit diesen kann der Vorgang wie eine stationäre Strömung behandelt werden, Abb. 9.48. Aus der Kontinuitätsgleichung (4.3), die nun mit v = 0 als (v$_o$ + a)bh_o = $ab(h_o + h_S)$ anzusetzen ist, folgt zunächst $a = $ v$_o$ h_o/h_S für die Schwallgeschwindigkeit. Mit dieser lauten die Stützkräfte nach (4.8) bei horizontal angenommener Gerinnesohle, s. Abb. 9.48:

$$S_1 = \rho b h_o (v_o + a)^2 + \frac{1}{2}\rho g b h_o^2 \quad \text{und} \quad S_2 = \rho b (h_o + h_S) a^2 + \frac{1}{2}\rho g b (h_o + h_S)^2.$$

Werden Umfangskräfte (Sohlenwiderstände) vernachlässigt, so ergibt die Forderung $S_1 = S_2$ des Stützkraftsatzes für kleine Schwallhöhen (h_S^2 ignorierbar, wenn $h_S/h_o \ll 1$) die Näherungslösung

$$h_S = \frac{v_o^2}{2g} + \sqrt{\frac{v_o^2}{2g}\left(\frac{v_o^2}{2g} + 2h_o\right)} \qquad (9.140)$$

Aus $a = $ v$_o h_o/h_S$ folgt damit ferner für die Laufgeschwindigkeit des Absperrschwalls

$$a = c \cdot \sqrt{\frac{h_o}{h_S + h_o}} \qquad (9.141)$$

Darin ist $c = \sqrt{gh_o}$ entsprechend (9.131) die dem untersuchten Rechteckgerinne zukommende kritische Geschwindigkeit.

An (9.140) ist zu erkennen, dass der sich neu einstellende Wasserspiegel höher liegt als die stationäre Energielinie vor dem totalen Schließen. Erneut ist aber darauf hinzuweisen, dass der als h_S ermittelte Schwall nicht die höchste Wasserspiegellage dieser instationären Gerinneströmung ist. Überlagerte Favre-Wellen können Amplituden haben, die doppelt so große Wassertiefenänderungen ergeben, allerdings nur kurzzeitig, aber in allmählich abnehmender Folge, vgl. Abb. 9.45. Sinngemäß gilt dies auch bei allen anderen Schwall- und Sunkerscheinungen in offenen Gerinnen, die prinzipiell in gleicher Weise behandelt werden können, aber nicht in jedem Fall explizite Lösungen haben, siehe z. B. Preß und Schröder (1966).

Abb. 9.49 Fortschreitende Welle

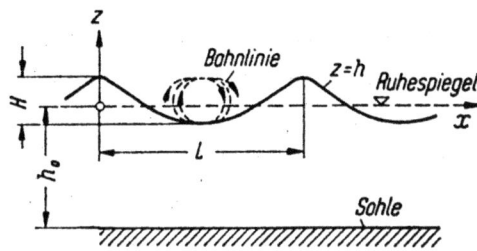

9.2.4 Fortschreitende Oberflächenwellen

Als *fortschreitende* Welle wird eine periodische Wellenbewegung bezeichnet, die als harmonische Schwingung des ursprünglich horizontalen Ruhewasserspiegels infolge einer örtlich begrenzten instationären Störung desselben entsteht und bei ihrer Ausbreitung als Schwerewelle nicht von weiteren Einflüssen betroffen ist. Insbesondere liegen keine von Ufern oder Bauwerken ausgehenden Wellenüberlagerungen vor wie etwa bei Wellenreflexion. Diese führt durch Überlagerung der einfallenden (fortschreitenden) mit der reflektierten Welle zu ganz anders gearteten Wellenerscheinungen, unter bestimmten Voraussetzungen sogar zu *stehenden* Wellen, siehe unter 9.2.5. Als zusätzlicher Einfluss ist bei der Beschreibung fortschreitender Wellen lediglich eine variable Wassertiefe h_o des ursprünglichen Wasserspiegels zugelassen, mit der die Sohlenlage berücksichtigt wird. Daraus resultieren die mit *Tiefwasserwellen* und *Flachwasserwellen* bezeichneten Unterscheidungsmerkmale der fortschreitenden Oberflächenwellen.

Die fortschreitenden Wellen können als vertikal-ebenes Strömungsproblem aufgefaßt werden, wobei die Wellenkämme parallel zueinander und normal zur Wellenlaufrichtung liegen. Für diesen Fall stehen verschiedene Wellentheorien zur Verfügung. In der Anwendung am bekanntesten sind die potentialtheoretischen Ansätze, bei denen für die Beschreibung der Wellenbewegung u. a. trigonometrische Funktionen verwendet werden. Auf diesen Umstand ist die Bezeichnung *Sinusoidal-Welle* zurückzuführen; die ihr zugrunde liegenden Wellentheorien sind in der Lage, fast alle Phänomene der fortschreitenden Wellen zufriedenstellend zu beschreiben.

Ausgenommen ist hiervon aber der Fall von langperiodischen Wellen im Flachwasser. Diese werden besser als *Cnoidal-Wellen* berechnet, deren Bezeichnung auf die Verwendung der cn-Funktion (Jacobische elliptische cos-Funktion) zurückzuführen ist. Zu beiden Wellenarten bzw. -theorien können nachstehend allerdings nur die wichtigsten Aussagen erörtert werden.

Bei der Darstellung einer periodischen fortschreitenden Welle wird nach Abb. 9.49 mit folgenden *Wellenelementen* gearbeitet:

- *H* *Wellenhöhe*, Abstand zwischen Wellenberg und Wellental
- *L* *Wellenlänge*, Abstand zweier benachbarter Wellenscheitel oder Wellentäler
- *T* *Wellenperiode*, zeitlicher Abstand benachbarter Wellen, Zeitdifferenz des Durchgangs aufeinander folgender Wellen

h_o *Wassertiefe*, kein eigentliches Wellenmerkmal, aber von wesentlichem Einfluss auf die Wellenbewegung

Mit diesen werden ferner folgende Größen gebildet:

$a = L/T$ *Wellengeschwindigkeit*
$k = 2\pi/L$ *Wellenzahl*
$\sigma = 2\pi/T$ *Wellenfrequenz*

Als dimensionslose Kennzahlen sind außerdem sehr nützlich die *Wellensteilheit H/L*, die *relative Wassertiefe h_o/L* und die *relative Wellenhöhe H/h_o*, ferner Parameter wie $\frac{H}{gT^2}$ und $\frac{h_o}{gT^2}$, die sich aus dimensionsanalytischen Recherchen ergeben.

Sinusoidal-Wellen über horizontaler Sohle ($h_o = konst$) ergeben sich rechnerisch auf Grund folgender Annahmen und Voraussetzungen: Die periodische Wellenbewegung kann als eine sich in der *x-z*-Ebene abspielende Potentialströmung mit $v_y = 0$ aufgefaßt werden, die im mitwandernden Koordinatensystem quasi-stationär ist. Die untere Begrenzung des Strömungsfeldes, die Sohle bei $z = h_o$, ermöglicht keine Vertikalbewegung, $v_z(z = h_o) = 0$. An der oberen Begrenzung, der Oberfläche $z = h(x, t)$, gilt bei mitwandernden Koordinaten einerseits die Bernoullische Gleichung (4.14) mit zu Null gesetztem Atmosphärendruck und ohne Verlusthöhe, andererseits bildet der Vektor der Relativgeschwindigkeit überall entlang der Wellenkontur die Tangente an diese. Die Wellenkontur muß ferner die Kontinuitätsbedingung dahingehend erfüllen, dass die Volumina von Wellenberg und Wellental gleich groß sind, wobei der Ruhespiegel die Bezugshöhe ist, vgl. Abb. 9.49.

Die Auswertung dieser Bedingungen erfolgt auf der Grundlage der Laplace-Potentialgleichung (6.4) mit einer Potentialfunktion φ und mit den durch diese begründeten Geschwindigkeitskomponenten v_x und v_z nach (6.5). Als homogene partielle Differentialgleichung erlaubt die Potentialgleichung eine Superposition beliebig vieler Potentialfunktionen φ, die je für sich die Laplace-Gleichung erfüllen. Hierauf beruht der auf Stokes zurückgehende wellentheoretische Ansatz einer Summe von Geschwindigkeitspotentialen. Je nach Anzahl *n* der Summanden dieses Ansatzes werden dessen Aussagen als *Wellentheorie n-ter Ordnung* bezeichnet. Eine Auswertung für *n* = 2 ist bei Ippen (1966) zu finden, siehe auch Schröder (1972).

Der allgemeine Ansatz des Geschwindigkeitspotentials *n*-ter Ordnung lautet

$$\varphi(x, z, t) = \frac{1}{2}\sum_1^n \phi_n \sin n(kx - \sigma t) \qquad (9.142)$$

Für die beiden ersten Glieder dieser Reihe (Stokes *n* = 2) ergibt die Auswertung die nichtperiodischen Funktionen

$$\phi_1 = aH\frac{\cosh k(h_o + z)}{\sinh kh_o} \qquad (9.143)$$

$$\phi_2 = \frac{3}{16}aH^2k\frac{\cosh 2k(h_o + z)}{\sinh^4 kh_o} \qquad (9.144)$$

9.2 Instationäre Strömungen mit freiem Wasserspiegel

Das Geschwindigkeitspotential $\varphi(x,z,t)$ ist die Grundlage für die Beantwortung aller mit der Kinematik der fortschreitenden Welle zusammenhängenden Fragen. Abgesehen von dem durch $v_x = \partial\varphi/\partial x$ und $v_z = \partial\varphi/\partial z$ vollständig beschriebenen Geschwindigkeitsfeld sind mit diesen Geschwindigkeitskomponenten auch der Stromlinienverlauf und die Bahnlinien gegeben. Letztere stellen sich als geschlossene oder (bei Wellentheorien höherer Ordnung) als fast geschlossene Orbitalbahnen heraus, vgl. Abb. 9.49. Schließlich hängt auch die Wellenkontur vom Geschwindigkeitspotential und damit von der Ordnungszahl n der Stokes-Theorie ab. Für die Form der Wellenoberfläche wird erhalten

$$h(x,t) = \frac{1}{2}\sum_{1}^{n} H_n \cos n(kx - \sigma t) \qquad (9.145)$$

Dabei sind die Amplitudenfunktionen H_n für die ersten Glieder der h-Reihe (Stokes $n=2$) gegeben durch

$$H_1 = H \qquad (9.146)$$

$$H_2 = \frac{1}{8}H^2 k \frac{\cosh kh_o}{\sinh^3 kh_o}(2 + \cosh 2kh_o) \qquad (9.147)$$

Die in diesen Ausdrücken verwendeten Formelzeichen sind in Abb. 9.49 und durch die dazu vorgenommenen Definitionen erklärt.

Aus (9.147) geht schon für $n=2$ hervor, dass die Wellenkontur keine zum Ruhespiegel $z=0$ symmetrische sondern eine mehr trochoidale Form hat: Die Wellenberge sind höher und steiler, die Wellentäler weniger tief und flacher als bei einer reinen Sinusschwingung. Mit diesem Ergebnis stellt sich bereits die Wellentheorie 2-ter Ordnung als in ziemlich guter Übereinstimmung mit dem real auftretenden Wellenbild stehend heraus. Auf höhere Wellentheorien wird man daher nur in besonderen Fällen zurückgreifen müssen, zumal selbst mit der linearen Wellentheorie (Stokes $n=1$, benannt nach Airy) schon viele Fragen zufriedenstellend geklärt werden können. Zur Stokes-Wellentheorie 3.Ordnung ist u. a. auf die vom CERC (1975) zusammengestellten Formeln zu verweisen.

Bemerkenswert ist auch, dass sich bei den Approximationsgraden $n=1$ und $n=2$ die gleiche Fortpflanzungsgeschwindigkeit der fortschreitenden periodischen Oberflächenwelle ergibt:

$$a = \sqrt{\frac{g}{k}\tanh kh_o} = \sqrt{\frac{gL}{2\pi}\tanh 2\pi \frac{h_o}{L}} \qquad (9.148)$$

Daher gelten in beiden Theorien die mit Abb. 9.50 demonstrierten Grenzfälle *Flachwasserwellen* und *Tiefwasserwellen*. Diese Grenzfälle ergeben sich für große Wellenlängen $L \gg h_o$ bzw. für große Wassertiefen $h_o \gg L$. Nicht nur in bezug auf den formalen Aufbau von (9.148) sind diese Unterscheidungen von Bedeutung; vielmehr sind deutliche Unterschiede u. a. bei den Bahnlinien festzustellen: Bei

Abb. 9.50 Grenzfälle der Wellengeschwindigkeit a

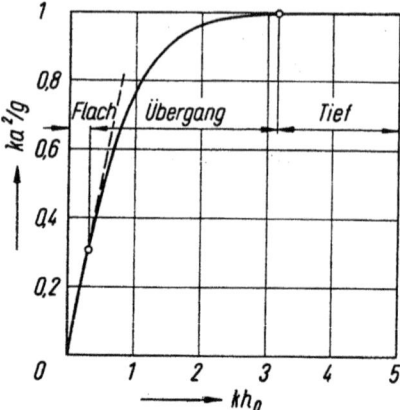

Flachwasserwellen werden die Orbitalbahnen zur Sohle hin immer flacher, während über unbegrenzter Wassertiefe kreisförmige Bahnlinien vorliegen (Stokes $n = 1$), deren Durchmesser mit wachsendem Abstand von der Oberfläche verschwindet.

Abgrenzungskriterien sind $h_0/L < 0{,}05$ für Flachwasser- und $h_0/L > 0{,}5$ für Tiefwasserwellen. In diesen Bereichen gelten hinreichend genau folgende Laufgeschwindigkeiten:

Flachwasserwellen:

$$a = \sqrt{gh_0} \qquad (9.149)$$

Tiefwasserwellen:

$$a = \sqrt{\frac{gL}{2\pi}} \qquad (9.150)$$

Für die meisten praktisch vorkommenden Aufgaben im Zusammenhang mit fortschreitenden Wellen genügt es, die einfache lineare Wellentheorie nach Airy (Stokes $n = 1$) in Ansatz zu bringen. Geschwindigkeitspotential und Wellenkontur gehen dann mit $n = 1$ aus (9.142) bzw. (9.145) hervor wie folgt, wobei $a = L/T$ gesetzt ist:

$$\varphi(x,z,t) = \frac{HL}{2T} \frac{\cosh k(h_0 + z)}{\sinh kh_0} \sin(kx - \sigma t) \qquad (9.151)$$

$$h(x,t) = \frac{H}{2} \cos(kx - \sigma t) \qquad (9.152)$$

Obwohl hiermit zusammen mit (9.148) in den meisten Fällen eine hinreichend gute Approximation des Strömungsfeldes unter fortschreitenden periodischen Wellen möglich ist, muß festgestellt werden, dass sich z. B. langwellige Flachwasserwellen mit der Stokes-Wellentheorie (auch bei höherer Ordnungszahl $n > 1$) nicht

9.2 Instationäre Strömungen mit freiem Wasserspiegel

befriedigend darstellen lassen. Diese Wellenart sollte daher besser mit der sog. Cnoidal-Wellentheorie untersucht werden.

Cnoidal-Wellen kommen in Betracht, wenn die Wellenbewegung durch folgende Kriterien zu kennzeichnen ist:

$$h_o/L < 1/8 \quad \text{und} \quad H/h_o > 26\, h_o^2/L^2 \tag{9.153}$$

Die zweite dieser Forderungen kann auch als $h_o/L < 0{,}2\sqrt{H/h_o}$ formuliert werden. In dem damit abgegrenzten Bereich beschreiben Cnoidal-Wellen den Übergang von den Sinusoidal-Wellen zu den Einzelwellen; es handelt sich dabei um langwellige periodische Oberflächenwellen.

Die wellentheoretische Grundlage zur Berechnung dieser Wellenart geht auf Korteweg-deVries zurück und wurde bei den Einzelwellen mit (9.137) bereits erörtert. Für deren Lösung ist eine der zwölf Jacobischen elliptischen Funktionen hervorragend geeignet, die *cn-Funktion*, der die Cnoidal-Welle ihren Namen verdankt. Diese höhere mathematische Funktion ist definiert durch

$$\operatorname{cn}(u,m) = \cos\left[\int_0^\phi \frac{d\varphi}{\sqrt{1 - m\sin^2\varphi}}\right] \tag{9.154}$$

Der Modul m dieses Ausdrucks ergibt für $0 < m < 1$ periodische Lösungen, und für das Argument $u = f(\phi, m)$ gilt mit Bezug auf den in Abb. 9.49 vorliegenden Fall, wobei $K = K(m)$ die mit (9.156) erklärte Bedeutung hat:

$$u = \frac{K}{\pi}(kx - \sigma t) \tag{9.155}$$

Die cn-Funktion hat folgende besondere Merkmale:

$\operatorname{cn}(0, m) = 1$	$\operatorname{cn}(u, 0) = \cos u$
$\operatorname{cn}(K, m) = 0$	$\operatorname{cn}(u, 1) = 1/\cosh u$

Hieraus ist einerseits ersichtlich, dass die cn-Funktion für die Beschreibung der Wellenkontur zwischen Wellenberg und Wellental geeignet ist (man setze dazu $kx - \sigma t = 0$ bzw. π), andererseits zeigen die Grenzfälle $m = 0$ und $m = 1$, dass sie den Übergang von den Sinusoidal-Wellen (Airy) zu den Einzelwellen ($L \to \infty$) vermitteln kann, vgl. (9.152) und (9.138).

Die Cnoidal-Wellentheorie benutzt ferner (teils auch schon im Argument u der cn-Funktion) die vollständigen elliptischen Integrale 1. und 2. Art, $K = K(m)$ und $E = E(m)$. Diese lauten (wiederum mit dem Modul m):

$$K = K(m) = \int_0^{\pi/2} \frac{d\varphi}{\sqrt{1 - m\sin^2\varphi}} \tag{9.156}$$

$$E = E(m) = \int_0^{\pi/2} \sqrt{1 - m\sin^2\varphi}\, d\varphi \tag{9.157}$$

Abb. 9.51 Cnoidal-Wellenprofile

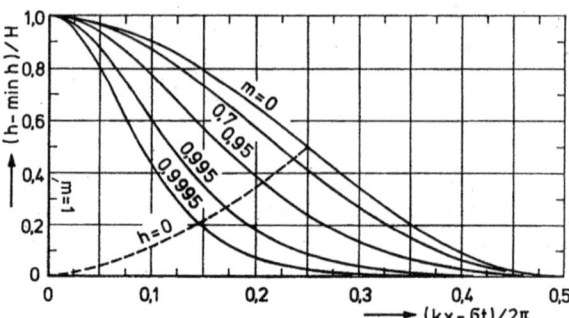

Damit sind alle Definitionen der für Cnoidal-Wellen zu verwendenden mathematischen Größen genannt. Die Auswertung unter Berücksichtigung der Oberflächenbedingung (9.137) liefert mit den in Abb. 9.49 definierten Größen für die Wellenkontur

$$h(x,t) = \min h + H \operatorname{cn}^2(u,m) \tag{9.158}$$

Darin beschreibt min$h$ (als h für $u=K$) die Lage des Wellentals in bezug auf den Ruhewasserspiegel:

$$\min h = -H\left[1 - \frac{16}{3}\frac{(h_o/L)^2}{H/h_o}K(K-E)\right] \tag{9.159}$$

Ferner ergibt sich für die Wellenlänge L der Ausdruck

$$\frac{L}{h_o} = \frac{4mK}{\sqrt{3H/h_o}} \tag{9.160}$$

Aus einer entsprechenden Auswertung bezüglich der Wellenperiode T kann ein zweiter Ausdruck für L gewonnen werden:

$$\frac{L}{h_o} = \sqrt{\frac{gT^2}{h_o + \min h}} \cdot \left[1 + \frac{\min h}{h_o} + \frac{H}{h_o}\frac{1-2E/K}{2m^2}\right] \tag{9.161}$$

Man beachte, dass min h negativ ist. Gleichsetzen der beiden letzten Gleichungen ermöglicht bei Vorgabe von Wellenhöhe H, Wellenperiode T und Wassertiefe h_o die Bestimmung des Moduls m, der nach (9.158) für die Wellenform maßgebend ist. Für die Wellengeschwindigkeit gilt erneut $a = L/T$.

Der mathematische Aufwand für die Berechnung einer Cnoidal-Welle ist ungewöhnlich groß, wie aus den höchst komplizierten Algorithmen ersichtlich ist. Daher hat diese Theorie der langen Oberflächenwellen kaum Chancen, zur Anwendung zu kommen, es sei denn, dass vorgefertigte Berechnungshilfen in Form von Lösungsdiagrammen zur Verfügung stehen. Solche Hilfen sind insbesondere vom CERC (1975) verbreitet worden, und zwar wesentlich detaillierter als in Abb. 9.51 exemplarisch gezeigt. Der gleichen Quelle sind auch weitere Literaturhinweise zu diesem Thema zu entnehmen, vor allem das Geschwindigkeits- und Druckfeld unter Cnoidal-Wellen betreffend.

9.2.5 Wellenbewegung unter Ufereinfluss

Die nachfolgend besprochenen Wellenphänomene lassen sich heute mit numerischen Simulationen auf komplexe Geometrien anwenden. Die zu den Phänomenen dargestellten einfachen Lösungen ermöglichen es jedoch, das Grundverständnis für die in den (z. T.) frei im Internet verfügbaren Programmlösungen zu erwerben. Ohne dieses Grundverständnis ist es unmöglich, die Plausibilität der aus komplexen numerischen Lösungen erhaltenen Informationen einzuschätzen. Insofern haben die „alten" analytischen und graphischen Lösungen nach wie vor ihren Wert. Anhand analytischer Lösungen lassen sich die Ergebnisse numerischer Simulationen des weiteren auf Plausibilität prüfen, was manchmal sehr wesentlich ist.

Zu unterscheiden sind Beeinflussungen der Wellenbewegung durch das Ufer selbst und infolge der zum Ufer hin ansteigenden Sohle. Meist liegen beide Einflüsse vor, so dass man mit einer entsprechenden Vielfalt der Erscheinungen zu tun hat. Nachstehend kann jedoch nur auf einige Aspekte der uferbeeinflussten Wellenbewegung eingegangen werden. Diesbezügliche Stichworte sind:

Refraktion: Richtungsänderung des Wellenfortschritts im Flachwasser bei in der Laufrichtung veränderlicher Wassertiefe, z. B. bei ansteigender Sohle bis zur ufernahen Brandungszone.

Shoaling: Mit der Refraktion einhergehende Veränderung der Wellenelemente als Folge unterschiedlicher, insbesondere abnehmender Wassertiefen entlang des Wellenweges. Bei Wellenlaufrichtung senkrecht zu den Tiefenlinien auch ohne gleichzeitige Refraktion.

Brandung: Endzustand des Shoaling beim Wellenauflaufen an einer flachen Uferböschung, brechende Flachwasserwellen.

Diffraktion: Beugungserscheinungen an von Wellen betroffenen Uferbauwerken, z. B. in Hafeneinfahrten, an Wellenbrechern und Molen etc.

Reflexion: Auftreten stehender Wellen oder ähnlicher Erscheinungen durch Überlagerung einfallender und an Uferbauwerken reflektierter Wellen.

Nur einige der unter diese Begriffe fallenden Phänomene werden im folgenden behandelt; soweit nötig wird dabei auf die lineare Wellentheorie (Stokes $n = 1$, Airy) zurückgegriffen. Für weiteres s. auch Zanke (2002).

Refraktion: Die Laufrichtung einer vom Tiefwasser her einfallenden fortschreitenden Wellenfolge wird beim Übergang in den Flachwasserbereich nachhaltig durch die Wassertiefe h_o beeinflusst. Man erkennt dies an (9.148), wonach eine abnehmende Wassertiefe (ab halber Wellenlänge, $h_o/L < 0{,}5$) auf die Wellengeschwindigkeit zunehmend verzögernd wirkt. Auf einer gleichmäßig zur geraden Uferlinie ansteigenden Sohle hat dies ein Einschwenken der Wellenkämme zum Ufer hin zur Folge, Abb. 9.52. Das dabei vorliegende Strömungsproblem ist eigentlich dreidimensional, jedoch können die damit verbundenen Schwierigkeiten durch eine Anleihe bei der Optik umgangen werden, weil man in Analogie zum Brechungsgesetz von Snellius entlang der Wellenorthogonalen mit Erfolg ansetzen kann:

$$\cos \beta = \frac{a}{a_o} \cos \beta_o \quad \text{oder} \quad \frac{a}{\cos \beta} = konst \qquad (9.162)$$

Abb. 9.52 Wellenrefraktion

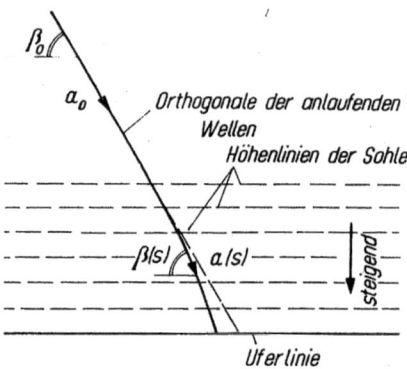

Dabei gibt $\beta = \beta(s)$ gemäß Abb. 9.52 den Winkel an, den die Wellenorthogonale gegenüber der örtlichen Höhenlinie der Sohle einnimmt; β_0 gilt im Tiefwasser und ist an einer Stelle zu nehmen, an der die Wassertiefe $h_0 = 0{,}5 \cdot L$ beträgt. Wenn statt dieser, auf die Laufrichtung bezogenen Winkel mit dem zwischen Wellenkammlinie und Höhenlinie bestehenden Winkel $\alpha = 90° - \beta$ gearbeitet wird (in Abb. 9.52 nicht eingetragen), ergibt sich $\dfrac{a}{\sin \alpha} = konst$ statt (9.162). Dieser Umstand führt oft zu Verwechslungen; man gebe daher Acht auf zutreffende Richtungsdefinitionen!

Im allgemeinen wird man (9.162) unter Verwendung von (9.148) jeweils zwischen zwei benachbarten Höhenlinien 1 und 2 anzuwenden haben, also die Proportion $\dfrac{a_1}{a_2} = \dfrac{\cos \beta_1}{\cos \beta_2}$ auswerten müssen. Hierfür gibt es zahlreiche Hilfsmittel, etwa die vom CERC (1975) bereitgestellten.

Auf Grund der Änderung der Wellenlaufrichtung ändert sich auch der normal zu dieser (in der Kammlinie) gemessene Abstand b zweier benachbarter Wellenorthogonalen: Ist b_0 der Ausgangswert dieses Abstands im Tiefwasser, so wird mit dem Verhältnis b_0/b ein vom Wellenweg s abhängiger *Refraktionskoeffizient* K_R wie folgt definiert:

$$K_R = \sqrt{\dfrac{b_0}{b}} \qquad (9.163)$$

Meist wird man die hierfür benötigten Abstände $b = b(s)$ aus einem Trajektorienplan abgreifen, in dem die nach (9.162) ermittelten Orthogonalen aufgetragen sind. Je nach Art des Sohlenreliefs kann (9.163) auch Werte $K_R > 1$ ergeben, denn es kann sowohl $b > b_0$ als auch $b < b_0$ vorkommen. Ein rechnerischer Zugang ist bei der Bestimmung von b nur möglich unter der idealisierenden Voraussetzung, dass die Küstenform durch eine gerade Uferlinie mit parallel dazu verlaufenden Höhenlinien der Sohle gegeben ist, wie etwa in Abb. 9.52. In diesem Idealfall sind alle Orthogonalen gleich; zwei benachbarte Orthogonalen entstehen durch uferparallelen Versatz ein und derselben Orthogonalen, wobei das Versatzmaß Δx über jeder Sohlenhöhenlinie das gleiche ist, $\Delta x = konst$. Der in Richtung der Wellenkämme zu messende Abstand zweier Orthogonalen ist daher durch $b = \Delta x \sin \beta = \Delta x \cos \alpha$ beschreibbar, wobei die Winkel α und β wie bei (9.2.5.1) definiert sind. Es ergibt

9.2 Instationäre Strömungen mit freiem Wasserspiegel

sich folglich

$$\frac{b_o}{b} = \frac{\sin \beta_o}{\sin \beta} \quad \text{oder} \quad \frac{b}{\sin \beta} = konst \tag{9.164}$$

Wird wieder der Winkel α zwischen Kammlinie und Höhenlinie verwendet, $\alpha = 90° - \beta$, so lautet diese Forderung $b/\cos\alpha = konst$. Mit ihr ist eine Berechnung von $b = b(s)$ auch möglich, wenn die zugrunde gelegte Voraussetzung uferparalleler, gerader Sohlenhöhenlinien nicht erfüllt ist, indem näherungsweise zwischen zwei benachbarten Höhenlinien 1 und 2 sukzessive ausgewertet wird $b_1/b_2 = \cos\alpha_1/\cos\alpha_2$, beginnend mit b_o und $\alpha_o = 90° - \beta_o$ im Tiefwasser.

Shoaling: Beim Wellenfortschritt auf ansteigender Sohle ist wegen der abnehmenden Wellengeschwindigkeit $a = L/T$ nicht nur eine Änderung der Wellenrichtung zu beobachten. Mit der Refraktion verbunden, jedoch auch ohne diese auftretend ($\beta = 90°$, normal zu den Höhenlinien einfallende Wellen), ist eine durchgreifende Änderung aller Wellenelemente, ausgenommen die konstant bleibende Wellenperiode T. Betroffen sind neben der Fortpflanzungsgeschwindigkeit a die Wellenlänge L und die Wellenhöhe H.

Aus (9.148) und (9.150) folgt zunächst (Index o für Tiefwasser, ausgenommen die Wassertiefe h_o) $\frac{a_o^2}{a^2} = \frac{L_o/L}{\tanh kh_o}$ mit $k = 2\pi/L$. Wegen $T = konst$ ergibt sich daher mit $a_o = L_o/T$ und $a = L/T$ für die Änderung der Wellenlänge $L(s)$:

$$\frac{L}{L_o} = \tanh kh_o \tag{9.165}$$

Auflösung nach L erfordert wegen $k = 2\pi/L$ Iteration, ausgenommen den Fall $h_o/L \ll 1$ mit $L = \sqrt{2\pi h_o L_o}$. Der Anfangswert L_o am Rand des Tiefwasserbereichs ist nach (9.150) gegeben durch $L_o = gT^2/2\pi$. Wegen $\frac{a}{a_o} = \frac{L}{L_o}$ liegt damit auch das für (9.162) benötigte Verhältnis der Wellengeschwindigkeiten fest.

Die Veränderung der Wellenhöhe bei in Laufrichtung vom Tiefwasser zum Flachwasser übergehender Wassertiefe h_o lässt sich mit einer Energietransportbilanz beschreiben, die vereinfachend von der Wellentheorie 1.Ordnung (linear, Airy, Stokes $n = 1$) ausgeht. Dabei wird vorausgesetzt, dass der Energietransport zwischen zwei benachbarten Orthogonalen konstant ist, also kein Transport in Richtung des Wellenkammes auftritt. Das Ergebnis dieser Betrachtung lautet in Kurzform, CERC (1975):

$$\frac{H}{H_o} = \sqrt{\frac{1}{2\tilde{n}}} \sqrt{\frac{b_o}{b}} \sqrt{\frac{a_o}{a}} \tag{9.166}$$

Dabei bezeichnet $\tilde{n}$ das Verhältnis der sogenannten *Gruppengeschwindigkeit* a^* zur normalen Laufgeschwindigkeit, $\tilde{n} = a^*/a$. Die Gruppengeschwindigkeit ist definiert als die Laufgeschwindigkeit von Wellengruppen, die aus Wellen mit geringfügig differierenden Wellenlängen bestehen; sie ist zugleich die Geschwindigkeit, mit der Wellenenergie entlang der Orthogonalen transportiert wird. Diesbezüglich detailliertere Darstellungen sind u. a. bei Preß und Schröder (1966) und bei Silvester (1975) zu finden. Mit der linearen Airy-Theorie ergibt sich $a^* = \tilde{n}a$ aus der Relation

$$\tilde{n} = \frac{1}{2} \left[1 + \frac{2kh_o}{\sinh 2kh_o} \right] \tag{9.167}$$

Danach nimmt $\tilde{n}$ Werte zwischen 0,5 und 1,0 an:

Tiefwasserwellen: $\quad \tilde{n} = 1/2 \quad | a^* = a/2$
Flachwasserwellen: $\quad \tilde{n} = 1 \quad | a^* = a$

Aus (9.166) geht schließlich mit (9.163) und (9.167) für die sich längs des Wellenwegs verändernde Wellenhöhe $H(s)$ hervor:

$$\frac{H}{H_o} = K_R \sqrt{\frac{\sinh 2kh_o}{(2kh_o + \sinh 2kh_o)\tanh kh_o}} \qquad (9.168)$$

Bei fehlender Refraktion ($\beta = 90°$, senkrechter Welleneinfall) ist hierin $K_R = 1$ zu setzen. In den meisten praktisch vorkommenden Fällen treten Refraktion und Shoaling aber gemeinsam in Erscheinung.

Brandung: Der Shoaling-Effekt findet sein natürliches Ende dort, wo die Wellen branden. Ohne hier auf die verschiedenen Arten des Wellenbrechens näher einzugehen, sei im folgenden lediglich erläutert, welche Kriterien für das Eintreten der Brandung beim Auflaufen von Wellen auf eine flach geneigte Uferböschung auszuwerten sind. Allgemein werden dafür kritische Werte H/L oder der relativen Wellenhöhe H/h_o benannt, wobei man letztere ebenfalls mit Hilfe der Wellensteilheit ausdrücken kann.

Mit (9.165) gewinnt man aus (9.168) eine Beziehung für die Wellensteilheit $H/L = f(s)$, mit der die Veränderlichkeit dieser Größe entlang einer Wellenorthogonalen verfolgt werden kann:

$$\frac{H}{L} = K_R \frac{H_o}{L_o} \sqrt{\frac{1 + 2\cosh kh_o}{(2kh_o + \sinh 2kh_o)\tanh^2 kh_o}} \qquad (9.169)$$

Wellenbrechen im Flachwasserbereich tritt auf, wenn bestimmte Höchstwerte $(H/L)_{krit}$ der Wellensteilheit überschritten werden. Für dieses Kriterium weist das Schrifttum mehrere Vorschläge aus, Silvester (1974), CERC (1975), von denen die wichtigsten bei einheitlicher Auflösung nach H/L wie folgt lauten:

Munk (1):
$$\left(\frac{H}{L}\right)_{krit} = 0{,}78 \frac{h_o}{L} = 0{,}124 kh_o \qquad (9.170)$$

Munk (2):
$$\left(\frac{H}{L}\right)_{krit} = 0{,}3 \frac{(H_o/L_o)^{2/3}}{L/L_o} \qquad (9.171)$$

Miche:
$$\left(\frac{H}{L}\right)_{krit} = 0{,}142 \tanh kh_o \qquad (9.172)$$

Collins:
$$\left(\frac{H}{L}\right)_{krit} = (0{,}72 + 5{,}6 I_S) \frac{h_o}{L} \qquad (9.173)$$

In der Collins-Formel ist $I_s > 0$ bis zu 1:8 das Gefälle der in Richtung der Orthogonalen ansteigenden Sohle, und bei Munk(2) kennzeichnet der Index o Tiefwasserdaten (nicht bei h_o). Überschreiten der kritischen Wellensteilheit bedeutet Brechen der Flachwasserwelle und markiert die vor der Uferlinie liegende Brandungszone.

Diffraktion: Liegt statt einer natürlichen Uferlinie eine Systembegrenzung durch Bauwerke vor, z. B. durch Molen oder Wellenbrecher, so führt der Einfluss dieser zu starken Veränderungen des Wellenbildes. Abgesehen von Reflexionserscheinungen vor dem betroffenen Bauwerk, die sich dem ursprünglichen Wellenbild überlagern, sind an den Bauwerksenden und hinter dem Bauwerk *Beugungserscheinungen* zu verzeichnen, die als Diffraktion bezeichnet werden. Die so entstehende, komplizierte Oberflächenform lässt sich ebenfalls in Analogie zum Verhalten optischer oder akustischer Wellen ermitteln; es gilt das Huygens-Prinzip, mit dem u. a. die Ausbreitung von Lichtwellen beim Durchgang durch eine Blende und hinter dieser beschrieben werden kann. Die analoge Anwendung auf Bauwerke, z. B. Hafeneinfahrten, führt zusammen mit einer Wellentheorie höherer Ordnung auf sehr vielfältige Darstellungen des Wellenverlaufs. Die dabei wichtigste Frage ist die nach den im Diffraktionsfeld auftretenden Wellenhöhen $H(x, y)$. Sie wird in der Praxis beantwortet mit dem *Diffraktionskoeffizienten*

$$K' = \frac{H}{H_E} \qquad (9.174)$$

Darin ist H_E die Höhe der einfallenden Wellen kurz vor dem Bauwerk. Liegt zugleich Refraktion bzw. Shoaling vor, so ist H_E nach (9.168) zu ermitteln.

Benötigt wird jeweils auch die zugehörige Wellenlänge L, die ggf. nach (9.165) bestimmt werden muß.

Für $K' = \mathrm{f}(x/L, y/L)$ gibt es unzählige Darstellungen, denn die Vielfalt der Systeme und des Welleneinfalls ist praktisch grenzenlos. Die meisten dieser „K'-Kartierungen" setzen konstante Wassertiefe h_o voraus. Von diesen werden hier nur zwei Beispiele auf der Grundlage der vom CERC (1975) für den Küstenwasserbau bereitgestellten Konstruktionshilfen genannt.

In Abb. 9.53 handelt es sich um eine einseitig begrenzte Wand (Wellenbrecher), die von der einfallenden Welle senkrecht getroffen wird (Wellenkämme parallel zur Wand). Gestrichelt eingetragen ist der Verlauf der sich hinter der Wand ausbreitenden Wellenkämme. Bei Abb. 9.54 liegt der Fall einer Öffnung vor wie etwa zwischen zwei Wellenbrechern oder bei einer Hafeneinfahrt. Der Belastungsfall ist wiederum durch eine normal zur Wand gerichtete Orthogonale der einfallenden Welle gegeben, und die relative Öffnungsbreite beträgt $B = 2L$. An dieser Darstellung ist besonders gut zu erkennen, dass es auch Diffraktionskoeffizienten $K' > 1$ geben kann, verursacht durch Interferenzerscheinungen.

Das einschlägige Schrifttum stellt zahlreiche grafische Hilfen dieser Art bereit, insbesondere ist auf das vom CERC (1975) diesbezüglich zusammengetragene Material zu verweisen.

Reflexion: Mit der Diffraktion hinter einem Bauwerk sind stets Reflexionserscheinungen vor dem Bauwerk verbunden. Auch diese können teilweise in Analogie zur Optik beschrieben werden, zumindest was die Richtungen von einfallender und

Abb. 9.53 Diffraktion am Ende einer normal zur Wellenlaufrichtung liegenden einseitig begrenzten Wand

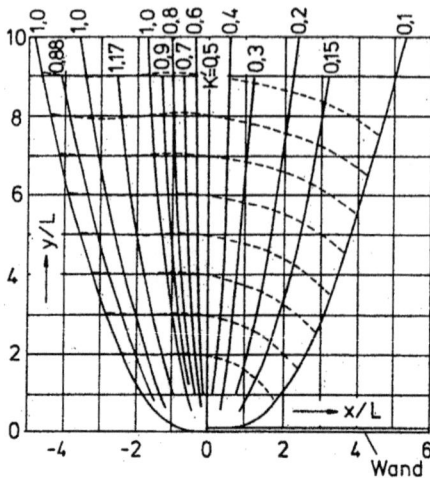

Abb. 9.54 Wellenausbreitung hinter einer normal zur Wellenlaufrichtung liegenden Wandöffnung

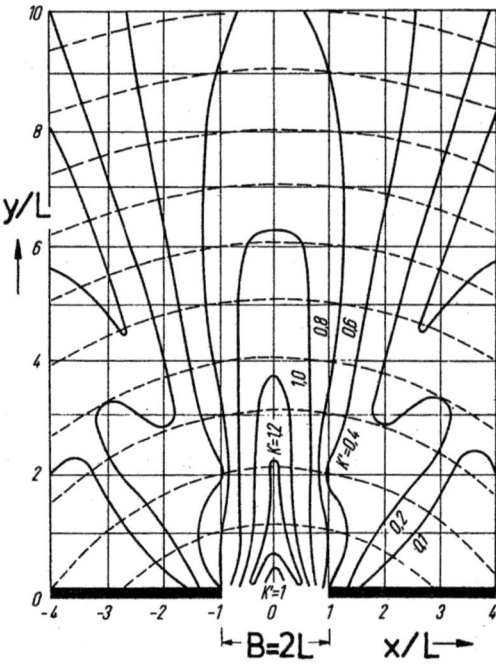

reflektierter Welle betrifft. Danach gilt „Einfallswinkel gleich Reflexionswinkel", wie in Abb. 9.55 angedeutet, so dass sich in der Reflexionszone aus den einander überlagernden Wellenkämmen ein waffelartiges Wellenmuster ergibt, das als *Kreuzsee* bezeichnet wird. Für statische Nachweise, bei denen in der Regel nach der ungünstigsten Belastung des betroffenen wandartigen Bauwerks gefragt wird, ist diese Wellenbewegung jedoch von geringerem Interesse. Es leuchtet ein, dass sich die

9.2 Instationäre Strömungen mit freiem Wasserspiegel

Abb. 9.55

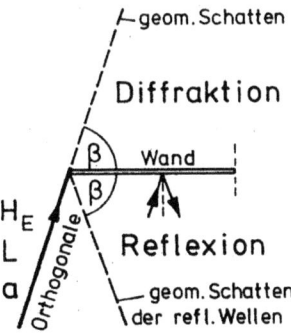

ungünstigsten dynamischen Wirkungen auf die Wand ergeben, wenn diese von der einfallenden Welle senkrecht getroffen wird ($\beta = 90°$), so dass sich die reflektierte Welle genau gegenläufig zur einfallenden Welle bewegt. Aus der Überlagerung beider ergibt sich dann eine *stehende Welle*, wenn in erster Näherung von Energieverlusten beim Reflexionsvorgang an der Wand abgesehen wird.

Wird dem mit (9.151) gegebenen Geschwindigkeitspotential φ_E der einfallenden Welle das Potential $\varphi_R = \frac{HL}{2T} \frac{\cosh k(h_0+z)}{\sinh kh_0} \sin(kx + \sigma t)$ der verlustlos reflektierten Welle überlagert, so ist das Geschwindigkeitsfeld vor der Wand durch folgende Potentialfunktion φ gegeben:

$$\varphi(x,z,t) = \frac{HL}{T} \frac{\cosh k(h_0+z)}{\sinh kh_0} \sin kx \cos \sigma t \tag{9.175}$$

Hierin bedeutet H die Wellenhöhe der einfallenden Welle vor dem Bauwerk (also H_E, nicht H_0 im weitab gelegenen Tiefwasser!). Es sind ferner wie zuvor $k = 2\pi/L$ und $\sigma = 2\pi/T$. Mit diesem aus der linearen Wellentheorie ($n=1$) hervorgehenden Ergebnis folgt aus der ohne Trägheitsterme (der Airy-Theorie entsprechend) formulierten Bernoullischen Oberflächenbedingung $\frac{1}{g}\left(\frac{\partial \varphi}{\partial t}\right)_{z=h} + h = 0$ für die Wellenform:

$$h(x,t) = H \sin kx \sin \sigma t \tag{9.176}$$

Hieran ist erkennbar, dass es sich um eine stehende Welle handelt, denn es gibt Zeitpunkte t, zu denen überall $h=0$ ist, und es gibt Schwingungsknoten x, in denen ständig $h=0$ ist. Wichtigstes Merkmal ist aber die Verdoppelung der Amplitude; der Vergleich mit (9.172) zeigt, Abb. 9.56, dass

$$H_S = 2H \tag{9.177}$$

Die so charakterisierte Wellenbewegung wird oft auch als *Clapotis* bezeichnet. Die Bahnlinien der Wasserpartikel sind keine Orbitalbahnen mehr, es handelt sich vielmehr um ein Hin- und Herschwingen auf der gleichen Bahn.

Die Clapotis bedeutet zwar für eine lotrechte Wand unter einem Wellenangriff, dessen Orthogonalen normal zur Wand liegen, die ungünstigste Belastungsannahme,

Abb. 9.56 Stehende Welle

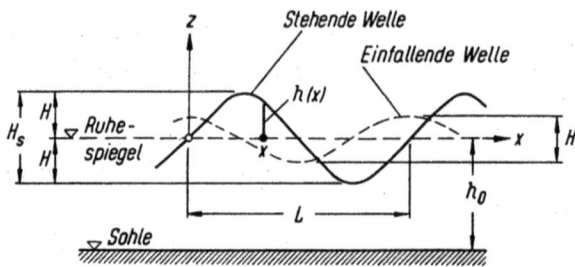

soweit nichtbrechende Wellen vorliegen; sie entspricht aber nicht ganz den real vorkommenden Verhältnissen, denn es geht Wellenenergie bei der Reflexion verloren. Man kann dies mit Hilfe eines *Reflexionskoeffizienten K* berücksichtigen:

$$K = H_R/H_E \qquad (9.178)$$

Die Grenzfälle $K = 1$ und $K = 0$ dieses Verhältnisses zwischen reflektierter und einfallender Wellenhöhe kennzeichnen die verlustlose Totalreflexion und den totalen Verlust der Wellenenergie, der Brandung entsprechend. Ein K-Wert innerhalb dieser Grenzen bedeutet *Teilreflexion*. Für diese ergeben sich in analoger Vorgehensweise wie bei der stehenden Welle die Relationen

$$\varphi(x,z,t) = \frac{HL}{2T}\frac{\cosh k(h_o + z)}{\sinh k h_o}[(1+K)\sin kx \cos \sigma t - (1-K)\cos kx \sin \sigma t]$$
$$(9.179)$$

$$h(x,t) = \frac{H}{2}[(1+K)\sin kx \sin \sigma t + (1-K)\cos kx \cos \sigma t] \qquad (9.180)$$

Die hierdurch beschriebene Wellenbewegung ist einer sogenannten Schwebung vergleichbar; sie wird auch als *partielle Clapotis* bezeichnet. Angaben über anzusetzende K-Werte sind bei Schröder (1972) und im Küste-Archiv (1981) zu finden, außer für senkrechte Wände auch für feste, als „glatt" einzuordnende ebene Böschungen.

9.2.6 Bauwerksbelastung durch Wellen

Die in Frage kommenden Lastfälle sind einerseits zu unterscheiden nach der Art des belasteten Systems, andererseits nach der Art der Wellenbewegung, die sich an diesem einstellt. Beim Bauwerk als dem zu untersuchenden statischen System kann es sich z. B. um flächenhafte oder pfahlartige Bauwerke handeln, also um lotrechte sowie schräge Wände oder um Stützen von Löschbrücken, Bohrinseln usw. Bei der Bauwerksbelastung kann ferner stehende, brechende oder fortschreitende Wellenbewegung auftreten. Nicht jede Wellenart kommt bei jedem Bauwerk in Betracht. Wandartige, normal zur Wellenrichtung liegende Bauwerke werden beispielsweise nicht durch fortschreitende Wellen belastet, freistehende pfahlartige Bauwerke

9.2 Instationäre Strömungen mit freiem Wasserspiegel 233

nicht durch stehende Wellen, denn am Einzelpfahl tritt keine nennenswerte Reflexion in Erscheinung. Nachstehend werden exemplarisch nur kurz behandelt die lotrechte, normal zur Wellenorthogonalen liegende Wand unter Wellenlast aus stehenden sowie brechenden Wellen, ferner der lotrechte Einzelpfahl in fortschreitender Wellenbewegung und in der Brandung.

Vertikale Wand mit stehender Welle: Als ungünstigster Lastfall gilt bei noch nicht brechenden Wellen die unter 9.2.5 behandelte stehende Welle (Clapotis). Für diese Wellenart sind die notwendigen Grundlagen zur Ermittlung der zeitlich veränderlichen Druckverteilung über der Wand mit den Relationen (9.175) und (9.176) bereits gegeben.

Im gesamten Strömungsfeld vor der Wand gilt ferner die instationäre Bernoullische Gleichung der Potentialströmung, in der im Sinne der linearen Wellentheorie (Airy, Stokes $n=1$) die Trägheitsterme ignoriert werden. Unter sinngemäßer Verwendung von (4.12), (6.4) und (6.5) ergibt sich dafür mit dem Ruhespiegel als Bezugsniveau

$$\frac{1}{g}\frac{\partial \varphi}{\partial t} + \frac{p}{\rho g} + z = 0 \qquad (9.181)$$

Diese Form der Bernoulli-Gleichung wurde für die Ermittlung der Wellenform als Oberflächenbedingung mit $z = h(x, t)$ und $p = p_o = 0$ zuvor schon mehrfach bemüht. Im vorliegenden Fall führt sie mit dem Geschwindigkeitspotential der stehenden Welle, (9.175), unter Beachtung von (9.148) zu folgender Beziehung für die Druckverteilung $p = p(z, t)$ über der bei $x = L/4$ anzunehmenden Wand:

$$\frac{p}{\rho g} = -z + H\frac{\cosh k(h_o + z)}{\cosh kh_o}\sin \sigma t \qquad (9.182)$$

Darin bedeuten wiederum H die Höhe der einfallenden Welle (fortschreitend, nicht H_s) und h_o die Wassertiefe an der Wand; Wellenzahl $k = 2\pi/L$ und Wellenfrequenz $\sigma = 2\pi/T$ gelten unverändert.

Die extremen Druckverteilungen ergeben sich mit $\sin \sigma t = \pm 1$. Für deren Darstellung men zwischen den Stützstellen $(p/\rho g, z) = (0, H)$, $(H, 0)$ und $(h_s, -h_o)$ bzw. $(0, -H)$ und $(h_s, -h_o)$, wobei mit h_s die Druckhöhen $h_o \pm H/\cosh kh_o$ an der Sohle gemeint sind. In Abb. 9.57 ist diese seeseitige Verteilung mit einem binnenseitigen Ruhewasserstand kombiniert; die daraus resultierenden Wechsellasten sind schraffiert.

Mit einer rechnerischen Anhebung des Ruhespiegels kann zusätzlich dem Umstand Rechnung getragen werden, dass die Wellenkämme höher liegen als die Theorie 1.Ordnung annimmt, CERC (1975). Mit der Wellenkorrektur aus der Theorie 2.Ordnung (Stokes $n=2$) lässt sich die Mittellinie zwischen Wellenberg und Wellental bestimmen, und die Differenz gegenüber dem Ruhespiegel kann dazu benutzt werden, die Druckverteilung nach oben zu verschieben, um der Realität näher zu kommen. Mit dieser Korrektur ergeben sich insbesondere ungünstigere, aber naturnähere Kippmomente.

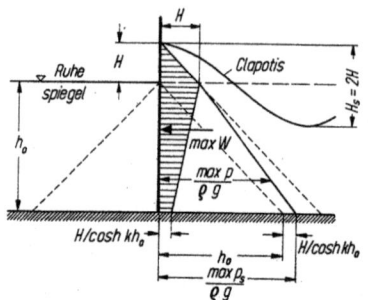 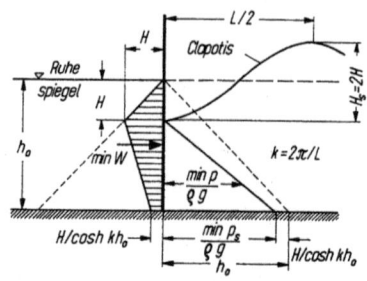

Abb. 9.57 Wechselnde Druckbelastung über vertikaler Wand, *links* maximal, *rechts* minimal

Abb. 9.58 Druckspitze infolge brechender Wellen

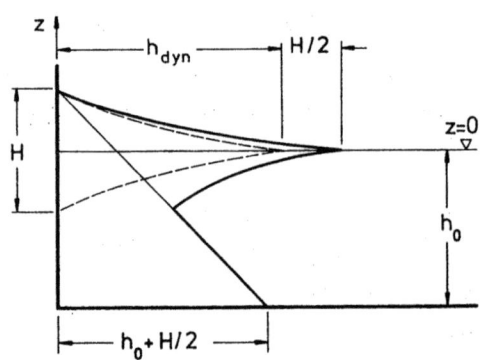

Vertikale Wand mit brechender Welle: Bei einem in der Brandungszone liegenden Bauwerk herrschen infolge der brechenden Wellen wesentlich ungünstigere Druckverteilungen. Vor allem im Bereich des Ruhespiegels ($z = 0$) ergeben sich erhebliche Belastungsspitzen, wenn an der Wand brechende Wellen angenommen werden. Dieser Zustand ist spätestens zu erwarten, wenn die Wellenhöhe $H > 0{,}78\, h_0$ wird oder eines der Brechkriterien (9.170) bis (9.173) überschritten wird. Ein von Minikin, siehe CERC (1975), empfohlener Ansatz ergibt dafür die in Abb. 9.58 dargestellte Druckfigur. Danach wird im Bereich $H/2 \geq z \geq -h_0$ eine hydrostatische Druckverteilung angenommen, der im Bereich $H/2 \geq z \geq -H/2$ eine dynamische Zusatzlast zu überlagern ist. Deren Spitzenwert wird mit einer Druckhöhe h_{dyn} in Höhe des Ruhespiegels angesetzt:

$$h_{\text{dyn}} = \left(\frac{p_{\text{dyn}}}{\rho g}\right)_{\text{max}} = C \frac{H}{L}\left[1 + \frac{h_0(0)}{h_0(L)}\right] h_0(0) \qquad (9.183)$$

Hierin ist mit $C \approx 100$ (Originalempfehlung $C = 101$) zu rechnen, und es bedeuten

H Wellenhöhe im Brechpunkt (Shoaling-Ende)
L Wellenlänge im Abstand L vor der Wand, mit $h_0(L)$ zu bestimmen
$h_0(0)$ Wassertiefe unmittelbar an der Wand
$h_0(L)$ Wassertiefe im Abstand L vor der Wand

9.2 Instationäre Strömungen mit freiem Wasserspiegel

Die dynamische Druckfigur wird zwischen $z = \pm H/2$ als von Parabelbögen begrenzt angenommen. Es kann vereinfachend aber auch eine dreieckige Zusatzdruckverteilung zugrunde gelegt werden; die dann vorliegende Lastannahme ist etwas ungünstiger als nach dem Minikin-Vorschlag.

Kann davon ausgegangen werden, dass vor der Wand mit $h_o(0) \approx h_o(L)$ gerechnet werden darf, was einer mittleren Wassertiefe in diesem Bereich entsprechen würde, so gewinnt man aus (9.183) für den dynamischen Spitzendruck die einfache Schätzformel

$$\frac{\max p_{dyn}}{\rho g h_o} \approx 200 \frac{H}{L} \quad (9.184)$$

Für eine bereichsweise lineare Darstellung der Druckverteilung insgesamt (hydrostatischer plus dynamischer Anteil) ergeben sich mit Abb. 9.58 die Stützstellen

$$p(z = H/2) = 0, \, p(z = 0) = \rho g(H/2 + h_{dyn}),$$
$$p(z = -H/2) = \rho g H \text{ und } p(z = -h_o) = \rho g(H/2 + h_o).$$

Es wird meist genügen, $h_{dyn} = \max p_{dyn}/\rho g$ nach (9.184) zu berücksichtigen, zumal der gesamte Minikin-Ansatz eine empirische Schätzung ist. Zum Vergleich können für h_{dyn} Ergebnisse von statistischen Auswertungen herangezogen werden, Ippen (1966). Danach gilt

$$h_{dyn} = n H_o \quad (9.185)$$

mit n = 28 für die am häufigsten auftretenden Belastungsspitzen, während im Extremfall mit dem Faktor n = 110 zu rechnen ist. Dabei ist H_o die Wellenhöhe im Tiefwasserbereich (nicht vor der Wand).

Pfahlartige Bauwerke: Pfahlgestützte Bauwerke, Pfähle oder Pfeiler geringer Breite sind fast immer unter Ansatz einer durch fortschreitende Wellen hervorgerufenen Belastung zu berechnen, denn von ihnen geht praktisch keine Wellenreflexion aus. Daher dürfen auch brechende Wellen als Grenzfall der fortschreitenden Wellenbewegung in Rechnung gestellt werden. Die daraus hervorgehenden dynamischen Wirkungen werden nachstehend für einen lotrechten zylindrischen Pfahl mit Kreisquerschnitt beschrieben. Dabei ist mit Abb. 9.59 davon auszugehen, dass sich die am Pfahl wirkende örtliche Horizontalkraft prinzipiell als Summe von Trägheitseffekt und Umströmungswiderstand ergibt; Morison-Ansatz, Ippen (1966):

$$dF(z,t) = dF_M(z,t) + dF_W(z,t) \quad (9.186)$$

Diese Anteile können wie folgt formuliert werden:

$$dF_M = c_M \rho A \frac{dv}{dt} dz \quad (9.187)$$

$$dF_W = \frac{1}{2} c_W \rho d |v| v \, dz \quad (9.188)$$

Abb. 9.59 Einzelpfahl in fortschreitender Wellenbewegung

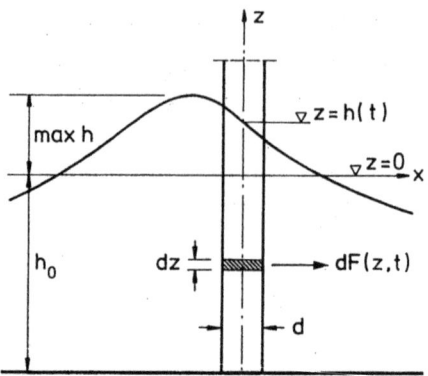

Darin sind c_M ein Trägheitskoeefizient, c_W der Widerstandsbeiwert des Zylinders, $A = \pi d^2/4$ der Zylinder- bzw. Pfahlquerschnitt und v die Horizontalkomponente der Geschwindigkeit, mit der die Anströmung des Pfahls erfolgt. Letztere kann mit Hilfe der linearen Wellentheorie (1.Ordnung, Airy, Stokes $n = 1$) als $v = \partial\varphi/\partial x$ aus (9.151) gewonnen werden, und für die Beschleunigung ist dann $dv/dt \approx \partial v/\partial t$ zu setzen. Nach CERC (1975) ist diese Vorgehensweise nur zulässig für relativ schlanke Pfähle, die der Restriktion $d/L < 0{,}05$ genügen; L ist dabei die nach (9.165) ermittelte Wellenlänge.

Die auf den Pfahl infolge der fortschreitenden Wellenbewegung ausgeübte resultierende Kraft ist

$$F(t) = \rho \int_{-h_o}^{h(t)} \left(c_M A \frac{\partial v}{\partial t} + c_W \frac{d}{2}|v|v \right) dz \qquad (9.189)$$

Analog ist das Moment in bezug auf den Fußpunkt des Pfahls zu ermitteln als $M = \int (h_o + z)dF$. Beide Größen sind zeitvariant, der periodischen Wellenbewegung entsprechend.

Handelt es sich um brechende Flachwasserwellen, d. h. steht der Pfahl in der Brandung, so spielen die Trägheitswirkungen im Vergleich zum Pfahlwiderstand in der Regel keine Rolle mehr; es kommt dann nur (9.188) zum Tragen, und (9.189) verkürzt sich entsprechend. Für die maximale Pfahlkraft infolge der am Pfahl brechenden Welle ergibt sich dann hinreichend genau

$$F_{max} = \frac{1}{2} c_W \rho g H^2 d \qquad (9.190)$$

Darin sind d der Pfahldurchmesser und H die Wellenhöhe im Brechpunkt (Kriterium: $H/h_o > 0{,}78$ wie unter 9.2.5). In diesbezüglichen Experimenten hat sich diese Formel bestätigen lassen, wobei sich $F_{max} \approx \frac{3}{2}\rho g H^2 d$ ergab. Dem entspricht ein Widerstandsbeiwert von $c_W \approx 3$. Dieser Wert steht mit den Schätzwertangaben der Tab. 9.6 in Einklang. Die darin zusammengestellten Daten gelten für zylindrische Pfähle mit Kreisquerschnitt.

9.2 Instationäre Strömungen mit freiem Wasserspiegel

Tab. 9.6 Orientierungshilfe für die Wahl der Koeffizienten c_M und c_W des Morison-Ansatzes (9.188)

Wellenbewegung	c_M	c_W	Grundlage/Referenz
Fortschreitend	0,93…2,3	1,00…1,60	Naturbeobachtung[a]
	1,10…1,47	0,53…1,00	dgl. bei $Re > 3 \cdot 10^5$
	0,80…2,00	1,30…2,40	Laborversuche[b]
	1,40	1,05	Mittel Naturbeob.[c]
	2,00	1,10	Theorie $d/L < 0,2$[d]
	1,66	1,00	Empirische Daten[c]
Brechend	–	1,50…3,00	Theorie/ Experiment[d]
	–	1,20…3,00	Laborversuche[e]

[a] Ippen (1966)
[b] Shaw (1979)
[c] Dean (1966)
[d] Harlemann (1966)
[e] Silvester (1974)

Weitere Empfehlungen für die Berechnung der Pfahlbelastung sind vom CERC (1975) zusammengestellt worden.

Anzumerken ist noch, dass am Pfahl auch quergerichtete Kräfte wirken, denen besondere Aufmerksamkeit im Hinblick auf Pfahlschwingungen gewidmet werden muß. Diesbezüglich ist u. a. auf Shaw (1979) zu verweisen.

9.2.7 Seegangsvorhersage

Als Seegang bezeichnet man Oberflächenwellen, die infolge Windeinwirkung entstehen. Die Abschätzung der Seegangsbelastung gehört zu einer der wesentlichen Aufgaben des Küsteningenieurwesens und ist unabdingbar für eine sichere und nachhaltige Planung von Bauwerken in seegangsbeeinflussten Küstengebieten. Die Prognose der Wellenkenngrößen ist notwendig, um die in den vorhergehenden Kapiteln vorgestellten Rechenverfahren anwenden zu können. Die wesentliche Frage die sich dabei stellt ist: aus welcher Richtung kommt der Seegang, wie hoch ist die signifikante Wellenhöhe und mit welcher Wellenlänge bzw. Wellenperiode geht diese einher.

Eine Seegangsprognose kann auf verschiedene Weisen erstellt werden. Dabei sind numerische und empirische Verfahren zu unterscheiden. Die Theorie der Seegangsprognose basiert auf einem recht jungen Zweig der Wissenschaft der als „Seegangsforschung" bezeichnet wird. Diese gewann in den 1940iger Jahren zunehmend an Bedeutung. Damals stellte sich insbesondere die Frage, mit welcher Seegangsbelastung ggf. bei der Landung in der Normandie zu rechnen ist. Hierzu erarbeiteten Sverdrup & Munk (1948) und nachfolgend Brettschneider (1958) die ersten Grundlagen zur empirischen Seegangsvorhersage. Ausgangsgedanke ist die Frage nach derjenigen Welle, die einerseits hoch ist, aber andererseits auch noch häufig auftritt (die höchste Welle tritt nur einmal auf und ist daher bemessungstechnisch nicht in jedem Falle relevant).

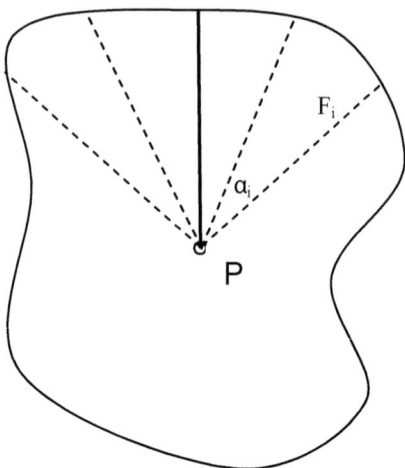

Abb. 9.60 Effektive-Streichlänge nach der Methode von Saville

Ein wesentliches Konzept der Seegangsprognose ist die Definition der signifikanten Wellenhöhe, die auf frühe Arbeiten von Munk (1944) zurückgeht. Die grundlegende Definition der signifikanten Wellenhöhe ist die Wellenhöhe, die ein geübter Beobachter feststellen würde. Statistisch ist die signifikante Wellenhöhe definiert als der Mittelwert der 33 % höchsten Wellen einer Seegangsmessung.

9.2.7.1 Empirische Seegangsvorhersage

Die empirische Seegangsvorhersage ist insbesondere von Nutzen für eine erste Abschätzung des Seegangsklimas unter Zugrundelegen einfacher Randbedingungen (z. B. einfache Küstengeometrie, räumlich unveränderliches Windfeld, usw.). Offensichtlich sind für die Wellenhöhe in einem Windfeld von Bedeutung: Windgeschwindigkeit, Winddauer, Streichlänge und Wassertiefe. In der Literatur findet man hierzu verschiedene Verfahren. Nachfolgend ist das Verfahren von Brettschneider (1958) dargestellt, bei dem der Einfluss der Wassertiefe berücksichtigt ist.

Bei der Anwendung empirischer Formeln zur Abschätzung der Seegangsverhältnisse ist die effektive Streichlänge des Windes (engl. Fetchlength) als arithmetisches Mittel auf Grundlage von 9.191 nach der Methode von Saville (1954) zu bestimmen.

$$F_E = \frac{\sum_i F_i \cdot \cos^2 \alpha_i}{\sum_i \cos \alpha_i} \quad (9.191)$$

Hier sind F_i und α_i die diskreten Fetchlängen und entsprechenden Winkel bezogen auf die Hauptwindrichtung von einem Punkt P, an dem die Prognose erstellt werden soll (s. Abb. 9.60; i. d. R. wird die effektive Fetchlänge in einem Sektor von $-\pi/2$ to $+\pi/2$, um die zu untersuchende Windrichtung berechnet).

Bei der Anwendung des Verfahrens von Bretschneider (Gl. 9.192 und 9.193) sind grundsätzlich der Fetch-begrenzte und der Dauer-begrenzte Fall zu unterscheiden. Im

9.2 Instationäre Strömungen mit freiem Wasserspiegel

Fetch-begrenzen Fall ist die Dauer des Windereignisses ausreichend um den Seegang bei gegebener Fetchlänge voll ausreifen zu lassen.

$$\frac{g \cdot H}{U_A^2} = 0{,}283 \cdot \tanh\left(0{,}53 \cdot \left(\frac{g \cdot d}{U_A^2}\right)^{3/4}\right) \cdot \tanh\left[\frac{0{,}00565 \cdot \left(\frac{g \cdot F}{U_A^2}\right)^{1/2}}{\tanh\left(0{,}53 \cdot \left(\frac{g \cdot d}{U_A^2}\right)^{3/4}\right)}\right] \quad (9.192)$$

$$\frac{g \cdot T}{U_A} = 7{,}54 \cdot \tanh\left(0{,}833 \cdot \left(\frac{g \cdot d}{U_A^2}\right)^{3/8}\right) \cdot \tanh\left[\frac{0{,}0379 \cdot \left(\frac{g \cdot F}{U_A^2}\right)^{1/3}}{\tanh\left(0{,}833 \cdot \left(\frac{g \cdot d}{U_A^2}\right)^{3/8}\right)}\right] \quad (9.193)$$

Im Gegensatz dazu steht der dauerbegrenzte Fall, bei dem für die gegebene Fetchlänge die Dauer des Windereignisses nicht aus ausreicht um voll ausgereifte Verhältnisse zu schaffen. In diesem Fall muss die Fetchlänge gemäß 9.194 für die Berechnung zu Grunde gelegt werden, so dass voll ausgereifte Verhältnisse vorliegen.

$$\frac{g \cdot t}{U_A} = 5{,}37 \cdot 10^2 \cdot \left(\frac{g \cdot F}{U_A}\right)^{7/3} \quad (9.194)$$

Die effektive Windgeschwindigkeit U_A kann mit Hilfe von 9.195 ermittelt werden wobei u_{10} die Windgeschwindigkeit in 10 m Höhe ist und d die Wassertiefe:

$$U_A = 0{,}71 \cdot u_{10}^{1{,}23} \quad (9.195)$$

9.2.7.2 Numerische Seegangsvorhersage

Grundsätzlich kann man bei der numerischen Seegangsmodellierung zwischen deterministischen und phasengemittelten Modellansätzen unterscheiden.

Bei den deterministischen Ansätzen wird die Wellenoberfläche diskret abgebildet wogegen beim phasengemittelten Ansatz die Entwicklung der Wellenenergie modelliert wird.

Auf Grundlage deterministischer Ansätze ist eine Seegangsprognose derzeit nicht möglich. Zunächst muss jede Partialwelle diskret numerisch abgebildet werden, wozu wenigstens sechs, besser 10 und mehr Stützstellen notwendig sind um Wellental und -berg im numerischen Gitternetz brauchbar darzustellen. Allein diese Bedingung überfordert derzeit die Rechnerkapazitäten. Weiterhin gibt es keine geschlossene Theorie, mit der sich die Windanfachung in deterministischen Modellen abbilden lässt. Auch sind die Anfangsphasen nicht bekannt und nach Annenkov & Shrira (2002) entsteht nach ausreichend langer Integrationszeit eine chaotische, nicht reproduzierbare Lösung.

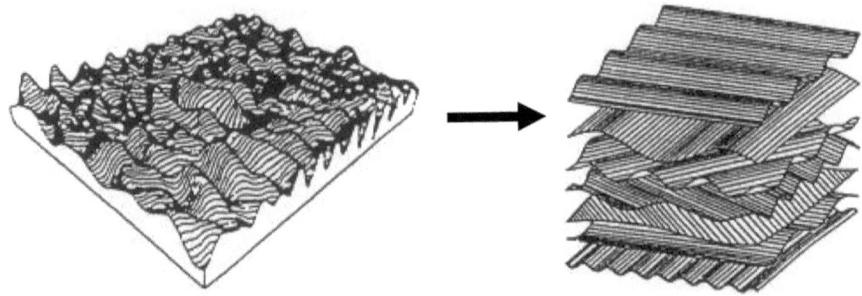

Abb. 9.61 Unregelmäßiger Seegang und (aus EAK 2002)

Die numerische Seegangsvorhersage basiert aus diesen Gründen derzeit auf einer phasengemittelten Betrachtungsweise auf Grundlage des Konzeptes eines Seegangsspektrums. Hierbei wird angenommen, dass unregelmäßiger Seegang durch Überlagerung monochromatischer Einzelwellen mit verschiedenen Perioden und Richtungen abgebildet werden kann (s. Abb. 9.61 und vgl. Holthuijsen 2007). Mit einer Fouriertransformation lassen sich die einzelnen Anteile aus dem Zeitbereich in den Frequenzbereich überführen und man erhält ein sogenanntes Richtungsspektrum unter gegebenen Annahmen. Beim Übergang vom Zeitbereich in den Frequenzbereich gehen jedoch die Phaseninformationen verloren.

Das Richtungsspektrum sagt aus, wieviel Energie in einen bestimmten Frequenzintervall df und einem Richtungsintervall $d\theta$ vorhanden ist (vgl. EAK 2002 und Holthuijsen 2007) (Abb. 9.62).

Bei der numerischen Seegangsvorhersage wird nun eine Entwicklungsgleichung für das Richtungsspektrum gelöst, wobei nach Bretherton und Garet (1968) nicht die Wellenenergie die maßgebende Erhaltungsgröße ist sondern die Wellenaktion, da diese auch bei schwach veränderlichen Strömungen, also einem inhomogenen Medium, erhalten bleibt.

$$N = N_{(\sigma, \theta)} = \frac{E_{(\sigma, \theta)}}{\sigma} \tag{9.196}$$

Die Wellenaktionsgleichung (9.197) beschreibt die Fortpflanzung, das Entstehen und den Zerfall des Richtungsspektrums in Zeit und Raum.

$$\underbrace{\frac{\partial}{\partial t} N}_{\text{Änderung in der Zeit}} + \underbrace{\nabla_X (\dot{X} N)}_{\text{Horizontale Fortpflanzung}} + \underbrace{\frac{\partial}{\partial \sigma}(\dot{\theta} N) + \frac{\partial}{\partial \theta}(\dot{\sigma} N)}_{\text{Fortpflanzung im spektralen Raum}}$$

$$= \underbrace{S_{tot}}_{\text{Quellen und Senken}} \tag{9.197}$$

Die Fortpflanzungsgeschwindigkeiten in den verschiedenen Phasenräumen sind nachfolgend dargestellt.

$$\dot{X} = c_X = \frac{dX}{dt} = \frac{d\omega}{dk} = c_g + U_A \tag{9.198}$$

9.2 Instationäre Strömungen mit freiem Wasserspiegel

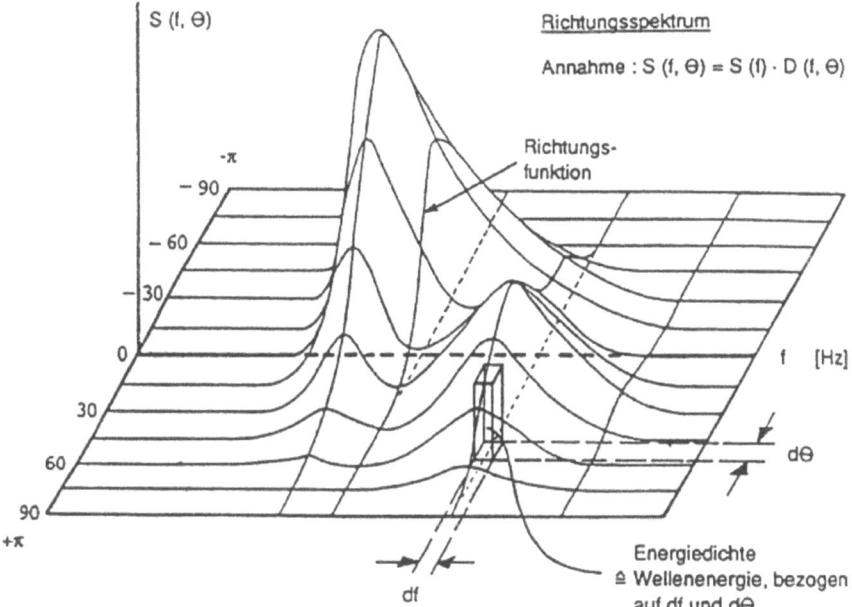

Abb. 9.62 Richtungsspektrum. (Nach EAK 2002)

$$\dot{\theta} = c_\theta = \frac{1}{k} \frac{\partial \sigma}{\partial d} \frac{\partial d}{\partial m} + k \cdot \frac{\partial U_A}{\partial s} \tag{9.199}$$

$$\dot{\sigma} = c_\sigma = \frac{\partial \sigma}{\partial d} \left(\frac{\partial d}{\partial t} + U_A \cdot \nabla_X d \right) - c_g k \frac{\partial U_A}{\partial s} \tag{9.200}$$

Die relative Frequenz σ einer Einzelwelle n ist gleich der absoluten Frequenz ω, falls keine Strömung vorhanden ist und sie ansonsten von der Dopplerverschiebung nach Gl. 9.201 abhängt.

$$\omega_n = \sigma_n + k \cdot U_A \tag{9.201}$$

Bei den oben angeführten Gleichungen ist U_A die Oberflächenströmung bei Tiefwasserverhältnissen bzw. die tiefengemittelte Strömung im Flachwasser. Die Koordinaten s und m bezeichnen jeweils die Fortschreitungsrichtung einer Spektralkomponente bzw. die orthogonale Richtung dazu.

Die Quellen - und Senkenterme setzen sich wie folgt zusammen und sind bis auf die nichtlinearen Wechselwirkungen im Tiefwasser (S_{nl4}) von semi-empirischer Natur:

$$\frac{dN}{dt} = S_{total} = S_{Wind} + S_{nl4} + S_{Dissipation} + S_{nl3} + S_{Wellenbrechen} + S_{Bodenreibung}$$

Hier beschreibt S_{Wind} den Energieeintrag infolge von Wind (s. a. Miles 1958; Phillips 1960; Janssen 2007) und $S_{Dissipation}$ beschreibt die Energiedissipation infolge

Schaumkronenbrechen und anderen Hintergrundprozessen, die zu Energieverlusten führen (z. B. turbulente und viskose Dissipation; s. a. Komen et al. 1994; Janssen 2007; Babanin 2011).

Die Physik des Windeintrages ist im Wesentlichen gut erforscht, wobei die physikalischen Grundlagen der Dissipation und des Wellenbrechens z.Zt. Forschungsgegenstand sind. $S_{Wellenbrechen}$ beschreibt die Energieverluste von brechenden Wellen im Flachwasser. $S_{Bodenreibung}$ beschreibt die Energieverluste des Seegangs infolge Bodenreibung. Wie die anderen dissipativen Prozesse ist dieser Anteil Forschungsgegenstand, da für unregelmäßigen Seegang noch keine allgemeingültige Approximation vorhanden ist.

S_{nl4} beschreibt die nichtlinearen resonanten Wechselwirkungen von vier Seegangskomponenten des Seegangsspektrums infolge schwacher Kolmogorow-Turbulenz, die sogenannten nichtlinearen Quadruplet-Interaktionen. Die Herleitung der nichtlinearen Interaktion war einer der wesentlichen Schritte, die eine Seegangsprognose ohne a-priori-Annahmen bezüglich der Form des Seegangsspektrums möglich machten. Die Herleitung basiert im Wesentlichen auf den Arbeiten von Hasselmann (1961), der die nichtlinearen Wechselwirkungen für Oberflächenwellen mit einer Perturbationsanalyse der Laplacegleichung bis zur fünften Ordnung nachweisen konnte. Die nichtlinearen Wechselwirkungen beschreiben die Entwicklung der inversen Kaskade (vgl. Zakharov 2004) des Seegangs und erklären auf diese Weise, wie aus kurzperiodischer Windsee eine langperiodische Dünung entsteht. Die Quadruplet-Interaktionen sind energieerhaltend und transferieren Energie aus der Windsee in langperiodische Anteile. Die mathematische Formulierung ist äußerst komplex und durch ein sechsfaches Bolzman-Integral mit einer sehr komplexen Stammfunktion beschrieben (s. a. Janssen 2004). Eine exakte Lösung ist möglich, jedoch sehr zeitaufwendig und i. d. R. wird diese durch eine Approximation in der operationellen Seegangsvorhersage abgebildet.

Der S_{nl3} Term, die sogenannten Triaden-Interaktion, beschreibt die starken nichtlinearen Wechselwirkungen innerhalb des Seegangsspektrums im Flachwasser. Die Triaden-Interaktion sind maßgebend für das Auftreten von höher-harmonischen Seegangkomponenten im Flachwasserspektrum. Da eine geschlossene mathematische Formulierung in der phasengemittelten Betrachtungsweise nicht möglich ist, sind auch hier die Grenzen dieser erreicht. Es gibt vereinfachte Approximationen des S_{nl3} Terms (s. a. Holthuijsen 2007), die jedoch umstritten sind (vgl. Dingemans 1998) und nicht immer zur einer verbesserten Prognose führen. Die Triaden-Interaktionen sind ebenfalls Forschungsgegenstand.

Der Zusammenhang zwischen Seegangsspektrum und signifikanter Wellenhöhe bzw. der mittleren Periode des Seegangsspektrums ist durch die spektralen Momente geben. Die spektralen Momente sind allgemein definiert als:

$$m_n = \int_0^{2\pi} \int_0^{\infty} f^n E_{(\sigma,\theta)} df d\theta \tag{9.202}$$

Die totale Seegangsenergie ist definiert als das Volumen des Seegangsspektrums bzw. das „Nullte" spektrale Moment, gewichtet mit der Erdbeschleunigung **g** und der Dichte des Wassers ρ_w.

$$E_{tot} = \rho_w g \int_0^{2\pi} \int_0^{\infty} f^0 E_{(f,\theta)} df d\theta = \rho_w g \cdot m_0 \qquad (9.203)$$

Die signifikante Wellenhöhe ist definiert als

$$H_s = 4\sqrt{m_0} \qquad (9.204)$$

und die mittlere Periode ist als

$$T_{m01} = \frac{m_0}{m_1}. \qquad (9.205)$$

Die Lösung der Wellenaktionsgleichung erfolgt ausschließlich numerisch und ist sehr rechenzeitintensiv. Die Wetterdienste der verschiedenen Länder, die eine Seegangsprognose benötigen, führen eine operationelle Seegangsprognose durch. In der Ingenieurpraxis ist die numerische Seegangsprognose Stand der Technik und löst seit nunmehr einem Jahrzehnt vermehrt die empirische Seegangsprognose ab. Numerische Modelle sind i. d. R. frei erhältlich wie z. B. **WW3** (WaveWatch3; Tolman 1992), **SWAN** (Simulating Waves Nearshore; Booij et al. 1998) oder **WWM-II** (Wind Wellen Modell; Hsu et al. 2005; Roland, 2009).

9.3 Einleitungs- und Ausbreitungsvorgänge

9.3.1 Umweltrelevante Strömungsprobleme

Mit dem immer dringlicher zu fordernden Schutz der natürlichen Wasservorräte wächst der Technischen Hydraulik die Aufgabe zu, bei der rechnerischen Behandlung von Strömungsvorgängen zunehmend auch qualitative Gesichtspunkte zu berücksichtigen. Davon besonders betroffen ist die Gerinnehydraulik, denn es sind nicht nur die Grundwasservorkommen sondern auch die natürlichen Fließgewässer, die durch Einleitung von Abwässern aller Art, Schadstoffe und/oder Abwärme inbegriffen, in oft unerträglichem Ausmaß belastet werden.

Die in diesem Zusammenhang zu erbringenden hydraulischen Nachweise betreffen den Transport und die Ausbreitung von eingeleiteten Substanzen durch die Gerinneströmung. Bei diesen kann es sich sowohl um gelöste Inhaltsstoffe handeln als auch um suspendierte Feststoffe. Insofern ist bei deren Verfrachtung im Fließgewässer von „mehrphasigen" Strömungsvorgängen im weitesten Sinn die Rede, wie mit Abb. 1.4 schon angedeutet. Man hat dabei allerdings mischbare von nichtmischbaren Phasen zu unterscheiden, z. B. beim Salzwasser-Süßwasser-Problem im Gegensatz etwa zum Feststofftransport oder zu luftdurchmischten Strömungen.

Weitere Unterscheidungen sind in bezug auf das transportierende Gewässer nötig. Die Ausbreitung eines eingeleiteten Fremdstoffs hängt in starkem Maße davon ab, ob die Strömung turbulenzarm ist, wobei es zu Schichtungen der beteiligten Phasen kommen kann, oder ob die Turbulenz der Strömung ausreicht, eine nachhaltige Mischung der verschieden dichten Phasen herbeizuführen. Als Beispiele dafür werden nachstehend einige praktisch vorkommende Fälle genannt, die für die Gerinnehydraulik von Bedeutung sind.

Turbulenzarme Strömungszustände sind u. a. in Stauhaltungen bei Niedrigwasserführung sowie in weiten Flußmündungen mit mäßigen Strömungsgeschwindigkeiten häufig anzutreffen. Die Einleitung von Abwässern, die einen Dichteunterschied gegenüber dem unbeeinflussten Wasser aufweisen, kann dann zu geschichteten Ausbreitungsvorgängen führen. Die bekanntesten Verursacher derartiger Erscheinungen sind die *Abwärmeeinleitung* sowie die *Salzwasserintrusion*. Das hydraulische Problem ist jeweils die Frage, welche Bereiche des Strömungsfeldes von der Einleitung unbeeinflusst bleiben, um dort Wasser ohne Qualitätsverlust für Nutzungszwecke entnehmen zu können; ferner nach der Reichweite stromauf, bis zu der die Einleitung Wirkung zeigt.

Ist genügend Turbulenz der Gerinneströmung vorhanden, kommt es zu mehr oder weniger ausgeprägten Mischvorgängen. Gefragt wird bei diesen nach der längs des Gerinnes vorhandenen Konzentration der eingeleiteten Stoffe; die Reichweite stromauf wird durch eine Restkonzentration definiert, die im Einzelfall noch vertretbar erscheint, um unbeeinträchtigtes Wasser entnehmen zu können. Bei der Abwärmeeinleitung gilt das gleiche für die Mischtemperatur des Wassers, und beim Eindringen von Salzwasser in eine Flußmündung bezeichnet man die Reichweite als Brackwassergrenze. Ähnliche Fragen ergeben sich auch bei *Wasser-Luft-Gemischen*, beim natürlichen oder künstlichen Lufteintrag zwecks *Sauerstoffanreicherung*. Hierzu sind einige Aspekte unter 9.1.8 behandelt worden, im übrigen ist u. a. auf Kobus (1973) sowie auf Hanisch und Kobus (1980) zu verweisen.

Besondere Bedeutung kommt auch dem *Sedimenttransport* zu (s. unter 9.4), wenn es sich um kontaminierte Sedimente handelt, die bei hinreichender Turbulenz suspendiert und schwebend weiterbewegt werden. Die Schwermetallbindung an Feinstsediment unterliegt bei der hydraulischen Verfrachtung desselben auch biologischen Einflüssen und chemischen Reaktionen. Zu diesem Thema liegen aufschlußreiche Informationen u. a. von Jansen (1979) und Markofsky (1980) vor.

Der Vollständigkeit halber ist noch anzumerken, dass sich die gleichen Fragen wie im Fließgewässer auch bei Einleitungen ins Grundwasser stellen. Verursacher einer Kontamination des Grundwassers können Öl- oder Chemieunfälle sein, zu intensive landwirtschaftliche Bodennutzung (Nitratbelastung) usw. Ebenso sind Abwärmeeinleitung oder Wärmeentzug mit Wärmepumpen Belastungen des Grundwassers. Die Transportvorgänge im Grundwasser sind einer mathematischen Modellierung besser zugänglich als diejenigen in Fließgewässern, weil sie mit potentialtheoretischer Hilfe beschrieben werden können, s. unter 7.2 und 7.3.4; zusätzlich sind aber u. a. Adsorptionsvorgänge und chemische Reaktionen in Betracht zu ziehen. Äußerst informative Abhandlungen darüber sind bei Kinzelbach (1987), Kobus und Kinzelbach (1989) und DFG (1992) zu finden.

Für die Beschreibung von Einleitungs- und Ausbreitungsvorgängen in Fließgewässern ist die Technische Hydraulik nur in wenigen Fällen in der Lage, analytische

9.3 Einleitungs- und Ausbreitungsvorgänge

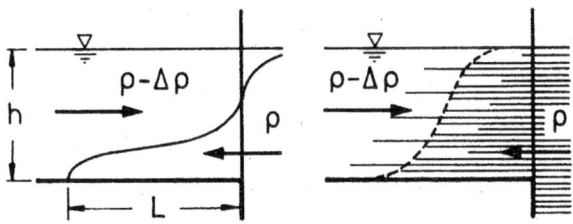

Abb. 9.63 Schichtung und Mischung, schematisch

Rechenverfahren oder abschätzende Näherungslösungen zu benennen. Meistens muß statt dessen (auch wegen größerer Genauigkeit) ein höherer hydromechanischer Anspruch in Verbindung mit entsprechend aufwendigen numerischen Auswertemethoden geltend gemacht werden. Mit den unter 3.2.2 angeführten Relationen ist dafür nur eine der benötigten Grundlagen genannt. So entstehende mathematische Modelle zählen daher nicht zu dem, was gegenwärtig als Technische Hydraulik bezeichnet wird.

Die nachstehenden Ausführungen bleiben infolgedessen auf die sogenannten *Dichteströme* und auf einfache *Mischvorgänge* in offenen Gerinnen beschränkt. Dabei ist die in Abb. 9.63 schematisch angedeutete Unterscheidung zwischen *Schichtung* und *Mischung* ausschlaggebend. Bei ersterer liegt keine merkliche Diffusion vor, die unterschiedlich dichten Phasen bleiben getrennt, es kommt zu einer ausgebildeten Trennlinie, dem sogenannten *Interface*, alle Bewegungen sind sehr turbulenzarm. Im Gegensatz dazu führt starke Turbulenz zur Vermischung der beiden Phasen; es gibt keine interne Spiegellinie, und statt eines Interface entsteht eine Mischzone, in der man mehr oder weniger steile Linien gleicher Dichte (Konzentration, Temperatur) ausmachen kann; der Vorgang ist Folge von *Diffusion* und *Dispersion*. Beispiele für diese Unterschiede sind der „Salzwasserkeil" unter einer Süßwasserströmung einerseits und das sogenante Brackwasser als Salzwasser-Süßwasser-Gemisch andererseits, oder im Fall von Abwärmeeinleitung die Ausbildung eines „Warmwasserkeils" über einer Kaltwasserströmung im Gegensatz zu dem andernfalls entstehenden Mischtemperaturfeld.

9.3.2 Geschichtete Ausbreitung

Ergibt sich bei einer Einleitung in ein Fließgewässer ein Dichteunterschied $\Delta\rho$ zwischen der eingeleiteten Wassermasse und der diese aufnehmenden Strömung, z. B. infolge verschiedener Temperaturen, so kann sich ein geschichteter Ausbreitungsvorgang ergeben, turbulenzarme Strömung vorausgesetzt.

Dichteströme: Es entsteht ein Strömungszustand, bei dem sich zwei (oder mehrere) Schichten relativ zu einander bewegen. Die Schichten sind durch *interne Spiegellinien*, die jeweils als Interface bezeichnet werden, stabil voneinander getrennt; Mischungstendenzen sind ignorierbar.

Abb. 9.64 Definitionen bei Dichteströmungen

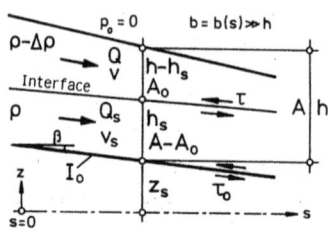

Eine Berechnung derartiger Dichteströmungen ist mit relativ einfachen Ansätzen der Technischen Hydraulik möglich, erfordert aber eine Reihe von vereinfachenden Annahmen. Dazu gehört an erster Stelle die Auffassung der Strömungsvorgänge als ein vertikal-ebenes Problem, das bei breiten Rechteckgerinnen zugrunde gelegt werden darf. Die so erzielbaren Aussagen werden nachstehend mit Bezug auf Abb. 9.64 für einen 2-phasigen Dichtestrom demonstriert. Dabei wird mit annähernd horizontaler Gerinnesohle, $\cos\beta \approx 1$, davon ausgegangen, dass die eigentlich sohlennormal definierte Wassertiefe h als Summe der beiden Schichtdicken h_s und $h-h_s$ vertikal aufgetragen werden kann. Die zu diesen gehörenden Querschnitte sind $A = bh$ für das Gesamtprofil, $A_o = b(h - h_s)$ für die obere Schicht und $A - A_o$ für die untere Schicht, wobei b zunächst als s-abhängig angesehen wird. Die Dichte der oberen Schicht ist um $\Delta\rho$ geringer als die der unteren Schicht, und die Schichtgeschwindigkeiten sind v und v_s. Der mit diesen Größen definierte Prozeß wird ferner als stationärer Strömungsvorgang behandelt.

Wie bei einer „normalen" stationären Spiegellinienberechnung kann auch bei der Dichteströmung von der Bernoullischen Gleichung (4.14) ausgegangen werden, die für jede der beiden Schichten angesetzt und in einer nach s differenzierten Form weiterverwendet wird. Dabei spielen die für die jeweilige Schicht anzusetzenden Druckhöhen eine besondere Rolle. Am Interface beträgt der Druck aus der oberen Schicht $p = (\rho - \Delta\rho)g(h - h_s)$, während sich mit diesem für die untere Schicht an der Sohle $p = \rho g h_s + (\rho - \Delta\rho)g(h - h_s)$ ergibt. Wie üblich ist dabei der Atmosphärendruck zu $p_o = 0$ gesetzt. Mit den Verlusthöhen der Bernoulli-Gleichung werden die Reibungsgefälle $I = dh_v/ds$ der oberen Schicht sowie $I_S = dh_{vS}/ds$ der unteren Schicht definiert; ferner ist $I_o = -dz_S/ds$ das Sohlengefälle.

Als weitere Bedingungen kommen die Kontinuitätsgleichungen der beiden Schichten zum Ansatz, $Q = vA_o = konst$ und $Q_S = v_S(A - A_o) = konst$, auch diese in nach s differenzierter Form. Die Zusammenfassung mit den entsprechenden Bernoulli-Ansätzen liefert zunächst für die beiden Schichten folgende Relationen:

Oben:

$$-\frac{v^2}{gA_o}\frac{dA_o}{ds} + \frac{d}{ds}(h - h_S) + \frac{dh_S}{ds} + I - I_o = 0 \qquad (9.206)$$

Unten:

$$-\frac{v_S^2}{g(A - A_o)}\frac{d}{ds}(A - A_o) + \left(1 - \frac{\Delta\rho}{\rho}\right)\frac{d}{ds}(h - h_S) + \frac{dh_S}{ds} + I_S - I_o = 0$$

$$(9.207)$$

9.3 Einleitungs- und Ausbreitungsvorgänge

Die Differenz dieser Aussagen ergibt eine als Grundlage für die Interface-Berechnung anzusehende Differentialgleichung:

$$\frac{v_S^2}{g(A-A_o)}\frac{d}{ds}(A-A_o) - \frac{v^2}{gA_o}\frac{dA_o}{ds} + \frac{\Delta\rho}{\rho}\frac{d}{ds}(h-h_S) + I - I_S = 0 \quad (9.208)$$

Man erkennt, dass I_o in dieser Beziehung keine Rolle mehr spielt, dagegen kommt es sehr darauf an, für die beiden Reibungsgefälle I und I_s sorgfältig formulierte Ansätze einzubringen.

Mit I und I_s wird den Schubwirkungen Rechnung getragen, die den beiden Schichten zukommen, Abb. 9.64. Die obere Schicht ist vom Schub τ am Interface betroffen, die untere außerdem vom Sohlenwiderstand τ_o. Für die untere Schicht ist daher eine wirksame Schubspannung $\tau_S = \tau_o - \tau$ zu definieren. Die Schübe τ und τ_s werden auf der Grundlage von (8.19) in I und I_s umgesetzt, wobei nach der Rechenvorschrift $\tau = \frac{\lambda}{8}\rho v^2 = \rho g I h$ verfahren wird (breites Gerinne mit $b \gg h$). Auf diese Weise ergibt sich für die obere Schicht
$I = \frac{\lambda}{8}\frac{(v-v_S)|v-v_S|}{g(h-h_S)}$ und damit für die untere Schicht:

$$I_S = \frac{\lambda_o}{8}\frac{v_S^2}{gh_S} - I(1-\frac{\Delta\rho}{\rho})(\frac{h}{h_S}-1) \quad (9.209)$$

Bezüglich I ist sinnvoll, einen Faktor K wie folgt einzuführen, indem ausgenutzt wird, dass $(v-v_S) = (v^2-v_S^2)/(v+v_S)$ ist:

$$K = \frac{|v-v_S|}{v+v_S} \quad (9.210)$$

Dieser K-Faktor nimmt bei gleichgerichteten Dichteströmen Werte zwischen Null und Eins an. Mit ihm ergibt sich die wesentlich angenehmer auswertbare Beziehung

$$I = K\frac{\lambda}{8}\frac{v^2-v_S^2}{g(h-h_S)} \quad (9.211)$$

Für die in (9.208) benötigte Differenz $I - I_S$ folgt damit, wenn von kleinen Dichteunterschieden $\Delta\rho/\rho \ll 1$ ausgegangen wird, hinreichend genau

$$I - I_S = I\frac{h}{h_S} - \frac{\lambda_o}{8}\frac{v_S^2}{gh_S} \quad (9.212)$$

Darin sind λ und λ_o die für den Schub im Interface und an der Sohle maßgebenden Widerstandsbeiwerte im Sinne der Darcy-Weisbach-Gleichung, siehe (8.19) bzw. (9.2).

Für die weitere Behandlung des Dichteströmungsproblems ist es zweckmäßig, mit dimensionslosen Größen zu arbeiten. Dazu werden eingeführt:

$x = \frac{s}{L}$ dimensionsloser Längsabstand
$y = \frac{h_S}{h}$ relative Schichtdicke unten

Außerdem wird als reduzierte (bzw. modifizierte) Erdbeschleunigung mit Bezug auf Abb. 9.64 definiert:

$$g' = g\frac{\Delta\rho}{\rho} \quad (9.213)$$

Ferner werden folgende *densimetrische Froude-Zahlen* bzw. Quadrate derselben als Kennzahlen oder als Variablen verwendet:

$$Frd_o^2 = \frac{Q^2}{g'b^2h^3} \quad \text{und} \quad Frd_{So}^2 = \frac{Q_S^2}{g'b^2h^3}$$

$$Frd^2 = \frac{Frd_o^2}{(1-y)^3} \quad \text{und} \quad Frd_S^2 = \frac{Frd_{So}^2}{y^3}$$

Mit diesen Größen ergibt sich aus (9.208) und (9.212) eine noch ziemlich allgemeine Differentialgleichung für die Untersuchung ebener, 2-phasiger Dichteströmungen in breiten Gerinnen mit Rechteckquerschnitt. Dabei wird näherungsweise von einem Quasi-Normalabfluss mit unveränderlicher Gesamtwassertiefe $h = konst$ und konstanter Breite b des Rechteckgerinnes ausgegangen, so dass $dh/ds = 0$ und $db/ds = 0$ einzubringen sind. Die so mit K nach (9.210) entstehende dimensionslose Form der internen Spiegelliniengleichung lautet:

$$\frac{dy}{dx}(1 - Frd^2 - Frd_S^2) - \frac{\lambda}{8}\frac{K}{y}\frac{L}{h}Frd^2 + Frd_S^2\frac{L}{h}\left(\frac{\lambda_o}{8} + \frac{\lambda}{8}\frac{K}{1-y}\right) = 0$$

Mit den zuvor definierten Kennzahlen entsteht daraus schließlich folgende gewöhnliche Differentialgleichung erster Ordnung:

$$[y^3(1-y)^3 - y^3 Frd_o^2 - (1-y)^3 Frd_{So}^2]\frac{dy}{dx}$$
$$- K\frac{\lambda}{8}\frac{L}{h}y^2 Frd_o^2 + \frac{\lambda}{8}\frac{L}{h}\left(\frac{\lambda_o}{\lambda} + \frac{K}{1-y}\right)(1-y)^3 Frd_{So}^2 = 0 \qquad (9.214)$$

Hiernach sind y und x bzw. h_s und s einander eindeutig zugeordnet, d. h. es wird möglich, das im Einzelfall vorliegende Profil des Interface, die *interne Spiegellinie*, zu berechnen. Dazu bedarf es einer sorgfältigen Bestimmung der Integrationskonstanten aus der jeweils vorliegenden Randbedingung.

Von besonderem Interesse sind zwei Grenzfälle, bei denen eine der beiden Schichten ruht. Beispiele sind einerseits die ruhende Salzwasserschicht unter einem stationären Süßwasserabfluss, andererseits die ruhende Warmwasserschicht über stationär abfließendem Kaltwasser. Für diese Fälle haben sich die Begriffe *Salzwasserkeil* (arrested saline wedge) und *Warmwasserkeil* eingebürgert. Als Anwendungen von (9.214) werden nachstehend nur diese beiden Zustände behandelt. Dabei spielt die Formulierung der Randbedingungen eine entscheidende Rolle. Man wird im allgemeinen auf Messdaten zurückgreifen müssen, etwa solchen, die in der Nähe einer Einleitungsstelle gewonnen werden können.

Kritische Schichtdicke: Mitunter kann aber im Gerinne auch eine Stelle ausgemacht werden, an der die Dichteströmung im kritischen Zustand ist oder dies als Abschätzung anzunehmen ist. Die Schichtdicke h_s nimmt dann Werte an, die der

9.3 Einleitungs- und Ausbreitungsvorgänge

Abb. 9.65 Salzwasserkeil

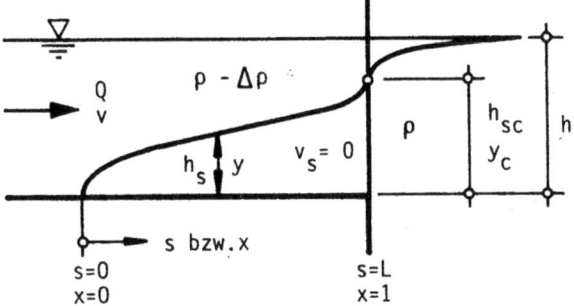

Abb. 9.66 Warmwasserkeil

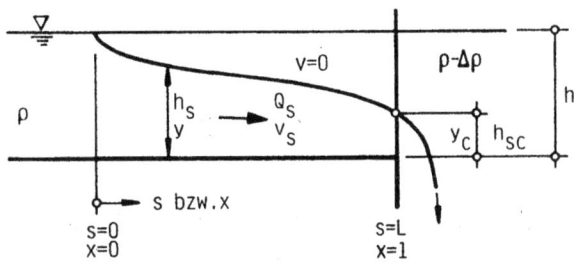

Bedingung $Frd^2 + Frd_S^2 = 1$ genügen und bei der hier untersuchten vertikal-ebenen Strömung aus folgender Beziehung ermittelt werden können:

$$(1 - y_c)^3 (Frd_{So}^2 - y_c^3) + y_c^3 Frd_o^2 = 0 \qquad (9.215)$$

Die kritische Schichtdicke (der unteren Schicht) ist mit dem hieraus hervorgehenden Wert y_c durch $h_{Sc} = h y_c$ gegeben, vgl. Abb. 9.65 und 9.66.

Auf den theoretischen Hintergrund zu diesen Aussagen kann hier nicht näher eingegangen werden. Nur so viel sei angemerkt, dass die Theorie der Dichteströme hinsichtlich des Wechsels von unter- zu überkritischer Schichtbewegung gewisse Analogien zur Theorie der kritischen Tiefe (Grenztiefe) von einphasigen Gerinneströmungen aufweist; beispielsweise gibt es auch einen internen Wechselsprung, der sich als Unstetigkeit des Interface äußert. Eine ausführliche Darstellung dieser Erscheinungen ist u. a. von Plate (1974) veröffentlicht worden.

Salzwasserkeil: Ein für die sogenannte Ästuarhydraulik bedeutender Dichteströmungszustand ist die turbulenzarme Salzwasserintrusion in eine Flußmündung; in Abb. 9.65 idealisiert. Nach Erreichen des stationären Gleichgewichtszustands ist die untere Schicht in Ruhe, $v_s = 0$, so dass K = 1 wird. Im Mündungsquerschnitt bei $s = L$ stellt sich mit $h_S(L) = h_{Sc}$ der kritische Zustand ein. Unter diesen Umständen ist wegen $Q_s = 0$ mit $Frd_{So} = 0$ zu rechnen, so dass sich aus (9.215) für die kritische Schichtdicke ergibt:

$$y_c = 1 - Frd_o^{2/3} \qquad (9.216)$$

Aus (9.214) wird schließlich mit $(s, h_s) = (0, 0)$ bzw. $(x, y) = (0, 0)$ durch Integration die inverse Form der Interface-Gleichung, $x = f(Frd_o, y)$, wie folgt erhalten:

$$x = \frac{4(1 - Frd_o^2)y^2 - 8y^3 + 6y^4 - \frac{8}{5}y^5}{\lambda \frac{L}{h} Frd_o^2} \tag{9.217}$$

Die *Reichweite* L des Salzwasserkeils ergibt sich daraus mit $h_S = h_{Sc}$ für $s = L$ bzw. mit $(x, y) = (1, y_c)$ unter Beachtung von (9.216) als ein nur von Frd_o abhängiger Ausdruck $L/h = f(Frd_o)$. Die unabhängige Variable ist darin durch $Frd_o^2 = Q^2/(g'b^2h^3)$ mit $b = konst$ und g' als reduzierter Erdbeschleunigung nach (9.213) gegeben.

Warmwasserkeil: Im Zusammenhang mit der Einleitung erwärmten Wassers (z. B. Kühlwasserrückführung) in ein Fließgewässer sowie an einer Flußmündung beim Abfluss kühleren Flußwassers kommt es bei turbulenzarmen Vorgängen zur Ausbildung einer stabilen Warmwasserschicht über einem Kaltwasserabfluss höherer Dichte. Im stationären Gleichgewichtszustand, Abb. 9.66, ist die obere Schicht in Ruhe, $v = 0$, und es wird aus (9.210) ebenfalls $K = 1$ erhalten. Die idealisierende Annahme, dass im Mündungsquerschnitt bei $hS = h_{Sc}$ mit $s = L$ wiederum der kritische Zustand vorliegt oder näherungsweise anzusetzen ist, führt aber nun wegen $Q = 0$ mit $Frd_o = 0$ auf eine von (9.216) verschiedene kritische Schichtdicke:

$$y_c = Frd_{So}^{2/3} \tag{9.218}$$

Ferner ist nun $(s, h_S) = (0, h)$ bzw. $(x, y) = (0, 1)$ für die nach Integration zu bestimmende Konstante C maßgebend. Mit $Frd_o = 0$ folgt für das Interface:

$$\frac{y^4}{4} + \frac{1}{3}\frac{\lambda}{\lambda_o}y^3 + \frac{1}{2}\frac{\lambda}{\lambda_o}\left(1 + \frac{\lambda}{\lambda_o}\right)y^2 + \left[\frac{\lambda}{\lambda_o}\left(1 + \frac{\lambda}{\lambda_o}\right)^2 - Frd_{So}^2\right]y$$
$$+ \frac{\lambda}{\lambda_o}\left[\left(1 + \frac{\lambda}{\lambda_o}\right)^3 - Frd_{So}^2\right]\ln\left(1 + \frac{\lambda}{\lambda_o} - y\right) = C - \frac{\lambda_o}{8}\frac{L}{h}Frd_{So}^2 \cdot x$$
$$\tag{9.219}$$

Dafür wird mit der genannten Randbedingung $C = f(\lambda/\lambda_o, Frd_{So})$ erhalten, und für die Reichweite des Warmwasserkeils ergibt sich mit $(x, y) = (1, y_c)$ ein Ausdruck $L/h = f(\lambda_o, \lambda, Frd_{So})$, wobei der Kennwert Frd_{So} mit $b = konst$ und $g' = g\Delta\rho/\rho$ zu bilden ist. Die Lösung (9.219) ist wegen des Verhältnisses λ/λ_o der beiden beteiligten Widerstandsbeiwerte komplizierter als die beim Salzwasserkeil gefundene. Darüber hinaus ist anzumerken, dass sie insofern eine gewisse Unsicherheit aufweist als in der Realität Wärmeverluste (auch an der Oberfläche) auftreten, die in der Rechnung unberücksichtigt geblieben sind.

Widerstandsdaten und Dichtewerte: Sowohl bei der Salzwasserkeil- als auch bei der Warmwasserkeilberechnung wird ein Widerstandsbeiwert λ für das Interface

9.3 Einleitungs- und Ausbreitungsvorgänge

benötigt. Einer auf Harleman und Stolzenbach (1972) zurückgehenden Empfehlung zufolge ist dafür anzusetzen:

$$\lambda = 0,5\,Re^{-1/4} \qquad (9.220)$$

Die Reynolds-Zahl ist je nach Art der Dichteströmung zu bilden, beim Salzwasserkeil als $Re = 4Q/bv$, beim Warmwasserkeil als $Re = 4Q_S/bv$.

Die Relation (9.220) stimmt fast überein mit einem nach Blasius benannten λ-Ansatz für hydraulisch glatte Rohre bei tubulenter Durchströmung. Dieser enthält den Zahlenwert 0,316 (statt 0,5), siehe bei Truckenbrodt (1980). Die durch (9.220) gegebene Linie liegt in dem bei Dichteströmen in Frage kommenden Re-Zahlbereich also etwas oberhalb der Glattkurve des λ-Re-Diagramms, Abb. 8.19.

Im Fall des Warmwasserkeils wird ferner der Widerstandsbeiwert λ_o der Gerinnesohle benötigt. Er ergibt sich mit der bei breiten Rechteckgerinnen anzusetzenden relativen Rauheit $k/4h$ als $\lambda_o = f(Re, k/4h)$ nach Prandtl-Colebrook, siehe unter 8.3.4 bzw. 9.1.1.

Abgesehen von der erforderlichen Sorgfalt, die bei der Abschätzung der Widerstandsbeiwerte aufzubringen ist, kommt es bei allen Dichteströmungen noch mehr auf eine zutreffende Bestimmung der Dichten ρ bzw. Dichteunterschiede $\Delta\rho$ an. Für diese Aufgabe sind in Tab. 9.7 wenigstens einige Daten zusammengestellt. Zu diesen sind in bezug auf den Zusammenhang zwischen Konzentration C und Dichte ρ klare Begriffsbestimmungen nötig:

Konzentration:

$$C = \frac{\text{Masse der enthaltenen Fremdstoffe}}{\text{Masse des Fluids einschl. Fremdstoffe}}$$

Dichte:

$$\rho = \frac{\text{Masse des Fluids einschl. Fremdstoffe}}{\text{Volumen des Fluids einschl. Fremdstoffe}}$$

Der Begriff „Fremdstoff" lässt dabei offen, ob es sich um eine gelöste Substanz oder um suspendierte Feststoffpartikel etc. handelt. Für eine Transportbilanz ist ferner das Produkt beider Definitionen relevant:

$$\rho C = \frac{\text{Masse der enthaltenen Fremdstoffe}}{\text{Volumen des Fluids einschl. Fremdstoffe}}$$

Handelt es sich z. B. um Meerwasser, so ist die dimensionslose Salzkonzentration (Salzgehalt, salinity) durch $C = \frac{\text{kg Salz}}{\text{kg Meerwasser}}$, die Dichte durch $\rho = \frac{\text{kg Meerwasser}}{m^3 \text{Meerwasser}}$ definiert, und es wird $\rho C = \frac{\text{kg Salz}}{m^3 \text{Meerwasser}}$ erhalten.

Im allgemeinen ist die Dichte eines Fremdstoffe enthaltenden Fluids nicht nur von deren Konzentration C sondern auch von der Temperatur Θ abhängig, $\rho = \rho(C, \Theta)$. Dabei ist der Einfluss der Temperatur in der Regel dominierend; man kann daher den Einfluss einer nicht zu großen Konzentrationsänderung mit einer gestutzten Taylor-Entwicklung wie folgt zum Ausdruck bringen:

$$\rho(C, \Theta) = \rho(C_o, \Theta) + \left(\frac{\partial \rho}{\partial C}\right)_\Theta \cdot \Delta C \qquad (9.221)$$

Tab. 9.7 Dichtedaten für Frischwasser und Meerwasser (luftfrei)

Temperatur	Frischwasser	Meerwasser mit $C_o = 34 ‰$	
Θ in °C	$\rho(C=O)$ kg/m³	$\rho(C=C_o)$ kg/m³	$\partial\rho/\partial c$ kg/m³
0	999,868	1027,321	805,54
1	999,972	1027,264	802,52
2	999,968	1027,193	799,59
3	999,992	1027,110	796,74
4	1000,000	1027,013	793,96
5	999,992	1026,905	791,25
6	999,968	1026,785	788,68
7	999,929	1026,653	786,18
8	999,875	1026,510	783,74
9	999,808	1026,356	781,39
10	999,726	1026,192	779,10
11	999,631	1026,017	776,89
12	999,524	1025,833	774,77
13	999,403	1025,638	772,71
14	999,270	1025,434	770,75
15	999,125	1025,221	768,84
16	998,968	1024,999	767,01
17	998,800	1024,767	765,27
18	998,620	1024,527	763,58
19	998,430	1024,278	761,98
20	998,228	1024,020	760,44
21	998,017	1023,754	758,97
22	997,795	1023,480	757,57
23	997,562	1023,197	756,24
24	997,320	1022,907	754,97
25	997,069	1022,608	753,78
26	996,807	1022,302	752,64
27	996;537	1021,987	751,56
28	996,257	1021,665	750,56
29	995,968	1021,335	749,63
30	995,671	1020,997	748,73

Darin ist C_o eine Referenzkonzentration, und $\Delta C = C - C_o$ gibt die Abweichung von C gegenüber C_o an.

Für Meerwasser kann mit $C_o = 3{,}4 \cdot 10^{-2} = 34‰$ gearbeitet werden; dabei darf ΔC bis zu $\pm 4‰$ betragen, ohne dass die Genauigkeit von ρ mehr beeinträchtigt wird, als bei Dichtestromuntersuchungen zugelassen werden kann. In Tab. 9.7 sind die für Meerwasser mit 34‰ Salzgehalt geltenden Dichtewerte im Vergleich zu den Frischwasserdichten ($C = 0$) für den Temperaturbereich 0 °c $\leq 0 \leq 30$ °c aufgelistet. Die letzte Spalte der Tabelle ermöglicht die Bestimmung der Meerwasserdichte für 30‰ $\leq c \leq 38‰$ mit der durch (9.221) verlangten Prozedur. Weitere Daten, auch mit höherer Auflösung, sind u. a. bei Fischer et al. (1979) und Markofsky (1980) zu finden.

Für Frischwasser ($C = 0$) wird die Temperaturabhängigkeit der Dichte ρ recht gut durch folgende Näherungsformel beschrieben (ρ in kg/m³, Θ in °C):

$$\rho = 1000 - 0{,}00663(\Theta - 4)^2 \qquad (9.222)$$

9.3 Einleitungs- und Ausbreitungsvorgänge 253

Abb. 9.67 Zu Diffusion und Dispersion

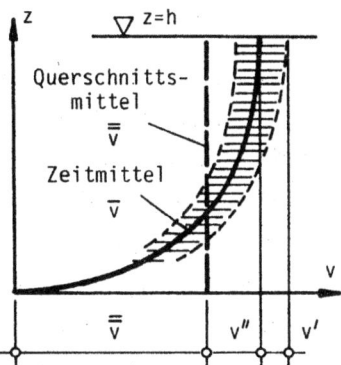

In den meisten Anwendungsfällen ist die Genauigkeit dieser Formel völlig ausreichend.

Bleibt abschließend zum Thema Dichteströmungen noch nachzutragen, dass die hier behandelten Strömungsvorgänge ausschließlich den Grenzfall des absolut mischungsfreien Zustands betreffen. In der Natur ist dagegen stets eine mehr oder weniger starke Einmischung entlang des Interface zu beobachten, je nach Stabilität bzw. Instabilität desselben. Zu dieser Frage sind Stabilitätskriterien erarbeitet worden, mit denen beurteilt werden kann, ob Mischprozesse zu erwarten sind, letztlich also ob der Dichtestromuntersuchung die strenge Trennung der beiden Schichten zugrunde gelegt werden darf. Zu diesen und weiteren Dichteströmungsproblemen findet man z. B. bei Plate (1974) und Markofsky (1980) eingehendere Informationen.

9.3.3 Durchmischte Ausbreitung

Viele Ausbreitungsvorgänge in turbulenten Gerinneströmungen können mit bestem Erfolg unter der Voraussetzung analysiert werden, dass die Konzentration $C(x, y, z, t)$ des zur Vermischung gelangenden Fremdstoffs das Geschwindigkeitsfeld der Strömung nicht erkennbar beeinflusst. Dies ermöglicht die Herbeiführung geschlossener Lösungen allein auf der Basis einer Fremdstofftransportbilanz (s. unter 3.2.2) ohne simultane Auswertung der Impulstransportbilanz. Dabei spielen sowohl molekulare als auch turbulente Diffusionserscheinungen eine wichtige Rolle, und je nach Art der im rechnerischen Ansatz vorgenommenen örtlichen Mittelbildungen kommt zu diesen ggf. ein dispersiver Mischungseffekt hinzu.

Diffusion und Dispersion: Begrifflich bedeutet *Diffusion* den Ausgleich von Konzentrationsunterschieden im Fluid, während man unter *Dispersion* die Verteilung (Zerstreuung) eines Stoffes in der bewegten Flüssigkeit versteht. Für beide sind die mit Abb. 9.67 angedeuteten Merkmale eines turbulenten Geschwindigkeitsprofils ausschlaggebend:

Die Differenzen gegenüber dem zeitlichen bzw. örtlichen Mittel der Geschwindigkeit haben verteilende Wirkung. In Bereichen kleinerer Geschwindigkeiten erfolgt der Stofftransport langsamer als dort, wo die Geschwindigkeit größer ist als ihr zeitlicher bzw. örtlicher Durchschnitt. Infolgedessen ergeben sich ausgeprägte Mischungs- und Verteilungseffekte, die bei der Aufstellung der Transportgleichung Berücksichtigung finden müssen.

Die Abweichungen vom zeitlichen Mittel lassen sich mit Abb. 9.67 bei der Geschwindigkeit v(x, y, z, t) und entsprechend bei der Konzentration $C(x, y, z, t)$ wie folgt zum Ausdruck bringen:

$$v = \bar{v} + v' \quad \text{bzw.} \quad C = \bar{C} + C' \qquad (9.223)$$

Dabei ist das Mittel (überstrichen) als zeitlicher Durchschnitt während eines für die Turbulenz charakteristischen Zeitintervalls zu deuten, und die mit oberem Strichindex versehenen Größen sind die turbulenten Schwankungen gegenüber diesen Mittelwerten, vgl. unter 3.2.4. In analoger Weise kann bei örtlicher Mittelbildung (Tiefenmittel, Querschnittsmittel) mit Bezug auf Abb. 9.67 angesetzt werden:

$$\bar{v} = \bar{\bar{v}} + v'' \quad \text{bzw.} \quad \bar{C} = \bar{\bar{C}} + C'' \qquad (9.224)$$

Die doppelt überstrichenen Beträge sind hier die Querschnitts- oder Tiefenmittel der zeitlich ausgeglichenen turbulenten Durchschnittsverteilungen, und mit dem oberen Doppelstrichindex sind die Abweichungen von diesen gekennzeichnet. Für alle Schwankungen bzw. Abweichungen gilt, dass ihr jeweiliger Mittelwert verschwindet.

Bei der Stofftransportbilanz ergeben sich, je nachdem mit welchen Mittelbildungen dabei gearbeitet wird, als konvektive Transportanteile Ausdrücke der Art $v_x \partial C / \partial x$, also Produktbildungen $v_x C$ usw. Deren die turbulenten Schwankungen ausgleichendes zeitliches Mittel und das anschließend bei Bedarf zu bildende örtliche Mittel werden auf Grund der mit (9.223) und (9.224) vorgenommenen Definitionen zu

$$\overline{v_x C} = \bar{v}_x \bar{C} + \overline{v'_x C'} \quad \text{bzw.} \quad \overline{\bar{v}_x \bar{C}} = \bar{\bar{v}}_x \bar{\bar{C}} + \overline{v''_x C''} \qquad (9.225)$$

Die letzten Terme dieser hier nur für die x-Richtung angegebenen Produktmittelungen verschwinden im Gegensatz zu den Mittelwerten ihrer Einzelgrößen nicht. Sie bewirken „scheinbare" Diffusionsphänomene, die üblicherweise als *turbulente Diffusion* bzw. als *Dispersion* bezeichnet werden. Es ist bewährte Praxis, diese zusätzlichen Größen auf der Grundlage des 1.Fickschen Gesetzes wie bei der molekularen Diffusion auf die jeweiligen Mittelwerte der Konzentration zu beziehen, z. B.

$$\overline{v'_x C'} = -\delta'_x \frac{\partial \bar{C}}{\partial x} \quad \text{bzw.} \quad \overline{v''_x C''} = -\delta''_x \frac{\partial \bar{\bar{C}}}{\partial x} \qquad (9.226)$$

Die hiermit eingeführten Diffusions- bzw. Dispersionskoeffizienten sind normalerweise in den Richtungen x, y, z verschieden und meist auch keine Konstanten, im Gegensatz zum molekularen Diffusionskoeffizienten δ in (3.8).

9.3 Einleitungs- und Ausbreitungsvorgänge

Transportgleichungen: Die Basis für die Behandlung von Fremdstofftransportvorgängen ist mit (3.7) schon benannt; sie ist unter 3.2.2 allerdings nur mit Berücksichtigung des molekularen diffusiven Transports entwickelt worden und bedarf daher umfangreicher Ergänzungen. Diese betreffen in (3.8) den Term $\delta \cdot \Delta C$, der bei zeitlich gemittelten turbulenten Strömungsgrößen durch $\frac{\partial}{\partial x}\left[(\delta + \delta'_x)\frac{\partial C}{\partial x}\right] + \frac{\partial}{\partial y}\left[(\delta + \delta'_y)\frac{\partial C}{\partial y}\right] + \frac{\partial}{\partial z}\left[(\delta + \delta'_z)\frac{\partial C}{\partial z}\right]$ zu ersetzen ist. Wird die Transportgleichung zusätzlich mit örtlich gemittelten Strömungsgrößen aufgestellt, so hängt es von der Art der Mittelbildung ab, welche Dispersionskoeffizienten zum Ansatz kommen. Beispielsweise hat das Tiefenmittel zur Folge, dass $C = f(x, y, t)$ wird und daher wegen $\partial C/\partial z = 0$ auf einen Dispersionskoeffizienten δ''_z verzichtet werden kann. Entsprechend wird beim Querschnittsmittel nur $\partial C/\partial x \neq 0$ und daher nur δ''_x benötigt. Verallgemeinert kann also folgende 3D-Darstellung des Misch- und Ausbreitungsprozesses in Rechnung gestellt werden (Überstreichungen weggelassen):

$$\frac{\partial C}{\partial t} + v_x \frac{\partial C}{\partial x} + v_y \frac{\partial C}{\partial y} + v_z \frac{\partial C}{\partial z} = \frac{\partial}{\partial x}\left(D_x \frac{\partial C}{\partial x}\right) + \frac{\partial}{\partial y}\left(D_y \frac{\partial C}{\partial y}\right)$$
$$+ \frac{\partial}{\partial z}\left(D_z \frac{\partial C}{\partial z}\right) + S_C \tag{9.227}$$

Darin können die *Diffusivitäten* D_x, D_y und D_z je nach Aufbereitung dieser Gleichung bis zu drei Anteile umfassen: Molekulare Diffusion $\delta = konst$, turbulente Diffusion δ'_i in $i = (x, y, z)$-Richtung und ggf. Dispersion, z. B. δ''_x. Erfahrungsgemäß ist dabei davon auszugehen, dass $\delta \ll \delta' \ll \delta''$.

Der Term S_C ermöglicht die Berücksichtigung von Fremdstoffquellen oder -senken, etwa die Abgabe von Wärme an der Wasseroberfläche oder die Sauerstoffzehrung in einem Gewässer, die als Abbaurate $S_C = -KC$ proportional zur Konzentration C angesetzt werden kann, siehe bei Markofsky (1980), wobei K einen Reaktionskoeffizienten mit der Dimension [Zeit]$^{-1}$ darstellt. Im übrigen liegen (9.227) folgende Annahmen zugrunde: Das Fluid wird unabhängig von der Fremdstoffeinmischung als inkompressibel angesehen, $\nabla V = 0$, und die Konzentration ist klein in dem Sinne, dass $\nabla(\rho C) \approx \rho \nabla C$ gesetzt, also $\nabla \rho \approx 0$ angenommen werden kann.

Aus (9.227) lassen sich diverse Sonderfälle ableiten. Darunter hat der Fall der *Parallelströmung* mit $V = (v_x 0 0)$ besondere Bedeutung; er führt auf

$$\frac{\partial C}{\partial t} + v_x \frac{\partial C}{\partial x} = \frac{\partial}{\partial x}\left(D_x \frac{\partial C}{\partial x}\right) + \frac{\partial}{\partial y}\left(D_y \frac{\partial C}{\partial y}\right) + \frac{\partial}{\partial z}\left(D_z \frac{\partial C}{\partial z}\right) + S_C \tag{9.228}$$

Dabei kann wie zuvor $C = f(x, y, z, t)$ sein, denn auch bei Parallelströmung ist allseitige Ausbreitung möglich.

Weitere gestutzte Formen von (9.227) entstehen mit entsprechenden, vereinfachenden Annahmen

$v_z = 0$ und $\partial/\partial z = 0 \rightarrow$ Horizontal-ebener 2D-Vorgang, nur D_x und D_y werden benötigt

$v_y = 0$ und $\partial/\partial y = 0 \rightarrow$ Vertikal-ebener 2D-Vorgang, nur D_x und D_z werden benötigt

$v_y = v_z = 0, \partial/\partial y = \partial/\partial z = 0 \rightarrow$ 1D-Vorgang mit querschnittsgemittelten Größen, nur D_x wird benötigt

Im letztgenannten Fall ergibt sich bei außerdem stationärer und quellenfreier Strömung ($\partial/\partial t = 0, S_C = 0$) die bekannte Relation

$$v_x \frac{\partial C}{\partial x} - \frac{\partial}{\partial x}\left(D_x \frac{\partial C}{\partial x}\right) = 0 \qquad (9.229)$$

Andere denkbare Vereinfachungen lassen sich herbeiführen durch Annahmen wie $D_x \gg D_y \gg D_z$ und/oder $D_x = konst$, soweit der Anwendungsfall dies zulässt.

Dispersionskoeffizienten: Als Orientierungshilfe für die Wahl der Beiwerte D_x, D_y und D_z kann auf den Taylorschen Längsdispersionsansatz zurückgegriffen werden, wonach in einer Rohrströmung $D_x \sim v_* d$ gilt. Setzt man statt des Rohrdurchmessers d den hydraulischen Durchmesser D ein und für diesen bei breiten Gerinnen $D \approx 4h$, so kann im Fall einer Parallelströmung mit $V = (v\ 00)$ erwartet werden, dass sich $D_x \sim v_* h$ verhält. Tatsächlich ist diese Annahme einigermaßen erfolgreich, so dass gerechnet werden kann mit

$$D_x = K_x v_* h \qquad (9.230)$$

Entsprechende Ausdrücke gelten für D_y und D_z; alle drei Koeffizienten beziehen sich auf das gleiche Produkt aus Schubspannungsgeschwindigkeit v_* und Wassertiefe h.

Es ist angebracht, (9.230) mit der Darcy-Weisbach-Gleichung (8.19) und der Reynolds-Zahl nach (8.13) in eine dimensionslose Beziehung zu überführen (für die Quer- und Vertikalrichtung gilt Entsprechendes):

$$\frac{D_x}{\nu} = \alpha_x Re\sqrt{\lambda} \qquad (9.231)$$

Darin ist $\alpha_x = K_x/4\sqrt{8} = 0{,}08839 K_x$. Die Re-Zahl wird unter Annahme von $b \gg h$ mit $4h$ als hydraulischem Durchmesser gebildet.

In Tab. 9.8 sind einige Werte von K_x bzw. α_x usw. aufgelistet, die sich auf Grund von Laborversuchen ergeben haben. Grundlage dieser Tabelle sind Daten, die von Markofsky(1980) zusammengetragen worden sind und auf dem Ansatz (9.230) beruhen. Aus dem Durchschnitt dieser Angaben ergibt sich, dass die Annahme $D_x \gg D_y \gg D_z$ berechtigt ist; aus dem zufälligen Datenkollektiv errechnen sich $K_x/K_y \approx 17$ und $K_x/K_z \approx 170$ bzw. $K_y/K_z \approx 10$. Die sehr lückenhaften Angaben der Tabelle lassen sich auf Grund dieser Verhältniswerte abschätzend ergänzen; diese Schätzwerte sind in Tab. 9.8 kursiv gesetzt.

Die in natürlichen Gerinnen vorliegenden Gegebenheiten können zu erheblich größeren Dispersionskoeffizienten führen, z. B. infolge von Gerinnebögen (Sekundärströmungen), Uferunregelmäßigkeiten, Buhnen und bei Gezeiteneinwirkung. So sind aus Naturbeobachtungen K_x-Werte rückgerechnet worden, die bis zu $K_x = 500$

9.3 Einleitungs- und Ausbreitungsvorgänge

Tab. 9.8 Empfohlene Daten zur Abschätzung der Dispersionskoeffizienten nach Angaben von Markofsky (1980)

Grundlage/Empfehlung	K_x	α_x	K_y	α_y	K_z	α_z
Vergleichsfall Rohr (ø = 4h)[a]	10,10	0,893	–	–	–	–
Laborversuch, Rechteckgerinne[b]	5,93	0,524	0,35	0,031	0,07	0,006
Laborversuch, breites Gerinne[c]	8,85	0,782	0,15	0,013	0,05	0,004
dgl.	3,91	0,345	0,23	0,020	0,02	0,002
Laborversuche, Gerinnemodell[d]	11,40	1,008	0,67	0,059	0,07	0,006
Laborversuche mit Gerinnen[e]	20,20	1,785	1,19	0,105	0,12	0,011
Laborversuche, Gerinne mit oszillierender Strömung[f]	11,22	0,992	0,66	0,058	0,07	0,006
	28,90	2,554	1,70	0,150	0,17	0,015
Mittelwerte aus den Labordaten	11,60	1,025	0,68	0,060	0,07	0,006

[a] Taylor [b] Elder [c] Fischer [d] Yotsukura [e] Parker [f] Ward

reichen; im Missouri River ist in einem Extremfall sogar $K_x \approx 5000$ festgestellt worden. Man muß sich also bei der Festsetzung der Dispersionskoeffizienten der Tatsache großer Streubreiten bewußt sein. Es ist daher auch kein Wunder, dass es neben (9.230) eine Vielzahl von empirischen Formeln gibt, die hier nicht näher erörtert werden können. Es wird diesbezüglich auf Fischer et al. (1979) und auf Markofsky (1980) verwiesen.

Salzwasserintrusion: Mit diesem Begriff aus der Ästuarhydraulik ist das Eindringen von Salzwasser in eine Flußmündung angesprochen, gleichgültig ob als Dichteströmung oder als voll durchmischter Ausbreitungsvorgang. Im folgenden wird zwecks Vergleichs mit der unter 9.3.2 beschriebenen Salzwasserkeilberechnung der analoge Fall mit dem Zustand „well mixed" behandelt. Die dazu nötigen Ansätze brauchen nicht auf Flußmündungen beschränkt zu werden, sie sind unter sonst gleichen Voraussetzungen auch auf Gerinne anwendbar, bei denen die Fremdstoffeinleitung als am Einleitungsort gleichverteilt angenommen werden kann.

Dieser verallgemeinerte Strömungsfall ist in Abb. 9.68 skizziert: Der Vorgang sei stationär, das Gerinne ein breites Rechteckgerinne, und es mögen eindimensionale Formulierungen zulässig sein. Als weitere Voraussetzungen sind zu nennen

Abb. 9.68 Definitionen zur Dichteströmung

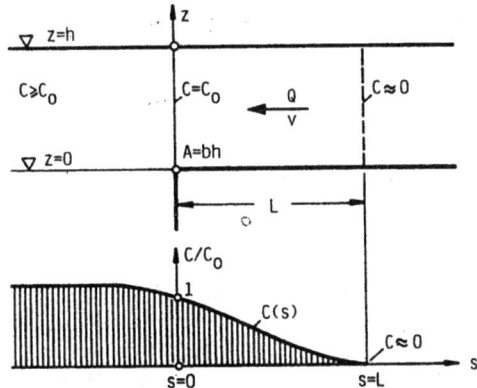

eine annähernd horizontale Gerinnesohle mit $\cos\beta \approx 1$ und die Annahme von Normalabfluss mit $h = konst$ und $v = konst$ (konstante Gerinnebreite).

Mit diesen Vorgaben und wegen $\partial/\partial t = 0$, $\partial/\partial y = 0$, $\partial/\partial z = 0$ kommt als Transportgleichung (9.229) zur Anwendung, wobei der Geschwindigkeitsvektor $V = (v\,0\,0)$ nur die Längskomponente $v_x = v(x)$ hat. Die Richtung der in Abb. 9.68 eingeführten s-Koordinate ist der x-Richtung (Strömungsrichtung) entgegengesetzt; es ist ferner sinnvoll, mit einem dimensionslosen Längsabstand $\sigma = s/s_o$ zu arbeiten, wobei s_o eine durch Kalibrierung festzulegende Bezugslänge ist. Die damit erforderliche Aufbereitung von (9.229) führt auf die gewöhnliche Differentialgleichung

$$v\frac{dC}{d\sigma} + \frac{1}{s_o}\frac{d}{d\sigma}\left(D_x\frac{dC}{d\sigma}\right) = 0 \quad (9.232)$$

Darin ist D_x von s abhängig und wird angesetzt als $D_x = D_o \cdot f(\sigma)$, wobei D_o als Konstante nach (9.230) bzw. (9.231) mit den Werten der Tab. 9.8 zu wählen ist. Für $f(\sigma)$ hat sich nach Harleman, siehe Ippen (1966), der empirische Ansatz $f(\sigma) = 1/(1+\sigma)$ bewährt. Allerdings vermag dieser Ausdruck im Unterwasserbereich ($\sigma < 0$) dem dort zu fordernden asymptotischen Übergang zur vollen unterwasserseitigen Salzkonzentration C_{UW} nicht gerecht zu werden. Daher ist eine exponentielle Längsverteilung $f(\sigma) = e^{-\sigma}$ zweckmäßiger; sie ergibt den Ausdruck

$$D_x = D_o \cdot e^{-\sigma} \quad (9.233)$$

Damit wird schließlich folgende dimensionslose Beziehung erhalten, in der $\sigma = s/s_o$ bedeutet:

$$\frac{dC}{d\sigma} + \frac{D_o}{vs_o}\frac{d}{d\sigma}\left(e^{-\sigma}\frac{dC}{d\sigma}\right) = 0 \quad (9.234)$$

Zweimalige Integration unter Beachtung von $C = 0$ und $dC/d\sigma = 0$ für $\sigma \to \infty$ sowie $C = C_o$ für $\sigma = 0$ ($s = 0$) führt auf die Lösung

$$\frac{C}{C_o} = \exp\left(-\frac{vs_o}{D_o}(e^\sigma - 1)\right) \quad (9.235)$$

Der Wert C_o bezeichnet darin die (querschnittsgemittelte) Konzentration an der Flußmündung bzw. am Ort der Einleitung ($s = 0$ bzw. $\sigma = 0$).

Um dieses Resultat quantifizieren zu können, werden außer dem Randwert D_o des Längsdispersionskoeffizienten die Konstanten s_o und C_o benötigt. Sie ergeben sich durch Kalibrierung mit Hilfe von mindestens einem weiteren Konzentrationswert $C = C_M$, der an einer bei $s = s_M$ bzw. $\sigma = \sigma_M$ gelegenen Messstelle festgestellt wurde. Zusammen mit der unterwasserseitigen Salzkonzentration C_{UW} (für $\sigma \to -\infty$) ergibt sich

$$C_o = C_{UW}\exp\left(-\frac{v\,s_o}{D_o}\right) \quad (9.236)$$

9.3 Einleitungs- und Ausbreitungsvorgänge

Abb. 9.69 Ausbreitungszonen

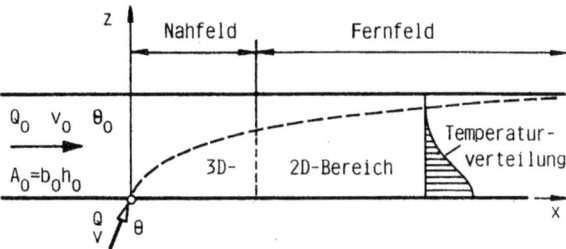

Die darin enthaltene Bezugslänge s_o lässt sich bestimmen aus

$$\ln \frac{C_M}{C_{UW}} + \frac{v\, s_o}{D_o} e^{s_M/s_o} = 0 \qquad (9.237)$$

Die Frage nach der Reichweite der Durchmischung (Brackwassergrenze) wird durch Vorgabe einer zulässigen Restkonzentration $C_{Rest} = nC_o$ beantwortet. Wird $s = L$ durch $C = nC_o$ definiert, wobei $n \ll 1$ ist, so wird aus (9.235) erhalten:

$$\frac{L}{s_o} = \ln\left(1 - \frac{D_o}{v s_o} \ln n\right) \qquad (9.238)$$

Allen vorstehend entwickelten Formeln liegt Normalabfluss ($dh/dx = dv/dx = 0$) im Rechteckgerinne mit konstanter Breite b zugrunde. Geschwindigkeit und Konzentration sind querschnittsgemittelte Größen.

Wärmeausbreitung in einem Fluß: Bei einer am Ufer einseitig vorgenommenen Einleitung von Abwärme (oder Abwasser) in ein Fließgewässer ergibt sich ein komplizierter Ausbreitungsvorgang, vor allem im Nahbereich der Einleitung. In stark idealisierter Darstellung wird daher mit Abb. 9.69 eine anfängliche, von dreidimensionalen Mischprozessen geprägte Zone unterschieden von einem Bereich, in dem der vertikale Ausgleich abgeschlossen ist und von einem horizontal-ebenen Vorgang ausgegangen werden kann. Man bezeichnet diese Ausbreitungszonen üblicherweise als *Nahfeld* bzw. *Fernfeld*. Die Mischvorgänge im Nahfeld hängen in starkem Maße davon ab, wie die Einleitung erfolgt und wie das Einleitungsbauwerk gestaltet ist.

In der Regel liegt eine Strahleinleitung vor, bei der man es wegen des Wärme- bzw. Dichteunterschieds mit einem *Auftriebsstrahl* zu tun hat. Die Einleitung kann u. a. in Höhe des Wasserspiegels oder in Sohlennähe erfolgen, so dass der oberflächige Auftriebsstrahl vom getauchten Auftriebsstrahl zu unterscheiden ist. Auch die Verhältnisse im aufnehmenden Gerinne spielen eine bedeutende Rolle; der Strahl kann auf eine quer zur Strahlachse verlaufende Strömung treffen oder auf ruhendes Wasser mit oder ohne Temperaturschichtung.

Die anfängliche Ausbreitung solcher Strahleinleitungen ist einer hydraulischen Berechnung meist nicht ohne weiteres zugänglich; selbst mit numerischen Methoden erfordern die 3D-Prozesse des Nahfeldes einen erheblichen Rechenaufwand. Im Gegensatz dazu lassen sich für das Fernfeld geschlossene Lösungen angeben; man hat dabei aber die Anfangsmischung im Nahfeld als „Vorvermischung" in geeigneter Form zu berücksichtigen.

Es hat sich gezeigt, dass im Fernfeld erfolgreich mit der Annahme konstanter Dispersions- bzw. Diffusionskoeffizienten gearbeitet werden kann. Dazu wird aus (9.229) bei stationärer Parallelströmung mit $V = (v_o\ 0\ 0)$, $\partial/\partial t = 0$ und $\partial/\partial z = 0$ zunächst erhalten:

$$v_o \frac{\partial C}{\partial x} = D_x \frac{\partial^2 C}{\partial x^2} + D_y \frac{\partial^2 C}{\partial y^2} + S_C \quad (9.239)$$

Die Senke S_c kann zur Berücksichtigung von Wärme- bzw. Substanzverlusten konzentrationsproportional angesetzt werden als $S_c = KC$, worin K eine Abbaurate ist. Lösungen von (9.239) für den Fall einer vertikal erstreckten, linienhaften Einleitung sind von Harleman (1977) benannt worden; darunter ein Sonderfall, der von der zusätzlichen Annahme ausgeht, dass im Fernfeld $D_x \ll D_y$ ist und (9.239) entsprechend verkürzt werden kann. Zwar ist die Annahme $D_x \ll D_y$ nicht ohne weiteres motivierbar, die damit erzielbaren Lösungen sind aber trotzdem zur Beschreibung des mit Abb. 9.69 skizzierten Ausbreitungsvorgangs im Fernfeld gut geeignet.

Statt mit der Konzentration C ist im vorliegenden Fall mit der Temperaturdifferenz $\Delta\Theta = \Theta - \Theta_o$ zu arbeiten, denn an Stelle der im Gerinne transportierten Fremdstoffmasse ρC ist nun die Wärmemenge $\rho c_p \Delta\Theta$ betroffen (c_p = spezifische Wärme bei konstantem Druck). An (3.7) ist erkennbar, dass sich ρc_p unter den getroffenen Voraussetzungen herauskürzt; d. h. C ist in (9.239) durch $\Delta\Theta$ ersetzbar. Damit wird folgende Differentialgleichung für die Ermittlung der Abwärmeausbreitung im Fernfeld des Fließgewässers maßgebend:

$$v_o \frac{\partial}{\partial x} \Delta\Theta = D_y \frac{\partial^2}{\partial y^2} \Delta\Theta - K\Delta\Theta \quad (9.240)$$

Wie zuvor setzt diese Beziehung neben den schon genannten Annahmen voraus, dass näherungsweise $\rho \approx konst$ und $\rho c_p \approx konst$ sind, so als ob es sich um die Ausbreitung eines passiven Indikators handelt.

Für den mit Abb. 9.69 angedeuteten Fall eines breiten Gerinnes mit Rechteckquerschnitt (so breit, dass vom gegenüberliegenden Ufer keine Beeinflussung des Ausbreitungsvorgangs ausgeht) ergibt sich aus (9.240) unter Normalabflussbedingungen ($h_o \approx konst$, $v_o \approx konst$) im stationären Zustand folgende Fernfeldlösung:

$$\Delta\Theta(x, y) = \Delta\Theta(x, 0) \exp\left(-\frac{v_o y^2}{4x D_y} - \frac{Kx}{v_o}\right) \quad (9.241)$$

$$\Delta\Theta(x, 0) = \frac{Q\Delta\Theta(0,0)}{h_o \sqrt{\pi x v_o D_y}} \quad (9.242)$$

Darin bedeuten, wie zum Teil in Abb. 9.69 eingetragen:

$\Delta\Theta(x, y) = \Theta(x, y) - \Theta_o$ örtliche Übertemperatur in °C (Tiefenmittel)
$\Delta\Theta(x, 0)$ Übertemperatur in °C am Einleitungsufer ($y = 0$)
$\Delta\Theta(0, 0)$ Übertemperatur in °C des eingeleiteten Wassers bei $(x, y) = (0, 0)$

9.3 Einleitungs- und Ausbreitungsvorgänge

$\Theta(x, y)$ örtliche Wassertemperatur in °C
Θ_o ursprüngliche Wassertemperatur in °C der Gerinneströmung
$A_o = b_o h_o$ Gerinnequerschnitt in m² ($b_o \gg h_o$)
Q_o Abfluss im Gerinne in m³/s (einschließlich Q)
v_o $= Q_o/A_o$ Fließgeschwindigkeit (Querschnittsmittel) im Gerinne
h_o Wassertiefe im Gerinne in m (Normalabfluss)
Q Einleitung von Wasser in m³/s mit der Übertemperatur $\Delta\Theta(0,0)$ und mit der Einleitgeschwindigkeit v

Da es sich hierbei um eine reine Fernfeldlösung handelt, wird eine Korrektur nötig, die den Nahfeldeinfluss berücksichtigt. Bis zum Ende des Nahfelds ist eine Vorvermischung erfolgt, die in (9.241) nicht zum Ausdruck kommt. Eine Korrektur mit dem Ziel, diese Vorvermischung mitzuerfassen, wäre z. B. denkbar in Form einer x-abhängigen Abbaurate K mit großem Anfangswert.

Ein anderer Vorschlag ist von Schatzmann und Naudascher (1980) unterbreitet worden. Bei diesem wird das Koordinatensystem stromauf um ein Maß L verschoben, so dass in (9.241) und (9.242) statt x ein Längsabstand $x + L$ rechnerisch wirksam wird.

Man kann diese Maßnahme so interpretieren, dass eine bei $x = -L$ gedachte (virtuelle) Einleitung mit der genannten 2D-Lösung im Fernfeld der realen Einleitung auf die gleiche Ausbreitungssituation führt wie das aus Nahfeld und Fernfeld zusammengesetzte reale System. Mit der Substitution $x \parallel x + L$, bei der $x = 0$ weiterhin am realen Einleitungsort liegt, gehen aus (9.241) und (9.242) unter der vereinfachenden Annahme, dass keine Wärmeverluste auftreten ($K = 0$), folgende Beziehungen hervor, die nur aus dimensionslosen Parametern zusammengesetzt sind:

$$\frac{\Delta\Theta(x, y)}{\Delta\Theta(x, 0)} = \exp\left[-\left(\frac{1}{2}\frac{\frac{y}{h_o}}{\sqrt{K_y \frac{v_*}{v_o} \frac{L}{h_o}(1 + \frac{x}{L})}}\right)^2\right] \quad (9.243)$$

$$\frac{\Delta\Theta(x, 0)}{\Delta\Theta(0, 0)} = \frac{\frac{1}{\sqrt{\pi}} \frac{Q}{Q_o} \frac{b_o}{h_o}}{\sqrt{K_y \frac{v_*}{v_o} \frac{L}{h_o}(1 + \frac{x}{L})}} \quad (9.244)$$

Darin hat K_y gemäß (9.230) die Bedeutung von $D_y/(v_* h_o)$ und ist als *Quermischziffer* anzusehen; v_* ist die Schubspannungsgeschwindigkeit, die sich nach Darcy-Weisbach durch $v_* = \sqrt{\lambda/8}\, v_o$ ausdrücken lässt, siehe (8.19).

Von Naudascher et al. (1979) ist überzeugend nachgewiesen worden, dass und warum die empfohlene Längenkorrektur L ein sinnvolles Konzept für die Berechnung der Fernfeldausbreitung ergibt. Nach diesen dimensionsanalytisch gestützten Untersuchungen kann eine Abschätzung der Länge L, in der alle Einflüsse des Nahfeldes, der Vorvermischung und des Einleitungsbauwerks zum Ausdruck kommen, mit nur drei Hilfsgrößen vorgenommen werden. Diese erfassen als kombinierte dimensionslose Kennzahlen nur die für den Ausbreitungsvorgang wesentlichen Strömungsparameter und lassen nachweislich unbedeutende Nebeneinflüsse zu Recht unberücksichtigt:

Abb. 9.70 Virtuelle und reale Einleitung

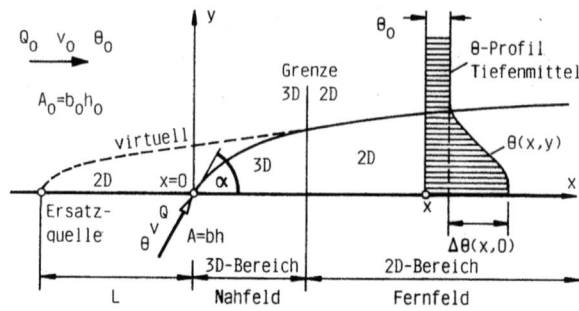

| Stabilitätszahl | $S = \dfrac{Q}{Q_o} \dfrac{g' b_o}{K_y^2 v_*^2}$ | (9.245) |

| Einleitungsimpuls | $E = \dfrac{Q v \sin\alpha}{v_o^2 h_o^2}$ | (9.246) |

Diese Vorgaben enthalten neben den schon erklärten Größen die reduzierte Erdbeschleunigung g' nach (9.213) und den Einleitungswinkel α nach Abb. 9.70; sie ergeben als dritte Hilfsgröße eine *virtuelle Einleitung* Q^*, mit der sich schließlich $L/h_o = f(Q^*, S)$ ermitteln lässt.

Die bei $x = -L$ gedachte virtuelle Einleitung Q^* ist analytisch nicht herleitbar und war daher ebenso wie der Zusammenhang zwischen L/h_o, Q^* und S mit experimenteller Unterstützung zu bestimmen. Die von Naudascher et al. (1979) angegebenen Q^*-Daten können näherungsweise durch folgende empirische Formel ausgedrückt werden:

$$Q^* = 5 \ln\left[1 + \frac{1}{3}\left(1 + \frac{1}{6}\frac{b}{h_o}\right) E \right]$$ (9.247)

Diese Beziehung beruht auf Mess- und Auswertungsdaten, die in Laborversuchen mit Rechteckquerschnitt $A = bh$ des Einleitungskanals gewonnen wurden. Mit Q^* und S wird zuletzt L/h_o aus folgender Tabelle erhalten (Tab. 9.9):

Tab. 9.9 Werte $L/h_o = f(Q^*, S)$ für die Korrektur des im Fernfeld einer seitlichen Einleitung maßgebenden Längsabstands, nach Angaben von Schatzmann und Naudascher (1980)

$Q^* \downarrow$	$\rightarrow S = 0$	250	500	750	1000	1250	1500	1750	2000
1	8	133	384	693	1036	1380	1744	2097	2469
2	29	129	307	543	797	1077	1363	1653	1949
3	76	149	280	444	640	867	1087	1320	1595
4	132	189	284	409	560	713	891	1076	1275
5	204	253	320	413	520	643	768	907	1049
6	300	337	384	447	523	613	707	809	913
7	420	444	480	511	572	627	693	765	843
8	547	565	587	616	653	693	736	787	840
9	693	711	731	749	773	804	833	867	899
10	856	869	891	907	925	944	968	988	1007
11	1048	1065	1080	1093	1107	1120	1137	1153	1167
12	1253	1263	1273	1284	1293	1304	1313	1324	1333

Auch diese Daten beruhen auf Laborversuchen, bei denen rechteckige Querschnitte von Einleitung und Gerinne vorlagen und die Froude-Zahl im Gerinne $Fr_o = 0{,}13$ betrug; der Auswertung liegen ferner K = 0 (Wärmeverluste ignoriert) und $K_y = 0{,}134$ zugrunde.

Die zuvor genannte Hilfsgröße S bewertet das Verhältnis von Schichtungstendenz (Auftrieb) zu Mischungstendenz (Turbulenz) im Gerinne. Die dafür besonders wichtige reduzierte Erdbeschleunigung g' gemäß (9.213) ist mit $\Delta\rho = \rho_o - \rho$ bzw. $\Delta\rho/\rho_o = 1 - \rho/\rho_o$ zu bilden, wobei ρ die Dichte des eingeleiteten Warmwassers und ρ_o die des kälteren Flußwassers sind. Zahlenwerte $\rho(\theta)$ sind in Tab. 9.7 aufgelistet; es kann auch von (9.222) Gebrauch gemacht werden.

Bei der Hilfsgröße E handelt es sich um eine Kennzahl für den eingeleiteten Querimpuls, der für den anfänglichen Quervermischungsprozeß relevant ist und daher über Q^* maßgeblich zur Korrektur des Längsabstands beiträgt. Der E-Parameter kann unabhängig von der Querschnittsform des Einleitungskanals gebildet werden; dagegen bezieht sich (9.247) auf Rechteckquerschnitte, deren Breite b bzw. b/h_o merklich zu Q^* beiträgt. Bei anderen Querschnitten der Einleitung muß für b ein äquivalentes Breitenmaß eingesetzt werden, um auch dann zu brauchbaren Schätzungen für L/h_o zu kommen. Bezüglich weiterer Deutungen und Begründungen zu der vorstehend geschilderten „Methode der virtuellen Einleitung" wird auf Naudascher et al. (1979) verwiesen.

Lediglich die Quermischziffer $K_y = 8\sqrt{2}\alpha_y$ betreffend ist ergänzend anzumerken, dass im Sinne einer ersten groben Schätzung folgende rein empirische Formel hilfreich sein kann:

$$\alpha_y = \frac{\sqrt{2}}{16} K_y = 0{,}01 + 8 \cdot 10^{-5} \frac{b_o}{h_o} (\ln Re - 9) \qquad (9.248)$$

Sie beruht auf Natur- und Labormessungen und benutzt $Re = 4v_o h_o/\nu$ als Reynolds-Zahl des aufnehmenden Gerinnes (Fluß); die Koeffizienten α_y und K_y sind durch (9.230) und (9.231) definiert. Bei den durch Messungen gewonnenen Daten haben sich deutliche Unterschiede dahingehend gezeigt, dass große Gerinneabmessungen auf größere K_y- bzw. α_y-Werte führen als Laborgerinne. Diesem offensichtlichen Maßstabseffekt wird in (9.248) empirisch durch Re Rechnung getragen; es kann außerdem eine Abhängigkeit von der Gerinnebreite b_o bzw. b_o/h_o festgestellt werden, siehe bei Lau und Krishnappan (1977). Der Anwendungsbereich von (9.248) dürfte auf etwa $10 < b_o/h_o < 100$ und $10^5 < Re < 10^7$ zu begrenzen sein. Kleinere oder größere Re-Zahlen führen zwar auch noch zu plausiblen Quermischziffern; diese betreffen aber entweder Laborgerinne oder sind nicht durch Naturmessungen belegt.

Eine weitere Orientierungshilfe für α_y und K_y ist Tab. 9.8; man beachte jedoch, dass im vorliegenden Fall weniger Dispersions- als vielmehr Diffusionsphänomene zur Wirkung kommen. Die Quervermischung ist meist aber trotzdem von Einflüssen betroffen, die durch die Geometrie des Fließgewässers bedingt sind (z. B. Sekundärströmungen infolge von Gerinnebögen) und auf höhere Quermischziffern K_y führen. Einige diesbezügliche Daten, die durch Naturmessungen gewonnen wurden, sind auch bei Grimm-Strele (1976) zu finden.

Praktische Ausbreitungsberechnungen nach (9.243) sollten mit breiter Variation von K_y durchgeführt werden, um die Wirkung dieser Größe auf das Fernfeld erkennen zu können; ähnliches gilt auch für die Abbaurate K, wenn zusätzlich Wärmeverluste (an Flußbett, Ufer, Atmosphäre) zu berücksichtigen sind. Der eigentliche Wert eines Simulationsmodells der vorstehend beschriebenen Art ist im übrigen vor allem darin zu sehen, dass man einzelne Einflüsse bei Konstanthaltung der anderen variieren und ihre Wirkung *vergleichend* bewerten kann, weniger darin, „ganz genaue" Einzelfalldarstellungen zu erzielen. Wo dies den Ansprüchen nicht genügt, muß auch bei der Berechnung des Fernfeldes die numerische Lösung der zuständigen Transportgleichung, z. B. (9.239), betrieben werden.

9.4 Sedimenttransport

9.4.1 Ursachen, Arten, Begriffe

Als Sediment wird in der Technischen Hydraulik alles im transportierenden Fluid (Wasser) absetzbare Feststoffmaterial bezeichnet; meist handelt es sich um mineralische Stoffe, die als rolliges oder bindiges Bodenmaterial die bewegliche Gerinnesohle bilden. Ob derartiges Sohlenmaterial unter dem Strömungsangriff in Bewegung gerät, hängt einerseits von seinen Materialeigenschaften, andererseits vom Zustand der Sohle ab; nicht nur Korngröße, Kornform und Verhalten unter Wasser sondern auch die Art der Sohlenoberfläche, ob eben oder z. B. geriffelt, spielen eine wichtige Rolle.

Die Belastungsfähigkeit einer beweglichen Sohle kann ferner durch stabilisierende Effekte beeinflusst sein, die sich bei der Bildung von Deckschichten durch Entmischung (selektive Erosion, sogenannte Abpflasterung) ergeben; ähnliche Wirkungen haben biologische Deckschichten, z. B. bei Algenbewuchs der Sohle.

Feststoffmaterial: Praktische Berechnungen des Sedimenttransports gehen vereinfachend überwiegend davon aus, dass es sich um kohäsionsloses Sedimentmaterial handelt, das darüber hinaus allein durch einen sogenannten „maßgebenden" Korndurchmesser d_m charakterisierbar ist. Damit wird nahezu „einkörniges" Material mit sehr steiler Sieblinie vorausgesetzt. An der Unmöglichkeit, eine Körnungslinie lediglich mit Hilfe eines charakteristischen Korndurchmessers erfassen zu wollen, wird erkennbar, dass dies eine Schwachstelle im rechnerischen Ansatz bedeutet. Durch fraktionsweises Rechnen kann dem zwar begegnet werden, jedoch kommen dabei andere Unwägbarkeiten ins Spiel wie z. B. die gegenseitige Beeinflussung verschieden großer Körner in der bewegten Sohlenschicht.

Transportarten: Insgesamt ist der Transport von Feststoffen in offenen Gerinnen ein überaus komplexer Vorgang. Eine Übersicht darüber vermittelt Abb. 9.71. In bezug auf die Herkunft der transportierten Sedimente ist danach zwischen transportiertem *Sohlenmaterial*, das ursprünglich die Sohle bildete, und *Gebietseintrag* von Material aus dem Einzugsgebiet des Gerinnes zu unterscheiden.

9.4 Sedimenttransport

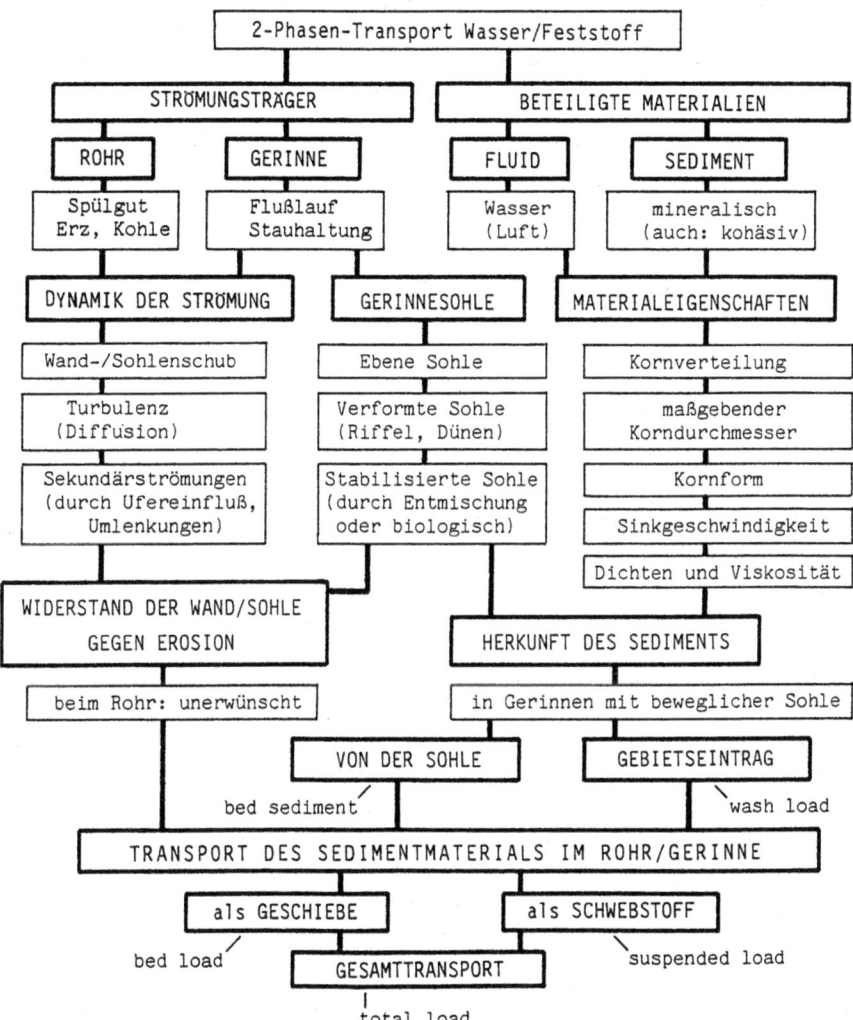

Abb. 9.71 Sedimenttransport: Arten, Verursacher, Begriffe

Beim Transport selbst wird ferner zwischen *Geschiebe* und *Schwebstoff* unterschieden mit den Transportraten m_G und m_S; erstere betrifft die Bewegung von Feststoffen an der Sohle, wobei die Partikel mehr oder weniger rollend oder springend verfrachtet werden, aber stets Sohlenkontakt behalten oder zurückgewinnen, dagegen liegt beim Begriff Schwebstoff suspendiertes Material vor, das über längere Strecken ohne jeden Sohlenkontakt vom Wasser schwebend transportiert wird. Beide Komponenten zusammen ergeben den *Gesamttransport* $m = m_G + m_S$, wobei die Herkunft nicht auf Sohlenmaterial allein beschränkt sein muß.

Abb. 9.72 Abgrenzung von Geschiebe- und Schwebstofftransport

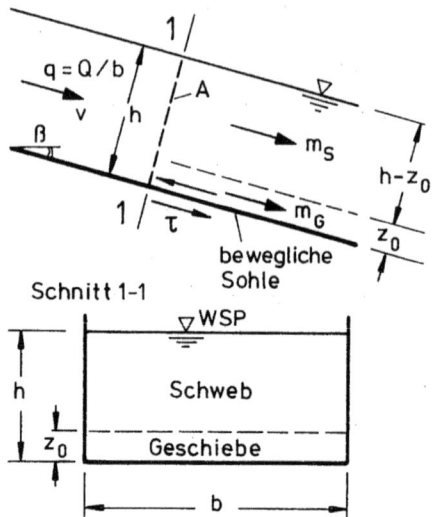

Bei der Berechnung der Sedimenttransportvorgänge muß von einem erweiterten Normalabflussbegriff ausgegangen werden. Die Erweiterung besteht darin, dass die Gerinnesohle zwar in Bewegung sein kann, ihre Lage aber unverändert bleibt. Dies erfordert zusätzlich zu den Normalabflussbedingungen (s. unter 9.1.1) auch „Transportgleichgewicht", d. h. einem Gerinneabschnitt (Kontrollraum) wird ebenso viel Sediment zugeführt wie die Strömung daraus entfernt, so dass die Sohlenlage erhalten bleibt. Die Bildung oder Umbildung von Sohlenformen, z. B. Riffeln, ist hiermit nicht angesprochen; sie betrifft nicht die Sohlenlage sondern nur die Sohlenstruktur (Widerstand der Sohle, Rauheit).

Fast allen Transportformeln liegt die Voraussetzung zugrunde, dass *Normalabfluss* in einem Gerinne mit beweglicher Sohle nur bei *Transportgleichgewicht* möglich ist. Andernfalls ist auszugehen von einem instationären Erosions- oder Verlandungsprozeß, bei dem Sohle und Wasserspiegel ihre Lage nicht beibehalten können, vgl. bei Abb. 9.1.

Geschiebeführende Schicht: Im Hinblick auf die Unterscheidung zwischen Geschiebe- und Schwebstofftransport wird bei der Transportberechnung im allgemeinen von einem idealisierten Gerinne mit (ggf. flächengleichem) Rechteckquerschnitt $A = bh$ ausgegangen. Dabei wird dem sohlennah transportierten Geschiebe eine rechnerische Schichtdicke z_0 zugewiesen, Abb. 9.72, mit der zugleich die Abtrennung des Geschiebetransports m_G vom Schwebstofftransport m_S erfolgt. Es ist übliche und begründete Praxis, die rechnerische Dicke der geschiebeführenden Schicht an der Sohle anzusetzen mit

$$z_0 = 2d_m \qquad (9.249)$$

9.4 Sedimenttransport

Maßgebende Korngröße: In (9.249) ist d_m der *maßgebende Korndurchmesser* des Sohlenmaterials, für den es zahlreiche Vorschläge gibt, siehe bei Zanke (1982). Liegt eine steile Kornverteilung vor, so ist es oft möglich, mit $d_\mathrm{m} \approx d_{50}$ zu rechnen, d. h. den Korndurchmesser bei 50 % Siebdurchgang als maßgebend anzusehen. Andernfalls wird man mit einer auf Meyer-Peter und Müller (1949) zurückgehenden Wichtung der Kornfraktionen eher zu brauchbaren Resultaten kommen:

$$d_\mathrm{m} = \sum (p_i d_i); \quad \sum p_i = 1 \tag{9.250}$$

Ein auf Führböter (1961) zurückgehender, bewährter Ansatz ist ferner

$$d_m = \frac{1}{9}\sum_{i=1}^{9} d_{(10 \cdot i)} = \frac{d_{10} + d_{20} + \ldots\ldots\ldots + d_{80} + d_{90}}{9} \tag{9.251}$$

Auch mit der Verwendung eines geometrischen Mittels, z. B. $d_\mathrm{m} = \sqrt{d_{16} \cdot d_{84}}$, kann man bei ungleichförmiger Sieblinie Erfolg haben. Weniger problematisch ist die Festsetzung des maßgebenden Korndurchmessers bei fraktionsweiser Transportberechnung, siehe unter 9.4.7.

Transportkörper: Von großer Bedeutung für die Sedimenttransportberechnung ist der in Abb. 9.71 angedeutete Zustand der Gerinnesohle: Bei einer ebenen Sohle wird ein wesentlich größerer Teil der Sohlschubspannung für den Geschiebeanteil transportwirksam als bei verformter Sohle, weil nur ein Teil des Rückens der Sohlenwellen der Strömung direkt ausgesetzt ist. In Lee der Kämme löst sich die Strömung ab und an der Sohle herrscht Rückströmung. Auf der anderen Seite wirkt die Wirbelbildung in den Ablösezonen auf die Suspendierung und den Transport in Schwebe verstärkend. Daher ist in nachstehenden Ausführungen den möglichen Sohlenformen Rechnung zu tragen, wobei allerdings mit Rücksicht auf den Anwendungsbezug eine Beschränkung auf *Riffel* und *Dünen* als Sohlenformen des sog. *unteren Regimes* erfolgt. Bezüglich dieser und der bei schießendem Abfluss auftretenden Sohlenformen (Antidünen) des oberen Regimes wird insbesondere auf Kennedy (1963) und Vanoni (1977) verwiesen.

Ein äußeres Merkmal zur Unterscheidung zwischen Riffeln und Dünen, die zwar etwa die gleiche Profilform, nicht aber die gleiche Größe haben, ist durch das Verhältnis von Transportkörperhöhe zu Wassertiefe gegeben:

Höhe K und Länge L der *Riffel* sind klein im Vergleich zur Wassertiefe, $K < L \ll h$, und haben daher keine Auswirkungen auf die freie Wasseroberfläche, K und L sind unabhängig von h.

Dünen dagegen sind durch $L > h$ gekennzeichnet und können Höhen bis zu $K = h/3$ erreichen. Daher paßt sich die Wasseroberfläche, den Gesetzen der Freispiegelströmung folgend, der von Dünen gebildeten Sohlenstruktur an.

Riffel und Dünen betreffend existiert ein umfangreiches Schrifttum; es sei insbesondere auf Yalin (1972), Raudkivi (1975), Engelund und Fredsoe (1982) und Führböter (1983) hingewiesen.

9.4.2 Sohlenbeanspruchung

Nicht immer kann die umfangsgemittelte Schubspannung nach (9.2) als für den Sedimenttransport maßgebende Sohlenbeanspruchung angesehen werden. Dies ist nur der Fall, wenn ein kompakter Gerinnequerschnitt vorliegt, bei dem der gesamte benetzte Umfang darüber hinaus überall den gleichen Strömungswiderstand hervorruft. Im allgemeinen wird man aber mit einem gegliederten Flußprofil zu tun haben, das aus einem Hauptgerinne mit Vorländern besteht, siehe unter 9.1.4. Das auf den Sedimenttransport gerichtete Interesse gilt dann hauptsächlich nur der Sohle des Hauptgerinnes, denn dessen Uferböschungen und die anschließenden Vorländer sind normalerweise durch natürlichen Bewuchs oder künstliche Uferbefestigung gegen Erosion geschützt. Es gilt daher, zunächst die auf die Sohle des Hauptgerinnes, des eigentlichen Flußlaufs, entfallende Sohlenschubspannung τ zu ermitteln, ehe mit dieser die Frage des Feststofftransports behandelt werden kann.

Kompaktquerschnitt des Hauptgerinnes: Mit Bezug auf Abb. 9.14 kann als erstes die umfangsgemittelte Schubspannung τ_2 des mit dem Index 2 markierten Hauptgerinnes angegeben werden:

$$\tau_2 = \frac{1}{4}\rho g I \; D_2 = \frac{1}{8}\lambda_2 \rho v_2^2 \qquad (9.252)$$

Dabei sind das in allen drei Teilquerschnitten gleiche Energieliniengefälle I (= dem Sohlengefälle I_s bei Normalabfluss) und der hydraulische Durchmesser D_2 des Hauptgerinnes bekannt, sobald die trapezförmigen Teilquerschnitte des Gesamtprofils festgesetzt worden sind. Außer τ_2 sind aber auch der Teildurchfluss Q_2 und die Fließgeschwindigkeit v_2 gefragt. Der dafür benötigte Widerstandsbeiwert λ_2 folgt aus (9.44) als

$$\frac{1}{\sqrt{\lambda_2}} = \frac{Q}{2\sqrt{2gI}}\sqrt{\frac{U_2}{A_2^3}} - \frac{1}{\sqrt{\lambda_1}}\left(\frac{A_1}{A_2}\right)^{3/2}\sqrt{\frac{U_2}{U_1}} - \frac{1}{\sqrt{\lambda_3}}\left(\frac{A_3}{A_2}\right)^{3/2}\sqrt{\frac{U_2}{U_3}} \qquad (9.253)$$

wobei mit dem Index 1 bzw. 3 das linke bzw. rechte Vorland markiert sind, in Übereinstimmung mit den unter 9.1.4 verwendeten Bezeichnungen. Mit λ_2 ergibt sich v_2 aus (9.252) und schließlich $Q_2 = v_2 A_2$, der Durchfluss im Hauptgerinne. Die für (9.253) benötigten Widerstandsbeiwerte λ_1 und λ_3 der Vorländer gehen aus (9.42) hervor oder ohne Formbeiwert f unter der Annahme voll rauen Widerstandsverhaltens aus (9.45). Die benetzten Umfänge U_1 und U_3 sind entsprechend Abb. 9.14 anzusetzen.

Sohle des Hauptgerinnes: Mit τ_2 nach (9.251) liegt noch nicht die gesuchte Sohlenschubspannung τ vor. Zwar ist das Problem mit vorstehender Prozedur auf das eines Kompaktquerschnitts reduziert worden, jedoch kann die Rauheitsverteilung über dem benetzten Umfang des Hauptgerinnes unterschiedlich sein, so dass noch ein zweiter Rechenschritt nötig ist. Dieser geht von Abb. 9.15 und von (9.48) aus

9.4 Sedimenttransport

Abb. 9.73 Beispiel zur Querschnittszerlegung

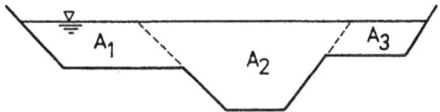

und führt mit den dort definierten Umfangslängen auf

$$\frac{\lambda_o}{\lambda} = 1 - \left(\frac{\lambda_1}{\lambda} - 1\right)\frac{l_1}{l_o} - \left(\frac{\lambda_2}{\lambda} - 1\right)\frac{l_2}{l_o} \qquad (9.254)$$

Darin ist λ_o der für die Sohle maßgebende Widerstandsbeiwert, und der Index 1 bzw. 2 kennzeichnet die linke bzw. rechte Uferböschung. Mit λ (ohne Index) ist der Widerstandsbeiwert des Hauptgerinnes gemeint, der sich mit den im ersten Schritt ermittelten Daten ($v = v_2$, $D = D_2$) als $\lambda = 2gID/v^2$ errechnet.

Die Werte λ_1 und λ_2 in (9.254), die nicht mit denen in (9.253) verwechselt werden dürfen, ergeben sich z. B. aus (9.45) unter Ausnutzung von (9.47). Es kann auch (9.42) unter Ansatz eines für den Hauptgerinnequerschnitt in Frage kommenden Formbeiwerts f ausgewertet werden.

Ist τ_2 das zuerst berechnete Umfangsmittel, τ (ohne Index) die gesuchte, auf die Sohlenbreite l_o entfallende Schubspannung, so ergibt sich schließlich aus dem mit (9.2) zu bildenden Verhältnis τ/τ_2 als *maßgebende Sohlenbeanspruchung*:

$$\tau = \tau_2 \frac{\lambda_o}{\lambda} \qquad (9.255)$$

Diese Sohlenschubspannung, nicht etwa eines der Umfangsmittel, ist der Ermittlung des Feststofftransports zugrunde zu legen; dabei ist zu beachten, dass dem Hauptgerinne ein Trapezquerschnitt ohne Querneigung der Sohle angepaßt worden ist. In $\tau = \rho gIh$ (ebene Strömung, breites Gerinne) ist h daher als Breitenmittel der Wassertiefe aufzufassen, wenn diese Idealisierung den real vorliegenden Gegebenheiten nicht ganz entspricht.

Zu den vorstehend geschilderten Vorarbeiten ist noch anzumerken, dass nicht notwendigerweise das Modell von Könemann (1980), Abb. 9.15, benutzt werden muß; weitere Möglichkeiten sind von Bretschneider und Schulz (1985) gezeigt worden.

Bei dem mit (9.253) beschrittenen Weg wird der Vorlandabfluss häufig überbetont, weil das Weglassen der fiktiven Trennfläche im benetzten Umfang auf größere hydraulische Durchmesser führt als dem realen Vorgang entsprechen würde. Man kann dem in gewissem Umfang dadurch begegnen, dass man die Querschnittszerlegung nach Abb. 9.73 vornimmt. Bei dieser Modifizierung des Könemann-Konzepts ergeben sich etwas kleinere Vorlandquerschnitte als nach dem Original, vgl. Abb. 9.15.

Im übrigen zeigen diese Überlegungen, dass die rechnerischen Vorermittlungen, die schließlich auf die maßgebende Sohlenbeanspruchung τ führen, nicht ohne merkliche Streubreiten möglich sind. Diese sollte man durch mehrfache Variation der Einflussgrößen erkunden, ehe man τ für die weitere Bearbeitung des Sedimenttransportproblems festlegt. Es wird auch deutlich, dass die beschriebenen Vorarbeiten größte Sorgfalt erfordern, ist doch τ die entscheidende Ausgangsgröße für die Quantifizierung der Transportvorgänge. Mit dem so ermittelten Sohlenschub τ können weitere Betrachtungen unter Annahme eines vertikal-ebenen Strömungsvorgangs angestellt werden.

9.4.3 Transportwirksame Schubspannung

Bei Normalabfluß und Transportgleichgewicht, wei vorausgesetzt, muß man stets davon ausgehen, daß eine zu Riffeln oder/und Dünen verformte Sohle vorliegt, es sei denn, die Strömungsverhältnisse und die Eigenschaften des Sohlmaterials würden keine Transportkörper entstehen lassen. In natürlichen alluvialen Gerinnen ist die Bildung von Transportkörpern jedoch die Regel, und man hat bei der Berechnung von einem voll ausgebildeten Verformungszustand der Sohle auszugehen, bei dem im Mittel keine Veränderung der Sohlenstruktur mehr auftritt. Eine bewegliche Gerinnesohle ruft je nach Sohlenbeschaffenheit sowohl *Flächenwiderstand* τ' infolge Kornrauheit als auch *Formwiderstand* τ'' hervor:

$$\tau = \tau' + \tau'' \tag{9.256}$$

Formwiderstand wird durch etwaige geometrische Unregelmäßigkeiten der Sohle mobilisiert, bei beweglicher Sohle durch wandernde Sohlenformen (Transportkörper). Im Fall des strömenden Abflusses bei kleinen Froude-Zahlen handelt es sich dabei um *Riffel* oder *Dünen*. An deren Kontur tritt Flächenwiderstand auf, der dem transportwirksamen Schub entspricht, soweit der sohlennahe Transport als Geschiebe betroffen ist. Der Formwirksamen Schub entspricht, soweit der sohlennahe Transport als Geschiebe betroffen ist. Der Formwiderstand andererseits ist verbunden mit der Anfachung von Turbulenz, je nach Ausmaß der im Lee der Transportkörper auftretenden Ablösungswirbel. Diese sind als suspensionsfördernde Erscheinung maßgeblich mitbeteiligt am Schwebstofftransport.

Zur Berechnung des Geschiebetransportes bringen die Autoren vieler Geschiebetransportformeln, wie z. B. Meyer-Peter/Müller (1949), eine um den Formrauheitseinfluß reduzierte Schubspannung als transportwirksam in Ansatz:

τ' für den *Geschiebetransoport* m_G maßgebender Flächenwiderstand
τ'' für den *Schwebstofftransport* m_S maßgebender Gesamtwiderstand

In jüngerer Zeit entstanden aber immer wieder Zweifel an diesem zunächst auf nur vergleichsweise wenigen Meßdaten beruhenden Ansatz, die Wirkung der Formrauheiten bei der Geschiebebewegung zu berücksichtigen (s. z. B Hunziker 1995, Zanke 1999/2001). Letztendlich ist eine solche Aufteilung in gewisser Weise willkürlich, eine Modellvorstellung. Insbesondere bei schwach überkritischen Strömungsbedingungen führt die rechnerische Reduzierung der Schubspannung oft dazu, daß sich überhaupt kein Geschiebetransport aus den Transportformeln ergibt, obwohl solcher vorliegt.

Abb. 9.74 Riffel- bzw. Dünenprofil

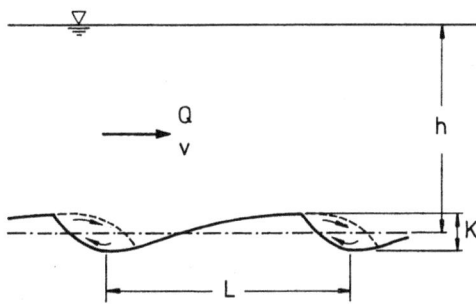

Reduzierte Transportstrecke: Zanke (1999/2001) schlug daher einen anderen Weg vor. Hier wird für den Sedimentstrom über den Transportkörperkamm die volle Schubspannung als geschiebetransportwirksam angesetzt. Weil wegen der Strömungsablösung in Lee der Transportkörperkämme aber nur auf etwa der Hälfte der Fließstrecke Geschiebetransport in Fließrichtung stattfindet (vgl. Abb. 9.74), werden Riffel oder Dünen durch Halbierung der berechneten Transportraten berücksichtigt.

Reduzierte Schleppspannung: Bei der „traditionellen" Methode der Berücksichtigung von Formrauheiten wird hingegen die vorhandene Gesamtschubspannung τ reduziert:

$$\tau' = c\,\tau \tag{9.257}$$

Das für den Gesamtschub τ nach 9.4.2 erarbeitete Ergebnis erlaubt die Berechnung als "ebenes" Strömungs- und Transportproblem, und es sind übliche eindimensionale Ansätze der Technischen Hydraulik verwendbar. Auf der Basis von $\tau = \rho g I h$ (für $D = 4\,h$, breites Gerinne) und mit der Darcy-Weisbach-Gleichung (9.3) ist erkennbar, dass wegen (9.256) auch $I = I' + I''$ erhalten wird und folglich $\lambda = \lambda' + \lambda''$ gilt. Für den Reduktionsfaktor c in (9.257) ergibt sich also allgemein:

$$c = \frac{\lambda'}{\lambda} \tag{9.258}$$

Dabei hat die Indizierung die gleiche Bedeutung wie bei (9.256). Für die Bestimmung von c geht man davon aus, dass mit $\tau' = \frac{1}{8}\lambda'\rho v^2$ derjenige Widerstand τ gemeint ist, der sich mit $I'' = 0$ auf ebener, nicht verformter Sohle ergeben würde. Die der ebenen Sohle zukommende Rauheit k' ist daher allein vom Korndurchmesser d_m des Sohlenmaterials abhängig; man bezeichnet sie als *Kornrauheit*. Dagegen hat man bei verformter Sohle mit einer äquivalenten Sandrauheit k zu tun, die (bei drei-dimensionalen Transportkörpern) von der Transportkörperhöhe K abhängig ist, vgl. Abb. 9.74; man bezeichnet sie meist als *Bettrauheit*, obwohl nur die Sohle in Betracht steht. Diesbezügliche Berechnungen können dank der unter 9.4.2 beschriebenen Vorarbeiten (τ-Ermittlung) wie bei einem vertikal-ebenen Transportvorgang durchgeführt werden ($D \approx 4\,h$), wobei bedarfsweise, einer Empfehlung von Söhngen (1987) folgend, mit einem Formbeiwert $f = 0{,}6$ zu arbeiten ist.

Tab. 9.10 Orientierungshilfe zur Beurteilung der Bildung von Transportkörpern

Sohlenform	Korngröße[a] d in mm	Re_*	D_*	τ/τ_c	Steilheit K/L
Riffel	< 0,60	< 8	< 15	< 15	0,08–0,15
Riffel auf Dünen	> 0,20	8–24	> 5	< 14	–
Dünen	> 0,60	> 24	> 12	< 65	0,02–0,08

[a] Sand in Wasser, $\Delta\rho/\rho = 1{,}65$

Bettrauheit: Der in (9.258) benötigte Widerstandsbeiwert λ ist mit der bereits ermittelten Sohlenschubspannung τ von vornherein gegeben, denn es wird nun mit dem hydraulischen Durchmesser $D = 4\,h$ (breites Gerinne) und mit $\tau = \rho g I h$ sowie $I = \lambda v^2/8gh$ erhalten:

$$\lambda = \frac{8\tau}{\rho v^2} = 8\frac{v_*^2}{v^2} \qquad (9.259)$$

Darin ist $v_* = \sqrt{\tau/\rho}$ die schon mehrfach verwendete Schubspannungsgeschwindigkeit. Bei Kenntnis der zusammen mit τ maßgebenden Geschwindigkeit v (unter 9.4.2 als $v = v_2$ ermittelt) bedarf es also für die Bestimmung des Reduktionsfaktors c keiner weiteren Erhebungen. Es ist jedoch sinnvoll, sich eine Information über die äquivalente Sandrauheit k zu verschaffen, um mit dieser eine Plausibilitätskontrolle bezüglich der Sohlenstruktur vornehmen zu können.

Zu diesem Zweck ist (9.42) mit $f = 0{,}6$ hinsichtlich der relativen Rauheit $k/h = 4k/D$ auszuwerten, aus der sich schließlich die Bettrauheit k ergibt. Kann von großen Reynolds-Zahlen ausgegangen und voll raues Widerstandsverhalten angenommen werden, so wird erhalten:

$$\frac{k}{h} = 8{,}9\exp\left(-\frac{1{,}15}{\sqrt{\lambda}}\right) \quad \text{bzw.} \quad \frac{1}{\sqrt{\lambda}} = -2\log\frac{k}{8{,}9h} \qquad (9.260)$$

In dieser Formel ist $f = 0{,}6$ bereits enthalten. Unter Berücksichtigung dieses Formbeiwertes und $h = D/4$ sowie $f = 0{,}74$ bei ebener Sohle ist (9.260) praktisch identisch mit mit (9.41). Die damit errechnete Bettrauheitshöhe k ist im allgemeinen ungefähr gleich der Höhe der Transportkörper, die das Rauheitsmuster der Sohle bilden, $k \approx K$, vgl. Abb. 9.74. Daher kann man dieses Ergebnis auf seine Verträglichkeit mit anderweitigen Erkenntnissen über Transportkörper prüfen. Im folgenden werden diesbezüglich nur die wichtigsten Angaben über die hier in Betracht stehenden Transportkörperarten zusammengestellt.

Riffel und *Dünen* sind an verschiedene Existenz- und Entstehungskriterien gebunden, über die gegenwärtig noch immer keine restlose Klarheit besteht.

Die diesbezüglichen Daten der Tab. 9.10 sind der Versuch einer Zusammenfassung zahlreicher einschlägiger, teils ziemlich uneinheitlicher Literaturangaben, siehe u. a. Yalin (1972) oder Zanke (1976), Abb. 9.75. Bei der Festsetzung der den Transportkörpern zuzuordnenden äquivalenten Sandrauheitshöhe ist mit Tab. 9.10 zu prüfen, ob und mit welchen Sohlenformen zu rechnen ist. Eines der dafür maßgebenden Kriterien ist die sogenannte *sedimentologische Reynolds-Zahl*

$$Re_* = \frac{v_* d_m}{\nu} \qquad (9.261)$$

9.4 Sedimenttransport

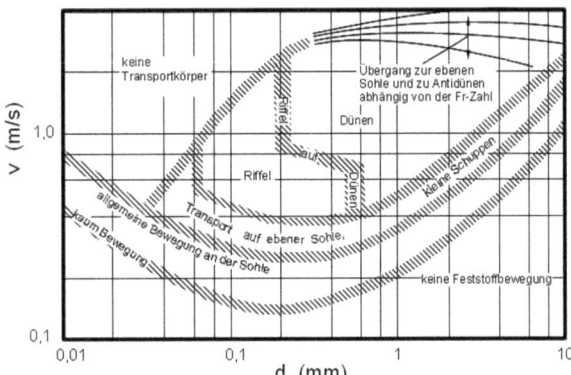

Abb. 9.75 Auftrittsbedingungen von Riffeln und Dünen in Gewässern für Froude-Zahlen $Fr < 0{,}65$ (modifiziert nach Zanke 1976)

Im Ergebnis ähnliche Aussagen liefert Abb. 9.75.

Für Tab. 9.10 ist darin die Schubspannungsgeschwindigkeit $v_* = \sqrt{\tau/\rho}$ mit der Gesamtschubspannung τ zu bilden, und d_m ist der unter 9.4.1 erläuterte maßgebende Korndurchmesser; Werte v der kinematischen Viskosität können Tab. 8.6 entnommen werden. Ein weiteres Kriterium ist die *dimensionslose Korngröße*

$$d_* = d_m \sqrt[3]{\frac{g'}{v^2}} \qquad (9.262)$$

Diese wird mit einer die Auftriebswirkungen berücksichtigenden *modifizierten Erdbeschleunigung* gebildet:

$$g' = g\frac{\Delta\rho}{\rho}; \quad \Delta\rho = \rho_S - \rho \qquad (9.263)$$

Die Dichtewerte ρ_s und ρ beziehen sich auf das Feststoffmaterial (Quarzsand: $\rho_s = 2650\,\text{kg/m}^3$, nicht Lagerungsdichte) und auf das transportierende Fluid (Wasser: $\rho = 1000\,\text{kg/m}^3$). Für von Wasser transportierten Sand wird meist mit $\Delta\rho/\rho = 1{,}65$ und $g' = 16{,}2\,\text{m/s}^2$ gerechnet. Die Definition von g' entspricht formal derjenigen von (9.213). Häufig wird anstelle g' benutzt $\rho' g$ mit $\rho' = (\rho_S - \rho)/\rho$ = relative Dichte.

Als drittes Kriterium enthält Tab. 9.10 die relative Sohlenschubspannung τ/τ_c, in der τ_c die kritische Schubspannung bedeutet, bei deren Überschreitung Transport von Sohlenmaterial vorliegt, siehe unter 9.4.4. Die ergänzend angeführten Werte K/L der Transportkörpersteilheit sind Hilfen für die Abschätzung der Transportkörperhöhe bzw. der äquivalenten Sandrauheit.

Weitere Bedingungen für das Auftreten von Riffel n oder Dünen sind auf experimentellem Wege von Hill et al. (1969) ermittelt worden. Danach würden Riffel vorkommen wenn:

$$d_* > 1{,}38 \exp(0{,}192\, Re_*) \qquad (9.264)$$

Mit dieser empirischen Beziehung werden d_*-Werte erhalten, die als untere Grenzwerte anzusehen sind und eine Ergänzung zu der in Tab. 9.10 für Riffel genannten

Obergrenze von d_* darstellen. Für das Auftreten von Dünen ergibt sich analog die Forderung

$$d_* > 5{,}62 \exp(0{,}023\, Re_*) \tag{9.265}$$

Beide Relationen beruhen auf Daten aus Laborversuchen, die mit verschiedenen Sanden ($\rho_s = 2650\,\text{kg/m}^3$) und Wasser als transportierender Flüssigkeit ($\Delta\rho/\rho = 1{,}65$) durchgeführt worden sind.

Das Verhältnis k/K betreffend besteht eine signifikante Abhängigkeit von der Transportkörpersteilheit K/L. So hat z. B. van Rijn (1984) folgenden, sowohl für Riffel als auch für Dünen geltenden Zusammenhang gefunden:

$$\frac{k}{K} = 1{,}10 \left[1 - \exp\left(-25\frac{K}{L}\right)\right] \tag{9.266}$$

Danach ist $k \approx K$ bei einer Steilheit von $K/L \approx 0{,}1$ zu erwarten.

Es gibt viele weitere empirische Formeln für $k/K = \mathrm{f}(K/L)$; von diesen sei hier nur die von Höfer (1984) genannt:

$$\frac{k}{K} = 10{,}5\frac{K}{L} \tag{9.267}$$

In Ergänzung dieser Relation hat Höfer die Steilheit von Riffeln und nicht zu großen Dünen (Dünen, die noch als Rauheitselemente anzusehen sind und ein dreidimensionales, riffelähnliches Rauheitsmuster ergeben) durch folgende einfache Formel ausgedrückt:

$$\frac{K}{L} = \frac{1}{6} d_*^{-1/4} \tag{9.268}$$

Mit (9.267) ergibt dies, siehe auch bei Schröder (1985):

$$\frac{k}{K} = \frac{7}{4} d_*^{-1/4} \tag{9.269}$$

Hiernach wäre $k \approx K$, wenn der dimensionslose Korndurchmesser $d_* \approx 10$ beträgt.

In allen Fällen benötigt man eine Aussage über die Transportkörperhöhe K, um die äquivalente Sandrauheit k beziffern zu können. Umgekehrt kann man mit einem nach (9.260) berechneten k-Wert auf die Höhe K der Sohlenformen schließen und so die erwähnte Plausibilitätskontrolle durchführen.

Bei Riffeln liegen etwas weitergehende Informationen vor. So gilt z. B. für die Riffellänge L nach Yalin (1972) mit dem maßgebenden Korndurchmesser d_m die grobe Faustformel

$$L \approx 1000\, d_m \tag{9.270}$$

Für $2 < d_* < 7$ kann die Riffelhöhe, späteren Angaben von Yalin (1985) zufolge, ausgedrückt werden durch

$$\frac{K}{d_m} = 193 - 21\, d_* \tag{9.271}$$

9.4 Sedimenttransport

Bei den K-Werten dieser Beziehung handelt es sich um durchschnittliche Größtwerte der Riffelhöhe, $K = K_{\max}$. Zum Vergleich mit der Höferschen Beziehung (9.268) lässt sich die Riffelsteilheit unter Hinzuziehung von (9.270) auch beschreiben mit Hilfe von

$$\frac{K}{L} = 0{,}193 - 0{,}021\, d_* \qquad (9.272)$$

Für $d_* \approx 3{,}3$ besteht hiernach Übereinstimmung mit der Höfer-Formel (9.268). Solche Gemeinsamkeiten der vorstehend genannten empirischen Formeln dürfen jedoch nicht darüber hinwegtäuschen, dass meist nur sehr unscharfe Ergebnisse erzielbar sind; Streubreiten, die einem Faktor 2 entsprechen, sind keine Seltenheit.

Das Thema Transportkörper abschließend, ist noch auf neuere Untersuchungen von Führböter (1991) und Kühlborn (1993) hinzuweisen, die das Entstehen von Riffeln und ihre Entwicklung bis zu einem voll ausgebildeten Endzustand sowie die *Riffelwanderung* betreffen. Danach stellt sich unter ausreichend langer Sohlenbelastung mit ein und demselben Sandmaterial der Sohle immer wieder das prinzipiell gleiche Riffelmuster mit den im wesentlichen gleichen Riffelabmessungen ein. Eine Änderung der Sohlenbeanspruchung führt lediglich zu einer entsprechenden Änderung der Wandergeschwindigkeit der Riffel; die Reaktion der beweglichen Sohle auf die veränderten Strömungsbedingungen besteht also (bei Riffeln im Gegensatz zu Dünen) nicht in einer Anpassung der Riffelgeometrie sondern in einer Verzögerung oder Beschleunigung der Riffelfortbewegung, solange der mit Tab. 9.10 umrissene Existenzbereich der Riffel nicht verlassen wird.

Die äquivalente Rauheit(shöhe) k einer Riffelsohle betreffend hat Kühlborn (1993) ferner gezeigt, dass diese nur dann mit $k \approx K$ angesetzt werden darf, wenn die Riffelhöhe K als durchschnittliche Höhe der größten Einzelriffel eines Feldes dreidimensionaler Riffel definiert ist. Wird K dagegen als mittlere Riffelhöhe aus einem Längsschnitt der Sohle gewonnen, so ist etwa mit $k \approx 2{,}3 K$ zu rechnen. Die Untersuchungen haben darüber hinaus gezeigt, dass sich anscheinend unabhängig vom Korndurchmesser des Sohlenmaterials stets die gleiche Riffelhöhe mit etwa $K = 32$ mm ergibt, genügend Entwicklungsdauer und genügend Wassertiefe $h > 3K$ vor ausgesetzt. Dabei ist K als mittlere Höhendifferenz zwischen Tal und Kamm der Einzelriffel definiert.

Kornrauheit: Der zweite für c nach (9.258) benötigte Widerstandsbeiwert λ' betrifft die idealisierte ebene Sohle aus dem gleichen Sohlenmaterial wie bei der zu Riffeln oder Dünen verformten Sohle. Daher ist als äquivalente Sandrauheit der maßgebende Korndurchmesser anzusetzen, sofern es sich um enggestufte Kornfraktionen des Sohlenmaterials, sogenannten „Einkornsand", handelt:

$$k' \approx d_{\mathrm{m}} \qquad (9.273)$$

Bei einer weniger gleichförmigen Sieblinie des Sohlenmaterials sind dagegen nur sehr unscharfe Empfehlungen für die Festsetzung der Kornrauheit k' bekannt, wie aus Tab. 9.11 hervorgeht. Auch mit k' werden also u. U. erhebliche Unsicherheiten in den weiteren Rechenprozeß eingeschleppt. Es geht bei k' allerdings nicht darum, eine reale ebene Sohle zu charakterisieren, sondern um die Gewinnung einer

Tab. 9.11 Empfehlungen zur Festsetzung der Kornrauheit

Vorschlag	Bezugswert d_i	k'/d_i
Einstein (1942)	d_{65}	1,00
Meyer-Peter (1949)	d_{90}	1,00
Taylor und Brooks (1962)	d_{50}	1,00
Engelund und Hansen (1966)	d_{65}	2,00
Mahmood (1971)	d_{84}	5,10
Ackers und White (1973)	d_{35}	1,25
Kamphuis (1974)	d_{90}	2,00
Hey (1979)	d_{84}	3,50
van Rijn (1984)	d_{90}	3,00

vergleichbaren Rauheit unter Annahme einer idealisierten, transportkörperfreien Sohle. Dazu genügt es, mit einer Proportionalität zwischen Rauheit und maßgebender Korngröße zu arbeiten:

$$k' = \alpha \, d_m \qquad (9.274)$$

Darin ist d_m wie unter 9.4.1 abzuschätzen, und für den Proportionalitätsfaktor ist mindestens mit $\alpha = 1$ wie bei (9.273) zu rechnen; bei nicht zu flacher Kornverteilung des Sohlenmaterials hat sich nach Untersuchungen von Engelund und Fredsoe (1976) ein Faktor $\alpha = 2,5$ bewährt. Von Yalin (1992) wird ferner $\alpha = 2,0$ vorgeschlagen für den Fall, dass $d_m = d_{50}$ angenommen werden darf.

Reduktionsfaktor: Für den zur Ermittlung des transportwirksamen Schubspannungsanteils τ' benötigten Reduktionsfaktor c nach (9.258) ergeben sich unterschiedliche Ausdrücke, je nach verwendetem Widerstandsansatz für die Beiwerte λ' und λ. Meist wird dabei angenommen, dass voll raues Widerstandsverhalten vorliegt, obwohl oft (besonders bei λ') mit der vollständigen Prandtl-Colebrook-Formel zu rechnen wäre; der implizite Aufbau dieser Formel ist aber so störend, dass meist vorschnell von dieser Annahme ausgegangen wird. Man kann den mit der Auswertung der Prandtl-Colebrook-Formel (9.275) verbundenen Unannehmlichkeiten aber dadurch entgehen, dass man die von Zanke(1993) vorgeschlagene Näherung (9.276) benutzt, die im Ergebnis nahezu deckungsgleich mit (9.275) ist.

$$\frac{1}{\sqrt{\lambda}} \approx -2\log\left(\frac{2,51}{fRe\sqrt{\lambda_o}} + \frac{k/h}{14,84f}\right) \qquad (9.275)$$

$$\frac{1}{\sqrt{\lambda}} \approx -2\log\left(\frac{2,7(\log Re)^{1,2}}{fRe} + \frac{k/h}{14,84f}\right) \qquad (9.276)$$

Die Hilfsgröße λ_o wird nur hierfür benötigt und hat sonst keine weitere Bedeutung, siehe Schröder (1990).

Wird (9.276) für die Ermittlung von λ' und λ benutzt, so lautet der Reduktionsfaktor:

$$c = \left[\frac{\log\left(\dfrac{2,7(\log Re)^{1,2}}{fRe} + \dfrac{k/h}{14,84f}\right)}{\log\left(\dfrac{2,7(\log Re)^{1,2}}{fRe} + \dfrac{k'/h}{14,84f}\right)}\right]^2 \qquad (9.277)$$

9.4 Sedimenttransport

Es ist mit einem Formbeiwert $f = 0{,}6$ zu rechnen; k und k' sind die zuvor erläuterten äquivalenten Sandrauheitswerte für die Bett- und die Kornrauheit.

Wird statt dessen mit voll rauem Widerstandsverhalten (Annahme $Re \to \infty$, siehe unter 9.1.3) gerechnet, so lautet der mit (9.258) verlangte Korrekturfaktor, wobei ein Formbeiwert $f = 0{,}6$ schon berücksichtigt ist:

$$c = \left(\frac{\log(k/h) - 0{,}95}{\log(k'/h) - 0{,}95} \right)^2 \qquad (9.278)$$

Man kann auch die Manning-Strickler-Formel bemühen und auf die zu dieser benannte λ-Näherung (9.10) zurückgreifen; dann ergibt sich

$$c = \sqrt[3]{\frac{k'}{k}} \qquad (9.279)$$

Da k-Werte mit (9.12) in Manning-Beiwerte n umgerechnet werden können ($k \sim n^6$), folgt schließlich noch

$$c = \left(\frac{n'}{n} \right)^2 \qquad (9.280)$$

Alle diese Beziehungen gehen mit $I = I' + I''$ von einer Widerstandsaufteilung aus, die in physikalisch plausibler Weise dem Energieliniengefälle zugewiesen wird. Danaben gibt es aber noch eine andere Auffassung, nach der I unberührt bleibt und statt dessen der hydraulische Radius, im vorliegenden Fall also die Wassertiefe, zerlegt wird in $h = h' + h''$. Dabei versteht man unter h' den von der Sohle beeinflussten Teil der Wassertiefe, vgl. z. B. bei Jäggi (1978), und setzt $\tau' = \rho g I h'$ an. Für das Verhältnis τ'/τ ergibt sich so $c = h'/h$ als Reduktionsfaktor. Werden h' und h mit der Darcy-Weisbach-Formel (9.3) eliminiert, folgt wieder (9.258); wird dazu aber die Manning-Strickler-Formel (9.11) benutzt, so ergibt sich

$$c = \left(\frac{n'}{n} \right)^{3/2} \qquad (9.281)$$

Dieser Ansatz hat sich bei der Transportberechnung für grobes Sohlenmaterial durchaus bewährt; für feineres Material ist er dagegen offenbar weniger geeignet. Man sollte daher besser von einer der Beziehungen (9.277) bis (9.280) Gebrauch machen, zumal diese von einer physikalisch sinnvolleren Interpretation ausgehen.

9.4.4 Kritische Sohlenschubspannung

Die meisten Ansätze zur Quantifizierung des Sedimenttransports beruhen darauf, dass eine aus kohäsionslosem Material bestehende Gerinnesohle der Schubbelastung durch die Strömung nur bis zu einer kritischen Schleppspannung τ_c standhalten kann. Nach diesem *Schwellenwertkonzept* bleibt das Sohlenmaterial in Ruhe, bis die transportwirksame Schubspannung τ' den kritischen Wert τ_c übersteigt. Bewegung an der Sohle tritt für $\tau' \geq \tau_c$ zunächst als Geschiebetransport ein, wobei es sofort zur Bildung von Riffeln kommt, wenn die dafür erforderlichen Voraussetzungen gegeben sind, siehe unter 9.4.3. Bei sehr feinen Sedimenten kommt es sofort bei überkritischen Schubspannungen auch zu Schwebstofftransport während dies bei gröberen Sedimenten erst bei höherer Sohlenbelastung eintritt. Insofern sind dann zwei kritische Sohlenbeanspruchungen zu definieren, nämlich τ_c für den Transportbeginn überhaupt und τ_{sc} für den Beginn des Schwebstofftransports. Bei abfallender Strömungsbelastung kommt bei gröberen Körnern zunächst die Suspendierung zum erliegen und danach erst die Geschiebebewegung: $\tau_{sc} \geq \tau_c$. Bei feineren Körnern hört zuerst die Geschiebebewegung auf. Unterhalb von τ_c kann bestehender Schwebstofftransport aber zunächst weiter existieren. Dieser klingt jedoch mit der Zeit aus, da wegen $\tau < \tau_c$ keine Neu-Suspendierung mehr stattfindet.

Die kritische Sohlenschubspannung (Schleppspannung) τ_c ist ausschließlich von den Eigenschaften der beteiligten Materialien abhängig, nicht von der aktuellen Schubbelastung: $\tau_c = f(d_m, \rho_S, \rho, \nu, \ldots)$ Die Beschreibung dieses Zusammenhangs mit dimensionslosen Kennzahlen ist zweckmäßig. Außer der mit (9.261) bereits eingeführten *sedimentologischen Reynolds-Zahl Re_** und der *dimensionslosen Korngröße d_** nach (9.262) ist eine häufig benutzte Materialkennziffer die *granulometrische Reynolds-Zahl*

$$Re_S = \frac{1}{\nu} \sqrt{g' d_m^3} \qquad (9.282)$$

Mit dieser nur formal einer Reynolds-Zahl gleichenden Kennzahl wird allerdings kein neuer Parameter definiert, denn mit (9.262) besteht folgender Zusammenhang:

$$d_* = Re_S^{2/3}; \quad Re_S = d_*^{3/2} \qquad (9.283)$$

Mit diesen dimensionslosen Größen sind die für τ_c maßgebenden Materialeigenschaften von Korn und Fluid erfaßt: Maßgebender Korndurchmesser d_m, Zähigkeit ν des Fluids (temperaturabhängig), Dichteunterschied $\Delta \rho = \rho_S - \rho$ und modifizierte Erdbeschleunigung g' nach (9.263). Wie schon weiter oben gesagt, wird anstelle g' häufig auch geschrieben $g \rho' = g \cdot (\rho_S - \rho)/\rho$.

Für die Schubspannung wird ferner eine *Strömungsintensität* definiert als

$$\theta = \frac{v_*^2}{g' d_m} \quad \text{bzw.} \quad \theta' = \frac{v'^2_*}{g' d_m} \qquad (9.284)$$

Hierin sind $v_* = \sqrt{\tau/\rho}$ und $v'_* = \sqrt{\tau'/\rho}$ die beteiligten Schubspannungsgeschwindigkeiten (gesamt bzw. transportwirksam). Die Strömungsintensität entspricht dem Quadrat der *sedimentologischen Froude-Zahl $Fr_* = v_*/\sqrt{g' d_m}$*, die in der Literatur auch oft als dimensionslose Schubspannung τ^* bezeichnet wird.

Auf gleiche Weise wird auch die als *Shields-Wert* bezeichnete kritische *Strömungsintensität* interpretiert:

$$\theta_c = \frac{v_{*c}^2}{g' d_m} = \frac{\tau_c}{\rho g' d_m} = \tau_c^* \qquad (9.285)$$

Statt der Strömungsintensität θ wird als *Bewegungsintensität* oft auch deren Kehrwert verwendet, ohne dass damit eine neue Aussage verbunden wäre:

$$\psi = \frac{1}{\theta} \quad \text{bzw.} \quad \psi' = \frac{\rho g' d_m}{\tau'} \qquad (9.286)$$

9.4 Sedimenttransport

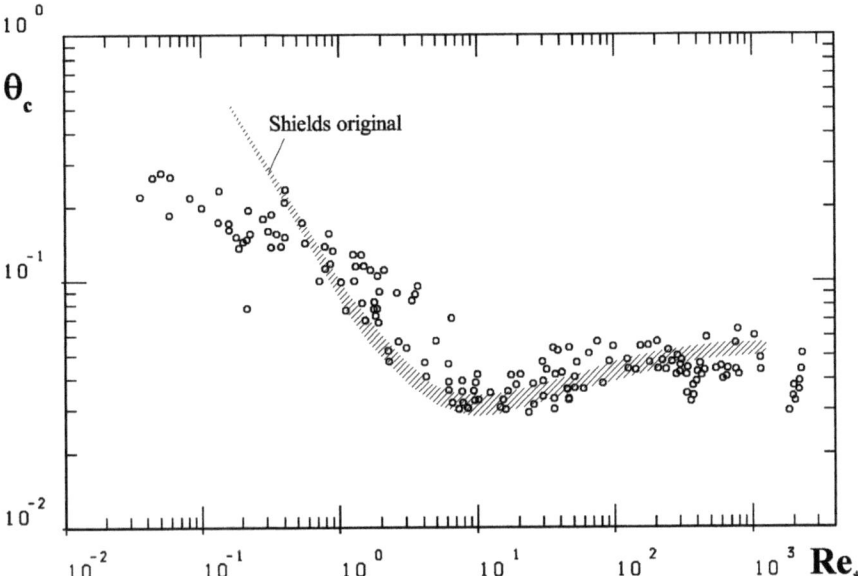

Abb. 9.76 Kritische Schleppspannung nach Shields, ergänzt um spätere Messergebnisse (implizite Darstellung)

Entsprechend wird auch mit einer kritischen Bewegungsintensität $\psi_c = 1/\theta_c$ gearbeitet.

Shields-Diagramm: Mit einer dimensionsanalytisch gestützten, äußerst vereinfachten Abschätzung der Bedingungen, unter denen ein Einzelkorn aus der ebenen Sohle herausgehoben und von der Strömung transportiert werden kann, hat Shields (1936) gezeigt, dass der so markierte Bewegungsbeginn einer Gesetzmäßigkeit $\tau_c = f(Re_*)$ folgen dürfte. Mit einer Reihe von Messwerten zum Bewegungsbeginn konnte er zeigen, dass deren dimensionslose Auftragung diese Erwartung bestätigt und zu dem in Abb. 9.76 wiedergegebenen *Shields-Diagramm* führt. Angesichts der verhältnismäßig großen Streuung seiner Messwerte hat Shields keinen strengen funktionalen Zusammenhang formuliert sondern nur einen Bereich markiert, in dem θ_c zu erwarten ist.

In der Abbildung ist dieser Bereich schraffiert dargestellt. Mit eingetragene spätere Messergebnisse zeigen, dass der Verlauf bei kleinen Re_*-Zahlen flacher ist als von Shields vermutet. Die Streuung hat ihre Ursache zum einen in unvermeidlichen Messunschärfen, zum anderen darin, dass der Bewegungsbeginn keine scharfe Grenze ist, sondern eine Bandbreite aufweisen muß. Diese Bandbreite reicht von sporadischer Bewegung einiger weniger Körner bis zur ständigen, flächendeckenden Bewegung. Der Grund hierfür liegt in der turbulenzbedingten Schwankung der lokal wirksamen Schubspannungen sowie in der unterschiedlichen Bettung der einzelnen Körner und letztendlich in dem zufälligen Zusammentreffen der beiden Effekte. Zanke (1990) hat das Risiko R der Sedimentbewegung untersucht und als praktisch nutzbare Lösung gefunden. Das Zusammenspiel von zufälliger Kornlage und zu falls verteiltes Strömungsbelastung wurde von Luckner (2002) untersucht.

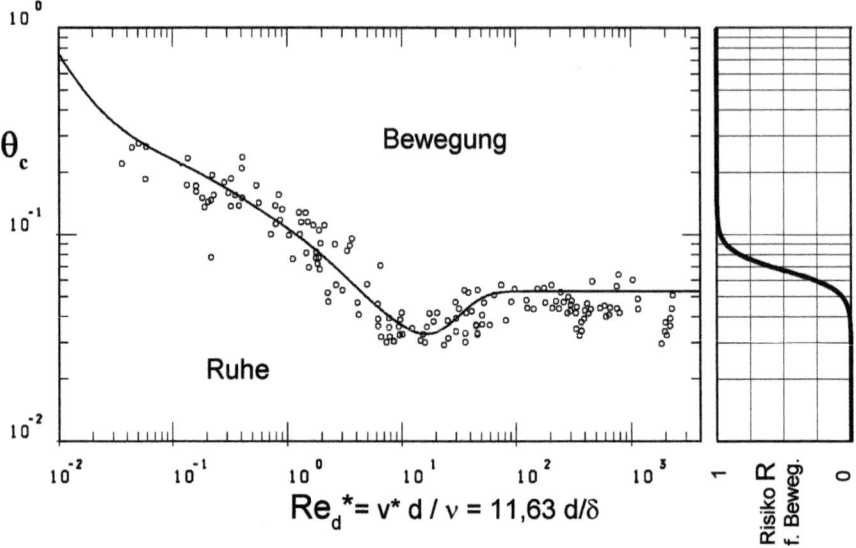

Abb. 9.77 Kritische Schleppspannung nach Gl. 9.287 (mit eingetragen ist das Risiko der Bewegung; bei der Shields-Kurve sind etwa 10 % der Sohle in Bewegung)

$$R \approx \left[10\left(\frac{\theta}{\theta_c}\right)^{-9} + 1\right]^{-1} \quad (9.287)$$

Nach Shields' berühmter Studie tritt der kritische Zustand der Sohle spätestens dann ein, wenn die auf ein Partikel einwirkende Auftriebskraft A das Partikelgewicht G (unter Wasser) übersteigt. Mit einem turbulenten Geschwindigkeitsprofil, z. B. nach (9.36) oder (9.39), kann man zeigen, dass A proportional zu den Druckschwankungen sein wird mit $A \sim \rho v_*^2 d_m^2 f(Re_*)$ angesetzt werden kann, während $G \sim \rho g' d_m^3$ ist. Werden die Proportionalitätsfaktoren in $f(Re_*)$ eingerechnet, so führt die Forderung $A > G$ auf $v_*^2 f(Re_*) > g' d_m$, und mit (9.284) ist ein deutlicher Zusammenhang $\theta_c = f(Re_*)$ zu vermuten. Die experimentelle Verifikation hat diese Erwartung bestätigt und zu dem in Abb. 9.76 wiedergegebenen *Shields-Diagramm* geführt; darin ist Re_* als Re_{*c} zu verstehen.

Zanke (2001/2003) hat den Bewegungsbeginn analytisch gelöst und folgende funktionale Abhängigkeit für die Shields-Kurve gefunden (s. Auch Abb. 9.77)

$$\theta_{c,Shields} = \frac{0{,}24K}{\left(1 + 1{,}8\frac{u'_{rms,b}}{v_b}\right)^2 \left(1 + 0{,}14\left(1{,}8\frac{u'_{rms,b}}{v_*}\right)^2 K\right)} \quad (9.288)$$

In (9.288) sind u'_{rms} = Standardabweichung der Geschwindigkeitsschwankungen $u'(t)$, Index '$_b$' = am Boden in Höhe der Körner, wobei

$$\frac{u'_{rms,b}}{v_*} = 0{,}31\, Re_* \cdot e^{-0{,}1 Re_*} + 1{,}8 \cdot e^{-0{,}88\, d/h} \cdot (1 - e^{-0{,}1 Re_*}) \quad (288a)$$

9.4 Sedimenttransport

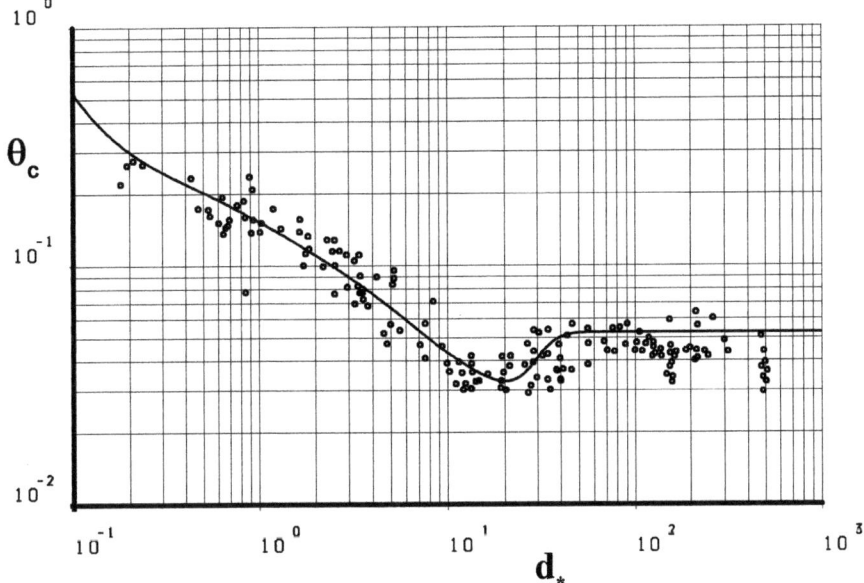

Abb. 9.78 Kritische Schleppspannung nach Gl. 9.287, explizite Darstellung

Der Wert $K \geq 1$ beschreibt die Kohäsionswirkung und ist für kohäsonsloses Material $K = 1$ (für näheres s. Zanke 2001).

Die Original-Shields-Darstellung ist bezüglich τ_c implizit weil sowohl θ_c als auch Re_{*c} enthalten. Diesem Nachteil kann man mit folgendem Kennzahlzusammenhang abhelfen:

$$Re_*^2 = \theta \cdot d_*^3 \qquad (9.289)$$

Man erhält so ein *modifiziertes Shields-Diagramm* $\theta_c = f(d_*)$, das es erlaubt, τ_c explizit aus den im dimensionslosen Korndurchmesser erfaßten Materialdaten zu bestimmen (Abb. 9.78).

Die explizite Kurve für den Bewegungsbeginn nach Abb. 9.78 lässt sich für praktische Belange durch einen Polygonzug beschreiben:

$$\begin{aligned}
d_* < 0{,}2 &\Rightarrow \theta_c = 0{,}082 \cdot d_*^{-0{,}8} \\
0{,}2 < d_* < 2{,}5 &\Rightarrow \theta_c = 0{,}15 \cdot d_*^{-0{,}43} \\
2{,}5 < d_* < 17 &\Rightarrow \theta_c = 0{,}17 \cdot d_*^{-0{,}58} \\
17 < d_* < 24 &\Rightarrow \theta_c = 0{,}033 \\
24 < d_* < 42 &\Rightarrow \theta_c = 0{,}0026 \cdot d_*^{0{,}8} \\
42 < d_* &\Rightarrow \theta_c = 0{,}052
\end{aligned} \qquad (9.290)$$

$$\text{mit} \quad \tau_c = \theta_c \cdot (\rho_s - \rho) \cdot g \cdot d_m \qquad (9.291)$$

Darin ist g' nach (9.263) und d_m ggf. nach (9.251) zu bilden, falls nicht $d_m = d_{50}$ angenommen werden kann.

Man beachte, dass es sich für Quarzsand in Wasser mit $\Delta\rho/\rho = 1{,}65$ und $\nu = 1{,}3 \cdot 10^{-6}$ m^2/s bei $d_* < 3$ um maßgebende Korngrößen von $d_m < 0{,}14$ mm, bei $d_* > 125$ um solche von $d_m > 5{,}9$ mm handelt.

Liu-Darstellung: Eine weitere Möglichkeit, die kritische Sohlschubspannung τ_c dimensionslos zu beschreiben, ist durch die Hinzuziehung der Sinkgeschwindigkeit w der Partikel gegeben, denn diese erfaßt alle für den kritischen Sohlenzustand relevanten Materialgrößen: $w = f(d_m, \rho_s, \rho, \nu)$. Wie u. a. von Liu (1957) gezeigt wurde, ist dazu die Einführung einer weiteren, nach Laursen (1958) benannten Kennzahl zweckmäßig:

$$\vartheta = \frac{v_*}{w} \quad \text{bzw.} \quad \vartheta' = \frac{v_*'}{w} \tag{9.292}$$

Darin wird w durch die Reynolds-Zahl der Sinkgeschwindigkeit beschrieben:

$$Re_w = \frac{w d_m}{\nu} \tag{9.293}$$

Mit dieser und mit (9.261) kann der Laursen-Parameter auch interpretiert werden als $\vartheta = Re_*/Re_w$, und wegen (9.289) ergibt sich im transportkritischen Zustand folgender Kennzahlzusammenhang:

$$\theta_c = \frac{Re_w^2}{d_*^3} \vartheta_c^2 \tag{9.294}$$

Da ferner auch $Re_w = f(d_*)$ nur von den beteiligten Materialeigenschaften, die mit d_* zum Ausdruck gebracht werden, abhängt, wird deutlich, dass $\theta_c \sim \vartheta_c^2$ ist. Folglich müssen sich Shields-Werte θ_c in kritische Werte überführen lassen, die als *Liu-Werte* bezeichnet werden.

Statt der mit Abb. 9.76 und 9.78 beschriebenen Shields-Diagramme werden Liu-Darstellungen erhalten, die wiederum implizit als $\vartheta_c = f(Re_{*c})$ oder explizit als $\vartheta_c = f(d_*)$ möglich sind. Mit einer beispielsweise nach (9.299) für Sandkornformen in Rechnung gestellten dimensionslosen Sinkgeschwindigkeitsformel wird so das in Abb. 9.79 wiedergegebene *Liu-Diagramm* erhalten.

Das asymptotische Verhalten bei hohen d_*-Werten setzt nur scheinbar wesentlich früher ein als bei Shields, weil das charakteristische Minimum in dieser Auftragung deutlich flacher ausfällt und dadurch fast gar nicht in Erscheinung tritt. Die in der Liu-Darstellung enthaltenen Zahlenwerte ergeben sich auf Grund der verwendeten Sinkgeschwindigkeitsformel (9.299); andere Formeln können davon geringfügig abweichende Ausdrücke ergeben.

Anzumerken ist noch, dass Liu (1957) kritische Werte ϑ_c bestimmt hat, die den Beginn einer Riffelbildung markieren, vgl. z. B. Bogardi (1974).

Da eine ebene Sohle sofort mit dem Beginn des Sedimenttransports zu einer Riffelsohle verformt wird, wenn der Belastungszustand und die Materialdaten dies

9.4 Sedimenttransport

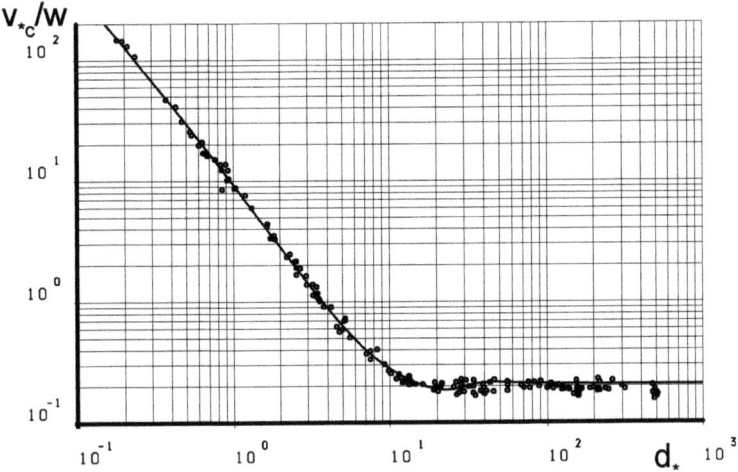

Abb. 9.79 Kritische Schubspannung in Liu-Darstellung mit umgerechneten Messwerten der Shields-Diagramme; Grundlage der Kurve: Gl. 9.287 und Gl. 9.299

erlauben (s. unter 9.4.3), entsprechen diese Liu-Werte zumindest annähernd der von Shields beschriebenen kritischen Sohlenbelastung. Nach der vorstehend gezeigten Überführbarkeit von θ_c in ϑ_c darf dies auch erwartet werden.

Sinkgeschwindigkeit: Für die stationäre Geschwindigkeit w, mit der zu Kugeln idealisierte Sohlenpartikel in ruhendem Wasser fallen, ergibt eine Impulssatzanwendung mit g' nach (9.263) die Relation

$$w = 2 \cdot \sqrt{\frac{g' d_m}{3 c_w}} \quad \text{bzw.} \quad Re_w = \frac{2 d_*^{3/2}}{\sqrt{3 c_w}} \tag{9.295}$$

Darin ist c_w der Widerstandsbeiwert eines einzeln fallenden Sedimentkorns, dessen maßgebender Durchmesser d_m rechnerisch als Kugeldurchmesser aufgefaßt wird. Mit dieser Annahme wird einerseits erreicht, dass auf bekannte Gesetzmäßigkeiten (für Kugeln) zurückgegriffen werden kann; andererseits folgt daraus eine Restriktion dahingehend, dass die maßgebende Korngröße d_m dem „äquivalenten" Kugeldurchmesser entsprechen sollte, wobei dieser durch gleiche Sinkgeschwindigkeiten von realen und zu Kugeln idealisierten Sedimentpartikeln (bei sonst gleicher Beschaffenheit) definiert ist.

Man mag gegen diese Idealisierung Einwände haben, z. B. dass die Kornform unberücksichtigt bleibt oder die Sinkgeschwindigkeit von Korngruppen nicht der des Einzelkorns entspricht; sie hat aber zumindest den Vorteil einer eindeutigen Festsetzung, wenn w bei der Bestimmung von ϑ_c als Bezugsgröße dienen soll.

Der Widerstandsbeiwert c_w einer *Kugel* kann auf Grund bekannter experimenteller Daten durch eine Beziehung $c_w(d_*)$ oder $c_w(Re_s)$ approximiert werden, vgl. (9.283). Unter zahlreichen diesbezüglichen Ansätzen hat sich u. a. bewährt:

$$c_w = 432 \, d_*^{-3} + 48 \, d_*^{-3/2} + 0{,}4 \tag{9.296}$$

Abb. 9.80 Sinkgeschwindigkeit von Kugeln, dimensionslos dargestellt

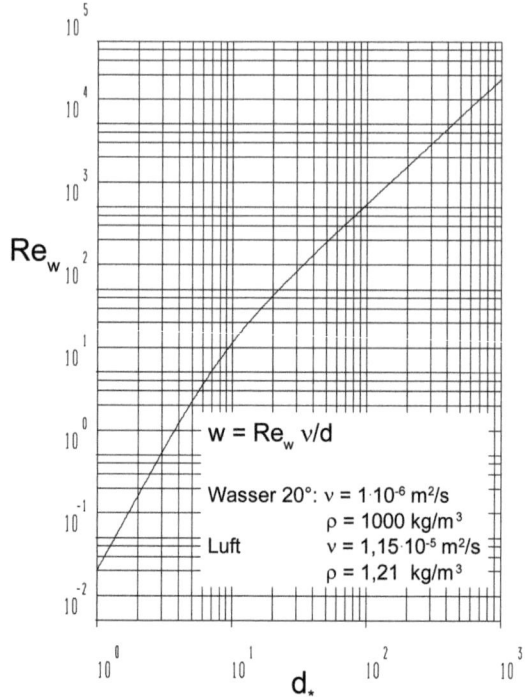

Ein asymptotischer Grenzfall dieser empirischen Beziehung, s. Abb. 9.80, ist wegen $d_*^3 = \frac{3}{4} c_w Re_w^2$ gegeben durch $c_w = 24/Re_w$ für $d_* \to 0$ (Stokes); die andere Asymptote ist für $d_* \to \infty$ (begrenzt durch $Re_w \leq 10^5$) mit $c_w = 0{,}4$ konstant.

Mit (9.298) folgt aus (9.297) als dimensionslose Sinkgeschwindigkeitsformel, Abb. 9.80:

$$Re_w = \frac{d_*^3}{\sqrt{324 + 36\, d_*^{3/2} + 0{,}3\, d_*^3}} \qquad (9.297)$$

Eine andere Approximation ist nach Zanke (2002) für Partikel verschiedener Form gültig

$$c_w = \frac{a}{Re_w} + b \qquad (9.298)$$

und daraus

$$Re_w = \frac{a}{2b}\left(\sqrt{1 + \frac{16}{3}\frac{b}{a^2}d_*^3} - 1\right) \qquad (9.299)$$

mit $a_{kugel} = 24$, $b_{kugel} = 0{,}4$ und $a_{sand} = 32$, $b_{sand} = 1{,}09$.

9.4 Sedimenttransport

Mit (9.299) ist die zuvor erläuterte Umsetzung von Shields-Werten θ_c in Liu-Werte ϑ_c vorgenommen worden. Es gibt darüber hinaus zahlreiche weitere Sinkgeschwindigkeitsformeln; eine diesbezügliche Übersicht ist z. B. bei Zanke (1982) zu finden. Einige dieser Formeln berücksichtigen die von der Kugelform abweichende Kornform durch einen *Korn-Formfaktor* $FF = C/\sqrt{AB}$, der an einem die tatsächliche Korngestalt idealisierenden Ellipsoid mit A, B und C als Raumachsen orientiert ist, wobei A den größten Wert und C den kleinsten Wert hat. Natürlich vorkommende Sand- und Kiesmaterialien weisen einen durchschnittlichen Formfaktor $FF \approx 0{,}7$ auf, siehe bei Vanoni (1977). FF ist nicht zu verwechseln mit dem Formbeiwert f.

Suspensionsbeginn: Mit Überschreiten des als transportkritische Schubspannung bezeichneten Schwellenwerts τ_c beginnt zunächst der Geschiebetransport. Bei feinem Kornmaterial (im System Sand-Wasser ca. $d < 0{,}2$ mm) beginnt an dieser Schwelle auch eine Suspendierung der Sedimente. Bei gröberen Sedimenten tritt Suspendierung erst nach weiterem Anwachsen der Sohlenbelastung ein. Der Übergang von der Bewegung als Geschiebe zu schwebend transportiertem Material ist fließend. Obwohl also eigentlich keine eindeutige Abgrenzung zwischen Geschiebe- und Schwebstofftransport besteht, wird üblicherweise dennoch oft von einem weiteren Schwellenwert τ_{sc} ausgegangen, dessen Überschreiten den Beginn des Schwebstofftransports markiert. Diese Schwelle ist aber, wie auch bei τ_c, keine scharfe Grenze sondern ein Ünergangsbereich von erster, sporadischer Suspendierung bis zu voll entwickeltem Suspensionstransport.

Transport in Suspension ist grundsätzlich nur möglich, wenn die turbulenzbedingten, nach oben gerichteten vertikalen Schwankungsgeschwindigkeiten v' größer sind als die Sinkgeschwindigkeit w: $v' > w$. Weil die Exponierung der Sedimentkörner unterschiedlich ist und weil gleichzeitig die v'-Werte eine Spannbreite besitzen, besteht ein Risiko für Suspendierung, das zwischen 0 und 1 rangiert. Kleiner oder gleich 0 ist das Risiko, wenn auch die stärksten $v' \leq w$ sind. Bei steigender Geschwindigkeit treten dann erst einige, später mehr und mehr $v' > w$ auf. Wenn nahezu alle $v' > w$ sind, geht das Risiko für die Körner, in Suspension zu gelangen, gegen 1. Allerdings geht dann nicht die gesamte Sohle in Suspension, da wegen w und der abwärts gerichteten v' ständig Körner wieder an die Sohle zurück gelangen (s. hierzu 9.4.6. Schwebstofftransport).

Für die praktische Berechnung ist v' nicht ohne weiteres zu ermitteln. Jedoch korrelieren die v_*-Werte recht gut mit v': $v_* \sim v'$, so dass Angaben zum Suspensionsbeginn in der Form

$$v_* = \vartheta_{Sc} w \qquad (9.300)$$

gegeben werden können. Die Werte ϑ_{Sc} beinhalten im Sinne der vorstehenden Ausführungen auch eine Angabe des Risikos zur Suspendierung.

Darum sind die dafür empfohlenen $'_{sc}$-Werte alles andere als einheitlich, wie Tab. 9.12 zeigt.

Die kleineren ϑ_{Sc}-Werte der Tabelle sind nach der vorstehenden Risikobetrachtung erster, schwacher Suspendierung zuzuordnen, die höheren Werte beschreiben eher gegen 1 gehendes Risiko für die Körner, suspendiert zu werden.

Tab. 9.12 Orientierungshilfe zur Beurteilung des Suspensionsbeginns

Vorschlag	ϑ_{sc}
Engelund (1965)	0,25
Bagnold (1966)	1,00
Zanke (1982)	0,40
Raudkivi (1982)	1,20
van Rijn[a] (1984)	0,40

[a] für $d_* > 10$

Stabilisierende Effekte: Die den Beginn des Sedimenttransports markierende kritische Schleppspannung ist nicht allein von der Beschaffenheit des Sohlenmaterials sondern auch vom Zustand der Gerinnesohle abhängig. Als Sohlenzustand ist dabei einerseits eine zu Riffeln (und/oder Dünen) verformte Sohle aufzufassen, andererseits kann die Gerinnesohle eine *Deckschicht* aufweisen, die dem Strömungsangriff mehr Widerstand entgegensetzt als das darunterliegende Sohlenmaterial allein. Deckschichten entstehen in natürlichen Gerinnen z. B. durch die Auswaschung der feineren Kornfraktionen des Sohlenmaterials, bei der die groben Bestandteile zurückbleiben und zu einer „Abpflasterung" der Sohle führen.

Eine ganz andere Art von Deckschicht ergibt sich, wenn sich an der Sohle ein Algenbewuchs o.dgl. entwickeln kann, der die obersten Kornlagen verklammert. Auch in diesem Fall ist eine größere Sohlenbeanspruchung für die Sohlenerosion nötig. Ist die Deckschicht allerdings erst einmal zerstört, so sind wieder die Eigenschaften des ursprünglichen Sohlenmaterials maßgebend und keine stabilisierenden Wirkungen mehr vorhanden.

Wie unter 9.4.3 erläutert, ist allein schon die Verformung der Sohle zu einem Feld von Riffeln oder kleinmaßstäblichen Dünen ein die Sohle stabilisierender Faktor. Diesem wird mit der allgemein favorisierten Auffassung, dass bei einer Sohle mit Transportkörpern nur ein transportwirksamer Schleppspannungsanteil τ' für die Beurteilung des Transportbeginns in Frage kommt, durch eine Reduzierung der aktuellen Sohlenschubspannung τ Rechnung getragen, siehe (9.256)ff. Eigentlich sinnvoller und physikalisch richtiger wäre dagegen, die stabilisierenden Effekte bei der kritischen Schleppspannung τ_c zu berücksichtigen statt mit einer ereignisabhängigen τ-Reduzierung zu arbeiten. Dies würde die Erweiterung des Shields-Diagramms zu einer Kurvenschar $\theta_c = f(Re_*, k/d_m)$ bedeuten, sofern nur mechanische Einflussgrößen eine Rolle spielen, Schröder (1985). Mit k/d_m würde dabei dem Formwiderstand der Riffel bzw. Dünen durch Zuweisung einer äquivalenten Sandrauheit k entsprochen werden, die auf den maßgebenden Korndurchmesser zu beziehen ist. Dieser Zusatzparameter ergibt mit $k/d_m = 1$ die für eine ebene Sohle ohne Deckschicht geltende Shields-Kurve, Abb. 9.76; mit $k/d_m > 1$ kann die Verformung zu Riffeln/Dünen oder die Wirkung einer mechanischen Deckschicht erfaßt werden. Dass diese Vorgehensweise gerechtfertigt ist, hat Höfer (1984) mit seinen Untersuchungen an Riffeln und kleinmaßstäblichen Dünen gezeigt, Abb. 9.81. Dabei wurde allerdings mit einem asymptotischen Shields-Wert $\theta_c = 0{,}05$ (statt 0,06) für große Re_{*c} gearbeitet. Das Verhalten der Kurvenschar in diesem Bereich ist durch die Höferschen Messungen nicht belegt und stellt eine extrapolative Schätzung dar.

9.4 Sedimenttransport

Abb. 9.81 Erweitertes Shields-Diagramm (mechanische Einflüsse)

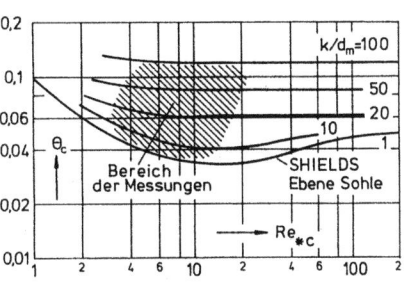

Abb. 9.82 Erweitertes Shields-Diagramm (biologische Einflüsse)

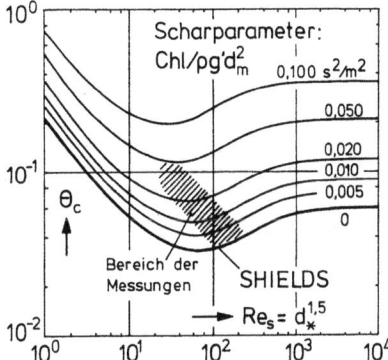

Analog können biologische Effekte berücksichtigt werden, wobei freilich völlig neue Parameter ins Spiel kommen. Eine diesbezügliche, wegweisende Untersuchung ist von Heinzelmann (1992) durchgeführt worden, wobei eine Monokultur von Diatomeen (Navicula seminulum) zur Bildung der biologischen Deckschicht verwendet wurde. Mit dieser hat sich gezeigt, dass der Scharparameter des erweiterten Shields-Diagramms mit Hilfe des Chlorophyllgehalts. *Chl* (Dimension: Masse pro Deckschichtflächeneinheit, kg/m^2) gebildet werden kann. In der als exemplarisch zu wertenden 9.287 ist der Scharparameter $Chl/\rho g' d_m^2$ allerdings nicht dimensionslos. Eine Verallgemeinerung des Diagramms ist wegen der auf nur eine Art der Algendeckschicht beschränkten Untersuchung derzeit noch nicht möglich. Immerhin hat sich aber herausgestellt, dass die kritische Schleppspannung τ_c je nach Dichte des Algenbewuchs es ein Vielfaches des Shields-Wert es betragen kann. Damit hat sich auch für Binnengewässer eine Tendenz feststellen lassen wie sie von Führböter (1983) im maritimen Bereich ermittelt wurde. Der durch Experimente abgedeckte Teil des Diagramms ist in Abb. 9.82 schraffiert.

9.4.5 Geschiebetransport

Transportmodelle für Geschiebe stehen in großer Anzahl zur Verfügung. Sie sind fast durchweg auf empirischer Basis konzipiert worden und beruhen auf mehr oder weniger ausgeprägten Vorstellungen vom Geschehen an der Sohle. Ohne Anspruch

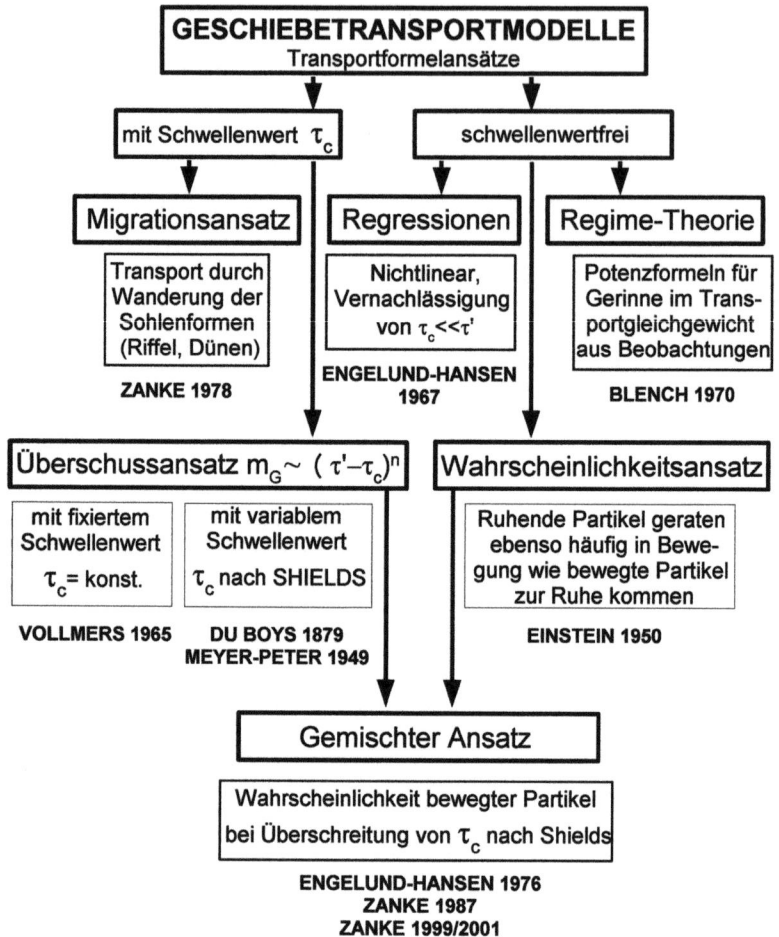

Abb. 9.83 Unterschiedlich konzipierte Transportformeln

auf Vollständigkeit vermittelt Abb. 9.83 einen diesbezüglichen Überblick. Nur einige der zahlreichen Geschiebetransportformeln können nachstehend genannt werden; zuvor sind aber folgende Definitionen erforderlich:

Unter *Geschiebetransport* ist der Transport von Geschiebe*masse* (nicht -volumen) pro Zeiteinheit durch einen Gerinnequerschnitt zu verstehen, M_G in kg/s. Als *Geschiebefracht* bezeichnet man die während eines Zeitabschnitts Δt transportierte Masse, $\int M_G dt$ in kg. Wichtigste Rechengröße ist aber die auf die Breiteneinheit bezogene *Transportrate* in kg/(ms):

$$m_G = \frac{M_G}{b} \qquad (9.301)$$

9.4 Sedimenttransport

Darin ist b die Sohlenbreite des Gerinnes bzw. die Breite, auf der ein Geschiebetrieb stattfindet. Diese Definition von m_G entspricht der Auffassung des Transportproblems als vertikal-ebener Vorgang. Analoge Transportraten m_S und m (ohne Index) werden für den Schwebstofftransport und den Gesamttransport $m = m_G + m_S$ angesetzt.

Aus der Transportrate m_G ergibt sich das je Breiten- und Zeiteinheit transportierte Geschiebevolumen (mit Porenanteil) als $q_G = m_G/\rho_L$, worin ρ_L die *Lagerungsdichte* des Schüttguts Geschiebe ist. Nach Vanoni (1977) gelten für diese bei Sandmaterial Werte zwischen 1475 kg/m³ und 2240 kg/m³. Üblicher Rechenwert ist $\rho_L = 1850$ kg/m³, einer Porosität von 0,7 entsprechend (Porenanteil n = 30 %).

Die einheitliche Darstellung der Geschiebetransportformeln erfordert die Einführung einer dimensionslosen Transportrate, die seit Einstein (1950) als *Transportintensität* bezeichnet wird:

$$\phi_G = \frac{m_G}{\rho_S} \frac{1}{\sqrt{g' d_m^3}} \tag{9.302}$$

Für den Suspensionstransport gilt ϕ_S entsprechend, und der dimensionslose Gesamttransport ist $\phi = \phi_G + \phi_S$. Es bedeuten ρ_s die Dichte des Sedimentmaterials (reine Feststoffmasse ohne Porenanteil, nicht Lagerungsdichte), g' die nach (9.263) modifizierte Erdbeschleunigung und d_m den maßgebenden Korndurchmesser, z. B. $d_m = d_{50}$ bei „einkörnigem" Material, vgl. unter 9.4.1.

Als Geschiebetransportformel in dimensionsloser Darstellung wird die Abhängigkeit dieser „Transportintensität" von der „Strömungsintensität" (9.284) bzw. von deren Kehrwert, der „Bewegungsintensität" (9.286), angegeben: $\phi_G = f(\theta)$ oder $f(\theta')$ bzw. $\phi_G = f(\psi)$ oder $f(\psi')$. Nach Berechnung von ϕ_G folgt die Transportrate jeweils aus

$$m_G = \phi_G \rho_S \sqrt{g' d_m^3} \tag{9.303}$$

Alle diese Beziehungen setzen Transportgleichgewicht voraus und tragen damit dem erweiterten Normalabflussbegriff Rechnung, siehe unter 9.4.1.

Meyer-Peter-Formel: Die von Meyer-Peter und Müller (1949) entwickelte „Zürcher Geschiebeformel" geht davon aus, dass die Transportrate vom Überschuss der transportwirksamen Schubspannung gegenüber der kritischen Schubspannung abhängt, $m_G \sim (\tau' - \tau_c)^n$ oder $m_G = C(v_*^{'2} - v_{*c}^2)^n$. Durch ausgiebige Experimente gestützte theoretische Überlegungen haben dafür $n = 3/2$ und $C = 8\rho_S/g'$ ergeben, siehe auch Jäggi (1978). Nach neueren Messungen ist der Faktor nicht wirklich immer 8, sondern variiert in noch nicht bekannter Abhängigkeit etwas: $C = (5....8)\rho_S/g'$ (Hunziker 1995; Zanke 2002). Mit den in (9.284) und (9.302) definierten Intensitäten des Strömungsangriffs und des Transports ergibt sich so der einfache Zusammenhang

$$\phi_G = (5...8)(\theta' - \theta_c)^{3/2} \tag{9.304}$$

Darin sind θ' die mit der transportwirksamen Schubspannung $\tau' = c\tau$ gebildete reduzierte Strömungsintensität und θ_c der Shields-Wert, siehe unter 9.4.3 und Tab. 9.10.

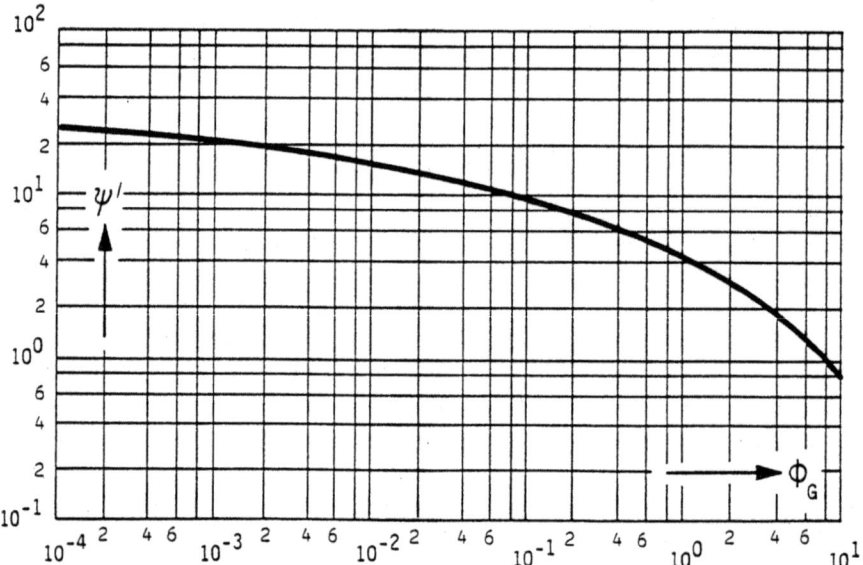

Abb. 9.84 Geschiebetransport nach Einstein

Die Meyer-Peter-Formel gilt vorzugsweise für gröberes Geschiebe (d > Grobsand). Ältere Fassungen dieser Formel enthalten statt des variablen Shields-Wertes θ_c einen konstanten Durchschnittswert von 0,047. Diesbezüglich und das im Vergleich zur dimensionslosen Darstellung weniger übersichtliche Original der Meyer-Peter-Formel betreffend ist u. a. auf Zeller (1963) zu verweisen.

Einstein-Formel: Bei Transportgleichgewicht ist davon auszugehen, dass Sohlenpartikel ebenso häufig in Bewegung geraten wie bewegte Teilchen zur Ruhe kommen. Mit einem hierauf beruhenden Wahrscheinlichkeitskonzept hat Einstein (1950) folgende schwellenwertfreie Bedingung für den Zusammenhang zwischen Transport- und Bewegungsintensität formuliert:

$$\frac{A\phi_G}{1 + A\phi_G} = 1 - \frac{1}{\sqrt{\pi}} \int_{-B\psi'-C}^{B\psi'-C} e^{-x^2} dx \qquad (9.305)$$

Konstanten: $A = 43{,}5 \quad B = 0{,}143 \quad C = 2{,}0$

Dabei ist ψ' mit der reduzierten Schleppspannung $\tau' = c\tau$ zu bilden, siehe unter 9.4.3. Der Verlauf von $\phi_G = f(\psi')$, der *Einstein bed load function*, ist aus Abb. 9.84 ersichtlich. Bei der Auflösung nach ϕ_G kann man (9.305) mit der Fehlerintegralfunktion erf(z) auf eine für die Anwendung geeignetere Form bringen:

$$\phi_G = \frac{1}{A}\left(\frac{2}{\mathrm{erf}(B\psi' + C) + \mathrm{erf}(B\psi' - C)} - 1\right) \qquad (9.306)$$

9.4 Sedimenttransport

Die Konstanten A, B und C sind bei (9.305) angegeben. Man beachte, dass $\mathrm{erf}(-z) = -\mathrm{erf}(z)$ ist. Die Fehlerintegralfunktion ist definiert als

$$\mathrm{erf}(z) = \frac{2}{\sqrt{\pi}} \int_0^z e^{-x^2} dx \qquad (9.307)$$

Funktionswerte erf(z) können aus Tabellen entnommen werden, zu denen man eher Zugang hat als zu solchen mit den in (9.305) verlangten Integralwerten.

Man kann auch mit einer der bei Abramowitz (1965) genannten Approximationen arbeiten; genügt z. B. eine Näherung, die bis einschließlich der vierten Dezimalstelle exakt ist, so gilt

$$\mathrm{erf}(z) = 1 - (a_1 t + a_2 t^2 + a_3 t^3)e^{-z^2}; \quad t = \frac{1}{1 + a_0 z} \qquad (9.308)$$

Konstanten: $a_0 = 0{,}47047 \quad a_1 = 0{,}34802 \quad a_2 = -0{,}09588 \quad a_3 = 0{,}74786$

Die Einstein-Formel ist Teil einer Gesamttransportformel, die aber eine Aufteilung in Geschiebe- und Schwebstofftrieb erlaubt. Sie wurde darüber hinaus speziell für das fraktionsweise Berechnen des Sedimenttransports entwickelt. Mit dem maßgebenden Korndurchmesser d_m, siehe 9.4.1, ist (9.306) daher nur bei Korngemischen mit sehr steiler Sieblinie erfolgreich auswertbar. Eine ausführliche Darstellung zu dieser Frage ist u. a. bei Graf (1971) zu finden; ein Vergleich mit anderen Geschiebetransportformeln ist von Jäggi (1978) vorgenommen worden.

Engelund-Fredsoe-Formel: Ohne das Überschusskonzept zu ignorieren haben Engelund und Fredsoe (1976) eine ebenfalls auf einem Wahrscheinlichkeitsansatz beruhende Geschiebetransportformel begründet. Die Transportwahrscheinlichkeit für das Sohlenmaterial, d. h. der zu erwartende Anteil der die Sohle bedeckenden Partikel, die in Bewegung sind, wird dabei in Abhängigkeit vom Schubspannungsüberschuss über dem Schwellenwert τ_c ausgedrückt. Dieser „gemischte" Ansatz führt auf eine dreistufig auszuwertende Transportformel:

$$\phi_G = 5p(\sqrt{\theta'} - 0{,}7\sqrt{\theta_c}) \qquad (9.309)$$

Auch hierbei ist θ' nach (9.284) mit der reduzierten Sohlenschubspannung $\tau' = c\tau$ zu bilden, vgl. unter 9.4.3. Für die Transportwahrscheinlichkeit p ist zunächst als Hilfsgröße folgende *Überschussfunktion* zu bestimmen:

$$f = \frac{\pi}{6} \frac{\tan \mu}{\theta' - \theta_c} \qquad (9.310)$$

Darin ist μ der Gleitreibungswinkel des Geschiebematerials unter Wasser; für natürliche Sande ist $\mu = 27°$ bzw. $\tan \mu = 0{,}51$ anzusetzen, gröberes Material hat etwas größere μ-Winkel. Mit f ergibt sich die in (9.309) benötigte Transportwahrscheinlichkeit als

$$p = \frac{1}{\sqrt[4]{1 + f^4}} \qquad (9.311)$$

In der neueren Literatur wird $p = 1/f$ bevorzugt.

Die hiermit auszuwertende Geschiebetransportformel (9.309) gilt vorzugsweise für feines Geschiebe, siehe auch bei Jäggi (1978).

van Rijn-Formel: Eine weitere Geschiebeformel, die vom Überschusskonzept ausgeht, aber zusätzlich eine Abhängigkeit von der Korngröße ins Spiel bringt, ist von van Rijn(1984) vorgeschlagen worden. Sie beruht auf der Vorstellung, dass die Partikelbewegungen an einer zu Riffeln oder Dünen verformten Sohle infolge der durch die Leewirbel angefachten sohlennahen Turbulenz überwiegend sprungartig sind. Aus Sprunghöhe, Sprungweite und Teilchengeschwindigkeit hat sich daraufhin eine Gesetzmäßigkeit für den Transport der Partikel, die Kontakt mit der Sohle haben, herleiten und experimentell verifizieren lassen. Mit der hier einheitlich angewandten Notation lautet diese:

$$\varphi_G = \frac{0{,}053}{d_*^{0{,}3}} \left(\frac{\theta'}{\theta_c} - 1 \right)^{2{,}1} \quad 4 \leq d_* \leq 40 \qquad (9.312)$$

Wieder ist θ' nach (9.284) mit $\tau' = c\tau$ in Rechnung zu stellen, siehe unter 9.4.3. Die Formel gilt mit Bezug auf Abb. 9.78 vorzugsweise im Bereich „Übergang", wie die Beschränkung des dimensionslosen Korndurchmessers d_* ausweist.

Zanke-Formel (1999/2001): Mit dieser Formel wurde wurde der Grundidee gefolgt, daß der Geschiebetransport q_G als Produkt der Dicke s der bewegten Geschiebeschicht mit deren Geschwindigkeit u_G geschrieben werden kann:

$$q_G = s_G \cdot u_G \qquad (9.313)$$

Für die Schichtdicke wird abgeleitet

$$\frac{s_G}{d} = 2{,}8 p (\theta - p\theta_c) \qquad (9.314)$$

mit $p = (1 + 10 \cdot (\theta/\theta_c)^{-9})^{-1}$ als Wahrscheinlichkeit der Bewegung. Man beachte, daß s_G in 9.314 bezogen ist auf den Hohlraumgehalt im Ruhezustand, also keine Aussage zum erhöhten Hohlraumanteil im Bewegungszustand gibt, was aber für q_G nicht relevant ist. Diese vereinfachte Formel für s_G ergibt sich unter Ausschluß von sehr steilen Gerinnen und Fällen mit im Verhältnis zur Korngröße sehr flachem Wasser aus einer allgemeineren Lösung (s. Originalveröffentlichung). Weiter ist

$$u_G = \frac{1}{2} v_s \left(1 - 0{,}7 \frac{v_{*c}}{v_*} \right) = \frac{1}{2} v_s \sqrt{\frac{1}{\theta}} \left(\sqrt{\theta} - 0{,}7 \sqrt{\theta_c} \right) \qquad (9.315)$$

mit v_s = Geschwindigkeit des Wassers an der Sohle (genauer: am Kraftangriffspunkt in der Geschiebeschicht). Damit läßt sich der Geschiebetransport dimensionslos schreiben als

$$\phi = 1{,}4 \frac{v_s}{v_*} p (\theta - p\theta_c) \left(\sqrt{\theta} - 0{,}7 \sqrt{\theta_c} \right) \qquad (9.316)$$

9.4 Sedimenttransport

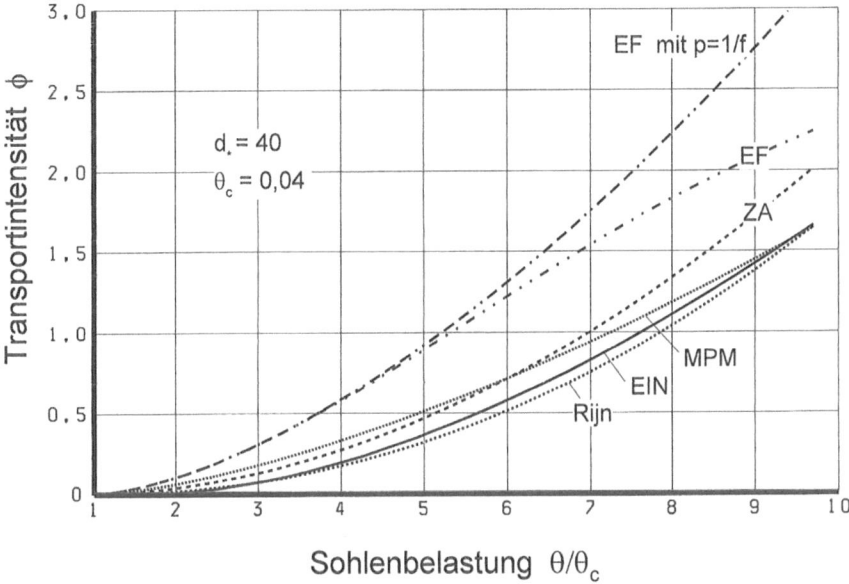

Abb. 9.85 Geschiebetrieb (geriffelte Sohle)

wobei

$$v_s/v_* = \left[[y_{SG}^+]^{-2} + p_{yt}\left[2{,}5\,\ln\frac{y_{SG}}{k_s} + B\right]^{-2} \right]^{-1/2} \quad (9.317)$$

mit $y_{SG} = 0{,}1125d + s_G$, $y_{SG}^+ = y_{SG} v_*/v$, $k_s = 2d$, $B = 2{,}5\ln\left(\frac{1}{0{,}033+0{,}11v_* k_s/v}\right)$. Weiter ist $p_{yt} = 1 - EXP(-0{,}08 y_{SG}^+)$ die Wahrscheinlichkeit für Turbulenz im Sohlabstand y_{SG}.

Die Formel gilt zunächst für die ebene Sohlen. Falls Riffel oder Dünen die Sohle bedecken ist die transportwirksame Schubspannung nicht um Formrauheitseinflüsse zu reduzieren wie bei den anderen vorstehend besprochenen Transportformeln. Stattdessen ist dann mit nur 50 % der für ebene Sohle berechneten Transportraten zu arbeiten.

Formelvergleich: Auf Grund der sehr unterschiedlichen Modellvorstellungen vom Transportmechanismus des Geschiebetriebs kann kaum erwartet werden, daß sich aus den fünf Geschiebetransportformeln völlig übereinstimmende Aussagen ergeben. Dies wird exemplarisch mit Abb. 9.85 demonstriert. Dabei handelt es sich mit einer dimensionslosen Korngröße $d_* = 40$ um einen Belastungsbereich, in dem noch mit ebener Sohle zu rechnen ist ($c = 1$; $\theta' = \theta$) vgl. 9.4.3.

Bei einer Darstellung von $\phi_G = f(\theta'/\theta_c)$ ist die Bewertung von Formeln, die außer dem Belastungswert θ'/θ_c weitere Parameter enthalten, durch eben diese erschwert. Daher beschränkt sich der hier angestellte Vergleich auf einen grundlegenden strukturellen Vergleich einiger Formeln, hier Meyer- Peter/Müller (bevorzugt für grobe Sedimente anwendbar), Engelund-Fredsoe (bevorzugt für feine Sedimente) und Zanke 1999/2001 (grob und fein). Obwohl diese drei Formeln durch ganz unterschiedliche Überlegungen und einen unterschiedlichen Grad an Empirie zustande gekommen sind, haben Sie wesentliche Übereinstimmungen. Um dies herauszuarbeiten, sind die Formeln etwas umgestellt und nachfolgend gegenüber gestellt.

Meyer-Peter/Müller $\phi_G = 8 \quad (\theta' - \theta_c) \sqrt{\theta' - \theta_c}$

oder $\phi_G \approx 8,5 \ldots 11,2(\theta' - \theta_c) \left(\sqrt{\theta'} - 0,7\sqrt{\theta_c}\right)$

Engelund-Fredsoe $\phi_G = 5\,p \qquad \left(\sqrt{\theta'} - 0,7\sqrt{\theta_c}\right)$ alle θ'/θ_c

$\phi_G = 18,74 \ (\theta' - \theta_c) \left(\sqrt{\theta'} - 0,7\sqrt{\theta_c}\right) \quad \theta \leq ca.4 \cdot \theta_c$

Zanke 1999/2001 $\phi = 1,4 \dfrac{v_s}{v_*} p \ (\theta - p\theta_c) \left(\sqrt{\theta} - 0,7\sqrt{\theta_c}\right)$

Man beachte, daß die p-Werte in den Formeln EF und ZA nicht das Gleiche sind.

Lässt man für den strukturellen Formelvergleich einen möglichen Ufereinfluss und mögliche Formrauheiten außer Acht, ist $\theta' = \theta$. Setzt man weiter in der Zanke-Formel $p = 1$ und setzt für v_s/v_* einen Zahlenwert ein, sind die Formeln von Engelund-Fredsoe für $\theta' < 4\theta_c$ und die Zanke-Formel in ihren Abhängigkeiten gleich. Da das Verhältnis von $\sqrt{\theta' - \theta_c}$ und $(\sqrt{\theta'} - 0,7\sqrt{\theta_c})$ im Bereich $1 < \theta/\theta_c < 100$ nur zwischen 1,07 und 1,4 variiert und somit auch der Unschärfe des Vorfaktors 8 zugeschlagen werden kann, ist die MPM-Formel ebenfalls strukturell fast gleich. Das ist angesichts der existierenden mehrere Dutzend z. T. völlig unterschiedlich aufgebauten und zustande gekommenen Geschiebeformeln eine wichtige Erkenntnis.

Bei der realen Berechnung wirkt sich allerdings merkbar aus, daß der Vorfaktor unterschiedlich ist:

- eine Konstante 8 bei MPM
- ein Wert $0 < 5p < 5$ bei EF als $f(\theta/\theta_c)$
- ein Wert $v_s/v_* = f(Re_*, \theta/\theta_c)$

Weiterhin entstehen Unterschiede wegen der ‚harten' Schwelle bei $\theta = \theta_c$ in MPM und EF im Gegensatz zur ‚weichen' Schwelle infolge der Bewegungswahrscheinlichkeit p in Za99/01 und der Schubspannungsreduktion in EF und MPM. Hierzu sei noch angemerkt, daß verschiedene neuere Vergleiche mit Messergebnissen bei MPM zu besseren Resultaten führten, wenn auf diese Reduktion verzichtet und gleichzeitig der Faktor von 8 auf 5 gesetzt wurde.

Man muß sich bei der Geschiebetransportberechnung also auf große Streubreiten der Rechenergebnisse einstellen und es ist daher ratsam, sich über deren Ausmaß z. B. durch vergleichende Messungen zu informieren. Mit solchen Messungen können die Zahlenfaktoren in der angewandten Formel auch für den konkreten Anwendungsfall „geeicht" werden, wobei man aber wissen muß, daß Transportmessungen ebenfalls nur unscharfe Ergebnisse liefern können.

Abb. 9.86 Definitionen zur Schubspannungsverteilung

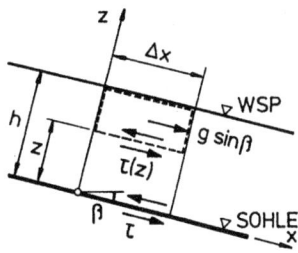

9.4.6 Schwebstofftransport

Schwebend transportiertes Sohlenmaterial, das durch die von der Sohle ausgehende Turbulenz in höhere Bereiche der Strömung gebracht worden ist, und den Sohlenkontakt bleibend verloren hat, wird mit der örtlich vorhandenen Fließgeschwindigkeit verfrachtet. Im Gegensatz zum Geschiebe, bei dem eine Abminderung der Sohlenschubspannung von τ auf τ' diskutiert werden kann und auch bei manchen Formeln angesetzt wird, ist für den Schwebstofftransport in jedem Fall die gesamte Sohlenschubspannung τ maßgebend. Bei der Transportrate m_S kommt es im wesentlichen auf das Produkt aus Schwebstoffverteilung $C(z)$ und Geschwindigkeitsverteilung $v(z)$ an.

Schwebstoffverteilung: Bei der Ermittlung des Konzentrationsprofils der Schwebstoffe über der Wassertiefe kann man von der unter 3.2.2 beschriebenen Fremdstofftransportbilanz ausgehen, mit der sich die Transportgleichung (9.227) ergeben hat. Im ebenen Normalabflusszustand ist die Konzentration der in Suspension befindlichen Sedimentpartikel nur vom Vertikalabstand z über der Sohle abhängig, $C = C(z)$. Wegen $\partial C/\partial x = \partial C/\partial y = 0$ wird bei Quellenfreiheit mit $S_c = 0$ die stationäre Beziehung $v_z \frac{dC}{dz} = \frac{d}{dz}\left(D_z \frac{dC}{dz}\right)$ erhalten. Dabei ist v_z die schwerkraftbedingte Geschwindigkeit, mit der sich die Partikel in z-Richtung bewegen wollen, also $v_z = -w$ (Sinkgeschwindigkeit). Der Diffusionskoeffizient D_z wird als sogenannte Partikeldiffusion $\epsilon_S(z)$ eingeführt, so daß man mit $w\frac{dC}{dz} + \frac{d}{dz}\left(\epsilon_S \frac{dC}{dz}\right) = 0$ die im vorliegenden Fall maßgebende Transportgleichung gewinnt. Mit $C = 0$ und $\epsilon_S = 0$ an der Wasseroberfläche $z = h$ erhält man mit der ersten Integration die überall im einschlägigen Schrifttum, zu findende Differentialgleichung

$$w\,C(z) + \epsilon_S(z)\frac{dC}{dz} = 0 \qquad (9.318)$$

In dieser Gleichung sind die Abwärtsbewegung durch Schwerkraftwirkung und die Aufwärtsbewegung durch Turbulenz einander gegenübergestellt. Die Partikeldiffusion ϵ_S wird darin proportional zur turbulenten Diffusion ϵ, der sogenannten Wirbelviskosität, angenommen, vgl. (3.17):

$$\epsilon_S(z) = r\epsilon(z) \qquad (9.319)$$

Letztere kann $\tau(z) = \rho\epsilon(z)dv/dz$ aus der Schubspannungsverteilung gewonnen werden, die sich mit Hilfe des Impulssatzes als linear herausstellt, Abb. 9.86:

$\tau(z) = \tau(1 - z/h)$ mit der Sohlenschubspannung $\tau = \rho g h I$ bei ebener Strömung. Der Geschwindigkeitsgradient dv/dz kann ferner mit (9.35) eingebracht werden, so daß sich für den z-abhängigen turbulenten Diffusionskoeffizienten mit der Schubspannungsgeschwindigkeit $v_* = \sqrt{\tau/\rho}$ schließlich ergibt:

$$\epsilon(z) = \kappa v_* z (1 - z/h) \tag{9.320}$$

Für den Faktor r in (9.319) gibt es nur wenige Informationen, die einander teils sogar widersprechen. Er beinhaltet einerseits die Beeinträchtigung der turbulenten Diffusion durch die massereicheren und daher gegenüber den Wasserpartikeln trägeren Schwebstoffteilchen zum Ausdruck und andererseits den Schlupf zwischen Teilchen und Wasser bei Geschwindigkeitsfluktuationen des Wassers. Größere (massereichere) Teilchenbenötigen eine längere Zeit, um sich an die Umgebungsströmungen anzupassen. Im Extremfall schwanken die Wassergeschwindigkeiten und die Teilchenbewegung ist davon unbeeinflusst. Da die Partikeldiffusion somit kleiner wird als die des Wassers, sollte stets $r < 1$ sein.

Von Zanke (1982) wird der r-Faktor favorisiert als $r = 1 - v_{*sc}/v_*$ mit v_{*sc} als kritische Schubspannungsgeschwindigkeit bei Suspensionsbeginn. Mit $m = \vartheta_{sc}$ entsprechend Tabelle 9.12 und dem Parameter $\vartheta = v_*/w$ nach (9.292) lautet der Zanke-Vorschlag verallgemeinert:

$$r = 1 - m/\vartheta \tag{9.321}$$

Dazu teilweise im Gegensatz steht ein von van Rijn (1984) empfohlener Ausdruck, der mit der gleichen Kennzahl wie folgt lautet ($1 \leq \vartheta \leq 100$):

$$r = \frac{\vartheta^2 + 2}{\vartheta^2 + 1{,}188 C_0^{2/5} \vartheta^{1/5}(\vartheta^2 + 2)} \tag{9.322}$$

Darin ist neben dem mit der Sinkgeschwindigkeit w gebildeten Schubspannungsparameter $\vartheta = v_*/w$ als Referenzkonzentration C_0 ein Wert enthalten, der sich auf die Höhe $z_0 = k$ bezieht, siehe C_a nach (9.330). Beide r-Wert-Vorschläge sind in Abb. 9.87 dargestellt; man erkennt eine gegenläufige Tendenz derselben, ungefähre Übereinstimmung besteht nur bei kleinen ϑ-Werten. Eingetragen sind auch die Grenzwerte der Randkonzentration. Hohe Werte von C_0 führen auch bei van Rijn auf Faktoren $r < 1$. Da mehr Schlupf zwischen Wasser und Teilchen zu geringerer Teilchendurchmischung führt, muß der r-Wert zu kleinen $\vartheta = v_*/w$ hin abnehmen. Die gegenläufige Zunahme bei v. Rijn könnte darauf hindeuten, daß weitere Effekte, wie z. B. veränderliches κ bei seinen Messungen beteiligt waren.

Mit (9.319) und (9.320) wird statt (9.318) erhalten:

$$wC(z) + \kappa r v_* z \left(1 - \frac{z}{h}\right) \frac{dC}{dz} = 0 \tag{9.323}$$

Darin ist die Kármán-Konstante bei Reinwasser und ebener Sohle mit $\kappa = 0{,}4$ anzusetzen. Das Produkt κr entspricht einem veränderten κ-Wert. Bei hohen Konzentrationen ist eine Verminderung des κ-Wertes zu beobachten während bei einer

9.4 Sedimenttransport

Abb. 9.87 Empfohlene r-Faktoren

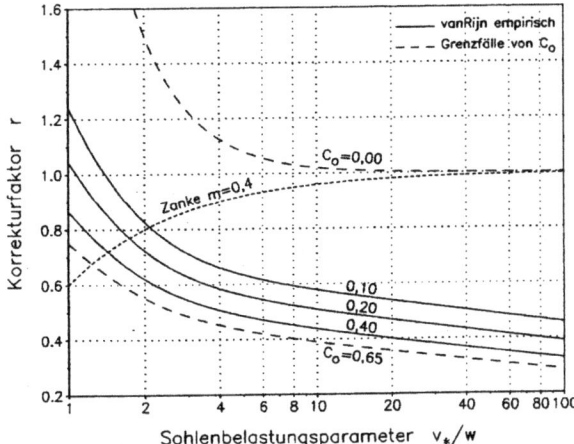

Abb. 9.88 Schwebstoffverteilung

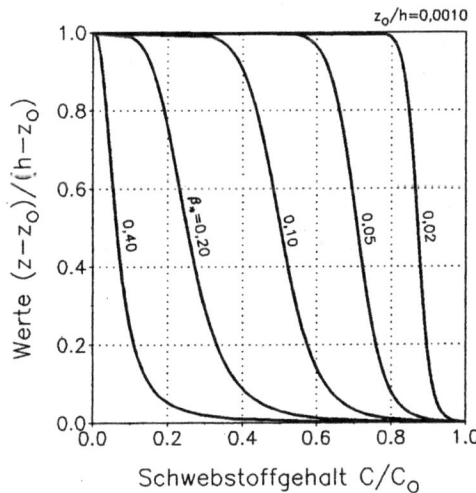

Sohle mit Riffeln oder Dünen (s. z. B. bei Zanke 1982, S. 270) auch erhöhte κ-Werte beobachtet werden.

Die Integration führt unter Berücksichtigung einer Randkonzentration C_0, die üblicherweise als *Referenzkonzentration* bezeichnet wird, auf die *Schwebstoffverteilung*

$$\frac{C(z)}{C_0} = \left(\frac{z_0}{z}\frac{h-z}{h-z_0}\right)^{\beta_*} \quad \text{mit} \quad \beta_* = \frac{w}{\kappa r v_*} \qquad (9.324)$$

Darin ist β_* ein nach Vanoni und Rouse benannter Exponent, der den Belastungszustand und die Eigenschaften des Schwebstoffmaterials repräsentiert; er wird im Schrifttum oft auch als z-Wert oder als *Schwebstoffzahl* ausgewiesen, siehe z. B. Bechteler (1988). Je geringer dieser Exponent ausfällt, desto gleichmäßiger sind die Schwebstoffe auch über der Wassertiefe h verteilt, wie Abb. 9.88 veranschaulicht:

Die Grenzfälle $\beta_* \to 0$ bzw. $\beta_* \to \infty$ bedeuten vollständig gleichverteilte Schwebstoffe bzw. überhaupt keine Schwebstoffverteilung (nur Geschiebetransport.)

Analoge Aussagen über die Konzentrationsverteilung der Schwebstoffe werden auch nach anderen Berechnungsansätzen erhalten; diesbezüglich wird auf Graf (1971) und Bogardi (1974) sowie auf Raudkivi (1976) verwiesen.

Referenzkonzentration: Um (9.324) auswerten zu können, benötigt man eine Konzentrationsangabe $C_o = C(z_o)$ in einem Referenzniveau z_o, die z. B. durch eine Messung gewonnen werden kann. Im allgemeinen wird man aber nicht auf Beobachtungsdaten zurückgreifen können, sondern muß statt dessen mit einer Schätzung von $C_o = C(z_o)$ zufrieden sein, bei der z_o den unteren Rand der schwebführenden Schicht bzw. den oberen Rand der geschiebeführenden Schicht markiert, Abb. 9.72. Für z_o gibt es in der Literatur verschiedene Vorschläge. Entweder wird von einer Proportionalität zur Wassertiefe ausgegangen, meist $z_o = 0{,}05$ h, oder von einer Proportionalität zur Korngröße, $z_o \sim d$.

Zur Bestimmung der Referenzkonzentration $C_o = C(z = z_o)$ werden hier drei Vorschläge beschrieben. In allen Fällen handelt es sich, anders als unter 9.3, um Volumenkonzentrationen: Feststoffvolumen in der Volumeneinheit Feststoff-Wasser-Gemisch. Für die Bestimmung von C_o wird vorausgesetzt, daß die Konzentration der Schwebstoffteilchen am unteren Rand des Schwebstoffbereichs gleich der mittleren Konzentration der Partikel in der darunter liegenden geschiebeführenden Schicht ist. Einstein (1950) stellt mit (9.249) für diese „Nahtstelle" $z_o = 2\, d_m$ in Rechnung und ermittelt C_o aus der Geschiebetransportrate, d. h. mittels $m_G = \rho_S C_o z_o v_G$. Hierin ist v_G die sowohl über z_o als auch zeitlich gemittelte Partikelgeschwindigkeit, deren Proportionalität zur Schubspannungsgeschwindigkeit an der Sohle einleuchtet, $v_G \sim v_*$. Wird daraufhin angesetzt $v_G = E \cdot v_*$, worin E als „Einstein-Faktor" bezeichnet werden möge, so ergibt sich zur Bestimmung von C_o die Geschiebetransportrate

$$m_G = 2E\rho_S C_o v_* d_m \qquad (9.325)$$

Darin ist $z_o = 2\, d_m$ gesetzt, wobei d_m den maßgebenden Korndurchmesser des Sohlenmaterials angibt. In dimensionsloser Form folgt so mit (9.284) und (9.302) die auf die Höhe z_o bezogene *Einstein-Referenzkonzentration*

$$C_o = \frac{1}{2E}\frac{\phi_G}{\sqrt{\theta}} \qquad (9.326)$$

Diese Relation ergibt sich durch Bezug der Partikelgeschwindigkeit v_G auf die unverminderte Schubspannungsgeschwindigkeit v_* und leitet eine Modifizierung des ursprünglichen Einstein-Konzepts für die Berechnung des Schwebstofftransports ein. Im Original wurde nämlich mit der Auffassung, daß für v_G die reduzierte Schubspannungsgeschwindigkeit v'_* maßgebend ist, von $v_G \sim v'_*$ ausgegangen, und Einstein (1950) hat mit einer grenzschichttheoretisch gestützten Abschätzung der Partikelgeschwindigkeit den Zusammenhang $v_G = 11{,}63 v'_*$ formuliert. Daraus entstand als Referenzkonzentration der Ausdruck

$$C_o = 0{,}043\frac{\phi_G}{\sqrt{\theta'}} \qquad (9.327)$$

9.4 Sedimenttransport

Für den Einstein-Faktor E in der Verallgemeinerung (9.326) ist diese Aussage gleichbedeutend mit $E = 11{,}63\sqrt{c}$, wobei mit c der durch (9.258) definierte Reduktionsfaktor für die Schubabminderung gemeint ist. Wird jedoch bei der Schwebstofftransportberechnung insgesamt davon ausgegangen, daß der mit v_* bzw. θ erfaßte Gesamtschub an der Sohle, also τ, nicht nur τ', maßgebend ist, so wächst dem E-Faktor die Aufgabe zu, das solchermaßen modifizierte Einstein-Modell an die realen Gegebenheiten anzupassen. Daher ist der E-Wert in (9.326) keine Konstante sondern von den Strömungs- und Materialparameteren abhängig. Diesbezüglich wird auf 9.4.7 verwiesen.

Ebenfalls in der Höhe $z_0 = 2\,d_m$ ist eine von Engelund u. Fredsoe (1976) empfohlene Referenzkonzentration C_0 definiert. Mit den aus der Geschiebetransportberechnung bekannten Werten für die Überschussfunktion f nach (9.310) und die Transportwahrscheinlichkeit p nach (9.311) ist zunächst eine sogenannte *lineare Konzentration* C_L zu bestimmen:

$$C_L = 6 \cdot \sqrt{\frac{1 - \frac{1}{\theta'}\left(\theta_c + \frac{\pi}{6} p \tan \mu\right)}{1 + \frac{\Delta \rho}{\rho}}} \tag{9.328}$$

Wie beim Geschiebetransport wird auch hierbei mit der reduzierten Strömungsintensität θ' gerechnet, also τ' nach 9.4.3 berücksichtigt; für Sand ist ferner $\mu \approx 27\,\mathrm{E}°$ anzusetzen.

Der Vorschlag beruht auf der Annahme, dass die Wahrscheinlichkeit für das Auftreten eines bestimmten C_0-Wertes an der rechnerischen Geschiebeschicht-„Oberkante" $z_0 = 2d_m$ der Transportwahrscheinlichkeit der Sedimentpartikel entspricht. Mit der linearen Konzentration C_L ergibt sich daraufhin als *Engelund-Fredsoe-Referenzkonzentration*:

$$C_0 = 0{,}65 \left(\frac{C_L}{1 + C_L}\right)^3 \tag{9.329}$$

Wie schon zuvor bezieht sich der Index o mit dem maßgebenden Korndurchmesser d_m auf die Höhe $z_0 = 2d_m$ über der idealisierten ebenen Sohle.

Ein dritter Vorschlag, bei dem eine zu Riffeln und/oder Dünen verformte Sohle berücksichtigt wird, stammt von van Rijn (1984). Als Bezugsabstand für die Referenzkonzentration wird dabei aber nicht von $z_0 = 2\,d_m$ ausgegangen sondern eine Bezugshöhe $a = k$ über dem Nullniveau der Sohle gewählt. Dabei ist k im Sinne der unter 9.4.3 erläuterten „Bettrauheit" die der verformten Sohle zukommende äquivalente Sandrauheit. Für ein Sohlenmaterial, dessen maßgebende Korngröße durch $d_m = d_{50}$ beschrieben werden kann, gilt als zu $z = a$ gehörende Konzentration $C(a)$:

$$C_0 = \frac{0{,}015}{d_*^3} \frac{d_m}{k} \left(\frac{\theta'}{\theta_c - 1}\right)^{3/2} \tag{9.330}$$

Darin sind die dimensionslose Korngröße d_* durch (9.262), die Strömungsintensität θ' durch (9.284) und der Shields-Wert θ_c durch (9.285) definiert. Die der Beziehung

Abb. 9.89 Definitionen
für transportierten
Schwebstoffmasse

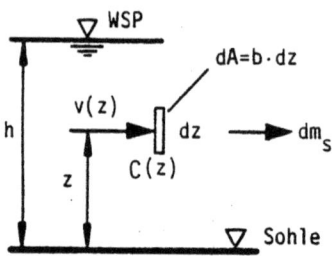

(9.260) genügende Rauheit k entspricht etwa der Transportkörperhöhe, $k \approx K$, vgl. unter 9.4.3. Für (9.330) wird ferner als Geltungsbereich $d < h/100$ angegeben, siehe auch Bechteler (1988). Liegen keine Transportkörper vor (ebene Sohle), so kommt statt k nur die Kornrauheit k' nach (9.273) bzw. (9.274) zum Ansatz; allerdings empfiehlt van Rijn (1984), dann mit $k' \approx 3d_{90}$ zu arbeiten.

Der C_a-Wert ist für eine etwaige Verwendung im Einstein-Modell nicht unmittelbar geeignet, denn dieses verlangt den Bezug auf $z_0 = 2\, d_m$ statt auf $a = k$. Mit (9.324) kann (9.330) aber umgerechnet werden, und es ergibt sich als *van Rijn-Referenzkonzentration:*

$$C_o = C_a \left(\frac{a/h}{1 - a/h} \frac{1 - 2d_m/h}{2d_m/h} \right)^{\beta*} \qquad (9.331)$$

Nur für $a = 2\, d_m$ sind beide Konzentrationswerte gleich. Bei der Umrechnung gebe man acht auf die mit $C_{max} = 0{,}65$ theoretisch maximal mögliche Konzentration; ein diesen Wert überschreitendes Rechenergebnis ist ein Indiz für unzutreffende C_a-Daten.

Transportierte Schwebstoffmasse: In Analogie zu (9.301) wird als Schwebstofftransportrate $m_s = M_s/b$ definiert, wobei M_S in kg/s den Suspensatransport im Gerinne der Breite b bedeutet. Durch ein in der Höhe z über der Sohle gelegenes Flächenelement mit der Höhe dz wird in der Breiteneinheit die Feststoffmasse $dm_s = \rho_S C(z) v(z) dz$ transportiert, Abb. 9.89. Darin ist $C(z)$ die örtliche Volumenkonzentration entsprechend der mit (9.324) berechneten Schwebstoffverteilung, und v(z) ist die Geschwindigkeit, mit der die Schwebstoffe verfrachtet werden.

Die Transportrate m_S ergibt sich durch Integration zwischen $z = z_0$ und $z = h$, wobei z_0 die „Unterkante" der schwebführenden Schicht angibt, s. Abb. 9.72; dabei kommt es im wesentlichen auf das Produkt $C(z) \cdot v(z)$ an:

$$m_S = \int_{z_0}^{h} C(z) v(z) dz \qquad (9.332)$$

9.4 Sedimenttransport

Zweckmäßig ist eine dimensionslose Darstellung mit dem relativen Abstand $y = z/h$ von der Sohle:

$$\frac{m_S}{\rho_S v_* h} = \int_{y_0}^{1} C(y) \frac{v(y)}{v_*} dy \qquad (9.333)$$

Mit $z_0 = 2d_m$ nach (9.249) ist dafür $y_0 = z_0/h = 2\, d_m/h$ anzusetzen, wobei d_m den maßgebenden Korndurchmesser bedeutet.

Aus (9.326) gewinnt man die Konzentrationsverteilung

$$C(y) = C_o \left(\frac{y_0}{1-y_0}\right)^{\beta_*} \left(\frac{1-y}{y}\right)^{\beta_*} \qquad (9.334)$$

Wurde die Referenzkonzentration mit (9.330) nach van Rijn bestimmt, so ist zuvor mit (9.331) die Umrechnung von C_a in C_o vorzunehmen.

Für die Geschwindigkeitsverteilung $v(y)$ kann auf die für voll rauhes Widerstandsverhalten geltende Beziehung (9.39) zurückgegriffen werden:

$$\frac{v(y)}{v_*} = \frac{1}{\kappa}\left(\ln y - \ln \frac{k/h}{30}\right) \qquad (9.335)$$

Darin ist, abweichend vom Einstein-Verfahren, mit der vollen Schubspannungsgeschwindigkeit v_* (statt v_*') zu rechnen, und k ist die Sohlenrauheit im Sinne der unter 9.4.3 erklärten Bettrauheit (nicht Kornrauheit).

Mit den so formulierten Profilen $C(y)$ und $v(y)$ ergibt die nach (9.333) verlangte Integration zunächst

$$\frac{m_S}{\rho_S v_* h} = \frac{C_o}{\kappa}\left(\frac{y_0}{1-y_0}\right)^{\beta_*}\left[I1 \cdot \ln\frac{30}{k/h} - I2\right] \qquad (9.336)$$

Die Abkürzungen I1 und I2 vertreten darin folgende Integrale:

$$I1 = \int_{y_0}^{1}\left(\frac{1-y}{y}\right)^{\beta_*} dy \qquad I2 = -\int_{y_0}^{1}\left(\frac{1-y}{y}\right)^{\beta_*}\ln y\, dy \qquad (9.337)$$

Wie zuvor bedeutet $y_0 = 2\, d_m/h$, und β_* ist der nach (9.324) mit der vollen Schubspannungsgeschwindigkeit $v_* = \sqrt{\tau/\rho}$ zu bildende Vanoni-Rouse-Exponent.

Bei der Bestimmung dieser Integralwerte, z. B. mit Hilfe der Simpson-Regel, muß beachtet werden, daß die in der Nähe von y_0 sehr steilen Gradienten der Konzentrations- und der Geschwindigkeitsverteilung entsprechend kleine Integrationsschrittweiten erfordern, vgl. Bechteler (1988). Für erste Überschlagsrechnungen kann man auch von den in Abb. 9.90 dargestellten Hilfsfunktionen HF1 und HF2 ausgehen, die mit den Integralen I1 und I2 folgendermaßen zusammenhängen:

$$I1 = 4{,}65 y_0\left(\frac{1-y_0}{y_0}\right)^{\beta_*} HF1 \qquad I2 = 4{,}65 y_0\left(\frac{1-y_0}{y_0}\right)^{\beta_*} HF2 \qquad (9.338)$$

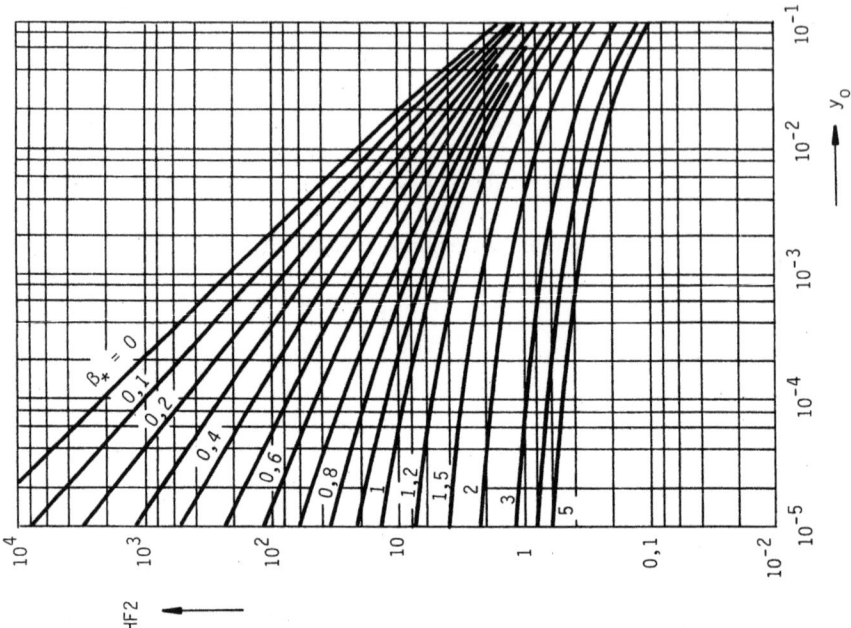
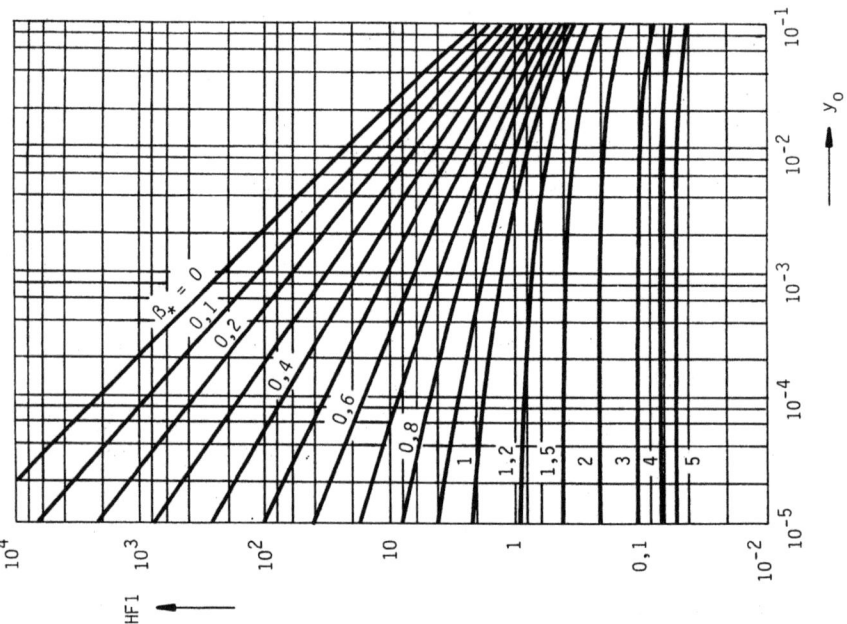

Abb. 9.90 Hilfswerte HF1 und HF2 für die Berechnung des Schwebstofftransports

9.4 Sedimenttransport

Diese Ausdrücke gehen auf Einstein (1950) zurück und hängen zusammen mit der Referenzkonzentration nach (9.327): Der Faktor 4,65 entsteht als Produkt aus der Kármán-Konstanten $\kappa = 0,4$ und dem Einstein-Zahlenwert 11,63.

Nach erfolgter Kalibrierung des Konzentrationsprofils $C(y)$ mit dem Wertepaar (y_o, C_o) kann man die untere Grenze (nur diese!) der Integrale I1 und I2 variieren: Y_o statt y_o im Bereich $y_o < Y_o < 1$. Die Integralwerte (9.337) werden dann als Funktionswerte $f(Y_{o,*})$ erhalten und ergeben mit (9.336) den Schwebstofftransport oberhalb der durch Y_o markierten Höhe $z = Y_o h$ über der Sohle. Analog kann auch mit den Hilfsfunktionen der Abb. 9.90 verfahren werden.

Mit den Substitutionen (9.338) sowie mit der dimensionslosen Transportrate ϕ_S, die analog (9.302) zu bilden ist, entsteht durch Einsetzen der Referenzkonzentration (9.326) folgende modifizierte Form des Einstein-Modells:

$$\phi_S = \frac{4{,}65}{\kappa E}\phi_G \left[\text{HF1} \cdot \ln\left(\frac{30}{k/h}\right) - \text{HF2} \right] \tag{9.339}$$

$$\phi_S = \frac{1}{\kappa E}\phi_G \frac{1}{y_o}\left(\frac{y_o}{1-y_o}\right)^{\beta_*} \left[\text{I1} \cdot \ln\left(\frac{30}{k/h}\right) - \text{I2} \right] \tag{9.340}$$

Weil für ϕ_G die reduzierte Schubspannung $\tau' < \tau$ bzw. θ' maßgebend ist, für ϕ_S dagegen der volle Schub, kommt die Schubspannungsreduktion nach (9.258) indirekt mit ins Spiel. Dazu muß angemerkt werden, daß die Originalversion von Einstein für alle Variablen in (9.340) die reduzierte Schubspannungsgeschwindigkeit v'_* vorsieht; es hat sich jedoch herausgestellt, daß auf diesem Wege vielfach unzutreffende Schwebstoffverteilungen und -transportraten erhalten werden. Wie van Rijn (1984) gezeigt hat, ist der Ansatz des unverminderten v_*-Wertes für den Vanoni-Rouse-Exponent en $_*$ physikalisch sinnvoller; entsprechend gilt für die im Logarithmus von (9.340) anzusetzende Rauheit, daß die Bettrauheit k (nicht die Kornrauheit k') maßgebend ist.

Mit diesen Vorgaben entsteht ein modifiziertes Einstein-Verfahren zur Berechnung des Schwebstofftransports, bei dem die klassische Konzeption nicht grundlegend verändert wird. Lediglich mit dem in Rechnung zu stellenden Einstein-Faktor E, der gemäß (9.325) die Partikelgeschwindigkeit des Geschiebes betrifft, wird eine Ergänzung eingebracht. Eingehende Analysen haben ergeben, daß der E-Wert sowohl von Material- als auch von Belastungsparametern abhängig sein dürfte, $E = f(d*, d_m/h, \theta, \ldots)$. Eine diesbezügliche Schätzformel wird mit (9.344) auf Grund einer Auswertung von Gesamttransportdaten vorgeschlagen.

Im übrigen sind einigermaßen zutreffende Aussagen über die Schwebstofftransportrate nach den zuvor genannten Rechenvorschriften nur zu erwarten, wenn ein Sohlenmaterial vorliegt, das guten Gewissens mit $d_m \approx d_{50}$ charakterisiert werden kann, also nahezu „einkörnig" ist. Andernfalls wird fraktionsweise gerechnet werden müssen, wie es das Einstein-Verfahren ursprünglich vorgesehen hat; es wird diesbezüglich u. a. auf Graf (1971), Raudkivi (1976) und Vanoni (1977) verwiesen.

9.4.7 Gesamttransport

Soweit eine nach Geschiebe und Schweb getrennte Transportberechnung wie unter 9.4.5 und 9.4.6 durchgeführt wurde, ergibt sich die Gesamttransportrate durch einfache Superposition:

$$\phi = \phi_G + \phi_S \quad \text{bzw.} \quad m = m_G + m_S \quad (9.341)$$

Dabei sollten die beiden Komponenten nach den Rechenvorschriften ein- und desselben Autors gebildet werden, z. B. beide nach Engelund und Fredsoe (1976). Es besteht aber auch die Möglichkeit, auf eigens für den Gesamttransport entwickelte Formeln zurückzugreifen, die mit weniger Rechenaufwand auskommen; drei davon werden nachstehend dem klassischen Vefahren (9.341) gegenübergestellt.

Einstein-Formel: Die Zusammenfassung der Transportintensitäten des Geschiebes ϕ_G und des Schwebstoffs ϕ_S führt mit (9.306) und (9.339) auf folgende Gesamttransportformel:

$$\frac{\phi}{\phi_G} = 1 + \frac{1}{\kappa E} \frac{1}{y_o} \left(\frac{y_o}{1-y_o}\right)^{\beta_*} \left(I1 \cdot \ln \frac{30}{k/h} - I2\right) \quad (9.342)$$

$$\frac{\phi}{\phi_G} = 1 + \frac{4{,}65}{\kappa E} \left(HF1 \cdot \ln \frac{30}{k/h} - HF2\right) \quad (9.343)$$

Darin sind die Integralfunktionen I1 und I2 sowie die Hilfsfunktionen HF1 und HF2 mit (9.337) und (9.338) erklärt, und β_* ist der Vanoni-Rouse-Exponent (9.324). Ferner ist E der bei (9.325) eingeführte Einstein-Faktor, und $y_o = 2\, d_m/h$ gibt die Abgrenzung des schwebführenden vom geschiebeführenden Strömungsbereich an, Abb. 9.72, wobei d_m den maßgebenden Korndurchmesser des mit $d_m \approx d_{50}$ als nahezu „einkörnig" vorausgesetzten Sohlenmaterials bedeutet.

Mit dem Ansatz der vollen Schubspannungsgeschwindigkeit im Exponenten β_* handelt es sich bei dieser Gesamttransportbeziehung um eine Modifizierung des Einstein-Modells, die formal auch durch den Einstein-Faktor E in Erscheinung tritt. Für diesen haben eingehende Analysen von Gesamttransportdaten signifikante Abhängigkeiten von d_m/h, d_* und θ erkennen lassen und zu folgendem Vorschlag geführt:

$$E = \frac{16{,}84}{\sqrt{d_m/h}} \frac{\theta}{d_*^4} \quad (9.344)$$

Darin ist die Strömungsintensität θ nach (9.284) mit dem unverminderten Sohlenschub τ zu bilden, und d_* ist der dimensionslose Korndurchmesser nach (9.262). Als Anwendungsgrenze für diese E-Wertformel ist nach oben hin mit etwa $\theta \leq d_*^2/3$ zu rechnen, während als untere Begrenzung ein θ-Wert gilt, für den $\theta' \geq \theta_c$ maßgebend ist, wobei der Zusammenhang zwischen θ' und θ durch (9.261) gegeben ist und θ_c den Shields-Wert darstellt.

In der physikalischen Interpretation kann E als eine Größe angesehen werden, mit der die Annahmen, daß die Geschwindigkeit der Geschiebepartikel proportional zur Schubspannungsgeschwindigkeit v_* sei, und daß die Dicke der geschiebeführenden Schicht 2 d_m betrage, den real vorliegenden Gegebenheiten entsprechend korrigiert werden. Es ist einleuchtend, daß dabei neben den in d_* zusammengefaßten Materialeigenschaften und der mit θ eingebrachten Sohlenbelastung auch die Wassertiefe h eine Rolle spielt. Man kann diesen Umstand auch als Einfluss der Reynolds-Zahl $Re = 4vh/v$ deuten.

Wird der Geschiebetransport ϕ_G nicht wie vorstehend nach Einstein (1950) sondern als (9.309) eingebracht, so hat man es mit einer formal gleichen

Engelund-Fredsoe-Formel zu tun, denn Engelund u.Fredsoe (1976) haben das Einsteinsche Schwebstofftransportmodell übernommen, gehen aber bei der Bestimmung der Transportintensität ϕ_G sowie bei der Referenzkonzentration C_o eigene Wege. Im Prinzip kann man ϕ_G in (9.342) auch mit der van Rijn-Formel (9.312) zum Ausdruck bringen, muß dann aber auf die Umrechnung von C_o nach (9.331) achtgeben, denn in (9.342) wird der Bezug auf $y_o = 2d_m/h$ (statt k/h) verlangt.

Pernecker-Vollmers-Formel: Die umständliche Auswertung der Gesamttransportformel (9.342) hat zur Entwicklung einiger empirischer Formeln geführt, die sich nicht nur durch Benutzerfreundlichkeit sondern mehr oder weniger auch durch ihre Aussagekraft bewährt haben. Dazu gehört folgende, bezüglich θ_c modifizierte Beziehung:

$$\phi = \theta^{3/2}\left(\frac{\theta}{\theta_c} - 1\right) \qquad (9.345)$$

Das Original dieser Gesamttransportformel, Pernecker und Vollmers (1965), enthält den festen Shields-Wert $\theta_c = 0{,}04$ (vgl. 9.4.4). Transport- und Strömungsintensität sind mit (9.302) und (9.284) definiert worden; für θ ist die volle Sohlenschubspannung τ (nicht τ') in Ansatz zu bringen. Die Gesamttransportrate ergibt sich analog (9.303), wie auch bei den übrigen Gesamttransportformeln, als $m = \phi \rho_S \sqrt{g'd_m^3}$.

Engelund-Hansen-Formel: Eine schwellenwertfreie, ebenfalls sehr anwenderfreundliche Gesamttransportformel ist von Engelund und Hansen (1967) aufgestellt worden. Sie nimmt mit dem Widerstandsbeiwert λ Rücksicht auf die durch Riffel oder/und Dünen bedingte Rauheitsstruktur der Sohle (Bettrauheit, s. 9.4.3) und lautet:

$$\phi = \frac{2}{5}\frac{\theta^{5/2}}{\lambda} \qquad (9.346)$$

Dafür ist λ ggf. nach (9.276) mit einem Formbeiwert $f = 0{,}6$ in Rechnung zu stellen.

Ackers-White-Formel: Eine Gesamttransportformel, in der neben der Gesamtschleppspannung τ auch der mit dieser korrespondierende Widerstandsbeiwert λ sowie die Schubspannungsreduktion $c = \tau'/\tau$ eine Rolle spielen, ist von Ackers u.White(1973) vorgeschlagen worden. Mit der hier verwendeten Notation kann sie auf folgende Form gebracht werden:

$$\phi = \frac{M}{\sqrt{(\lambda/8)^{1+n}}} \sqrt{\theta} \left(\frac{1}{N} \sqrt{c^{1-n}} \cdot \sqrt{\theta} - 1 \right)^m \tag{9.347}$$

Darin bezieht sich λ auf den vollen Sohlenschub, ebenso die Strömungsintensität θ, und c ist der Schubspannungsreduktionsfaktor (9.258). Die Konstanten M, N, m und n hängen ausschließlich von der dimensionslosen Korngröße d_* nach (9.262) ab und haben sich durch Regressionsrechnung im Geltungsbereich $1 \le d_* \le 60$ wie folgt ergeben:

$$\log M = 2{,}86 \log d_* - (\log d_*)^2 - 3{,}53 \qquad N = 0{,}14 + \frac{0{,}23}{\sqrt{d_*}}$$

$$m = 1{,}34 + \frac{9{,}66}{d_*} \qquad n = 1 - 0{,}56 \log d_*$$

In (9.347) entspricht N^2/c^{1-n} formal der transportkritischen Strömungsintensität; es wird $\phi = 0$ für $\theta_o = N^2 c^{n-1}$ erhalten, so daß der verminderte Betrag $\theta_o' = c\theta_o N^2 c^n$ in etwa dem Shields-Wert θ_c gleichen muß. Auf diese Weise ist zumindest eine größenordnungsmäßige Plausibilitätskontrolle möglich.

Formelvergleich: Bei den Gesamttransportformeln ist die Vergleichbarkeit der Zusammenhänge $\phi = f(\theta)$ insofern problematisch als mehr oder weniger fast jede Formel neben der Strömungsintensität θ weitere Einflussparameter enthält, die z. T. auch von θ abhängen. Eine vergleichende Darstellung dieser Beziehungen ist daher nur exemplarisch möglich, wie in Abb. 9.91; in geringerem Ausmaß gilt dies auch schon für den Vergleich der Geschiebeformeln in Abb. 9.85. Das dargestellte Beispiel bedarf einiger ergänzender Anmerkungen, um etwaigen Fehlinterpretationen vorzubeugen:

Abgesehen von den gleichen Material- und Strömungsparametern sind in beiden Diagrammen mittels $\theta' = c\theta$ die gleichen Sohlenbelastungen θ'/θ_c aufgetragen; einem Belastungswert 10 entspricht im dargestellten Fall eine Strömungsintensität $\theta = 28\,\theta_c$.

Die in Abb. 9.91 angegebenen Parameter sowie $r \cdot \kappa = 0{,}32$ sind sämtlich als Konstanten aufgefaßt worden, auch der Widerstandsbeiwert λ und der Schubreduktionsfaktor c. Diese beiden Einflussgrößen sind strenggenommen θ-abhängig, ausgenommen den Fall einer Riffelsohle, bei der wegen stets annähernd gleicher Riffelhöhen und folglich fixierter Bettrauheit k tatsächlich von etwa konstanten Werten λ und c ausgegangen werden kann.

Diese Voraussetzung ist jedoch an die Existenz von Riffeln als Rauheitsmuster der belasteten Sohle gebunden, man hat daher die in Tab. 9.10 angegebenen Grenzen zu beachten. Danach sind Riffel nur bei einer Sohlenbelastung mit zu erwarten, sofern die dimensionslose Korngröße $d_* < 15$ ist. Für das in Abb. 9.91 dargestellte

9.4 Sedimenttransport

Abb. 9.91 Gesamttransport-formeln im Vergleich

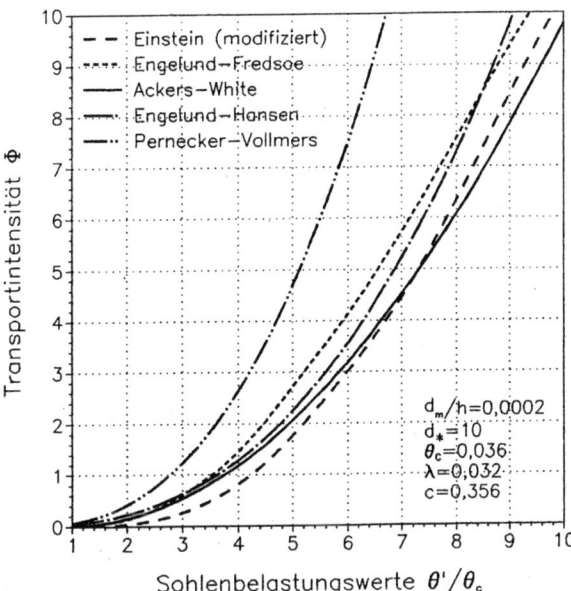

Beispiel bedeutet dies, daß bis zu $\theta'/\theta_c \approx 5$ mit Riffeln, darüber hinaus aber schon mit Dünen zu rechnen ist. In der rechten Diagrammhälfte sind die Annahmen, daß λ und c von θ unabhängig sind, streng genommen unzutreffend: Wachsende Dünen steigern die Rauheit k und den Widerstandsbeiwert λ, senken demzufolge den Reduktionsfaktor c.

Transport fraktionsweise: Bei der Berechnung des Sedimenttransports kann vielfach nicht davon ausgegangen werden, daß es sich bei dem bewegten kohäsionslosen Sohlenmaterial um mineralisches Lockersediment mit einheitlicher Körnung handelt. Im Gegenteil wird man fast immer mit einem Korngemisch zu tun haben, das nur bei einer sehr steilen Körnungslinie einigermaßen zutreffend mit einem als maßgebend angesehenen Korndurchmesser, z. B. nach (9.250) oder einfach als $d_m = d_{50}$, zu charakterisieren ist. Es leuchtet ein, daß sich mit einer derart einschneidenden Vereinfachung bei der Berechnung der Transportraten von Geschiebe und Schweb große Unsicherheiten ergeben können. Man kann dem in gewissem Umfang dadurch begegnen, daß man die Transportberechnung fraktionsweise durchführt. Dabei wird unterstellt, daß die Massenanteile der einzelnen Kornfraktionen im bewegten Sohlenmaterial denen in der Körnungslinie entsprechen. Hat eine Kornfraktion i den Anteil p_i am Korngemisch, Abb. 9.92, so kommt ihr eine anteilige Gesamttransportrate m_i zu wie folgt:

$$m_i = p_i \phi_i \rho_S \sqrt{g' d_{mi}^3} \qquad (9.348)$$

Darin ist ϕ_i die Transportintensität nach (9.341), jedoch berechnet mit der für die Fraktion i maßgebenden Korngröße d_{mi}, so als gäbe es nur dieses Material allein.

Abb. 9.92 Fraktion i einer Körnungslinie

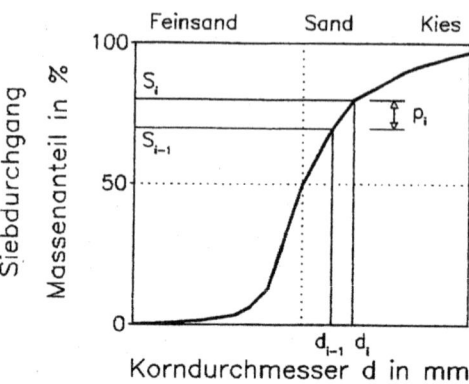

Mit Bezug auf Abb. 9.92 kann d_{mi} durch einen der üblichen Mittelwerte ausgedrückt werden; bewährt hat sich das geometrische Mittel

$$d_{mi} = \sqrt{d_{i-1} d_i} \qquad (9.349)$$

Mit diesem sind alle jeweils benötigten Rechengrößen zu bilden, also z. B. θ_i nach (9.284) oder β_{*i} nach (9.324) sowie die d_m-abhängigen Materialparameter d_{*i}, θ_{ci} usw. Der zu berechnende Gesamttransport ergibt sich damit schließlich als

$$m = \sum m_i = \rho_S \sqrt{g'} \sum p_i \phi_i d_{mi}^{3/2} \qquad (9.350)$$

Dabei ist p_i entsprechend Abb. 9.92 definiert und durch $\sum p_i = 1$ gekennzeichnet; mit g' als modifizierter Erdbeschleunigung nach (9.263) werden ferner die Einflüsse von Schwerkraft und Auftrieb berücksichtigt. Dem Fall des „einkörnigen" Sohlenmaterials entspricht i = 1 bzw. p_i = 1. Zwecks Vergleichbarkeit mit den für diesen geltenden Transportformeln ist (9.350) in dimensionsloser Darstellung geeigneter:

$$\phi = \sum p_i \phi_i \left(\frac{d_{mi}}{d}\right)^{3/2} \qquad (9.351)$$

Die Bezugskorngröße d ist dafür so zu wählen wie die Korngröße d_m in der zum Vergleich herangezogenen „Einkorn"-Transportformel, z. B. $d = d_{50}$.

Im Prinzip kann für das zuvor angedeutete Rechenschema jede der Gesamttransportformeln (9.342) bis (9.347) herangezogen werden. Die nach Kornfraktionen gestufte Transportberechnung ist aber insbesondere mit dem Verfahren von Einstein (1950) verbunden, siehe bei Vanoni (1977) oder bei Bechteler (1988). Die Zusammenfassung von (9.350) und (9.342) liefert dafür in der modifizierten Form den Ausdruck

$$m = \rho_S \sqrt{g'} \sum p_i \phi_{Gi} d_{mi}^{3/2} \left[1 + \frac{4{,}65}{\kappa E_i} \left(\text{HF1}_i \ln \frac{30}{k/h} - \text{HF2}_i\right)\right] \qquad (9.352)$$

Darin ist $\phi_{Gi} = f(\psi')$ für die i-te Kornfraktion nach (9.306) zu berechnen, Abb. 9.83, und die Hilfsfunktionen HF1_i und HF2_i ergeben sich mit I1_i und I2_i nach (9.337)

9.4 Sedimenttransport

Tab. 9.13 Sedimentologische Parameter und Kennzahlen, Teil 1: Material- und Systemgrößen

Kennzahl Parameter	Bezeichnung, Einheit Formelhinweis	Indizierung Kennzeichnung	Definition, Zusammenhänge Bemerkungen
ρ	Dichte, kg/m³	ohne: Wasser S: Feststoff L: Lagerung	$\Delta\rho = \rho_S - \rho$ $\Delta\rho/\rho =$ rel. Dichteunterschied $\rho_L = (1-n)\,\rho_S$ $n =$ Porenanteil
g'	modifizierte Erdbeschleunigung, m/s² (9.263)	–	$g' = g\,\Delta\rho/\rho$ erfaßt die Auftriebswirkungen
d_m	maßgebender Korndurchmesser, m (9.251)	ggf.i: Kornfraktion	vielfach: d_{50} für „Einkorn"
w	Sinkgeschwindigkeit, m/s (9.297)	ggf.i: Kornfraktion	$w = f(c_w, d_*)$ Einzelkorn in ruhendem Wasser
Re_w	Sinkgeschwindigkeits-Reynolds-Zahl, dim.los (9.293)	–	$Re_w = f(d_*)$ diverse Re_w-Formeln verfügbar
d_*	Dimensionslose Korngröße, dim.los (9.262)	ggf.i: Kornfraktion	$d_* = Re_S^{2/3}$ enthält g' und ν
Re_S	Granulometrische Reynolds-Zahl, dim.los (9.282)	–	$Re_S^2 = d_*^3$ wird oft statt d_* verwendet
z_0	Schichtdicke des Geschiebes, m (9.282)	–	$y_0 = z_0/h$ relativ, Vorschlag Einstein: $z_0 = 2\,d_m$ Zanke (1999): $z_0 = 2{,}8 \cdot d_m(\theta - \theta_c)$

bzw. (9.338). Mit d_{mi} nach (9.349) ist ferner auch der Einstein-Faktor E_i gemäß (9.344) zu bestimmen. Das gleiche gilt für die Parameter y_{0i} und β_{*i} der beiden Hilfsfunktionen.

Wird für die fraktionsweise Berechnung eine Gesamttransportformel benutzt, die vom Überschusskonzept ausgeht, vgl. Abb. 9.82, so kann es vorkommen, daß sich in Fraktionen mit größeren Korndurchmessern keine Transportrate ergibt. Daran wird deutlich, daß die Annahme, die Beteiligung der Fraktionen am Transport entspreche ihrem Anteil an der Körnungslinie, nicht in jedem Fall haltbar ist. Vielmehr werden damit Entmischungserscheinungen erkennbar, die auf instationäre Änderungen der Sohlbeschaffenheit hinweisen und nicht mehr der strengen Forderung nach Transportgleichgewicht gerecht werden. Abgesehen davon hat die beschriebene Superposition der Transportraten von Kornfraktionen den Nachteil, daß sie interaktive Prozesse, z. B. Partikelkollisionen, außer Acht lässt. Dennoch kann bei Korngemischen davon ausgegangen werden, daß mit der Transportberechnung fraktionsweise eher vertrauenswürdige Resultate gefunden werden als mit der „Einkorn-Methode".

Kennzahlen-Übersicht: Mit der zweiteiligen Tab. 9.13 und 9.14 wird an dieser Stelle eine Zusammenstellung von Kennzahlen und Parametern vorgenommen, die bei den Sedimenttransportberechnungen eine Rolle spielen.

Tab. 9.14 Sedimentologische Parameter und Kennzahlen, Teil 2: Belastungs- und Transportgrößen

Kennzahl Parameter	Bezeichnung, Einheit Formelhinweis	Indizierung Kennzeichnung	Definition, Zusammenhänge Bemerkungen
v_*	Schubspannungsgeschwindigkeit, m/s (9.259)	ohne: gesamt': transp.wirksam c: kritisch	$\tau = \rho v_*^2$ Sohlenschub $\tau' = c\tau$ reduzierter Schub
c	Schubreduktionsfaktor, dim.los (9.258)	–	$c = \lambda'/\lambda$ mehrere c-Formeln verfügbar
θ	Strömungsintensität, dim.los (9.284)	ohne: gesamt': transp.wirksam c: kritisch	$\theta = Re_*^2/d_*^3$, oft auch: Fr_*^2 θ_c = Shields-Wert
ψ	Bewegungsintensität, dim.los (9.286)	ohne: gesamt': transp.wirksam c: kritisch	$\psi = 1/\theta$ Einstein-Notation
ϑ	Belastungsparameter nach Laursen, dim.los (9.292), (9.300)	ohne: gesamt': transp.wirksam c: krit.Geschiebe sc: krit.Schweb	$\vartheta = Re/Re_w$ ϑ_c = Liu-Wert
Re_*	Sedimentologische Reynolds-Zahl, dim.los (9.261)	ohne: allgemein c: kritisch	$Re_*^2 = \theta\, d_*^3$ $Re_{*c} = Re_*(\theta_c)$
r	Diffusions-Korrektur, dim.los (9.319)	–	$r = \epsilon_s/\epsilon$ ϵ = Wirbelviskosität
β_*	Vanoni-Rouse-Exponent, dim.los (9.324)	–	$\beta_* = 1(\kappa r\vartheta)$ v.Kármán: $\kappa = 0{,}4$
C	Schwebstoffkonzentration, dim.los (9.325)	ohne: $C(z)$ o: Referenzkonz.	Volumenkonzentration $C_o = C(z_o)$
m	Transportrate, kg/(ms) (9.340)	ohne: gesamt G: Geschiebe S: Schwebstoff	$M = b\, m$ auf Breite b, kg/s $m = \rho_S\, \phi(g'\, d_m^3)^{1/2}$
ϕ	Transportintensität, dim.los (9.340)	ohne: gesamt G: Geschiebe S: Schwebstoff	$\phi = \phi_G + \phi_S$ Einstein-Notation

Diese Übersicht ist am Ende der Abhandlungen über das sogenannte Transportgleichgewicht angebracht, weil die einzelnen Formelgrößen je nach Anfall im Text des Abschn. 9.4 verstreut definiert sind. Die Tabelle unterscheidet zwischen Basisparametern und dimensionslosen Kennzahlen und weist auf Kennzahlzusammenhänge hin.

9.4.8 Eintiefung und Auflandung

Der Berechnung des unter 9.1.8 behandelten ungleichförmigen Abflusses in Gerinnen mit fester Sohle entspricht bei Vorliegen einer beweglichen Sohle die *Sohlenlagenberechnung*. War „Nicht-Normalabfluss" im ersten Fall das Charakteristikum der Ungleichförmigkeit, so ist es bei der beweglichen Sohle das

9.4 Sedimenttransport

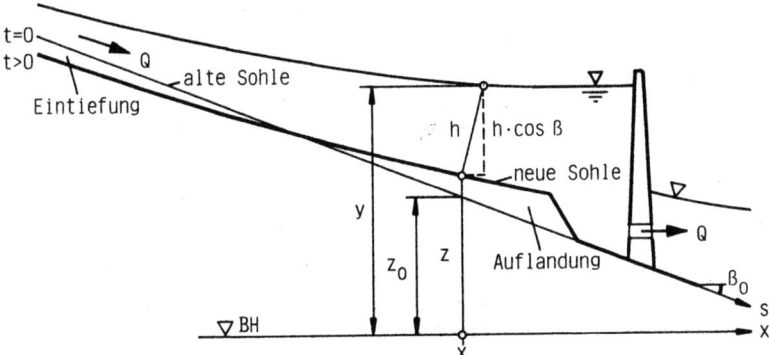

Abb. 9.93 Sohlenlagenänderung in einer Stauhaltung

„Nicht-Transportgleichgewicht", d. h. der Transport von Sediment durch das Gerinne ist in Fließrichtung veränderlich. Ein Transportüberschuss führt zu einer Zunahme der Sohlenhöhe (Auflandung, Sedimentation, Aggradation); ein Transportdefizit, bei dem aus einem Gerinneabschnitt mehr Sedimentmaterial hinaustransportiert werden kann als ihm zugeführt wird, ergibt dagegen eine Abnahme der Sohlenhöhe (Eintiefung, Erosion, Degradation).

In jedem Fall hält die Sohlenlagenänderung so lange an, bis ein neuer Gleichgewichtszustand erreicht ist, stationären Durchfluss vorausgesetzt. Natürliche alluviale Gerinne haben allerdings ein ständig wechselndes Abflussregime, das zwangsläufig immer wieder zu Sohlenlagenänderungen führt, so dass bestenfalls „im zeitlichen Mittel" von einem dem Transportgleichgewicht ähnelnden Zustand die Rede sein kann. Entsprechend verhält es sich im Tidegebiet, wo nicht nur die Strömungsgröße sich im Gezeitenrhythmus ändert, sondern auch noch die Strömungsrichtung zwischen Flut und Ebberichtung wechselt.

Die dabei auftretenden Erscheinungen sind vielfältig; sie hängen vor allem davon ab, unter welchen Bedingungen das instationäre Verhalten der Gerinnesohle erzwungen wird. Diesbezüglich sind die folgenden Ausführungen auf Gerinne beschränkt, die strömend durchflossen werden ($Fr < 1$) und kleine Sohlengefälle mit $\cos\beta \approx 1$ aufweisen, so dass die Wassertiefen genügend genau vertikal gemessen werden können.

Ein Beispiel ist die in Abb. 9.93 schematisch dargestellte Stauhaltung in einer Kette derartiger Staustufen. Dabei ist durch die Errichtung der Stauanlage eine nachhaltige Störung des bis dahin herrschenden Transportgleichgewichts eingetreten. Die obere Stauanlage (in Abb. 9.93 nicht dargestellt) hat die Zufuhr von Sedimentmaterial unterbunden, während das Transportvermögen der Strömung am oberen Haltungsende erhalten geblieben ist. Als Folge dieses Defizits kommt es dort zur *Erosion* der Gerinnesohle, die Sohlenhöhe wird verringert, verbunden mit entsprechenden Konsequenzen für viele andere hydraulische Parameter wie etwa die Wasserspiegellagen.

Abb. 9.94 Sohlenhöhenzunahme bei Abnahme der Transportkapazität, $\Delta z > 0$ wenn $\Delta M < 0$

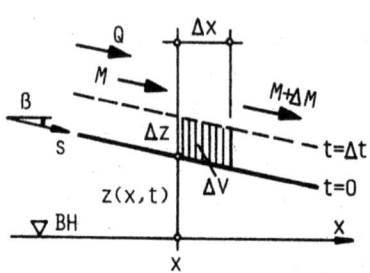

Am unteren Haltungsende ist dagegen infolge des Aufstaues eine starke Verminderung des Transportvermögens zu verzeichnen, die zur *Auflandung* des herantransportierten Materials führt. Zwischen beiden Bereichen herrscht, abflussabhängig mehr oder weniger ausgeprägt, aber ebenfalls nicht beständig, Transportgleichgewicht. Alle Sohlenumbildungsprozesse sind instationär, auch wenn der Abfluss Q konstant ist.

Maßgebend für die Beurteilung des Transportvermögens ist der „örtliche" Gesamttransport $M = b \cdot m$. Statt dessen kann mit dem „örtlichen" Geschiebetransport $M_G = b \cdot m_G$ gerechnet werden, wenn grobes Sohlenmaterial vorliegt und Schwebstoffe keine Rolle spielen. Die Transportrate m bzw. m_G geht, wie unter 9.4.5 und 9.4.7 beschrieben, vom Transportgleichgewicht aus und wird daher in die Sohlenlagenberechnung als *Transportkapazität* eingeführt.

Die Bestimmung der Sohlenlage $z(x,t)$ beruht auf der Auswertung einer einfachen Feststoffkontinuitätsbedingung. Für ein Gerinne mit Rechteckquerschnitten und geringer Sohlenneigung, die wegen $\cos \beta \approx 1$ erlaubt, Δs durch Δx zu ersetzen, kann aus Abb. 9.94 unmittelbar $\rho_L \Delta V + \Delta M \Delta t = 0$ abgelesen werden. Darin ist das abgelagerte Feststoffvolumen durch $\Delta V = b \Delta x \Delta z$ gegeben, während für die Änderung des Feststofftransports $\Delta M = b \Delta m$ zu setzen ist mit Δm als Änderung der Transportkapazität (in der Breiteneinheit). Mit ρ_L wird die Lagerungsdichte des abgesetzten Sedimentmaterials berücksichtigt (n = Porenanteil):

$$\rho_L = (1 - n)\rho_S \qquad (9.353)$$

Häufig wird $(1 - n) = \rho_L/\rho_S$ als *Porosität* p bezeichnet und dann meist mit $p = 0{,}7$ in Rechnung gestellt; ρ_S ist die hohlraumfreie Feststoffdichte (bei Quarzsand $2650\,\text{kg/m}^3$).

Für den in Abb. 9.93 schematisch dargestellten Fall einer Sohlenhöhenzunahme ist $\Delta M < 0$, und längs Δx liegt abnehmende Transportkapazität vor. Umgekehrt führt steigende Transportkapazität zu abnehmender Sohlenhöhe ($\Delta z < 0$). Mittels Grenzübergang ergibt sich so die mitunter auch als Exner-Gleichung bezeichnete Sediment-Kontinuitätsgleichung $\frac{\partial z}{\partial t} + \frac{1}{\rho_L}\frac{\partial m}{\partial x} = 0$ des Feststoffvolumenstroms. Sie ist im allgemeinen instationären Strömungsfall zusammen mit den deSaint-Venant-Gleichungen (9.127) und (9.130), einem Gesamttransportgesetz nach Abschn. 9.4.7 und einem Reibungsansatz nach Art der Darcy-Weisbach-Beziehung (9.3) auszuwerten. Bei Bedarf ist eine Erweiterung vorzunehmen, z. B. bei seitlichem Zufluss bzw. Sedimenteintrag mit einem entsprechenden Quellen-/Senken-Term.

9.4 Sedimenttransport

Abb. 9.95 Quasi-stationäre Sohlenlagenberechnung (Prinzip)

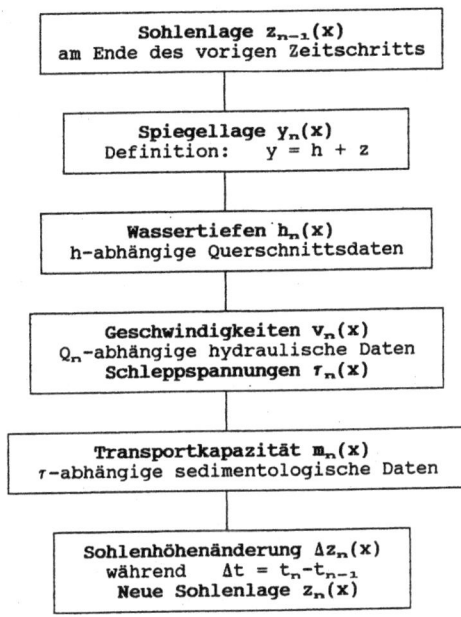

Quasi-stationäre Berechnung: Im Vergleich zum instationären Abflussgeschehen vollziehen sich die Sohlenlagenänderungen sehr langsam, besonders in dem mit Abb. 9.92 angedeuteten unterkritischen Strömungsfall ($Fr < 1$) und bei mäßigem Gefälle ($\cos\beta \approx 1$). Es ist daher näherungsweise zulässig, die Sohlenlagenberechnung in jedem Zeitschritt Δt unter Annahme einer momentanen stationären Sohlenlage sowie mit einem während Δt stationären Durchfluss $Q = konst$ vorzunehmen. Statt der differentiellen Bilanzgleichungen kann für die Wasserspiegellagenermittlung unter diesen Bedingungen auch deren integrale Form herangezogen werden, also eines der unter 9.1.8 beschriebenen stationären Spiegellinienberechnungsverfahren benutzt werden. Für einen n-ten Zeitschritt Δt sieht dann der prinzipielle Berechnungsgang etwa so aus wie in Abb. 9.95 gezeigt. Dabei ist wie in Abb. 9.93 mit $\cos\beta \approx 1$ von $y = h + z$ auszugehen. Mit der ermittelten neuen Sohlenlage und dem dann gemäß Abflussganglinie anzusetzenden neuen Abfluss wird diese Schleife für das nächste Δt erneut durchlaufen. Das mit Abb. 9.95 skizzierte Rechenschema entspricht der einfachsten Form eines expliziten Differenzverfahrens und neigt in starkem Maße zu numerischer Instabilität. Man hat bei dieser Vorgehensweise auf genügend kleine Zeitschritte Δt zu achten (Courant-Kriterium), muss das Rechenprogramm ggf. mit numerischen Stabilisatoren ausstatten oder überhaupt von einem geeigneteren Differenzschema ausgehen. Diesbezügliche Empfehlungen sind u. a. bei Preissmann (1974), Jansen (1979) und Vreugdenhil (1989) zu finden.

Instationäre Berechnung: Eine präzisere Darstellung der hochgradig interaktiven instationären Prozesse beim unterkritischen ($Fr < 1$) aber transportüberkritischen

($\tau > \tau_c$) Abfluss in einem Gerinne mit beweglicher Sohle erfordert dagegen die simultane Auswertung von Beziehungen, bei denen in der Regel Rechteckquerschnitte des Gerinnes, mit $\cos\beta \approx 1$ geringe Sohlenneigungen und Ausgleichsbeiwerte $\alpha \approx 1$ vorausgesetzt werden. Mit diesen Vereinfachungen ist der Bezug auf Horizontalabstände x (statt auf s) möglich, und die Wassertiefe h wird vertikal gemessen; ferner kann bei einem prismatischen Gerinne in (9.130) mit dem Profilwert P = 0 gearbeitet werden. Auf diese Weise ergibt sich ausgehend von (9.127) und (9.130) unter Hinzunahme von (9.3) folgender Gleichungssatz:

Kontinuität Sediment:
$$\frac{\partial z}{\partial t} + \frac{1}{\rho_L}\frac{\partial m}{\partial x} = 0 \qquad (9.354)$$

Transportkapazität:
z. B. nach (9.342)
$$m = \rho_S\sqrt{g'd_m^3}\,\phi(\theta, \theta_c, ...) \qquad (9.355)$$

Kontinuität Abfluss:
$$\frac{\partial h}{\partial t} + \frac{\partial}{\partial x}(vh) = 0 \qquad (9.356)$$

Bewegungsgleichung:
mit $y = z + h$
$$\frac{\partial v}{\partial t} + v\frac{\partial v}{\partial x} + g\frac{\partial y}{\partial x} + gI = 0 \qquad (9.357)$$

Reibungsgefälle:
mit $K = \lambda/(2gD)$
$$I = Kv^2 \quad \text{bzw.} \quad K|v|v \qquad (9.358)$$

Dabei ist x wie bei Abb. 9.93 in Fließrichtung positiv zu zählen, so dass bei Sohlenerosion $\partial m/\partial x > 0$, bei Auflandung $\partial m/\partial x < 0$ vorliegt. Der Gleichungssatz ist für die Bestimmung der fünf abhängigen Variablen h, v, z, m und I, die sämtlich Funktionen von x und t sind, prinzipiell ausreichend; die Auswertung ist, abgesehen von Spezialfällen oder stark gekürzten Bestimmungsgleichungen, nur auf numerischem Wege möglich.

Diffusionsanalogie: Bei der Auswertung des zuvor genannten Gleichungssatzes kann wegen der sehr langsamen Sohlenlagenänderungen bei stationärem Durchfluss $Q = konst$ in einem Rechteckgerinne mit konstanter Breite b guten Gewissens angenommen werden, dass $\partial v/\partial t$ und $\partial h/\partial t$ vernachlässigbar sind. Die Kontinuitätsgleichung (9.356) lautet dann $\partial(vh)/\partial x = 0$ bzw. $vh = konst$, und die Bewegungsgleichung (9.357) verkürzt sich mit $Fr^2 = v^2/(gh)$ zu $\frac{\partial z}{\partial x} + (1-Fr^2)\frac{\partial h}{\partial x} + I = 0$. Eine wesentlich gewagtere weitere Annahme ist die Vernachlässigung des Ausdrucks $(1 - Fr^2)\partial h/\partial x$ gegenüber den übrigen Größen dieser Gleichung; sie entspricht vor allem der Streichung von Trägheitswirkungen, die in der Froude-Zahl Fr zum Ausdruck kommen. Die so verstümmelte Bewegungsgleichung lautet

$$\frac{\partial z}{\partial x} + I = 0 \qquad (9.359)$$

Danach ist das Reibungsgefälle von wesentlichem Einfluss; es kann nach Darcy-Weisbach wie bei (9.259) mit Hilfe von $Q = vbh = konst$ ausgedrückt werden durch

9.4 Sedimenttransport

$I = \frac{\lambda b}{8 g Q} v^3$, so dass aus (9.359) folgende Relation hervorgeht:

$$\frac{\partial v}{\partial x} = -\frac{1}{3}\frac{v}{I}\frac{\partial^2 z}{\partial x^2} \qquad (9.360)$$

Diese Aussage wird für die Auswertung von (9.354) benötigt, weil darin $\frac{\partial m}{\partial x}$ als $\frac{dm}{dv} \cdot \frac{\partial v}{\partial x}$ zu bilden ist, wenn die Transportkapazität m statt mit (9.355) durch folgendes Potenzgesetz in Rechnung gestellt wird:

$$m = \rho_L a_1 v^{a_2} \qquad (9.361)$$

Dieser Ansatz ist schwellenwertfrei, reicht aber für die vorliegende Aufgabe aus; a_1 und a_2 sind Konstanten, die durch Anpassung an eine der in Frage kommenden Transportformeln zu bestimmen sind. Mit $dm/dv = a_2 m/v$ wird aus (9.354) erhalten:

$$\frac{\partial z}{\partial t} + \frac{a_2}{\rho_L}\frac{m}{v}\frac{\partial v}{\partial x} = 0 \qquad (9.362)$$

Die Zusammenfassung mit (9.360) liefert zunächst $\frac{\partial z}{\partial t} - \frac{a_2 m}{3\rho_L I}\frac{\partial^2 z}{\partial x^2} = 0$. Wird mit $m \approx m_o = konst$ und $I \approx I_o = konst$ linearisiert, wobei diese Daten den Anfangszustand (Transportgleichgewicht) des Gerinnes angeben, so entsteht schließlich

$$\frac{\partial z}{\partial t} - K\frac{\partial^2 z}{\partial x^2} = 0 \quad \text{mit} \quad K = \frac{a_2 m_o}{3\rho_L I_o} \qquad (9.363)$$

Der Faktor K ist als Pseudo-Diffusionskonstante aufzufassen. Die Auswertung ist zumindest numerisch möglich; in einfacheren Fällen lassen sich auch analytische Lösungen herbeiführen.

Die mit (9.363) zu berechnende Störung des Transportgleichgewichts wird hervorgerufen durch eine am Gerinneanfang $x=0$ oder -ende $x=L$ erzwungene Sedimenttransportänderung $\Delta m(0, t)$ bzw. $\Delta m(L, t)$, welche die Sohlenlagenänderungen $z(x, t) - z_o$ veranlasst. Meist wird mit einem konstanten Δm_o gerechnet, zumal mit $Q = konst$ quasi-stationäre Verhältnisse zugrunde liegen. Der durch $\Delta m_o = konst$ ausgelöste instationäre Transportvorgang ist bestrebt, für den durch $m_o + \Delta m_o$ vorgegebenen neuen Zustand des Gerinnes erneut Transportgleichgewicht herbeizuführen. Dabei sind in einer Gerinnestrecke, die den genannten Voraussetzungen genügt, gemäß Tab. 9.15 vier „Betriebsfälle" zu unterscheiden, vgl. auch Abb. 9.93.

Der z. B. durch Errichtung einer Stauanlage erzwungenen Änderung Δm_o der Transportrate ist ein Randwert Δz_o der Sohlenhöhenänderung nach einer Beziehung zugeordnet, die sich aus (9.354) und (9.363) ergibt als

$$\Delta m(x, t) = m(x, t) - m_o = -\rho_L K\left(\frac{\partial z(x, t)}{\partial x} + I_o\right) \qquad (9.364)$$

Darin sind m_o und I_o die konstanten Werte der Transportkapazität und des Sohlengefälles im stationären Anfangszustand des Gerinnes (Normalabfluss, Transportgleichgewicht), und ρ_L bezeichnet die Lagerungsdichte nach (9.353); K ist bei (9.363) erklärt. Im übrigen wird auf Abb. 9.96 verwiesen.

Tab. 9.15 Vier Typen der Sohlenlagenänderung in einem prismatischen Gerinne

Änderung der Transportrate	Ort im Gerinne	Änderung der Sohlenlage	Fortschrittsrichtung
$\Delta m_0 > 0$	oben	Aggradation	stromab
$\Delta m_0 < 0$	oben	Degradation	stromab
$\Delta m_0 > 0$	unten	Degradation	stromauf
$\Delta m_0 < 0$	unten	Aggradation	stromauf

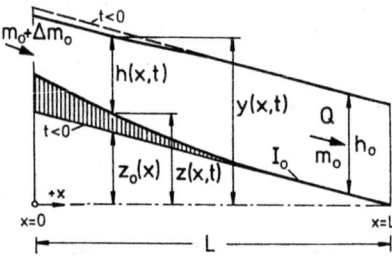 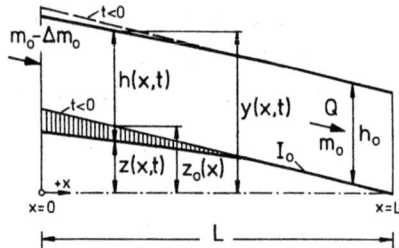

Abb. 9.96 Aggradation und Degradation in einem strömend durchflossenen prismatischen Gerinne

Es hängt ganz von den einzuarbeitenden Anfangs- und Randbedingungen ab, welche Lösung sich aus (9.363) ergibt, und ob diese nur auf numerischem Wege oder auch analytisch erzielbar ist. Dies wird nachstehend demonstriert mit den beiden in Abb. 9.96 dargestellten Fällen von stromab fortschreitender *Aggradation* und *Degradation*. Dabei handelt es sich um ein Rechteckgerinne konstanter Breite b, an dessen oberem Ende die Sedimentzufuhr gesteigert bzw. gedrosselt wird. Das System und seine Beaufschlagung sind durch folgende Daten festgelegt:

Abfluss $Q = konst$ (quasi-stationärer Vorgang)
Wassertiefe $h_0 = konst$ (Normalabfluss als Anfangszustand)
Sohlengefälle $I_0 = konst$ (im Anfangszustand)
Transportrate $m_0 = konst$ (Transportgleichgewicht)
Sohlengeometrie: $z_0(L) = 0$, $z_0(x) = (L - x) \cdot I_0 = (1 - x/L) \cdot z_0(0)$
Beaufschlagung: $\Delta m_0 > 0$ Aggradation, $\Delta m_0 < 0$ Degradation

Für beide Fälle sind als formal identische Anfangs- und Randbedingungen zu berücksichtigen:

$\Delta m(0, t) = \pm \Delta_{m_0}$ bzw. $m(0, t) = m_0 \pm \Delta m_0$ für $t > 0$
$z(x, 0) = z_0(x)$ Anfangslage der Sohle
$z(L, t) = 0$ wegen $z_0(L) = 0$ für $t \geq 0$
$\left(\frac{\partial z(x,t)}{\partial x}\right)_{x=0} = -I_o - \frac{1}{\rho_L K} \Delta m_o$ auf Grund von (9.364)

Eine Näherungslösung von (9.363) für die mit Abb. 9.96 exemplarisch behandelten Fälle wird möglich, wenn statt der Anfangsbedingung Δm_o mit einer Anfangs-Sohlenlagenänderung Δz_o gearbeitet wird. Dazu ist die Einführung der

9.4 Sedimenttransport

Sohlenhöhenänderung zweckmäßig, so dass als Anfangs- und Randbedingungen anzusetzen sind:

$\Delta z(0,t) = \Delta z_o = konst$ für $t > 0$
$\Delta z(x,0) = 0$ Anfangslage der Sohle
$\Delta z(L,t) = 0$ für $t \geq 0$

Wird auch noch eine sehr große Gerinnelänge, $L \to \infty$, vorausgesetzt, so kann auf eine von Daily u. Harleman (1966) angegebene Lösung der Diffusionsgleichung (9.363) zurückgegriffen werden, wobei in dieser $\Delta z(x,t)$ an die Stelle von $z(x,t)$ tritt und erf(...) mit (9.307) erklärt ist:

$$\frac{\Delta z(x,t)}{\Delta z_o} = 1 - \mathrm{erf}\left(\frac{x}{2\sqrt{Kt}}\right) \qquad (9.365)$$

Diese Aussage ist freilich nur qualitativ von Wert, indem sie die Tendenz der Sohlenlagenänderung beschreibt, denn zu einem konstant angenommenen Δz_o gehört auf Grund von (9.364) eine Änderung des Sedimenteintrags $\Delta m(0,t)$, die zumindest anfangs nicht den real gegebenen Möglichkeiten entspricht. Mit $\Delta z = z - z_o$ folgt nämlich aus (9.364), dass $\Delta m(x,t) = -\rho_L K \frac{\partial}{\partial x} \Delta z(x,t)$ ist und sich mit (9.365) folglich ergibt:

$$\Delta m(x,t) = \rho_L \Delta z_o \sqrt{\frac{K}{\pi t}} \exp\left(-\frac{x^2}{4Kt}\right) \qquad (9.366)$$

$$\Delta m(0,t) = \rho_L \Delta z_o \sqrt{\frac{K}{\pi t}} \qquad (9.367)$$

Danach ist die für $\Delta_{z_o} = konst$ nötige Änderung des Sedimenteintrags umgekehrt proportional zu $\sqrt{t}$, d. h. für t $\to$ 0 wäre ein unrealistisch großer Betrag von Δm erforderlich, um diese Forderung zu erfüllen.

Genauere analytische Lösungen sind u. a. von Jaramillo und Jain (1983) und von Gill (1983) publiziert worden. Ferner ist auf eine nichtlineare Lösung von Gill (1987) hinzuweisen, die auf Konstanz des Pseudo-Diffusionskoeffizienten K verzichtet und die Nichtlinearität mit Hilfe der Störungsrechnung erfasst. Auf diese Ergebnisse kann hier aus Platzgründen nicht näher eingegangen werden, zumal sich die Frage stellt, ob ein derartiger analytischer Lösungsaufwand zu rechtfertigen ist, wenn andererseits bei den Bestimmungsgleichungen kaum noch zu verantwortende Vernachlässigungen getroffen werden und das zu untersuchende Gerinne derart idealisiert wird, dass nur wenig Ähnlichkeit mit einem natürlich vorkommenden alluvialen Gerinne besteht. Dennoch muss gerechterweise angemerkt werden, dass sich die exakten analytischen Lösungen trotz aller Systemvereinfachungen im Vergleich mit der Natur häufig erstaunlich gut bewährt haben.

Hyperbolisches Modell: Eine wesentliche Verbesserung der Sohlenlagenberechnung ergibt sich, wenn die zu (9.359) vorgenommene Vernachlässigung der konvektiven Beschleunigung unterbleibt, so dass unter sonst gleichen Annahmen ($\partial v/\partial t$

und $\partial h/\partial t$ können ignoriert werden) statt (9.359) mit folgender Kurzform der Bewegungsgleichung zu rechnen ist:

$$\frac{\partial z}{\partial x} + (1 - Fr^2)\frac{\partial h}{\partial x} + I = 0 \qquad (9.368)$$

Darin kann die Variabilität von $Fr^2 = v^2/(gh)$ ignoriert und $Fr^2 \approx v_o^2/(gh_o)$ gesetzt werden, wobei der Index o den stationären Anfangszustand im Gerinne (Normalabfluss, Transportgleichgewicht) markiert. Wird das Reibungsgefälle wie bei (9.359) eingearbeitet, so geht (9.368) über in

$$\frac{\partial z}{\partial x} + (1 - Fr^2)\frac{\partial h}{\partial x} + \frac{\lambda b}{8gQ}v^3 = 0 \qquad (9.369)$$

Diese Beziehung ist mit folgenden Ansätzen für die variablen Größen auszuwerten: $v = v_o + \Delta v$, $z = z_o + \Delta z$, $h = h_o - \Delta z + \Delta y$ und $m = m_o + \Delta m$. Mit diesen Substitutionen werden nur die Änderungen gegenüber dem mit o indizierten Ausgangszustand in Betracht gezogen; Δy bezeichnet die infolge von Δz eintretende Wasserspiegellagenänderung, vgl. Abb. 9.96. Aus (9.369) ergibt sich so zunächst $(1 - Fr^2)\frac{\partial \Delta y}{\partial x} + Fr^2 \frac{\partial \Delta z}{\partial x} + 3\frac{I_o}{v_o}\Delta v = 0$. Aus Kontinuitätsgründen ist ferner $v_o h_o = (v_o + \Delta v)(h_o - \Delta z + \Delta y)$, woraus sich nach Streichung von Produkten, die von höherer Ordnung klein sind, die Relation $\frac{\Delta v}{v_o} = \frac{\Delta z - \Delta y}{h_o}$ ergibt. Damit nimmt die Bewegungsgleichung schließlich folgende Form an:

$$(1 - Fr^2)\frac{\partial \Delta y}{\partial x} + Fr^2 \frac{\partial \Delta z}{\partial x} + 3\frac{I_o}{h_o}(\Delta z - \Delta y) = 0 \qquad (9.370)$$

Für die Transportrate $m = m_o + \Delta m$ ergibt sich mit (9.361) der Ausdruck $m = m_o(1 + \Delta v/v_o)^{a_2} \approx m_o[1 + \frac{a_2}{h_o}(\Delta z - \Delta y)]$, so dass die Kontinuitätsgleichung (9.354) des Sediments übergeht in

$$\frac{\partial \Delta z}{\partial t} + \frac{a_2 m_o}{\rho_L h_o}\frac{\partial \Delta z}{\partial x} - \frac{a_2 m_o}{\rho_L h_o}\frac{\partial \Delta y}{\partial x} = 0 \qquad (9.371)$$

Wird aus den so gewonnenen beiden Bestimmungsgleichungen die Wasserspiegellagenänderung Δy eliminiert, wozu beide Gleichungen nach x differenziert werden, so ergibt ihre Zusammenfassung eine hyperbolische partielle Differentialgleichung:

$$\frac{\partial \Delta z}{\partial t} - (1 - Fr^2)\frac{h_o}{3I_o}\frac{\partial^2 \Delta z}{\partial x \partial t} - \frac{a_2 m_o}{3\rho_L I_o}\frac{\partial^2 \Delta z}{\partial x^2} = 0 \qquad (9.372)$$

Zwecks besserer Vergleichbarkeit mit der parabolischen Diffusionsgleichung (9.363) kann durch Resubstitution von $\Delta z(x,t) = z(x,t) - z_o(x)$ statt dessen auch geschrieben werden:

$$\frac{\partial z}{\partial t} - N\frac{\partial^2 z}{\partial x \partial t} - K\frac{\partial^2 z}{\partial x^2} = 0 \quad \text{mit} \quad N = (1 - Fr^2)\frac{h_o}{3I_o} \qquad (9.373)$$

Darin ist $Fr^2 = v_o^2/(gh_o)$ zu setzen, und K nach (9.363) hat die gleiche Bedeutung wie bei der Diffusionsanalogie. Die nahe Verwandtschaft zu dieser ist auch erkennbar durch den Übergang vom hyperbolischen zum parabolischen Gleichungstyp für

9.4 Sedimenttransport

$N \to 0$. Die Leistungsfähigkeit des hyperbolischen Modells ist jedoch wesentlich größer als bei der Diffusionsanalogie; beispielsweise lassen sich auch wandernde Ablagerungsfronten wie etwa in Abb. 9.93 erfassen, die mit der Diffusionsanalogie nicht beschrieben werden können.

Für die mit Abb. 9.96 exemplarisch untersuchten Fälle ist (9.372) bzw. (9.373) mit folgenden Rand- und Anfangsbedingungen auszuwerten:

$\Delta m(0,t) = \Delta m_o = konst$ bzw. $m(0,t) = m_o + \Delta m_o$ für $t > 0$
$\Delta z(x,0) = 0$ bzw. $z(x,0) = z_o(x)$ Transportgleichgewicht
$\Delta y(x,0) = 0$ bzw. $y(x,0) = h_o + z_o(x)$ Normalabfluss
$\Delta z(L,t) = 0$ bzw. $z(L,t) = 0$ wegen $z_o(L) = 0$, für $t \geq 0$
$\Delta y(L,t) = 0$ bzw. $y(L,t) = h_o$ dgl. für $t \geq 0$

Darüber hinaus gilt die Volumenbedingung $\Delta m_o t = \rho_L \int_0^L \Delta z(x,t) dx$, die auf eine Beziehung zwischen $\Delta z(0,t)$ und $\Delta y(0,t)$ führt. Nach zeitlicher Differentiation lässt sie sich unter Beachtung vorstehender Randwerte überführen in

$$\Delta m_o = 3\rho_L K \frac{I_o}{h_o}[\Delta z(0,t) - \Delta y(0,t)] \qquad (9.374)$$

Wird statt mit $\Delta m_o = konst$ wieder mit $\Delta z(0,t) = \Delta z_o = konst$ gerechnet, wie bei (9.365), so kann in Anlehnung an eine von Lenau und Hjelmfeld (1992) benannte asymptotische Lösung von (9.372) auf folgende, für lange Gerinne ($L \to \infty$) geltende Näherung zurückgegriffen werden, die wiederum das Fehlerintegral (9.307) benutzt:

$$\frac{\Delta z(x,t)}{\Delta z_o} = 1 - \mathrm{erf}\left(\frac{x}{\sqrt{4Kt + 2Nx}}\right) \qquad (9.375)$$

Die Näherungslösung (9.365) des Diffusionsmodells weicht hiervon um so mehr ab, je größer x wird. Auch dieser Ausdruck kann aber nur als qualitatives Merkmal der mit Abb. 9.96 betrachteten Vorgänge gelten, weil die Annahme von $\Delta z_o = konst$ unrealistisch ist, wie schon mit (9.367) erläutert. Exakte Lösungen für ähnlich gelagerte Fälle von Sohlenlagenveränderungen sind u. a. bei Ribberink und VanDerSande (1985) sowie bei Lenau und Hjelmfeld (1992) zu finden.

Wegen der mitunter einschneidenden Vernachlässigungen von Einflüssen und Systemeigenschaften, die einer Linearisierung der maßgebenden Gleichungen im Wege stehen, sind geschlossene Lösungen, wie die zuvor beschriebenen, in der Praxis häufig nur im Sinne begleitender Kontrollen der numerischen Auswertung von Nutzen. Real vorkommende natürliche Gerinne machen fast immer eine numerische Behandlung des Problems erforderlich.

Literatur

Abbott MB (1979) Computational Hydraulics. Pitman, London
Abramowitz M, Stegun IA (1965) Handbook of mathematical functions. National Bureau of Standards, Washington D.C.
Ackers P, White WR (1973) A general function to describe the movement of sediment in channels. Proc 15th Congr IAHR, Istanbul. A45:353–360
Annemüller H (1961) Berechnung der Abflußtiefen in Schußrinnen. Der Bauingenieur 6(1961):222–226
Annenkov SY, Shrira VI (2001) On the predictability of evolution of surface gravity and gravity-capillary waves. Physica D 152–153:665–675
Bear J (1972) Dynamics of fluids in Porous media. American Elsevier, New York
Bechteler W (1988) Feststofftransport in Fließgewässern: Berechnungsverfahren für die Ingenieurpraxis. DVWK-Schriften 87. Paul Parey, Hamburg
Bischoff H (1993) Berechnungsmethoden der technischen Hydromechanik und der deterministischen Hydrologie mit Ergebnisverifikation und automatischer Sensitivitätsanalyse, Grundlagen eines technisch-wissenschaftlichen Expertensystems für den Wasserbau und die Wasserwirtschaft. Habilitationsschrift FB Bauing.wesen, TH Darmstadt
Bock J (1966) Einfluß der Querschnittsform auf die Widerstandsbeiwerte offener Gerinne. TechnBer2 Inst.f.Hydromechanik u.Wasserbau, TH Darmstadt
Bogardi J (1974) Sediment Transport in Alluvial Streams. Akadémiai Kiadó, Budapest
Bretherton FP, Garrett CJR (1969) Wave trains in inhomogeneous moving media. Proc Roy Soc A302:529–554
Bretschneider CL (1958) Revisions in wave forecasting: deep and shallow water. Proc 6th Int Conf Coastal Eng ASCE, 30–67
Bretschneider H (1990) Lufteintrag durch Nischen mit und ohne Rampe in Grundablässen. Mitt Inst f Wasserbau u Wasserwirtschaft 116, TU Berlin
Bretschneider H, Schulz A (1985) Anwendung von Fließformeln bei naturnahem Gewässer ausbau. DVWK-Schriften 72. Paul Parey, Hamburg
CERC (1975) Mechanics of wave motion. In: Coastal Engineering Research Center (Hrsg) Shore protection manual, 2. Aufl. Washington D.C.
Daily JW, Harleman DRF (1966) Fluid dynamics. Addison-Wesley, Reading
Dallwig HJ (1982) Zur Leistungsfähigkeit von Kelchüberfällen. IHH-TB28, Inst f Wasserbau, TH Darmstadt
Dean RG, Harleman DRF (1966) Interaction of structures and waves. In: Ippen AT (Hrsg) Estuary and coastline hydrodynamics. McGrawHill, New York
DFG (1987) Hydraulische Probleme beim naturnahen Gewässerausbau. ForschBer Deutsche Forschungsgemeinschaft. VCH, Weinheim
DFG (1992) Schadstoffe im Grundwasser. ForschBer Deutsche Forschungsgemeinschaft. VCH, Weinheim

Diersch HJ (1989) Einführung in die Finite-Elemente-Methode mit Anwendung auf Potential strömungen. Beitrag 2 in: BollrichG et al Technische Hydromechanik Bd 2 Verlag für Bauwesen, Berlin

Dracos Th (1974) Das Charakteristikenverfahren zur Berechnung instationärer Gerinneströmun gen. In: Zielke W (Hrsg) Elektronische Berechnung von Rohr- und Gerinneströmungen. Erich Schmidt, Berlin

DVWK (1991) Hydraulische Berechnung von Fließgewässern. Merkbl Wasserwirtschaft 220. Paul Parey, Hamburg

Einstein HA (1950) The bed load function for sediment transportation in open channels. TechnBull 1026 US Dept Agriculture. SCS, Washington D.C.

Engelund F, Fredsoe J (1976) A sediment transport model for straight alluvial channels. Nord Hydrol 7:293–306

Engelung F, Hansen E (1967) A monograph on sediment transport in alluvial streams. Teknisk Forlag, Copenhagen

Engelung F, Fredsoe J (1982) Sediment ripples and dunes. Ann Rev Fluid Mech 14:13–37

Fischer HB (1979) Mixing in inland and coastal waters. Academic, NewYork

Frank J (1956) Hydraulische Untersuchungen für das Tiroler Wehr. Der Bauingenieur 3(1956):96–101

Führböter A (1961) Über die Förderung von Sand-Wasse-Gemischen in Rohrleitungen. Mitt.Franzius-Institut 13, TH Hannover

Führböter A (1983) Über mikrobiologische Einflüsse auf den Erosionsbeginn von Sandwatten. Wasser und Boden 35(3):106–116

Führböter A (1983) Zur Bildung von makroskopischen Ordnungsstrukturen (Strömungsriffel und Dünen) aus sehr kleinen Zufallsstörungen. Mitt Leichtweiß-Inst f Wasserbau 79, TU Braunschweig

Führböter A (1991) Zur Entstehung von Strömungsriffeln, Theorie und Experiment. HANSA 128:Nr 23/24

Gill MA (1983) Diffusion model for aggrading/degrading channels. IAHR J Hydr Res 21(5):355–378

Gill MA (1987) Nonlinear solution of aggradation and degradation in channels. IAHR J Hydr Res 25(5):537–547

Gonsowski P (1987) Der Einfluß der Bodenluftkompression auf die vertikale Infiltration von Wasser in Sanden. Diss FB13 TH Darmstadt

Graf WH (1971) Hydraulics of sediment transport. McGraw-Hill, NewYork

Grimm-Strele J (1976) Naturmeßdaten zur Quervermischung in Flüssen. DFG-Sonderfor schungsbereich 80, Bericht SFB80/E/75

Hager WH, Bremen R (1989) Classical hydraulic jump: sequent depths. IAHR J Hydr Res 27(5):565–585

Hanisch H, Kobus H (1980) Natur- und Modellmessungen zum künstlichen Sauerstoffeintrag in Flüsse. DVWK-Schriften 49. Paul Parey, Hamburg

Harleman DRF (1977) Transport processes in water quality control. Unveröffentlichter MIT- Report, zitiert in: Markofsky(1980)

Harleman DRF, Stolzenbach KD (1972) Fluid mechanics of heat disposal from power generation. Ann Rev Fluid Mech 4:7–32

Hartmann F (1987) Methode der Randelemente. Springer, Berlin

Hasselmann K (1961) On the non-linear energy transfer in a gravity-wave spectrum. Part 1. General theory. J Fluid Mech 12:481–500

Hasselmann S, Hasselmann K (1981) A symmetrical method of computing the nonlinear transfer in a gravity wave spectrum. Hamb Geophys Einzelschriften, Reihe A: Wiss Abhand 52, 138 p

Hasselmann S, Hasselmann K (1985) Computations and parameterizations of the nonlinear energy transfer in a gravity-wave spectrum. Part I: a new method for efficient computations of the exact nonlinear transfer integral. J Phys Oceanogr 15(1):369–377

… Literatur

Holthuisen L (2007) Waves in Oceanic and Coastal Waters. Cambridge University Press, The Netherlands
Heinzelmann C (1992) Hydraulische Untersuchung über den Einfluß benthischer Diatomeenfilme auf Strömungswiderstand und Transportbeginn ebener Sandsohlen. IHH-TB48 Instf Wasserbau, TH Darmstadt
Hill HM, Srinivasan VS, Unny T (1969) Instability of flat bed in alluvial channels. Proc ASCE 95:HY5
Höfer HU (1984) Beginn der Sedimentbewegung bei Gewässersohlen mit Riffeln oder Dünen. IHH-TB32 Inst f Wasserbau, TH Darmstadt
Hsu TW, Ou SH, Liau JM (2005) Hindcasting near shore wind waves using a FEM code for SWAN. Coast Eng 52:177–195
Hunziker RP (l995) Fraktionsweiser Geschiebetransport. VAW ETH Zürich Mitt 138
Idelchik IE (1986) Handbook of hydraulic resistance, 2 Aufl Springer, Berlin
Indlekofer H (1981) Überlagerung von Rauheitseinflüssen beim Abfluß in offenen Gerinnen. Mitt Inst f Wasserbau u Wasserwirtschaft 37. RhWTH, Aachen
Ippen AT (1949) Mechanics of supercritical flow. Proc ASCE 116:268–295
Ippen AT (1966) Estuary and coastline hydrodynamics. McGraw-Hill, NewYork
Jaeger Ch (1977) Fluid transients. Blackie, Glasgow
Jäggi M (1978) Die Sedimenttransportformeln von Meyer-Peter, Einstein und Engelund. VAW-Arb.heft 4, Vers anst f Wasserbau, Hydrologie u Glaziologie. ETH, Zürich
Jansen PPh (1979) Principles of river engineering. Pitman, San Francisco
Janssen P (2004) The interaction of ocean waves and wind. Cambridge University Press, Cambridge, 300 pp
Jaramillo WF, Jain SC (1983) Characteristic parameters of nonequilibrium processes in alluvial channels of finite length. Water Resources Research 19(4):952–958, Iowa Inst Hydr Res
Kennedy JF (1963) The mechanics of dunes and anti-dunes in erodible-bed channels. J Fluid Mech 16(4):521
Kinzelbach W (1987) Numerische Methoden zur Modellierung des Transports von Schadstoffen im Grundwasser. R Oldenbourg, München
Kobus H (1973) Bemessungsgrundlagen und Anwendungen für Luftschleier im Wasserbau. Erich Schmidt, Berlin
Kobus H, Kinzelbach W (1989) Contaminant transport in groundwater. Proc IAHR, Balkema, Rotterdam Brookfield
Könemann N (1980) Der wechselseitige Einfluß von Vorland und Flußbett auf das Wider stands-verhalten offener Gerinne mit gegliederten Querschnitten. IHH-TB25 Instf Wasser bau, TH Darmstadt
Koussis A (1975) Ein verbessertes Näherungsverfahren zur Berechnung von Hochwasser abläufen. IHH-TB15 Inst.f.Hydraulik u Hydrologie, TH Darmstadt
Krause D (1970) Einfluß der Trassierungselemente auf den Spiegelverlauf in gekrümmten Schußrinnen. IHH-TB6 Inst.f.Hydraulik u Hydrologie, TH Darmstadt
Kühlborn J (1993) Wachstum und Wanderung von Sedimentriffeln. IHH-TB49 Inst f Wasser bau, TH Darmstadt
Küste-Archiv (1981) Äußere Belastung als Grundlage für die Planung und Bemessung von Küstenschutzbauwerken. Archiv f Forsch u Technik a.d. Nord- u Ostsee, Die Küste H 36
Lamb H (1963) Hydrodynamics. University Press, Cambridge
Lane E (1935) Security from under-seepage masonry dams on earth foundations. Trans ASCE 100:1935
Lau YL, Krishnappan BG (1977) Transverse dispersion in rectangular channels. J Hydr Div ASCE 103(10):1173–1189
Laursen EM (1958) The total sediment load of streams. J Hydr Div ASCE 54(HY1):1–36
Lenau CW, Hjelmfeld AT (1992) River bed degradation due to abrupt outfall lowering. ASCE J Hydr Eng 118(6):918–933

LFUBW (2002) Hydraulik naturnaher Fließgewässer., Landesanstalt für Umweltschulz Baden-Württemberg
Liu HK (1957) Mechanics of sediment ripple formation. Proc ASCE 83(HY2):23
Luckner T (2002) Zum Bewegungsbeginn von Sedimenten. Mitt. Inst. f. Wasserbau und Wasserwirtschaft TU Darmstadt, Heft 149
Markofsky M (1980) Strömungsmechanische Aspekte der Wasserqualität. Schriftenreihe gwf Wasser/Abwasser H 18 Oldenbourg, München
Mertens W (2006) Hydraulisch-sedimentologische Berechnungsverfahren naturnah gestalteter Fließgewässer – Berechnungsverfahren für die Ingenieurpraxis, DWA, Hennef
Meyer-Peter E, Müller R (1949) Eine Formel zur Berechnung des Geschiebetriebs. Mitt.Nr.16 VersAnst Wasserbau u, Erdbau ETH, Zürich
Mock FJ (1960) Strömungsvorgänge und Energieverluste in Verzweigungen von Rechteckgerinnen. Mitt Nr 52 Inst f Wasserbau u Wasserwirtschaft, TU Berlin
Munk WH (1944) Proposed uniform procedure for observing waves and interpreting instrument records. La Jolla, California: Wave Project at the Scripps Institute of Oceanography
Nackab J (1988) Calcul direct, sans itération, de la perte de charge en conduite par la formule de Colebrook. La Houille Blanche 1:61
Naudascher E (1987) Hydraulik der Gerinne und Gerinnebauwerke. Springer, Wien
Naudascher E, Fink L, Schatzmann M (1979) Das Ausbreitungsverhalten von Abwärme- und Abwassereinleitungen in Gewässern. Wasser u Abwasser i Forschung u Praxis 15. Erich Schmidt, Bielefeld
Pasche E, Rouvé G (1987) Empfehlungen zur hydraulischen Berechnung naturnaher Fließgewässer. In: Rouvé G (Hrsg) Hydraulische Probleme beim naturnahen Gewässerausbau. DFG- ForschBer. VCH, Weinheim
Pernecker L, Vollmers H (1965) Neue Betrachtungsmöglichkeiten des Feststofftransports in offenen Gerinnen. Die Wasserwirtschaft 1965
Peter G (2005) Überfälle und Wehre. Vieweg-Verlag, Wiesbaden
Plate E (1974) Hydraulik zweidimensionaler Dichteströmungen. Mitt Nr 3 Inst f WasserbauIII, U Karlsruhe
Prandt L, Oswatitsch K, Wieghardt K (1984) Führer durch die Strömungslehre, 8 Aufl Vieweg & Sohn, Braunschweig
Preißler G, Bollrich G (1985) Technische Hydromechanik, Bd 1 Verlag Bauwesen, Berlin
Preissmann A (1974) Numerische Verfahren zur Berechnung instationärer Gerinneströmungen. In: Zielke W (Hrsg) Elektronische Berechnung von Rohr- und Gerinneströmungen. Erich Schmidt, Berlin
Preß H (1967) Wasserkraftwerke, 2 Aufl Wilhelm Ernst & Sohn, Berlin
Preß H, Schröder RCM (1966) Hydromechanik im Wasserbau. Wilhelm Ernst & Sohn, Berlin
Prüser H, Zielke W (1993) Favre waves in open channels. IAHR J Hydr Res (paper submitted)
Pfister M, Hager W (2010) Chute Aerators. I: Air Transport Characleristics. J Hydraul Eng 136(6):352–359. doi:10.1061/(ASCE)HY.1943-7900.0000189
Raudkivi AJ (1976) Loose boundary hydraulics. Pergamon Press, Oxford
Raudkivi AJ (1982) Grundlagen des Sedimenttransports. Springer, Berlin
Rehbock Th (1929) Wassermengenmessung mit scharfkantigen Überfallwehren. ZVDI 73(24):817–826
Ribberink JS, van Der Sande JTM (1985) Aggradation in rivers due to overloading, analytical approaches. IAHR J Hydr Res 23(3):273–283
Saville T Jr (1954) The effect of fetch width on wave generation. Technical Memorandum. No 70 Beach Erosion Board. Corps of Engineers
Schatzmann M, Naudascher E (1980) Einfluß der Einleitungsparameter auf die Ausbreitung von Kühl- oder Abwasser in Flüssen. Wasserwirtschaft 70:14–18
Schlichting H, Gersten K (1997) Grenzschichttheorie, 9. Auf. Springer, Berlin
Schmidt M (1957) Gerinnehydraulik. Bauverlag, Wiesbaden

Schreck C (1974) Massenschwingungen in Rohrleitungen. In: Zielke W (Hrsg) Elektronische Berechnung von Rohr- und Gerinneströmungen. Erich Schmidt, Berlin
Schröder RCM (1954) Studien zum Thema Wechselsprung. Die Wasserwirtschaft 1953–1954(11):296–300
Schröder RCM (1963) Die turbulente Strömung im freien Wechselsprung. Mitt Nr 49 Inst f Wasserbau u Wasserwirtschaft, TU Berlin. Nachdruck(1986) in: IHH-TB36 Inst f Wasser bau, TH Darmstadt
Schröder RCM (1964) Zur Frage eines universellen Fließgesetzes. Die Bautechnik 1(1964):9–13
Schröder RCM (1968) Strömungsberechnungen im Bauwesen, Teil 1: Stationäre Strömungen Bauingenieur-Praxis H 121 Wilhelm Ernst & Sohn, Berlin
Schröder RCM (1972) Strömungsberechnungen im Bauwesen, Teil 2: Instationäre Strömungen. Bauingenieur-Praxis H 122 Wilhelm Ernst & Sohn, Berlin
Schröder RCM (1974) Grundgleichungen für die Berechnung von Rohr- und Gerinneströmungen. In: Zielke W (Hrsg) Elektronische Berechnung von Rohr- und Gerinneströmungen. Erich Schmidt, Berlin
Schröder RCM (1985) Gewässersohle und kritische Schleppspannung. IHH-TB35:7–22 Inst f Wasserbau, TH Darmstadt
Schröder RCM (1985) Vergleichbarkeit von Geschiebetransportformeln. Wasserwirtschaft 75(5):217–221
Schröder RCM (1990) Bestimmung von Rauheiten. In: Schröder RCM (Hrsg) Hydraulische Methoden zur Erfassung von Rauheiten. DVWK-Schriften 92. Paul Parey, Hamburg
Schröter A, Prüser HH (1989) Schwallwellen in einem Rechteckkanal als Lösung der Korteweg-deVries-Gleichung. Techn Report Inst f Strömungsmechanik u. Elektronisches Rechnen a.d. U Hannover
Seus GJ, Rösl G (1974) Hydrologische Verfahren zur Berechnung des Hochwasserwellen- Ablaufes in Flüssen. In: Zielke W (Hrsg) Elektronische Berechnung von Rohr- und Gerinneströmungen. Erich Schmidt, Berlin
Shaw TL (1979) Mechanics of wave-induced forces on cylinders. Pitman, San Francisco
Shields A (1936) Anwendung der Ähnlichkeitsmechanik und der Turbulenzforschung auf die Geschiebebewegung. Mitt Preuss Vers anst f Wasserbau u Schiffbau H 26, Berlin
Sigloch H (1980) Technische Fluidmechanik. Hermann Schroedel, Hannover
Silvester R (1974) Coastal engineering. Elsevier, Amsterdam
Sitzmann D (1992) Beeinflussung des Schwimmstofftransports durch Umlenkungseffekte. IHH-ForschBer DFG:Schr67/33-3 Inst f Wasserbau, TH Darmstadt
Söhngen B (1987) Das Formbeiwertkonzept zur Berechnung des Fließwiderstandes in Rohren und Gerinnen. IHH-TB39 Inst f Wasserbau, TH Darmstadt
Straub LG, Anderson AG (1960) Self-aerated flow in open channels. Trans ASCE 125 pt 1 p 456, ASCE-Paper No 3029
Streeter VL, Wylie EB (1967) Hydraulic transients. McGraw-Hill, NewYork
Stucky A (1962) Druckwasserschlösser von Wasserkraftanlagen. Springer, Berlin
Sverdrup HU, Munk WH (1947) Wind, sea and swell: theory of relations for forecasting. Publication 601, Hydrographic Office, U.S. Navy, Washington DC, 50 pp
Truckenbrodt E (1980) Fluidmechanik, 2 Aufl, Bd 1: Grundlagen und elementare Strömungsvorgänge dichtebeständiger Fluide. Springer, Berlin
Vanoni VA (1977) Sedimentation engineering. ASCE-Manual No 64, NewYork
van Rijn LC (1984) Sediment transport. J Hydr Eng ASCE 110(10):11–12
Vischer D (1987) Kavitation an Schußrinnen. Wasserwirtschaft 77(6):288–291
Vischer D, Huber A (1978) Wasserbau. Springer, Berlin
Volkart P (1984) Sohlenbelüftung gegen Kavitationserosion in Schußrinnen. Wasserwirtschaft 74(9):431–435
Vreugdenhil CB (1989) Computational hydraulics. Springer, Berlin

Wallisch St (1990) Äquivalente Sandrauheiten und Stricklerbeiwerte fester und beweglicher Strömungsberandungen. In: Schröder RCM (Hrsg) Hydraulische Methoden zur Erfassung von Rauheiten. DVWK-Schriften 92. Paul Parey, Hamburg

Wanoschek R, Hager WH (1989) Hydraulic jump in Trapezoidal channel. IAHR J Hydr Res 27(3):429–446

Weiß GJ (1992) Sohlenbeanspruchung und Sedimenttransportbeginn unter Einzelwellen. IHH-TB47 Inst. f. Wasserbau, TH Darmstadt

Yalin MS (1972) Mechanics of sediment transport. Pergamon Press, Oxford

Yalin MS (1985) On the determination of ripple geometry. J Hydr Eng ASCE 111(8):1148–1155

Yalin MS (1992) River mechanics. Pergamon Press, Oxford

Zakharov VE (2004) Direct and inverse cascades in the wind-driven sea. AGU Geophysical Monograph, Miami

Zanke U (1976) Über den Einfluß von Kornmaterial, Strömungen und Wasserständen auf die Kenngrößen von Transportkörpern in offenen Gerinnen. Mitt. Franzius-Inst. U Hannover, Heft 44

Zanke U (1982) Grundlagen der Sedimentbewegung. Springer, Berlin

Zanke U (1987) Sedimenttransportformeln für Bed-Load im Vergleich. Mitt Franzius-Inst 64: 327–411, U Hannover

Zanke U (1990) Der Beginn der Sedimentbewegung als Wahrscheinlichkeitsproblem. Wasser und Boden, H. 1

Zanke U (1993) Zur Berechnung von Strömungswiderstandsbeiwerten. Wasser und Boden, H 1

Zanke U (1996) Zum Übergang hydraulisch glatt – hydraulisch rauh. Wasser und Boden, Heft 10

Zanke U (1999) Zur Physik von strömungsgetriebenem Sediment (Geschiebetrieb). Mitteilungen des Instituts für Wasserbau und Wasserwirtschaft der TU Darmstadt, Heft 106

Zanke U (2001) On the physics of flow driven sediments. Int J Sediment Res, Beijing 16:1

Zanke U (2001) Zum Einfluß der Turbulenz auf den Beginn der Sedimentbewegung. Mitteilungen des Instituts für Wasserbau und Wasserwirtschaft der TU Darmstadt, Heft 120 2001

Zanke U (2002) Hydromechanik der Gerinne und Küstengewässer. Parey-Verlag, Berlin

Zanke U (2003) On the influence of turbulence on the initiation of sediment motion. Int J Sediment Res, Beijing. 1:im Druck

Zeller J (1963) Einführung in den Sedimenttransport offener Gerinne. SchweizBauztg81 H34:597–602 H35:620–634

Zielke W (1974) Elektronische Berechnung von Rohr- und Gerinneströmungen. Erich Schmidt, Berlin

Zienkiewicz OC (1971) The finite element method in engineering science. McGraw-Hill, London

Sachverzeichnis

A

Abfluss
  diskontinuierlicher, 197–200
  gleichförmiger, 149
  scheitelvoller, 158
  schießender, 173, 176, 180, 183, 195, 196, 202, 206, 267
  selbstbelüfteter, 202
  stationär-ungleichförmiger, 188
  strömender, 176, 195, 196, 199
  turbulenter, 153
  ungleichförmiger, 149
  unterkritischer, 173
  zwangsbelüfteter, 206
Abflusskurven, 156, 157
Abflussmaximum, 158, 174
Abpflasterung, 264, 286
Absperrschwall, 215, 217, 218
Absperrsunk, 215
Abwärmeeinleitung, 244, 245, 259
Ackers-White-Formel, 305
Aggradation, 311, 316
Algenbewuchs, 264, 286, 287
Anfangswassertiefe, 190
Auflandung, 311, 312
Aufstau, 179, 180, 183–186
Auftriebsstrahl, 259
Ausfluss, 183

B

Bauwerksbelastung, 232
Betriebsfall, 315
Bettrauheit, 271, 272, 303
Bewegungsgleichung, 314
Bewegungsintensität, 278, 279, 290
Brackwassergrenze, 244, 259
Brandung, 211, 225, 228, 232, 233, 236

C

Chlorophyllgehalt, 287
Clapotis, 231
  partielle, 232
Cnoidal-Welle, 211, 219, 223, 224

D

Dünen, 267, 270–275, 286, 292, 297, 299, 305, 307
Darcy-Weisbach-Gleichung, 152, 162, 167
Deckschicht, 264, 286, 287
Deckwalze, 181–183
Degradation, 311, 316
Dichte, 245, 250, 251
Dichteströme, 245, 247, 249
Differenzenverfahren, 213, 214, 313
Diffraktion, 225, 229, 230
Diffraktionskoeffizient, 229
Diffusion, 245, 253, 255
  molekulare, 254
  turbulente, 183, 205, 254, 296
Diffusionsanalogie, 314, 318
Diffusionskoeffizient, 295
Diffusivität, 255
Dispersion, 245, 253–255
Dispersionskoeffizient, 255, 256
Dreieckgerinne, 157, 160
Druckfeld, 224
Druckfigur, 235
Druckhöhe, 189
Drucklinie, 150
Druckrohr, 151, 156, 162
Druckverteilung, 195, 233
  hydrostatische, 234
  lineare, 235
  zeitlich veränderliche, 233
Durchfluss, 156, 171, 200, 211
  stationärer, 311

strömender, 177, 183–185, 187
variabler, 175
Durchmesser, 169
hydraulischer, 159, 166, 169, 269

E
Einbauten, 151, 176, 179, 186, 194, 196
Einlaufverlust, 177, 178, 185
Einleitung, 261
virtuelle, 261–263
Einleitungsimpuls, 262
Einstein-Faktor, 298, 299
Einstein-Formel, 290, 291, 304
Einstein-Modell, 299, 300, 303, 304
Einstein-Referenzkonzentration, 298
Eintiefung, 311
Einzelwellen, 211, 216, 223, 240
Energiehöhe, 180
örtliche, 172, 192
sohlenbezogene, 150, 172
Energiehöhenminimum, 173, 175, 187, 201
Energiehöhenvergleich, 150, 172, 177, 185–187
Energielinie, 150
Energieliniengefälle, 149, 151, 189, 193, 201, 277
Energieumwandlungsanlage, 180
Engelund-Fredsoe-Formel, 291, 294
Engelund-Hansen-Formel, 305
Entnahmesunk, 215
Erosion, 264, 268, 311
Erweiterungsverlust, 177, 178, 185
Extremalprinzip, 187

F
Füllschwall, 215
Favre-Wellen, 216–218
Fehlerintegralfunktion, 291
Fernfeld, 259–262, 264
Flächenwiderstand, 270
Flüssigkeit
bewegte, 253
Flüssigkeitsreibung, 180, 183
Flachwasserwellen, 211, 216, 219, 221, 222, 225, 228, 236
Fließformel
dimensionslose, 153
Fließwechsel, 184, 186, 187
Fließformel, 153, 156, 157, 167
dimensionslose, 153
Fließgeschwindigkeit, 261
Fließquerschnitt, 153, 214
Fließwechsel, 176, 181, 183, 187, 195, 200
Flutwellen, 210, 211
Formbeiwert, 153, 159, 161, 162
Formwiderstand, 270, 286
Fortpflanzungsgeschwindigkeit, 240
Frequenz, 241
Froude-Zahl, 176, 181, 195, 197, 273, 278
densimetrische, 248
unterwasserseitige, 186, 196
zulaufseitige, 182

G
Gebietseintrag, 264
Gerinne
gegliedertes, 194, 214
mit Vorländern, 167
offenes, 156, 176, 211
prismatisches, 149, 156, 172, 183, 188, 189, 212
querschnittsgegliedertes, 166
rauheitsgegliedertes, 166, 168, 170
unverbautes, 186
Gerinnebauwerke, 179
Gerinneströmung, 150
ebene, 149, 152, 155, 163–165, 171
instationäre, 218
laminare, 164
turbulente, 165
Gesamtenergiehöhe, 188
Gesamttransport, 265, 289, 308, 312
Geschiebe, 265, 266, 270, 295, 307
Geschiebetransport, 266, 270, 277, 285, 288, 298, 299, 305, 312
Geschwindigkeit
kritische, 218
mittlere, 166
querschnittsgemittelte, 214
schwerkraftbedingte, 295
tiefengemittelte, 164
Geschwindigkeitsfeld, 221, 231, 253
Geschwindigkeitshöhe, 172, 176
Geschwindigkeitshöhenausgleichsbeiwert, 188, 194
Geschwindigkeitspotential, 220, 221
Geschwindigkeitsverteilung, 159, 198, 202, 295, 301
Grenzgeschwindigkeit, 173–175
Grenztiefe, 172–176, 190, 201, 249
Gruppengeschwindigkeit, 227

H
Höhe
geodätische, 163
Hochwasserwellen, 210, 211

Sachverzeichnis

I
Impulssatz, 177
Interface, 245–250, 253

K
Kavitationserosion, 206
Keilwelle, 208
Kolmogorow-Turbulenz, 242
Kompaktquerschnitt, 151, 155, 162, 166, 268
Kontinuität
    Abfluss, 314
    Sediment, 314
Kontinuitätsbedingung, 178, 212, 214
Kontinuitätsgleichung, 177, 212, 312
Kontrollraum, 198, 217, 218
Kontrollvolumen, 163
Konzentration, 251, 299
    lineare, 299
    mittlere, 206
Korn-Formfaktor, 285
Korndurchmesser
    dimensionsloser, 274
    maßgebender, 264, 267, 275, 286, 301, 307
Korngröße
    maßgebende, 267
Korngröße, 264, 292
    dimensionslose, 273, 306
    maßgebende, 276, 283
Kornrauheit, 271, 275, 276
Korteweg-deVries-Gleichung, 216, 217
Kreuzsee, 230
Kritischer Zustand, 173

L
Lagerungsdichte, 273, 289
Laursen-Parameter, 282
Liu-Diagramm, 282, 283
Liu-Wert, 282, 283, 285
Luftblasenkonzentration, 205
Lufteinmischung, 183, 201–203, 206

M
Manning-Beiwert, 155, 169, 171, 277
Manning-Strickler-Formel, 153, 154, 156, 162, 167, 168, 277
Marchisches Formbeiwertkonzept, 159, 160, 162
Maximalabfluss, 175
Meyer-Peter-Formel, 289, 290
Mindestenergiehöhe, 173
Minikin-Ansatz, 235
Mischung, 245
Mischvorgänge, 245, 259

Momente
    spektrale, 242
Morison-Ansatz, 235, 237

N
Nahfeld, 259, 261
Normalabfluss, 149, 150, 152, 155, 163, 190, 204, 266
    turbulenter, 165
Normalabflusskurve, 157, 158
Normalwassertiefe, 189, 190

O
Oberflächenwellen, 182, 210, 224, 237
    fortschreitende, 219
    periodische, 211, 223

P
Parallelströmung, 255
Pernecker-Vollmers-Formel, 305
Pfahlbelastung, 237
Pfeilerformbeiwert, 186
Pfeilerstau, 186
Porenanteil, 289, 312
Potentialströmung, 220, 233
Prandtl-Colebrook-Gesetz, 166
Prandtl-Colebrook-Gleichung, 152, 153, 162

Q
Quadruplet-Interaktion, 242
Quellenterm, 241
Quermischziffer, 261, 263
Querschnittswechsel, 194, 195

R
Radius
    hydraulischer, 277
Rauheit, 153, 156, 166, 168, 266
    relative, 153, 170
Rauheitsgliederung, 168
Rechteckgerinne, 160, 162, 170, 175, 177, 215, 218
Reduktionsfaktor, 271, 276
Referenzkonzentration, 297–299
Reflexion, 225, 229, 232, 233
Refraktion, 225
Reibungsgefälle, 314
Reynolds-Zahl, 197, 278
    granulometrische, 278
    sedimentologische, 272
Riffel, 267, 270, 272–275, 286, 297, 299, 305, 306
Riffellänge, 274

Riffelsteilheit, 275
Riffelwanderung, 275
Rohrhydraulik, 152

S
Saint-Venant-Gleichungen, 213, 214
Salzwasserintrusion, 244, 249, 257
Salzwasserkeil, 245, 248–251
Sammelrinne, 199, 200, 203
Sandrauheit, 170
 äquivalente, 273
Sauerstoffanreicherung, 183, 244
Schichtdicke
 kitische, 248, 249
Schichtung, 245
Schießen, 173
Schießen, 173, 180, 195
Schleppspannung, 151, 163
 kritische, 279–281, 286
 reduzierte, 271
Schockwellen, 183
Schrägwelle, 208
Schubspannung, 247, 278
 kritische, 283
 reduzierte, 303
 transportkritische, 285
 transportwirksame, 277, 289
 turbulente, 168
 umfangsgemittelte, 159, 170, 268
Schubspannungsgeschwindigkeit, 164, 261
 kritische, 296
 reduzierte, 298
Schussrinne, 180, 202, 203, 205, 206
 gekrümmte, 207, 209
 gerade, 204
Schwall, 217
Schwallwellen, 211, 215, 218
Schwebstoff, 265
Schwebstofftransport, 266, 270, 278, 285, 289, 295
Schwebstoffverteilung, 205, 295, 297, 298, 300
Sedimenttransport, 244, 264, 265, 268, 291
Seegangsenergie, 242
Seitenwandeinfluss, 170, 171
Seitenwandkorrektur, 170
Selbstbelüftungskennzahl, 203
Senkenterm, 241
Shields-Diagramm, 279, 280, 287
Shields-Wert, 278, 287, 305, 306
Shoaling, 225, 227
Sinkgeschwindigkeit, 282–284
Sinusoidal-Wellen, 219, 220, 223
Sohle, 316
 bewegliche, 151, 264, 266
 ebene, 275, 282, 300
 feste, 151
 raue, 170
Sohlenbeanspruchung, 275, 278, 286
 maßgebende, 268, 269
Sohlenbelüfter, 206, 207
Sohlengefälle, 149, 167, 189, 199, 211
Sohlenlagenberechnung, 310, 312, 313, 317
Sohlenmaterial, 264, 275, 277, 291, 299, 307
Sohlenschubspannung, 170, 171, 204, 267, 269
 kritische, 278, 282
Spiegelbreite, 199, 212
Spiegellinie
 interne, 245, 248
 stationäre, 313
Spiegellinienarten, 191
Spiegellinienberechnung, 150, 190, 194, 195, 197, 204
 iterative, 192, 194, 196, 197
Spiegelliniengleichung, 189, 197, 199, 200, 248
Spiegellinienverlauf, 176, 179, 190
Störwelle, 207, 208
Stützkraftsatz, 151, 198
Stabilitätszahl, 262
Steilgerinne, 202, 206
Stoßfront, 208
Strömen, 173, 177, 178, 180, 183, 195, 201
Strömung
 ebene, 163
 laminare, 152, 164
 turbulente, 152
Strömungsintensität, 278
 kritische, 278
Strömungswiderstand, 268
Strahlbelüftung, 206, 207
Strahldicke, 181, 205
Streichwehr, 197, 199
Streichwehrformel, 200
Strickler-Beiwert, 155, 162, 169–171
Stromlinie, 189
Stromröhre, 156, 168
Sunk, 217
Sunkwellen, 211
Suspensionsbeginn, 285, 296

T
Tauchwandverlust, 178, 185
Taylorscher Längsdispersionsansatz, 256
Teilgefülltes Rohr, 157
Teilreflexion, 232
Tiefe

Sachverzeichnis 331

kritische, 171, 172, 249
Tiefen
   konjugierte, 181, 182, 195
Tiefwasserwellen, 219, 221, 222, 228
Tiroler Wehr, 180, 197
Tosbecken, 180–182
Transport
   fraktionsweise, 307
   sohlennaher, 270
Transportbeginn, 278
Transportbilanz, 251
Transportformel, 292
Transportgleichgewicht, 266, 290, 315
Transportgleichung, 255
Transportintensität, 289
Transportkörper, 267, 275
Transportkörperhöhe, 267, 273
Transportkörpersteilheit, 273
Transportkapazität, 312, 314
Transportrate, 288, 289, 318
Transportwahrscheinlichkeit, 291, 299
Trapezgerinne, 160
Turbulenz, 202
Turbulenzmodell, 165

U
Übergangsbauwerke, 179
Übergangsverhalten, 153
Überlaufschwelle, 200
Überschussfunktion, 291, 299
Ufereinfluss, 294
Umfang
   benetzter, 151, 152, 167, 268
Umfangskräfte, 218

V
Vanoni-Rouse-Exponent, 301, 303, 304
vanRijn-Formel, 292
vanRijn-Referenzkonzentration, 300
Verlustansatz, 176
Verlustbeiwert, 177, 178
Verluste
   örtliche, 176, 193
Verlusthöhe, 150, 177, 180, 192
Viskosität
   kinematische, 152, 166, 273
Vorländer, 166, 167, 268

W
Wärmeausbreitung, 259
Wandschubspannung
   umfangsgemittelte, 151
   verteilte, 159
Warmwasserkeil, 248–251
Wasser-Luft-Gemisch, 202, 204, 206, 207, 244
Wechselsprung, 180–183, 190, 195, 197
   freier, 182
   interner, 249
   stationärer, 181, 182
Wehr, 180
Wehranlagen, 180
Welle
   fortschreitende, 219
   periodische, 219, 222
   stehende, 219, 231
Wellenaktionsgleichung, 243
Wellenelemente, 219, 227
Wellenfrequenz, 220, 233
Wellengeschwindigkeit, 213, 220, 222, 224, 225, 227
Wellenhöhe, 243
Wellenkontur, 211, 216, 221, 223, 224
   permanente, 217
   unveränderliche, 211
Wellensteilheit, 220, 228
   kritische, 229
Wellenzahl, 220, 233
Widerstandsbeiwert, 162, 164, 168, 170, 268, 269
Wirbelviskosität, 183, 295

Z
Zähigkeit, 153
Zanke-Formel, 292, 294

MIX
Papier aus verantwortungsvollen Quellen
Paper from responsible sources
FSC® C105338

If you have any concerns about our products,
you can contact us on
ProductSafety@springernature.com

In case Publisher is established outside the EU,
the EU authorized representative is:
**Springer Nature Customer Service Center GmbH
Europaplatz 3, 69115 Heidelberg, Germany**

Printed by Libri Plureos GmbH
in Hamburg, Germany